터치스크린 GOT2000을 활용한

PLC제어

민경성 저

B.C.Info

머리말

현재 산업계의 핵심 이슈인 인공지능(AI)은 빠른 발전을 통해 더욱 지능적이고 자율적인 시스템의 등장을 예고하고 있습니다. AI는 제조업을 포함한 다양한 산업 분야에서 활용되며, 특히 생산현장에서는 스마트 팩토리, 품질 관리, 생산성 향상, 공급망 관리 등 다양한 방식으로 적용되고 있습니다. 이로 인해 생산성 향상, 품질 개선, 비용 절감 등의 이점을 제공하며, 이러한 이점은 제조업의 경쟁력을 높이는 데 크게 기여하고 있습니다.

산업현장에 인공지능 자동화(AI스마트 팩토리)가 등장하면서 AI스마트 팩토리라는 새로운 공학이 등장하게 되었습니다. 이는 기계공학, 전기공학, 전자공학, 통신공학, 프로그래밍 언어가 복합적으로 구성된 학문으로, 현대산업의 기술 발달로 인하여 그 범위가 확대되고 있습니다.

AI스마트 팩토리 분야 중 가장 기본이 되는 '메카트로닉스(Mechtronics)'는 기계공학(Mechanics)과 전자공학(Electronics)의 합성어로, 기계기술과 전기전자제어, 산업통신처리기술 등을 응용하여 산업현장과 다양한 시스템을 구성하는 것을 의미합니다.

본서는 메카트로닉스구성 요소중 PLC프로그래밍 엔지니어를 위한 PLC기초 입문서로, PLC기초 입문시 필요한 논리적인 PLC프로그래밍과 제어대상장치에 대한 하드웨어(자동화요소기술)입출력 제어기술, 통신기술 및 터치스크린을 활용한 PLC제어기술에 대해 자세히 다루었고, 특히 자동화 관련 학과 학생 및 산업체 실무엔지니어에게 실질적인 도움이 될 수 있도록 노력하였습니다.

본서에 혹시 오류가 있으면 충고와 조언 바라며, 제조업의 혁신과 국제적 경쟁력을 갖춘 인재양성에 조금이나마 도움이 되었으면 합니다.

끝으로 이 책이 출간되기까지 애써준 아내와 심혈을 기울여 주신 편집자 및 관계자 여러분께 감사드립니다.

저자씀

목차

Chapter 1. PLC 개요

Chapter 2. 터치스크린 GOT2000

Chapter 3. PLC GX Works2 활용

Chapter 4. PLC 시퀀스 기초

Chapter 1

PLC 개요

1.1 PLC 정의

1.1.1 PLC 출현배경

산업사회의 발전에 따라 대규모, 고도화, 복잡화에 따라 다양한 형태의 제어시 스템이 요구되었으며, 각 공정들의 유기적 연결을 위해 더욱 고도화된 제어시스템이 필요하게 되었다.

제어시스템을 변경하기 위해서 많은 시간과 비용이 소요되며, 자동화를 위한 지금까지의 제어시스템은 회로도에 따라 여러 관련 소자(Relay, Contactor, Timer, Counter등)들을 연결하여 사용함으로써 실제 배선작업이 어렵고, 시퀀스 제어(전기공압압등)를 위하여 많은 공간이 필요하였으며, 처리속도에 한계가 있다는 문제점이 발생하였다.

이러한 여러 원인에 의하여 새로운 전자제어장치의 출현이 요구되었고,1960년대 말 미국의 자동차 메이커인 제너럴 모터스(General Motors)사가 자동차 조립라인에서 기존에 사용하고있는 복잡한 릴레이 제어시스템을 마이크로프로세서의 출연과 함께 공장제어에 최적화된 임베디드시스템(PLC:Programmable Logic Controller) 개발로 기능 및 성능이 향상되어 기존 릴레이 제어시스템보다 유지보수관리, 비용절감, 편의성등 다양한 장점으로 자동차, 철강, 화학, 식품 군수등 대형사업장에서 소규모 사업장까지 다양하게 보급되어 활용되게 되었다.

제너럴 모터스(General Motors)사는 전자제어장치를 구매하기 위하여 전자제어장치가 구비해야 할 10가지의 일반적인 요구사항을 구입 시방서에 제시하였으며, 이러한 조건이 PLC출연과 발전의 계기가 되었다.

- 프로그램의 작성 및 변경이 용이하고, 동작시퀀스변경을 현장에서도 할 수 있을 것
- 유지보수가 용이할 것
- 릴레이식 제어반보다 현장에서의 신뢰성이 높을 것
- 릴레이식 제어반보다 소형일 것
- 중앙의 제어장치로 데이터를 전송할 수 있을 것
- 릴레이식 또는 반도체식 제어반과 경제적으로 경합될 수 있을 것
- 입력은 AC 115V(미국사용전압기준)를 받을 수 있을 것
- 출력은 AC 115V, 2A 이상의 용량으로 솔레노이드, 밸브, 모터, 스타터 등을 직접 조작할 수 있을 것
- 시스템을 대폭적으로 변경하지 않고도 기본유닛의 확장이 가능할 것
- 프로그램의 확장은 최저 4K까지 확장할 수 있는 메모리를 갖추고 있을 것

따라서 미국의 컴퓨터 회사들은 이와 같은 요구조건을 만족시키기 위해 IC와 반도체 소자를 이용한 마이크로프로세서 기능을 갖는 새로운 유형의 컨트롤러를 개발하기에 이르렀다. 그 결과 미국의 알렌브렌들리사나 모디컨(Modicon)사 등에서 PLC(Programmable Logic Controller)라고 부르는 최초의 신제품이 나왔고, 70년대부터는 일본, 유럽 등지에서도 PLC가 출현했으며, 80년대부터는 전 산업분야에 일반화된 시스템의 제어장치로 이용되기에 이르렀다. 우리나라는 80년대말에 외국계투자법인 한국훼스토등를 통하여 소계되었으며 90년대에 삼성과 엘지에서 본격적으로 외국기업의 기술적 제휴를 통해 생산하기 시작하였다.

1.1.2 PLC 정의

오늘날의 PLC들은 GM사에서 최초의 조건들을 충족시킬 뿐만 아니라 훨씬 능가한 기능을 갖고 있다. 실제로 PLC는 산업용 릴레이 제어반보다 더 광범위하고 우수하게 설계된 특수목적의 컴퓨터로서 다양한 제어기능이 가능한 총체적 제어 시스템이다. 즉, PLC의 출현 당시에는 논리연산 기능만을 충족시켰지만, 현재는 수치연산 기능, 비교기능, 타이머 및 카운터 기능 등의 기본기능 외에 다양한 특수기능 등이 출시되고 있다. PLC의 규격을 최초로 제정한 곳은 1976년에 미국의 전기공업회규격 (NEMA:National Electrical Manufactureres Association)이고 뒤이어 독일(DIN)에서도 1979년에 제정하였다.

미국전기공업회규격(NEMA : NationalElectrical Manufacturers Association)에서 "디지털 또는 아날로그 입·출력 모듈을 통하여 로직, 시퀀싱, 타이밍, 카운팅, 연산과 같은 특수한 기능을 수행하기 위하여 프로그램 가능한 메모리에 사용하고 여러 종류의 기계나 프로세서를 제어하는 디지털 동작의 전자 장치"로 정의하고 있다. 즉, PLC는 각종 릴레이, 타이머, 카운터, 가감산 장치 등을 조합하여 사용하던 종래의 제어반을 반도체를 사용하여, 소형화하고 기능을 더욱 확대하는 한편, 제어내용의 설정 및 수정을 용이하게 할 수 있는 프로그램 방식의 범용 제어장치를 말한다.

오늘날 여러 산업분야에서는 생산성 향상을 위하여 공장의 자동화를 다방면으로 추진하고 있다. 이러한 자동화에 큰 역할을 담당하고 있는 것은 정해진 순서에 따라 각 단계를 순차적으로 진행시켜 나가는 시퀀스제어 (단순제어)와 목표치와 비교하여 편차가 나지 않도록 정정동작을 주는 피드백제어 (자동제어)이다. 이와 같은 자동화시스템을 구축하기 위해, 가장 많이 사용되고 있는 대표적 제어장치가 PLC이다. PLC의 출현 이후 지속해서 사용자가 요구하고 있는 방향으로 발전되어 왔다. 종래 ON/OFF 제어의 범위에서 확대되어서 아날로그 제어까지, 시퀀스제어에서 피드백제어까지, 고기능 컨트롤러 및 주변장치, 네트워크 및 유무선 제어기수의 발달, 소형화 및 저가격화 방향으로의 발전을 도모하고 있다. 그러나 각 회사마다 명령어나 조작방법의 통일성이 없다는 등의 몇 가지 문제점들을 안고 있다.

1.2 PLC 특징

릴레이 제어방식의 전성시기는 1970년대까지로, 종래의 릴레이 제어방식은 회로도로 전개하여 거기에 필요한 제어기기를 설치하고 납땜이나 결선작업을 하여 요구하는 동작을 실현하였다. 이와 같은 방식은 릴레이나 타이머 등을 조합하여 시퀀스를 실행해가면 간단한 제어에는 문제가 없었지만 고도의 사양이 요구되면서 여러 가지 문제가 발생하였다.

급속한 반도체 기술의 발전으로 릴레이 제어방식은 점점 컴퓨터 활용의 기술로 대체되었다. PLC는 대부분이 마이크로프로세서 내장형으로, 기본적으로는 컴퓨터와 같다. 다만, 일반 컴퓨터와의 큰 차이는 다입력, 다출력을 실시간 온라인 처리하는 점이다. 특히 PLC는 5V 신호를 입출력하는 컴퓨터와는 달리 +24V를 입출력하기에, 전파노이즈가 많은 공장에서 On/Off 신호를 전달하는데 유리하다. 이러한 PLC의 특징은 다음과 같다.

(1) 하드 와이어드와 소프트 와이어드 로직

종래의 릴레이 제어 방식은 일의 순서를 회로도에 전개하여 그곳에 필요한 제어기기를 결합하여 배선 작업을 해서 요구하는 동작을 실현한다. 이와 같은 방식을 하드 와이어드 로직(Hard Wired Logic)이라고 한다. 하드와이어드 로직 방식에서는 하드웨어(기기)와 소프트웨어가 한 쌍이 되어 사양이 변경되면 하드웨어와 소프트웨어를 모두 변경해야 하므로, 이것이 여러 가지 문제를 발생시키는 원인이 된다. 따라서 하드웨어와 소프트웨어를 분리하는 연구 끝에 컴퓨터 방식이 개발되었다. 하드웨어(hardware)만으로는 동작할 수 없으며, 하드웨어 속에 있는 기억장치(컴퓨터)에 일의 순서를 넣어야만 비로소 기대되는 일을 할 수가 있다. 이 일의 순서를 프로그램이라 하며 기억 장치인 이 메모리에 일의 순서를 넣는 작업을 프로그래밍이라 한다. 이는 마치 배선작업과 같다고 생각하면 된다. 이 방식을 소프트와이어드 로직(soft wired logic)이라 하며 PLC는 이 방식을 취하고 있다. 소프트 와이어드 로직(Soft Wired Logic)은 입출력에 이미 배선된 시스템에서 프로그램을 수정함으로서 시스템의 동작을 수정할 수가 있기에, 다변하는 스마트 생산 시스템에 유연하게 대처 할 수 있다.

(2) 직렬처리 방식

PLC 시퀀스와 릴레이 시퀀스의 가장 근본적인 차이점은 “직렬 처리와 병렬 처리” 로 동작상의 차이로 구별된다.. PLC는 메모리에 있는 프로그램을 순차적으로 연산하는 직렬 처리 방식이고, 릴레이 시퀀스는 여러 회로가 전기적인 신호에 의해 동시에 동작하는 병렬 처리 방식이다. PLC는 접점이나 코일을 연결하는 동작을 소프트웨어로 처리함으로 실제로 눈에 보이는 것이 아니다. 또 동작도 코일이 여자되면 접점이 닫혀 회로가 활성화되는 릴레이 시퀀스와는 달리 메모리에 프로그램을 기억시켜 놓고 순차적으로 내용을 읽어서 그 내용이 따라 동작하는 방식이다. 따라서 PLC제어는 프로그램의 내용에 의하여 좌우되므로 사용자는 자유자재로 원하는 제어를 할 수 있도록 프로그램의 작성 능력이 요구된다.

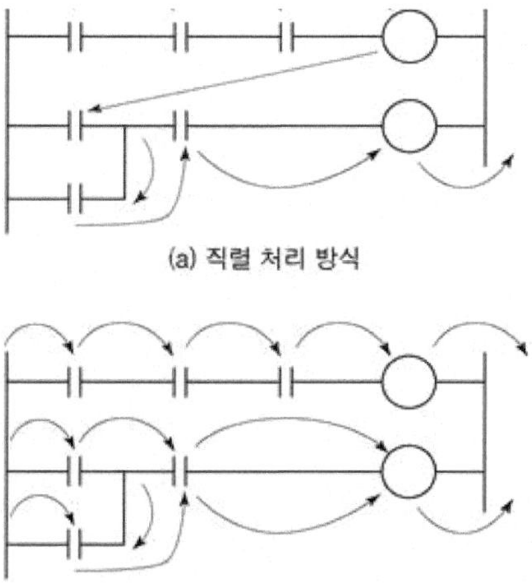

[그림 1-1] 연산처리 방식

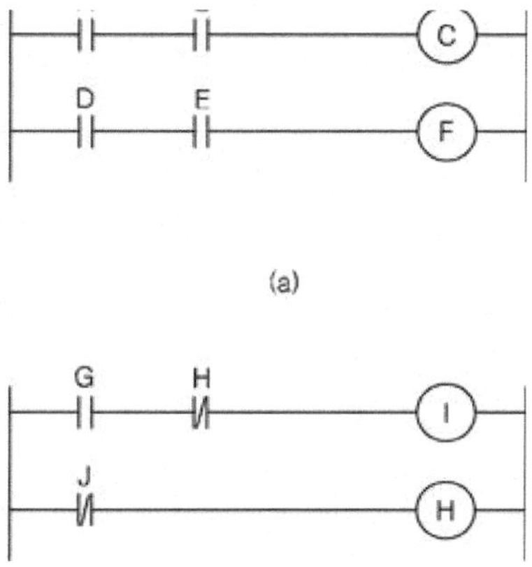

[그림 1-2] 시퀀스도

그림 [그림 1-1]은 PLC 시퀀스 방식으로 순차적으로 한단계에 한가지 스캔연산을 처리할 수 있다. 그림 [그림 1-2]은 릴레이 시퀀스 방식으로 릴레이 시퀀스에 전원이 투입되어 접점 A와 B, 그리고 접점 D와 E가 동시에 닫히면(연결됨을 의미함), 출력 C와 F는 동작하고 어느 한쪽이 빠를수록 먼저 동작한다. 이에 비하면 PLC시퀀스는 연산 순서에 따라 C가 먼저 출력되고 다음에 F가 출력된다. PLC와 릴레이의 동작상의 차이점을 [그림 1-2](b)의 경우에서 살펴보면, 먼저 릴레이 시퀀스에서는 전원이 투입되면 접점 J가 닫힘과 동시에 H가 동작되어 출력 I는 동작될 수 없다. PLC 시퀀스는 직렬 연산 처리되므로 최초의 연산 때 G가 닫히면 I가 출력되고 J가 닫히면 H가 출력된다. 두 번째 연산 때 비로소 최초의 연산 때 출력된 H에 의해서 I의 출력이 해제 된다.

(3) 사용 접점 수의 제한

PLC시퀀스는 동일 접점에 대하여 사용 횟수에 제한을 받지 않고, 이는 동일 접점에 대한 정보(ON/OFF)를 정해진 메모리에 저장해 놓고 연산할 때 메모리에 있는 정보를 읽어서 처리한다. 이에 반해 릴레이 시퀀스는 일반적으로 개당 가질 수 있는 접점 수에 한계가 있어서 작성할 때에는 가능한 한 접점 수를 절약해야 한다.

(4)접점이나 코일 위치

PLC 시퀀스에는 릴레이 시퀀스에 없는 약속 사항이 있다.

접점은 코일전에 반드시 작성해야하며 제조사 PLC기종에서 제공되는 접점수에 따라 필요한접점을 중복 하여 사용할 수 있다. 코일 이후 접점을 금지하는 것[그림1-3의(b)]과 코일은 반드시 오른쪽 모선에 붙여서 작성해야 한다. 또한 코일을 중복 사용하는,것 즉 이중코일 사용은 안된다. PLC 시퀀스는 항상 신호가 왼쪽에서 오른쪽으로 전달되도록 구성되어 있다. 따라서 PLC 시퀀스는 릴레이 시퀀스와는 다르게 오른쪽에서 왼쪽으로 흐르는 회로나, 상하로 흐르는 회로 구성을 금지[그림1-3(a)]하고 있다.

PLC 시퀀스의 약속사항을 [그림 1-3]에서 나타낸다.

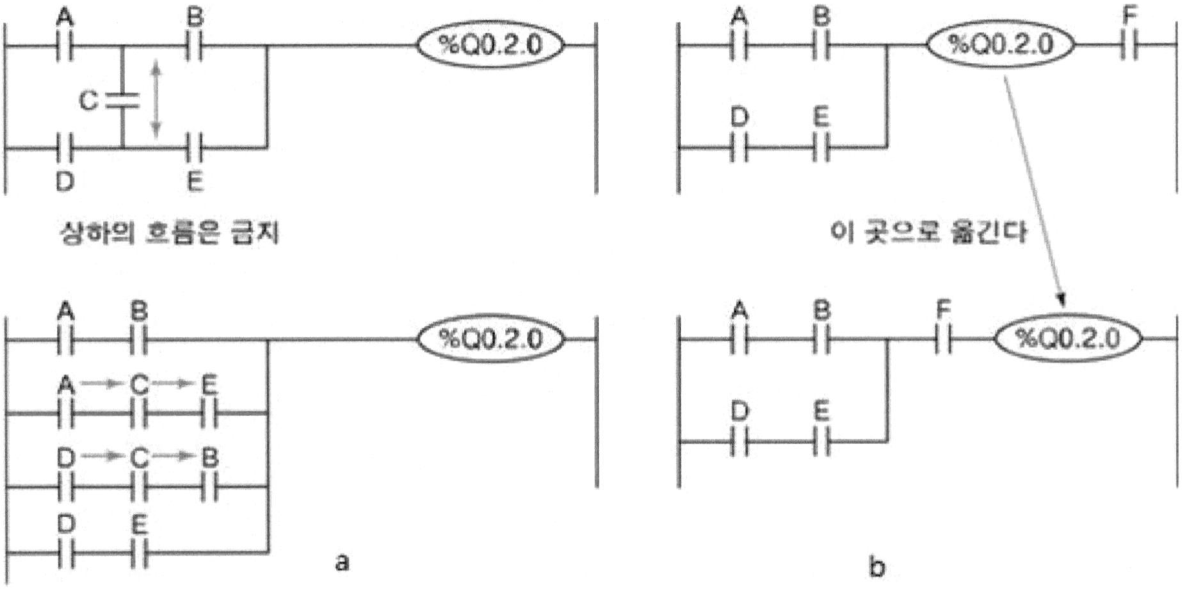

[그림 1-3] PLC 시퀀스의 약속사항

(5) 반복 스캔처리 연산방식

PLC는 반복 스캔처리 연산방식을 사용한다. 그래서 많은 입력의 접점 변화를 가능한 빨리 시스템에 적용하기 위하여, 작성된 프로그램을 처음부터 마지막 스텝까지 반복적으로 스캔 연산 처리하는 방식이다. 입력 상태를 읽어들여서 프로그램에 적용시키고, 그 결과를 출력으로 내보내는 과정을 반복 수행하는 연산 처리 스캔 방식(Scan method)이다.

이 과정을 단계 별로 구분하면 다음과 같다.

- 운전 시작 : 사용자가 PLC를 RUN 모드로 변경시키면 PLC는 운전을 시작한다.
- 초기화 처리 : 스캔 처리를 시작하기 위한 단계로,전원을 투입하고 PLC가 RUN 모드로 변경될 때 또는 리셋을 실행한 경우 한 번만 실행하며, 다음과 같은 처리를 수행한다. 입출력부리셋, 자기진단 실행, 데이터 클리어, 입출력부의 번지 할당 및 종류 등록
- 입력 리프레시 : 디지털 입력 모듈의 입력 상태를 읽어 PLC 데이터 메모리의 입력 영역에 저장한다. PLC는 운전이 시작되면 입력 모듈을 통해 입력되는 정보들을 메모리의 입력 영역으로 받고, 이 정보들은 다시 입력 이미지 영역으로 복사되어 연산이 수행되는 동안에 입력 데이터로 이용된다. 이렇게 입력 영역의 데이터를 입력 이미지 영역으로 복사하는 것을 '입력 리프레시(Input Refresh)라고 한다

입력 리프레시는 운전이 시작될 때 뿐 만 아니라 매 스캔의 END처리가 끝나면 그 순간의 입력 정보를 입력 이미지 영역으로 복사하여 연산의 기본 데이터 또는 연산의 조건으로 활용하게 된다.이때 입력 리프레시 과정을 거쳐 입력 데이터 메모리 영역에 저장된 입력 정보는 그 스캔이 완료될 때까지 변경되지 않는다.

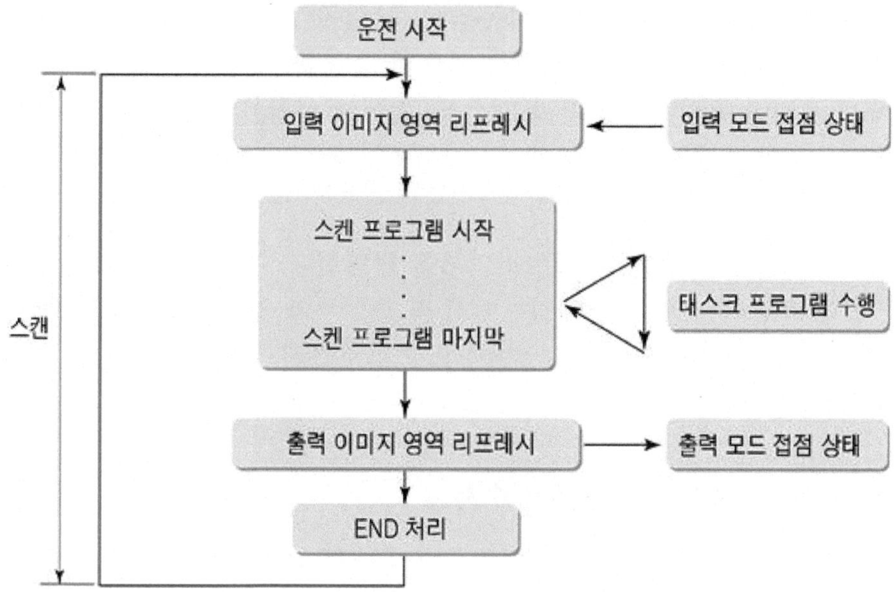

[그림 1-4] 반복 스캔처리 연산 방식

- 프로그램 연산 : 사용자가 작성한 프로그램을 해석하여 데이터 메모리에 저장된 데이터를 처리한다. 프로그램은 스캔 프로그램과 Task 프로그램으로 나누어지며, 스캔 프로그램은 PLC가 RUN 상태이면 수행하는 프로그램이며, Task 프로그램은 PLC가 RUN 상태에서 Task의 조건으로 지정된 조건이 만족될 때 수행하는 프로그램이다. 그리고 프로그램 연산 과정에서 계산된 데이터는 출력 데이터 메모리에 저장된다.
- 출력 리프레시 : 스캔 프로그램 및 태스크 프로그램의 연산 도중에 만들어진 결과는 바로 출력으로 보내어지지 않고 출력 이미지 메모리의 ON/OFF 상태가 출력 메모리 영역에 전송 저장되게 된다. 이 과정을 출력 리프레시(output refresh)라고 하며 데이터 메모리의 출력 영역에 저장된 데이터를 출력 모듈을 통해 출력한다. 출력 상태의 갱신은 이때 이루어진다.
- END 처리 : 1 스캔의 처리를 종료한 후 스캔의 처음 순서로 돌아가기 위한 처리 단계로, 다음과 같은 처리를 수행 한다. 자기지난 실행, 통신모듈과의 데이터 전송 처리, 타이머·카운터 등의 현재값 갱신

  정해진 순서대로 프로그램을 실행하기 때문에 이와 같은 PLC의 처리 방식을 스캔 방식이나 입력과 출력을 일괄 처리한다는 의미로"일괄 입출력 처리 방식",또는 '리프레시 방식'이라 한다. 일괄 입출력 방식으로 입력과 출력을 처리하면, 프로그램을 분석하기 쉽고 모든 출력이 동시에 변경되기 때문에, 출력의 시점을 예측해서 언제 어떤 출력이 ON/OFF될지 알 수 있다.

PLC 시스템은 자기 진단을 하여 에러 존재 여부를 판단한다. 에러가 감지되면 RUN 상태가 되지 않고 에러 상태로 변하는데, 이를 해결해야지 실행할 수가 있다. 또한 한 스캔을 처리하는데 걸리는 시간을 1 Scan Tim라고 하는데, 일반적으로 프로그램의 스텝 수에 CPU가 한 스텝 수행 시간을 곱하여 계산한다.

(6) PLC의 입력신호는 4종류로 구분하여 사용

PLC는 매 스캔마다 입력 처리 시간에 입력신호의 상태를 일괄적으로 해당 입력 이미지를 전송받아 메모리에 저장하며, 그 이후에는 입력신호를 받아들이지 않고 전송 저장된 입력 이미지 메모리 정보를 활용하여 프로그램을 실행 한다.

a접점(-l l-)은 입력 신호가 없으면 OFF 신호유지, 입력신호 입력시 ON 상태로 전환 하는 입력접점이며, b접점(-l/l-)은 입력신호가 없으면 ON 상태를 유지, 입력신호 입력시 OFF 상태로 전환되는 입력접점으로 a접점과 정반대로 작동 한다. 상승펄스접점(-l↑l-)은 입력신호가 ON 상승 신호시 1스캔타임 동안에만 ON상태를 유지하는접점이고, 하강펄스접점(-l↓l-)은 입력신호가 ON-OFF시 1스캔타임 동안에만 ON상태를 유지하는접점이고, 아래의 [표1-1]은 입력신호 4종류를 설명하고 있다.

[표 1-1] 입력신호 4종류

No.	기호	설명
1	-l l-	평상시 열린 접점 BOOL 변수의 상태가 ON일 때에는 왼쪽의 연결선 상태는 오른쪽의 연결선으로 복사된다. 그렇지 않을 경우에는 오른쪽의 연결선 상태가 OFF이다.
2	-l/l-	평상시 닫힌 접점 BOOL 변수의 상태가 OFF일 때에는 왼쪽의 연결선 상태는 오른쪽의 연결선으로 복사된다. 그렇지 않을 경우에는 오른쪽의 연결선 상태가 OFF이다.
3	-l↑l-	양변환 검출 접점:BOOL 변수의 값이 전 스캔에서 OFF였던 것이 현재 스캔에서 ON으로 되고, 왼쪽 연결선 상태가 ON되어 있는 경우에 한해서 오른쪽의 연결선 상태는 현재 스캔 동안에 ON이 된다.
4	-l↓l-	음변환 검출 접점:BOOL 변수의 값이 전 스캔에서 ON이었던 것이 현재 스캔에서 OFF되고 왼쪽 연결선 상태가 ON되어 있는 경우에 한해서 오른쪽의 연결선 상태는 현재 스캔 동안에 ON이 된다.

1.3 PLC 이용 효과

PLC를 제어장치로 사용함으로써 얻어지는 이용 효과는 다음과 같다.

① 경제성

반도체 기술의 발전과 대량생산 등에 힘입어, 릴레이 10개 이상의 제어반에는 PLC사용이 더 경제적이다.

② 설계의 성력화

부품 배치도의 간략화와 시퀀스 설계의 용이성, 시운전 및 조정의 용이함 등 대폭적인 설계의 성력화를 이룩할 수 있다.

③ 신뢰성의 향상

무접점 회로를 이용함으로써 릴레이, 타이머 등에서 발생되는 접점(接點)사고에 의한 문제가 없어 신뢰성이 향상된다.

④ 보수성의 향상

PLC는 동작표시 기능, 자기진단 기능, 모니터 기능 등 고장 표시기능을 내장하고 있어 보수성이 향상된다.

⑤ 소형화

반도체 소자를 이용하므로 릴레이 반의 크기에 비해 현저하게 소형이며, 제품의 표준화가 가능하다.

⑥ 납기 단축

수배 부품의 감소와 기계 장치와 제어반의 동시 수배, 사양 변경에 대응하는 유연성, 배선작업의 간소화 등으로 납기가 현저히 단축된다.

⑦ 제어내용의 보존성 향상

제어내용을 테이프나 ROM 등에 쉽게 보존할 수 있어, 동일 시퀀스 제작 시에는 간단히 해결할 수 있다.

제조 설비의 자동화 및 고속, 고기능화, FMS(Flexible Manufacturing System) 추세에 따라 PLC는 기존의 릴레이 제어반 대체 기능에서, 지능형 소규모 공작 기계에서 대규모 시스템 설비에 이르기까지 적용되고 있다.

1.4 PLC 구조

PLC는 마이크로프로세서 (Microprocessor) 및 메모리를 중심으로 구성되며, 연산 및 데이터 저장 역할을 하는 중앙처리장치(CPU), 외부기기와의 신호를 연결시켜 주는 입·출력부, 각 부에 전원을 공급하는 전원부, PLC 내의 메모리에 프로그램을 기록하는 주변 장치로 구성되어 있다.

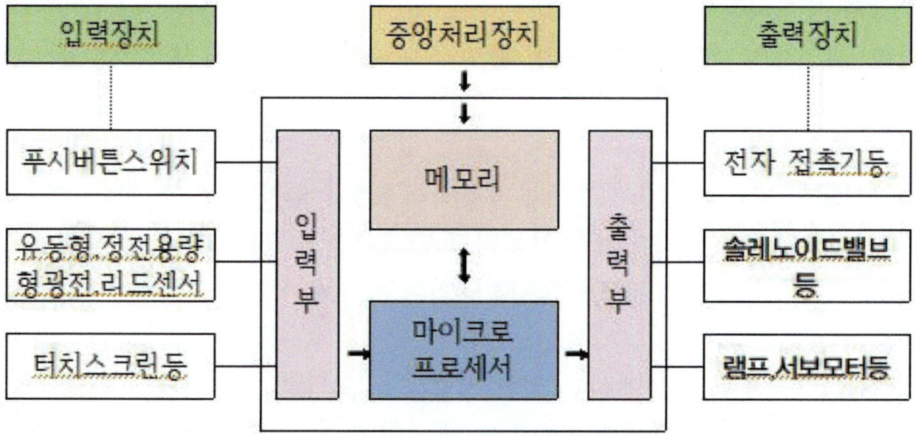

[그림 1-5] PLC의 전체 구성도

(1) 전원(Power)

PLC의 전원부는 PLC의 동작에 필요한 전원을 공급하는 기능을 갖는다. 외부의 전 원은 보통 AC 220V 또는 DC 24V이므로 PLC의 전원부는 CPU, 메모리, 입·출력 회로에 필요한 DC 5V수준으로 변환하는 기능을 갖는다. 또 전원부는 PLC 입·출력모듈을 전원으로 DC 5V나 24V를 외부로 출력하기도 하며, 이는 DC입력모듈이나 센서 입력모듈, 트랜지스터 출력모듈 등을 사용할 때 별도의 DC전원 공급장치가 없어도 사용할 수 있게 한 것이다.

(2) 마이크로프로세서(Microprocessor)

마이크로프로세서는 PLC의 두뇌에 해당하는 부분으로서 사용자가 작성한 프로그램을 해석하여 프로그램에서 지정된 메모리에 저장된 데이터를 읽고, 프로그램에서 사용된 명령어의 지시에 따라 데이터를 가공한 후 프로그램에서 지정된 메모리 영역에 그 결과를 저장한다.

(3) 메모리(Memory)

IC 메모리 종류에는 ROM과 RAM이 있다. ROM은 읽기 전용으로 메모리 내용을 변경할 수 없다. 따라서 고정된 정보를 저장한다. 이 영역의 정보는 전원이 끊어져도 기억 내용이 보존되는 불휘발성 메모리이다.RAM은 메모리에 정보를 수시로 읽고 쓰기가 가능하여 정보를 일시 저장하는 용도로 사용되나, 전원이 끊어지면 기억시킨 정보 내용을 상실하는 휘발성 메모리이다. 그러나 필요에 따라 RAM영역 일부를 배터리 백업에 의하여 불휘발성 영역으로 사용할 수 있다.

PLC의 메모리는 사용자 프로그램 메모리, 데이터 메모리, 시스템 메모리의 세 가지로 구분된다. 사용자 프로그램 메모리는 제어하고자 하는 시스템 사양에 따라 사용자가 작성한 프로그램이 저장되는 영역으로, 제어 내용이 프로그램 완성 전이나 완성 후에도 바뀔 수 있으므로 RAM이 사용된다.

프로그램이 완성되어 고정이 되면 ROM에 저장되어 ROM 운전을 할 수 있다. 데이터 메모리는 입·출력 릴레이, 보조 릴레이, 타이머와 카운터의 접점상태 및 설정값, 현재값 등의 정보가 저장되는 영역으로 정보가 수시로 바뀌므로 RAM 영역이 사용된다.

시스템 메모리는 PLC 제작 회사에서 작성한 시스템 프로그램이 저장되는 영역이다. 이 시스템 프로그램은 PLC의 기능이나 성능을 결정하는 중요한 프로그램으로, PLC 제작 회사에서 직접 ROM에 저장한다.

(4) 입력부

PLC는 외부기기를 접속하고, 접속된 기기와의 신호교환을 통해 제어를 구현한다. 즉, 외부기기로부터의 신호를 CPU의 연산부로 전달해 주는 역할을 한다. 입력의 종류는 DC 24[V], AC 110/220[V] 등이 있다.

PLC의 입력 신호의 종류는 스위치, 센서 등으로부터 ON/OFF 신호를 입력받는 디지털 입력과 온도, 전압, 전류 등의 아날로그 신호를 입력받는 아날로그 입력, 통신 기능을 이용한 입력, 서보 제어와같은 정밀한 위치 제어를 위한 심플 모션제어 입력 등 다양한 종류의 입력 신호가 있다.

(5) 출력부

PLC는 조건 및 데이터를 입력 받아 프로그램에서 지정한 방법으로 연산을 수행하여 연산의 결과를 만들고, 만들어진 결과를 접속된 부하에 출력함으로써 제어가 이루어진다.

PLC가 데이터를 출력하는 방법은 ON/OFF의 비트 신호를 출력하여 부하의 ON/OFF를 제어하는 디지털 출력, 정해진 범위의 수치 데이터를 전압 또는 전류의 아날로그 신호로 변환하여 출력하는 아날로그 출력, 통신,서보제어와같은 정밀한 위치 제어를 위한 심플 모션제어 출력등을 이용하여 외부 장비에 데이터를 전달하는 통신 출력 등 다양한 방법이 있고, 이러한 방법으로 연산의 결과를 출력할 수 있다.

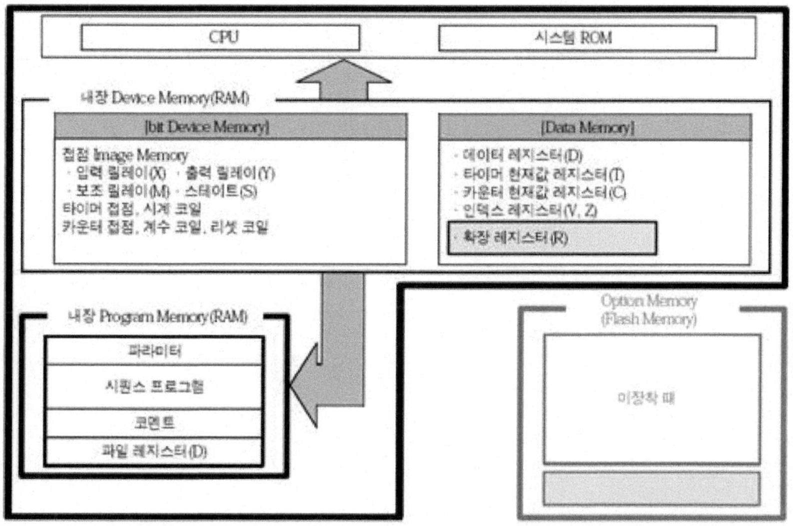

[그림 1-6] PLC 프로그램 내장 메모리 구조

[표 1-2] 입·출력기기

I/O	구분	설치 장소	외부기기의 명칭
입력부	조작 입력	제어반과 조작반	푸쉬 버튼 스위치 선택 스위치 토글 스위치
	검출 입력 (센서)	기계 장치	리미트 스위치 광전 스위치 근접 스위치 레벨 스위치
출력부	표시 경보 출력	제어반 및 조작반	파일럿 램프 부 저
	구동 출력 (엑추에이터)	기계장치	전자 밸브 전자 클러치 전자 브레이크 전자 개폐기

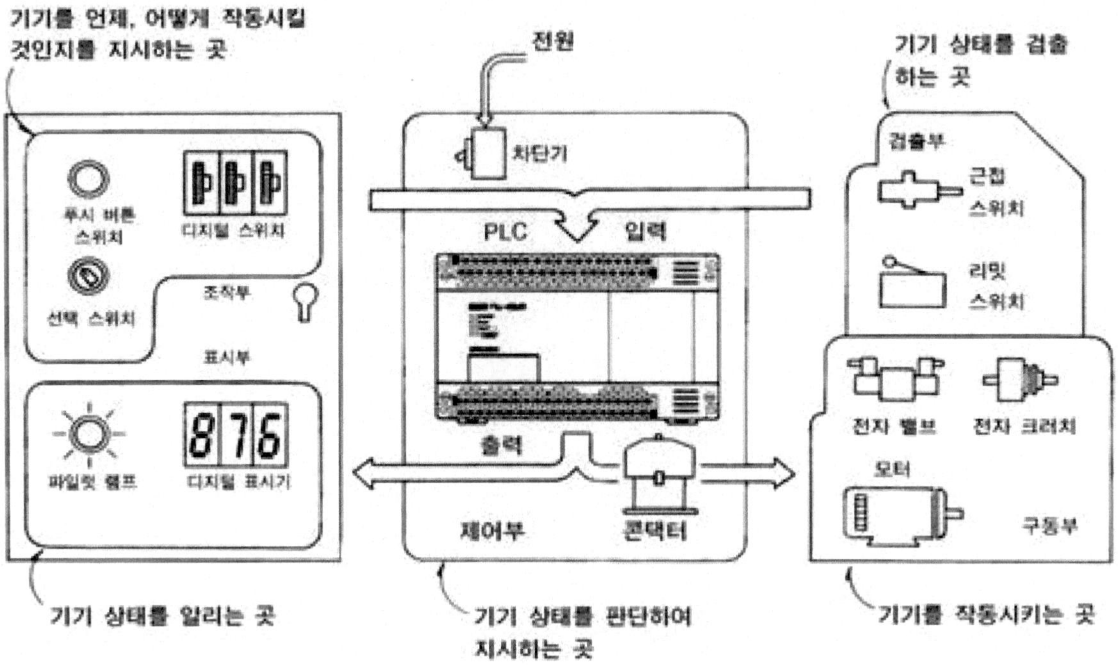

[그림 1-7] PLC 동작 개념도

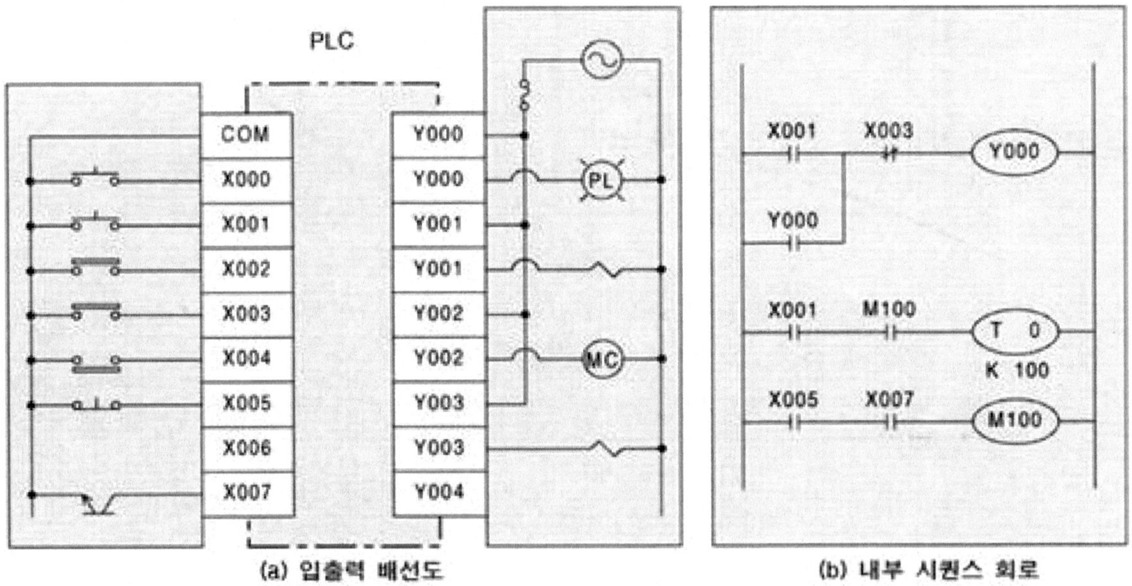

[그림 1-8] PLC 입출력 배선도

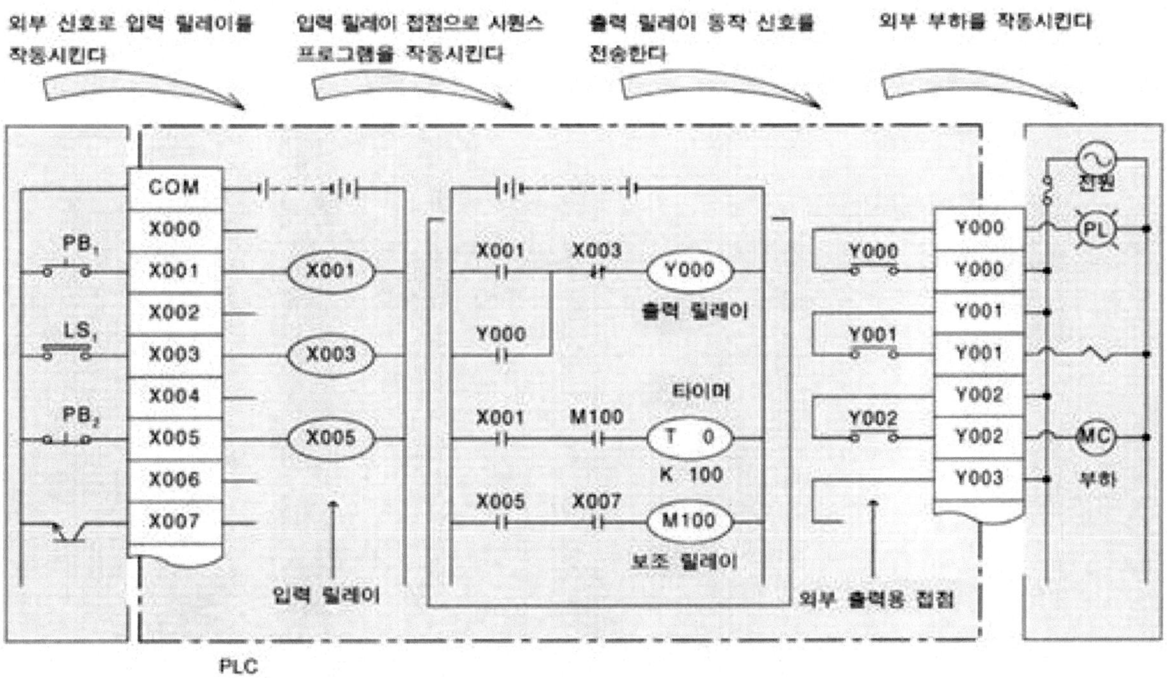

[그림 1-9] PLC 프로그램의 흐름도

- 푸시 버튼스위치 PB1을 누르면 입력 릴레이 X001의 코일이 구동 한다.
- 입력 릴레이 X001의 코일이 구동하면 a접점 X001이 ON하고 출력 릴레이 Y000의 코일이 구동 한다.
- 출력 릴레이 Y000의 코일이 구동하면 외부 출력용 a접점 Y000이 ON하여 파일 럿 램프 PL이 점등 한다.
- 버튼스위치 PB1에서 손을 떼면 입력 릴레이 X001의 코일이 작동을 멈추고, a접점 X001은 OFF가 된다.
- 그러나 a접점 Y000이 도통하고 있으므로 출력 릴레이 Y000은 작동 한다(자기 유지 동작).
- 리밋스위치 LS1이 도통하여 입력 릴레이 X003의 코일이 작동하면 b접점 X003이 OFF가 되고 출력
- 릴레이 Y000의 코일이 작동을 멈춘다(리셋).
- 그 결과 파일럿램프 PL이 소등되고 출력 릴레이 Y000의 자기 유지도 해제 된다.

1.5 PLC의 입·출력 PNP NPN 결선

PLC 실습을 하기에 앞서 PLC에 제어기기를 연결하는 것이 우선적으로 작업되어야 할 내용일 것이다. PLC는 사용되는 제어기기에 따라 PNP형 방식과 NPN형 방식으로 배선을 분류할 수 있다. 전자릴레이 또는 트랜지스터의 소자 특성으로 PNP와 NPN으로 구분을 짓게 되는데 이에 따른 PLC의 배선 방법을 알아보도록 한다.

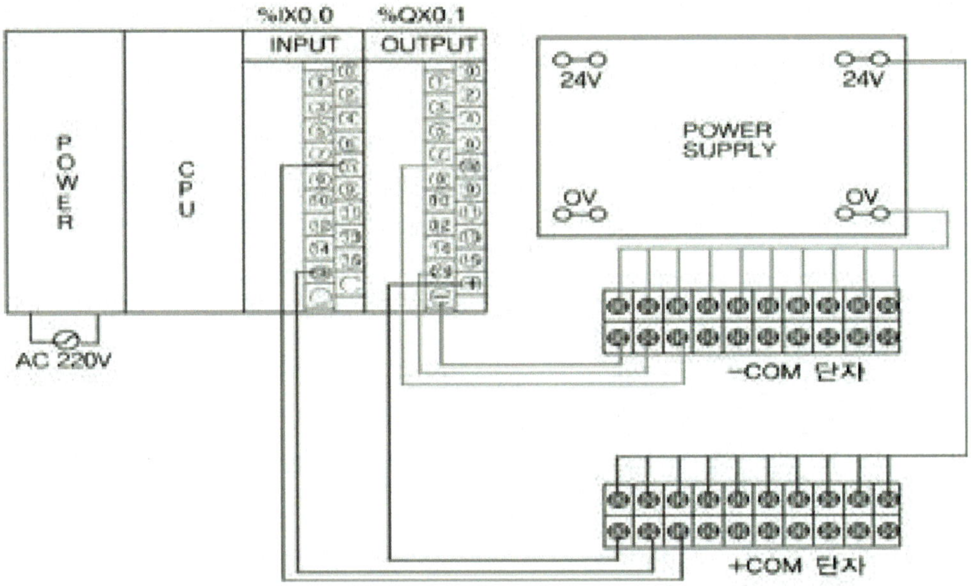

[그림1-10] NPN 방식의 COM 단자 결선도

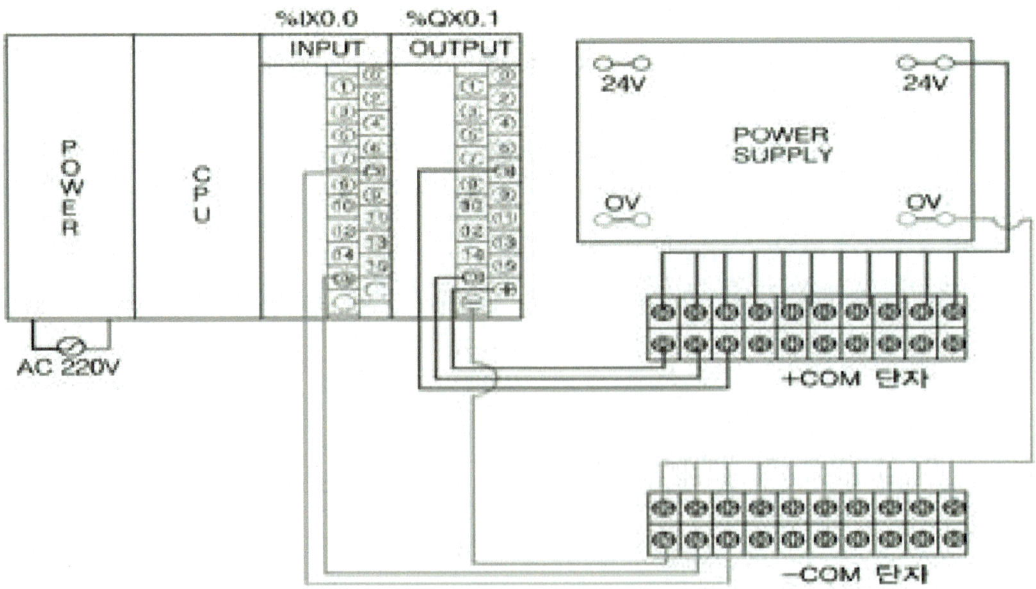

[그림1-11] PNP 방식의 COM 단자 결선도

(1) 입력부

[그림 1-10], [그림 1-11] 은 PLC의 기본 구성으로 전원부와 CPU, 입력 16점(16점 slot 1개로 구성), 출력 16점(16점 slot 2개로 구성)으로 구성되어 있다.

입력 슬롯은 16접점으로 구성되어 있지만 회로도는 한 개의 접점만 예시로 표현하였다. 8개의 접점당 1개의 COM 단자로 구성되어 있고 1번~8번까지 접점은 9번의 COM 단자에 공통으로 연결되어 있고 10번~17번까지 접점은 18번의 COM 단자에 공통으로 연결되어 있다. 16개가 모두 같은 구조로 되어 있기 때문에 생략하였다.

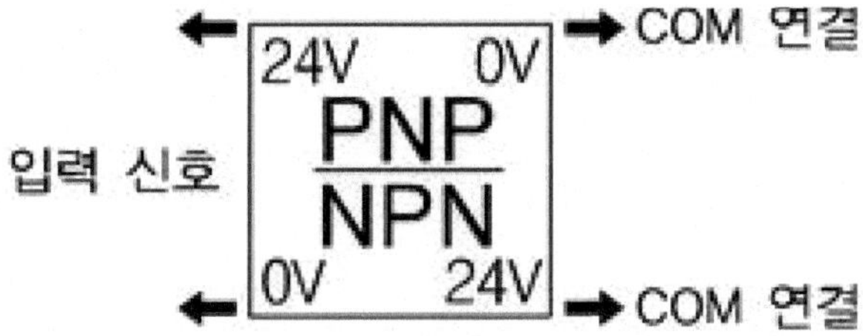

좌측의 그림은 PNP와 NPN을 결선할 수 있는 방법을 나타낸 것이다. PNP는 상측의 24V와 0V를 연결하고 NPN은 하측의 0V와 24V를 연결하면 PNP 또는 NPN 결선을 할 수 있다.

스위치에 +24V를 연결하여 입력 단자 1번에 연결하면 +24V 신호가 입력부 내부로 공급되어 저항을 거쳐 발광 다이오드로 흐르고, COM 단자에 0V를 연결하면 입력단자 반대 측에 0V가 공급되어 발광 다이오드가 빛을 발하게 되고 포토커플러의 트랜지스터에 전류를 흐를 수 있도록 하여 내부 회로로 신호를 입력할 수 있도록 한다.

위의 연결 방법은 PNP 결선 방식에 해당하고 NPN 결선 방식은 PNP와 반대로 스위치에 0V를 연결하고 COM 단자에 +24V를 연결해 주어야 한다.

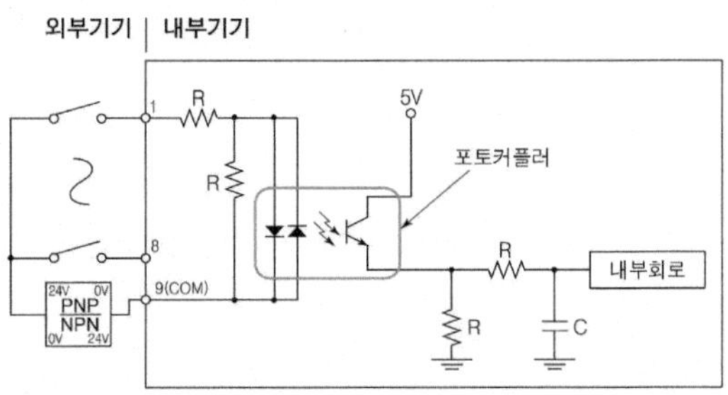

NPN 결선 방식은 PNP와 반대로 스위치에 0V를 연결하고 COM 단자에 +24V를 연결해 주어야 한다. 즉, PNP 연결 배선은 입력 측에 +24V로 신호를 공급하고, COM 단자에 0V를 연결한다. NPN 연결 배선은 입력 측에 0V로 신호를 공급하고, COM 단자에 +24V를 연결한다.

입력 측의 COM 단자 연결은 포토커플러의 발광 다이오드를 동작시켜야 하므로 DC전압의 +, - 를 입력시켜야 한다. 그렇기 때문에 입력 측 전압의 상극되는 전압을 COM 단자에 연결해야 한다.

(2)출력부

[그림 1-10], [그림 1-11] 출력 슬롯은 16접점으로 구성되어 있지만 회로도는 한 개의 접점만 예시로 표현하였다. 8개의 접점 당 1개의 COM 단자로 구성되어 있고 1번~8번까지 접점은 9번의 COM 단자에 공통으로 연결되어 있고 10번~17번까지 접점은 18번의 COM 단자에 공통으로 연결되어 있다. 16개가 모두 같은 구조로 되어 있기 때문에 생략하였다. 또한 출력 측은 입력 측과 달리 19번과 20번 단자에 각각 +24V, 0V를 연결해 주어야 한다.

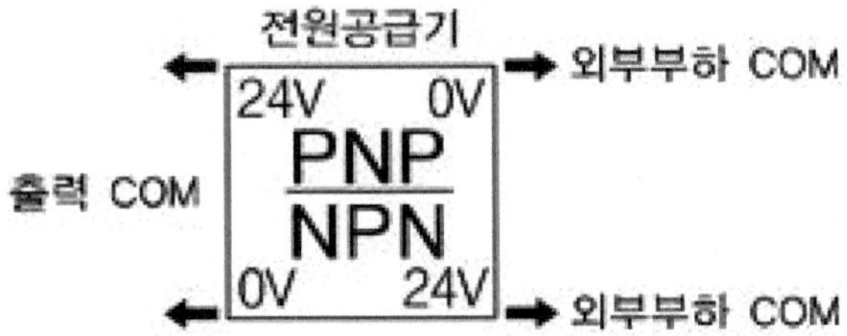

좌측의 그림은 PNP와 NPN을 결선할 수 있는 방법을 나타낸 것이다. PNP는 상측의 +24V와 0V를 연결하고 NPN은 하측의 0V와 +24V를 연결하면 PNP 또는 NPN 결선을 할 수 있다.

19번과 20번 단자에 +24V, 0V가 각각 연결되어 있고 내부 회로에서 신호가 발생하면 포토커플러가 스위칭 역할을 하여 1번 접점의 릴레이를 동작시켜서 COM 단자에 +24V를 공급하면 1번 접점으로 +24V 전압을 공급하게 된다. 출력 1번 접점에서 24V의 출력이 발생되고 이 출력은 램프와 연결이 되어 램프에 공급되는 전압과 외부전원 공통단자 0V를 연결하면 램프는 점등한다.

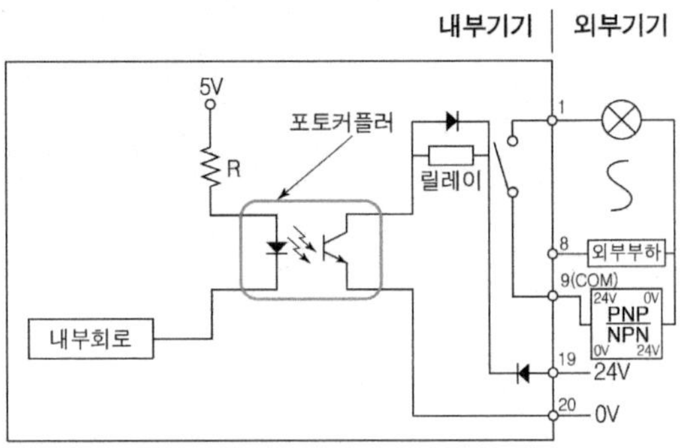

위의 연결 방법은 PNP 결선 방식에 해당하고 NPN 결선 방식은 PNP와 반대로 COM 단자에 0V를 연결하고 부하 측의 외부전원 공통단자 연결부에 +24V를 연결해 주어야 한다. 즉 PNP 연결 배선은 COM 단자에 +24V로 신호를 공급하고, 부하의 외부전원 공통단자 연결부에 0V를 연결한다. NPN 연결 배선은 COM 단자에 0V로 신호를 공급하고 부하의 외부전원 공통단자 연결부에 +24V를 연결한다.

출력 측은 내부 회로에서 사용되는 5V를 직접 사용할 수 없기 때문에 포토커플러를 통해 COM 단자에 공급되는 전압을 각 접점으로 공급한다. 다시 말해 출력 측은 COM 단자의 전압을 그대로 사용하기 때문에 출력할 전압을 COM 단자에 배선하여 사용해야 한다.

(3) PLC 입·출력 전원 및 COM 배선

아래의 그림은 MITSUBISHI PLC NPN 방식의 COM 단자 결선도이다.

* MITSUBISHI QX40 Input Module(NPN)

입력 모듈 (QX40) : 입력 32점 (플러스 COMMON:+코먼 결선), NPN 타입
0V 싱크(sink) 입력 신호는 COM 단자 전원부 +결선 연결

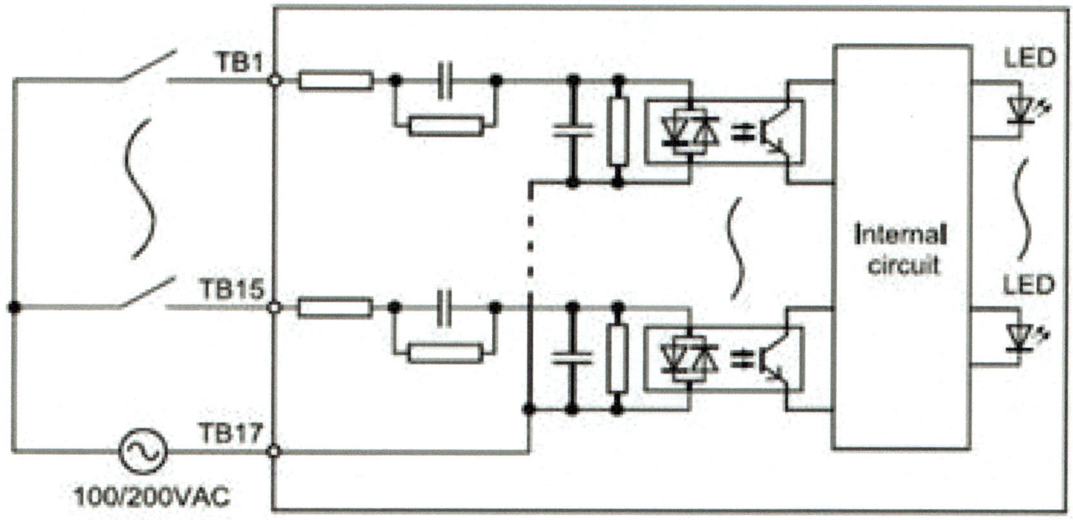

[그림1-12] 입력 NPN 방식의 COM 단자 결선도

* MITSUBISHI QY10 Output Module

출력 모듈 (QY10) : 출력 32점 (릴레이 출력모듈), NPN 타입
COM 단자 전원부 -결선 연결하면 0V 싱크(sink) 출력 결선

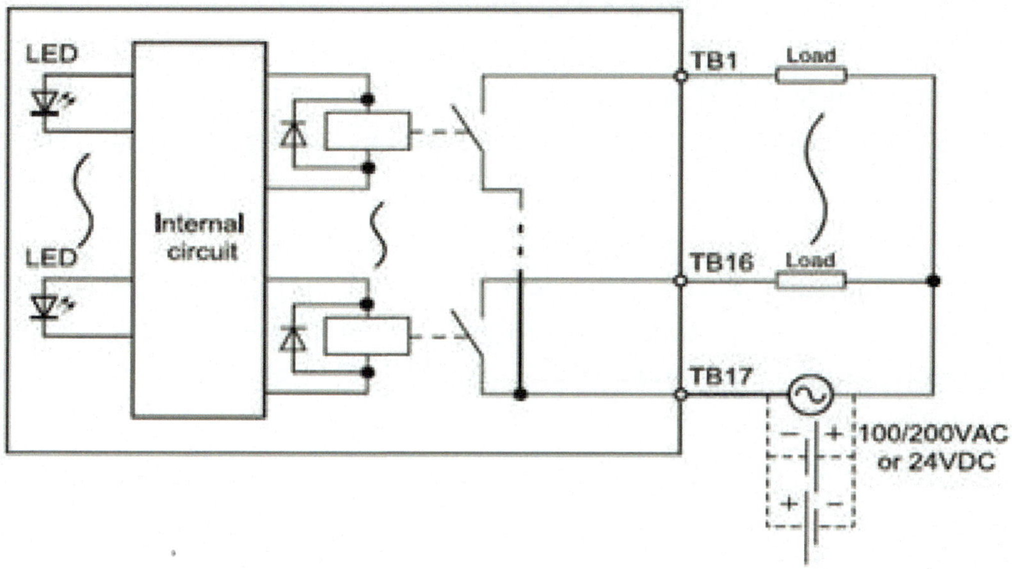

[그림1-13] 출력 NPN 방식의 COM 단자 결선도

(4) PLC 입·출력 신호에 따른 COM 단자 결선도

아래의 그림은 PLC에 COM(COMMON : 공통단자) 단자 결선도를 나타내었다.

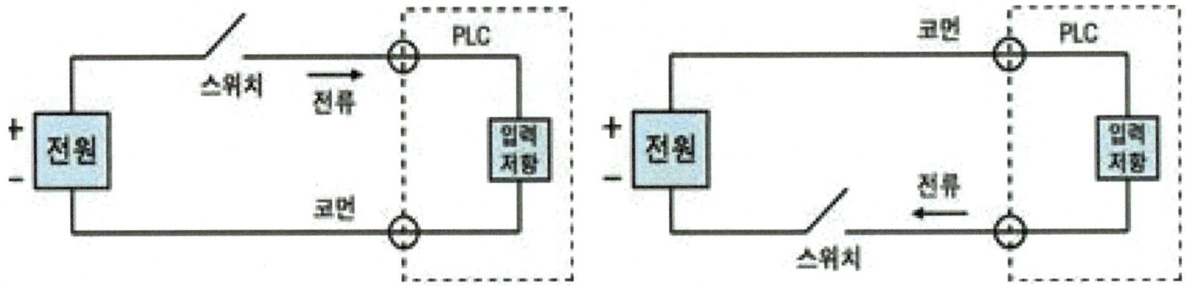

[그림 1-14] PLC 입력 결선도

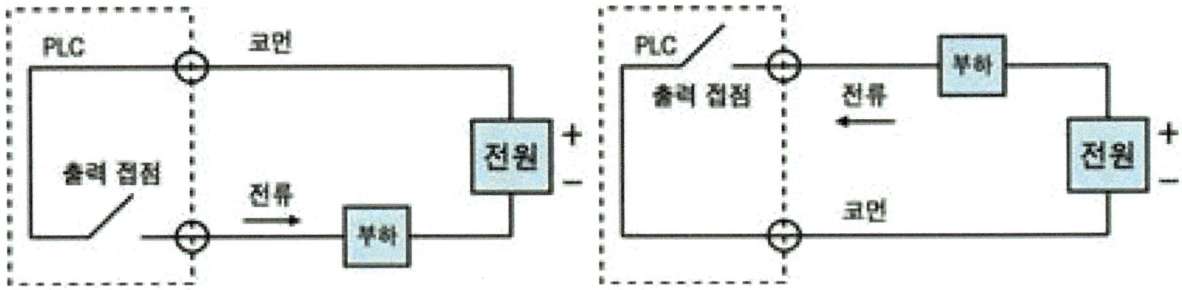

[그림 1-15] PLC 출력 결선도

PLC 입력 결선은 +24V 소스(source) 입력 신호는 PLC 입력 모듈(입력 카드)의 코먼이 마이너스 0V(DC) 전원에 결선되며 -코먼이라 한다.

0V 싱크(sink) 입력 신호는 PLC 입력 모듈(입력 카드)의 코먼(공통단자 : COMMON)이 +24(DC) 전원에 결선되어야 한다. 다시 말해 +코먼 결선이라 한다.

PLC 출력 결선은 PLC 출력 모듈(출력 카드) 코먼(공통단자 : COMMON) 단자에 마이너스(0V) 전원을 결선하면 싱크(sink) 출력 결선이 되고, +24V(DC) 전원을 결선하면 소스(source) 출력 결선이 된다.

그러므로 PLC 입력 신호로 +24V(소스) 신호가 필요한 경우 센서 감지시 감지신호출력을 +24V로 출력하는 PNP센서 또는 감지 시 24V를 신호로 연결해주는 2선식(3선식 센서도 있다.) 리드 스위치나 리미트 스위치 신호(+24V)가 입력 신호로 요구되는 것이다. 입력 신호가 24V이면 PLC 입력 카드 COM결선은 -코먼(0V)이다.

PLC 입력 신호로 0V(싱크) 신호가 필요한 경우 센서 감지 시 감지신호출력을 0V로 출력하는 NPN센서 또는 감지 시 0V를 신호로 연결해주는 2선식 리드 스위치나 리미트 스위치 신호(0V)가 입력 신호로 요구되는 것이다. 입력 신호가 0V이면 PLC 입력카드 COM결선은 +24V코먼이다.

PLC 출력 카드 COM단자 결선은 COM에 연결되는 신호(전압)이 출력되기 때문에 출력 신호로 24V를 원하면 COM에 24V 연결, 0V를 출력 신호로 원하면 COM에 0V를 연결하면 된다.

특별한 경우가 아니면 입력 신호와 출력 신호를 동일하게 하는 것이 좋다. 입력 신호가 +24V(소스)이면 출력 신호도 +24V(소스)로 결선, 입력 신호가 0V(싱크)이면 출력 신호를 0V(싱크)로 결선하는 것이 안정적이다.

다시 정리하면 +24V(소스) 입력 신호이면 PLC 입력 카드 COM결선은 0V코먼, PLC 입출카드 COM결선은 +24V코먼이다.

0V(싱크) 입력 신호이면 PLC 입력 카드 COM결선은 +24V코먼, PLC 출력카드 COM결선은 -코먼이다.

1.6 PLC의 사용 용도에 따른 기종선정

PLC를 선정하려면 제어대상에 대한 시방과 제어내용을 정확히 이해하고 제어대상에 적절한 기능, 가격, 확장성, 사후관리, 기종의 계속성, 현장 기술자의 수준 등을 고려하여 선택하여야 한다.

국내 및 세계적으로 산업, 인프라 및 기계 제조업체에서 많이 사용되고 있는 PLC 제조사로는 미국 브랜드인 로크웰 오토메이션사의 알렌브렌들리사(Allen-Bradley) PLC, 독일 브랜드 지멘스 SIMATIC PLC시리즈, 1988년 스웨덴 ASEA그룹과 영국BBC그룹과 합병한 ABB그룹사의 AC500 PLC시리즈, 1836년 프랑스에서 시작 하여 EU그룹인 슈나이더 Modicon PLC시리즈, 1924년 설립된 일본 미쓰비시사의 MELSEC PLC 시리즈 국내 반도체업체에서 가장 많이 사용중이며, 일본 오므론 PLC시리즈 등이 있으며, 국내 PLC로는 기존에 삼성 그룹의 파라시리즈가 있었지만 사업철수 했고 LG그룹에서 분사한 LS그룹의 LS산전의 PLC가 높은 시장 점유율을 차지하고 있다. 한번 선택하여 채택된 PLC는 그 기계가 가동하고 있는 동안은 장기적으로 신뢰하여 사용할 수 있어야 한다. 따라서 PLC의 기종 선정은 본체의 사양서나 입력 출력부의 사양서 검토는 물론, 사양서에는 나타나 있지 않은 신뢰성문제, 가성비, 보수나 애프터서비스, 사용상의 편리와 지원 장치 등에 대해서도 섬세한 검토가 이루어져야 한다.

PLC의 하드웨어는 릴레이나 스위치와 같은 단위 부품 레벨이 제품이 아니라, 그 핵심은 중앙처리장치(CPU)를 중심으로 한 전자장치(모듈)레벨이 제품이므로 선정 시에는 특히 신뢰성의 확보가 최우선 되어야 한다. 또한, 사용상의 편리함이나 다양한 주변장치 공급 및 공급업체의 기술지원 체계 등도 우선되어야 한다.

대부분 PLC 운용자들은 프로그램의 개발과 디버그를 위하여 지원 장치(다운로드킷트,터치스크린 등)를 취급하는 사람이 많다. 지원 장치의 필요조건은, 프로그램의 작성과 실제로 기계에서의 디버그, 도큐먼트의 작성 및 유지보수와 제어상태의 체크 등을 용이하게 할 수 있는 것이다.

특히, 이제까지 사용되어 온 PLC 기종이나 메이커를 변경할 경우에는 다시 지원 장치(다운로드킷트,터치스크린 등)를 구입하지 않으면 안 될 뿐만 아니라, 프로그래밍과 디버그의 방법도 습득하지 않으면 안 되고, 이러한 변경에 따른 영향은 비단 설계자뿐만 아니라 운용, 보수, 점검을 하는 현장기술자까지도 영향을 미친다.

우선 입력 점수의 파악이 필요하다. 조작반의 누름 스위치, 리미트 스위치 등의 명령을 내리는 입력신호 수가 근접 센서, 포토 센서, 리드 스위치 등의 신호수를 합쳐 입력 점수로 하고, 개수를 적절히 선정한다. 또한 입력으로 사용되는 센서 등의 사용전압을 고려하여 입력 모듈의 사양을 선정하고,다음으로 출력 점수의파악이 필요하다. 전원 표시등, 운전 표시등, 과부하 표시등, 부저 등의 표시 또는 솔레노이드 밸브, 릴레이, 전자접촉기의 수를 합쳐 출력 점수 등을 고려하여 8점 모듈, 16점 모듈, 32점 모듈을 필요에따라 출력 모듈 수를 선정한다. 또 출력방식은 릴레이 접점 방식, TR출력방식, SSR출력 방식 등이 있으므로 출력부의 사용전압을 고려하여 선정한다.

※기종선정기준은 다음과 같다.

① I/O 점수계산
② 메모리 용량산출
③ 처리속도
④ 제어기능
⑤ 입력 유닛의 종류
⑥ 출력 유닛의 종류
⑦ 외관구조
⑧ 확장성
⑨ 주변기기
⑩ 내환경성
⑪ 가격 및 납기
⑫ 애프터서비스

1.7 PLC 수치의 표현

1.7.1 수치(데이터)의 표현

PLC CPU에서는 모든 정보를 ON과 OFF, 또는 "1"과 "0"의 상태로 기억하고 처리한다. 따라서 수치 연산도 1과 0으로 처리된 수치, 즉 2진수(Binary Number : BIN)로 처리한다.한편, 일상생활에서는 10진수가 알기 쉽고 가장 널리 사용되고 있다. 그래서 PLC의 수치정보를 읽을 경우에는 10진수에서 16진수로, 16진수에서 10진수로 변환이 필요하다.

① 10진수(Decimal)

10진수란 "0~9의 종류의 기호를 사용하여 순서와 크기(량)를 표현하는 수"를 말한다. 그리고 0, 1, 2, 3, 4, …, 9 다음에 "10"으로 자리올림하고 계속 진행된다.

예를 들면, 10진수..153..을 행과 "행의 가중치"란 측면에서 보면 아래와 같다.

$$
\begin{aligned}
153 &= 100 + 50 + 3 \\
&= 1 \times 100 + 5 \times 10 + 3 \times 1 \\
&= 1 \times 10^2 + 5 \times 10^1 + 3 \times 10^0
\end{aligned}
$$

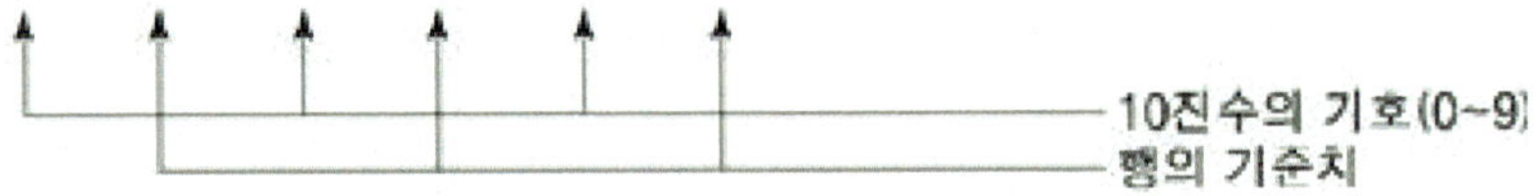

② 2진수(Binary … Bin)

2진수란 "0과 1의 두 종류 기소를 사용하여 순서와 크기를 나타내는 수"를 말한다. 그래서 0, 1 다음에 "10"으로 자리올림하고, 계속 진행된다. 즉 0, 1의 한 자리 수를 비트라고 한다.

2진수	10진수	변환
0	0	$0\times2^0 = 0$
1	1	$1\times2^0 = 1$
10	2	$0\times2^0 + 1\times2^1 = 2$
11	3	$1\times2^0 + 1\times2^1 = 3$
100	4	$0\times2^0 + 0\times2^1 + 1\times2^2 = 4$
101	5	$1\times2^0 + 0\times2^1 + 1\times2^2 = 5$

예를 들면 다음의 2진수는 10진수로 얼마나 되는지 생각해보자.
“100111001”

10진수에서 행 번호와 행의 가중치를 고려하였듯이 우측부터 비트번호와 비트 가중치를 붙여 보자.

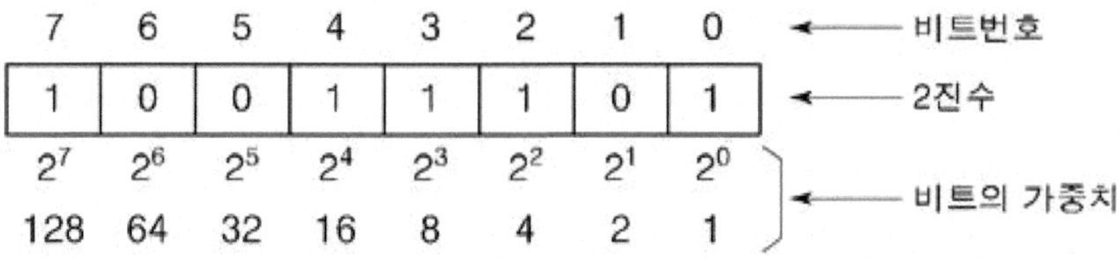

10진수와 같이 각 비트의 코드의 가중치의 곱의 합을 생각해보자.

= 1×128 + 0×64 + 1×32 + 1×16 + 1×8 + 1×4 + 0×2 + 1×1
= 128 + 16 + 8 + 4 + 1
= 157

157의 10진수를 2진수로 변환해 보자.

157/2 = 78 나머지 1, 78/2 = 39 나머지 0, 39/2 = 19 나머지 1, 19/2 = 9 나머지 1, 9/2 = 4 나머지 1, 4/2 = 2 나머지 0, 2/2 = 1 나머지 0, 1/2 = 0 나머지 1이며, 나머지 값을 끝으로부터 역순으로 나열하면 10011101이 되며 2진수가 된다. 즉 2진수는 “코드가 1인, 비트의 가중치를 가산한 것”이 10진수로 되는 것이다. 일반적으로 8비트를 1바이트, 16비트(2바이트)를 1워드라 한다.

③ 16진수(Hexadecimal .... HEX)

16진수도 10진수, 2진수와 동일하게 생각하여 "0~9, A~F의 종류의 기호를 사용하여 순서와 크기를 나타내는 수"를 말한다.

그리고 0, 1, 2, ...D, E, F 다음에 "10"으로 자리올림을 하고 계속 진행된다.

10진수	16진수	2진수	BCD	
0	0	0		0000
1	1	1		0001
2	2	10		0010
3	3	11		0011
4	4	100		0100
5	5	101		0101
6	6	110		0110
7	7	111		0111
8	8	1000		1000
9	9	1001		1001
10	A	1010	0001	0000
11	B	1011	0001	0001
12	C	1100	0001	0010
13	D	1101	0001	0011
14	E	1110	0001	0100
15	F	1111	0001	0101
16	10	10000	0001	0110
17	11	10001	0001	0111
18	12	10010	0001	1000

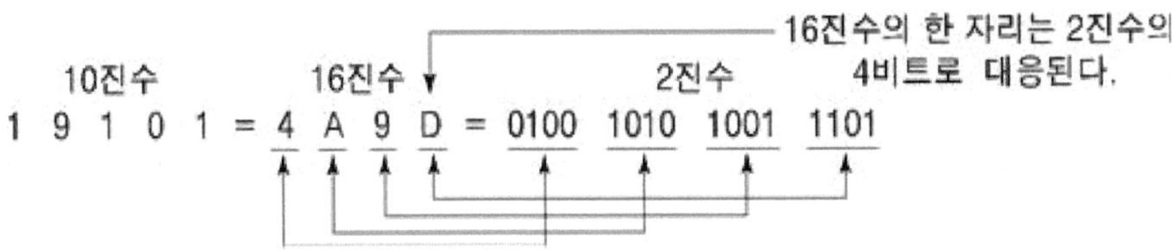

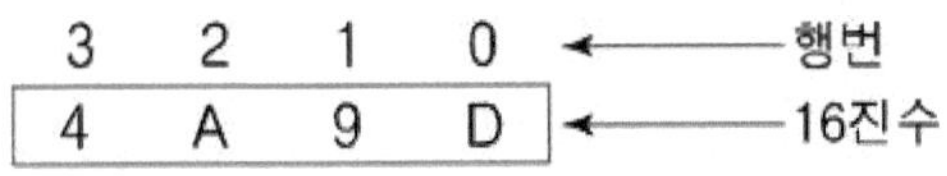

= (4)×163 + (A)×162 + (9)×161 + (D)×160

= 4×4096 + 10×2568 + 9×16 + 13×1

= 19101

19101은 10진수로 환산한 값이다.

10진수 19101을 16진수로 변환하면, 19101/16 = 1193 나머지 13(D), 1193/16 = 74 나머지 9, 74/16 = 4 나머지 10(A), 4/16 = 0 나머지 4이며, 나머지를 역순으로 나열하면 4A9D가 된다.

④ 2진화 10진수(Binary Coded Decimal .... BCD)

2진화 10진수는 "10진수의 각행의 숫자를 2진수로 나타낸 수"를 말한다. 예를 들면, 10진수의 157은 다음과 같이 10진수의 0~9999(4행의 최대치)를 16비트로 나타낸다.

각 비트의 가중치는 다음과 같다.

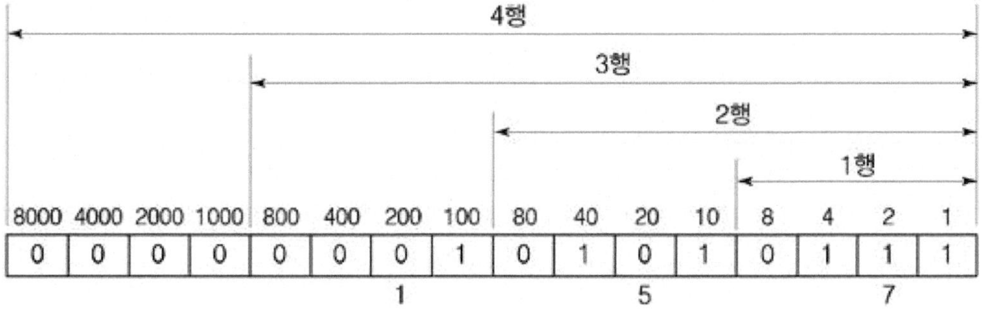

1.7.2 정수의 표현

정수 표시는 최상위 비트(MSB)가 0이 되며 양수를 나타내고 1이면 음수로 나타나게 된다. 이때 0, 1에 따라 음수 양수를 표시하는 최상위 비트를 Sign 비트라고 한다. 16비트도 32비트에서는 MSB의 위치가 다르기 때문에 Sing 비트 위치에 주의해야 한다.

(1) 16비트일 경우

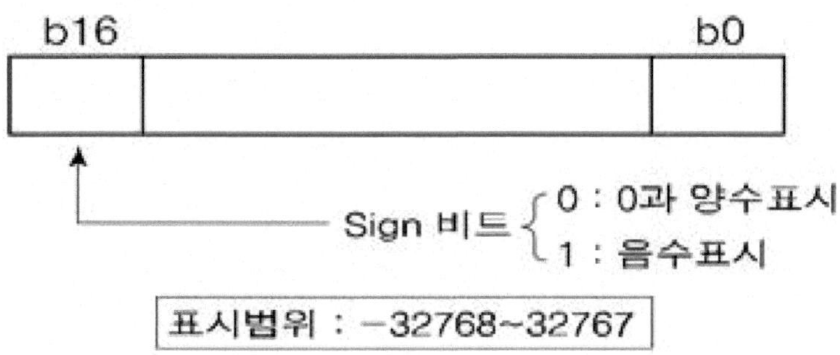

(2) 32비트일 경우

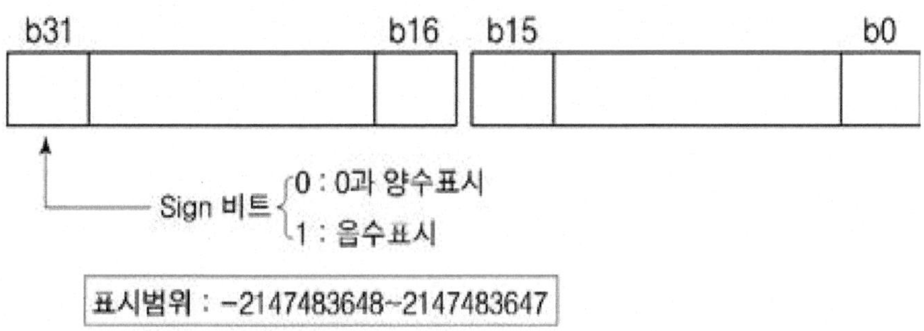

1.7.3 음수의 표현

음수를 바이너리 코드로 표현하고자 할 때는 먼저 부호를 생략한 데이터를 바이너리 코드로 전환한 후 1의 보수를 취하면 된다.

[예] - 0001을 표기하는 방법

① 부호를 생략한 0001을 바이너리 코드로 전환하다.(b0 = 1)

b15				b0
1	0	~	0	1

② ①의 결과를 반전시킨다.(b0 = 0)

b15				b0
1	1	~	1	0

③ ②의 결과에 + 1을 한다.

b15						b0
1	1	1	1	~	1	1

- 0001 = hFFFF

즉, 음의 정후 - 0001을 바이너리 코드로 전환했을 경우 hFFFF와 동일한 결과가 나타난다. 또 무부호 정수(UINT) 정수의 최대값 65,535를 바이너리 코드로 전환해 보면 hFFFF가 나타난다. 역으로 말하면 hFFFF는 - 0001 또는 65,535로 인식할 수 있는데, 변수 설정시 설정한 데이터 타입에 따라 정수(INT) 또는 무부호 정수(UINT)로 인식하게 된다.

1.8 입출력 주소 할당(MELSEC[멜섹]Q03UDVCPU)

1.8.1 입출력 주소 할당

PLC의 CPU가 입력 모듈을 통해 외부의 On/Off 상태를 수신하거나, 출력모듈을 통해 외부로 On/Off 상태로 출력하기 위해선 주소를 할당하여야 한다. PLC CPU가 외부로부터 입력 받고 연산후 외부로 출력 할수 있는 구별된 입출력 신호주소가 있어야 한다. 입출력 주소번호는 16진수로 표현하고, 입력과 출력 번호를 각각 구분하기 위하여 입력번호의 선두에 “X”, 출력 번호의 선두에 “Y”를 부여한다.

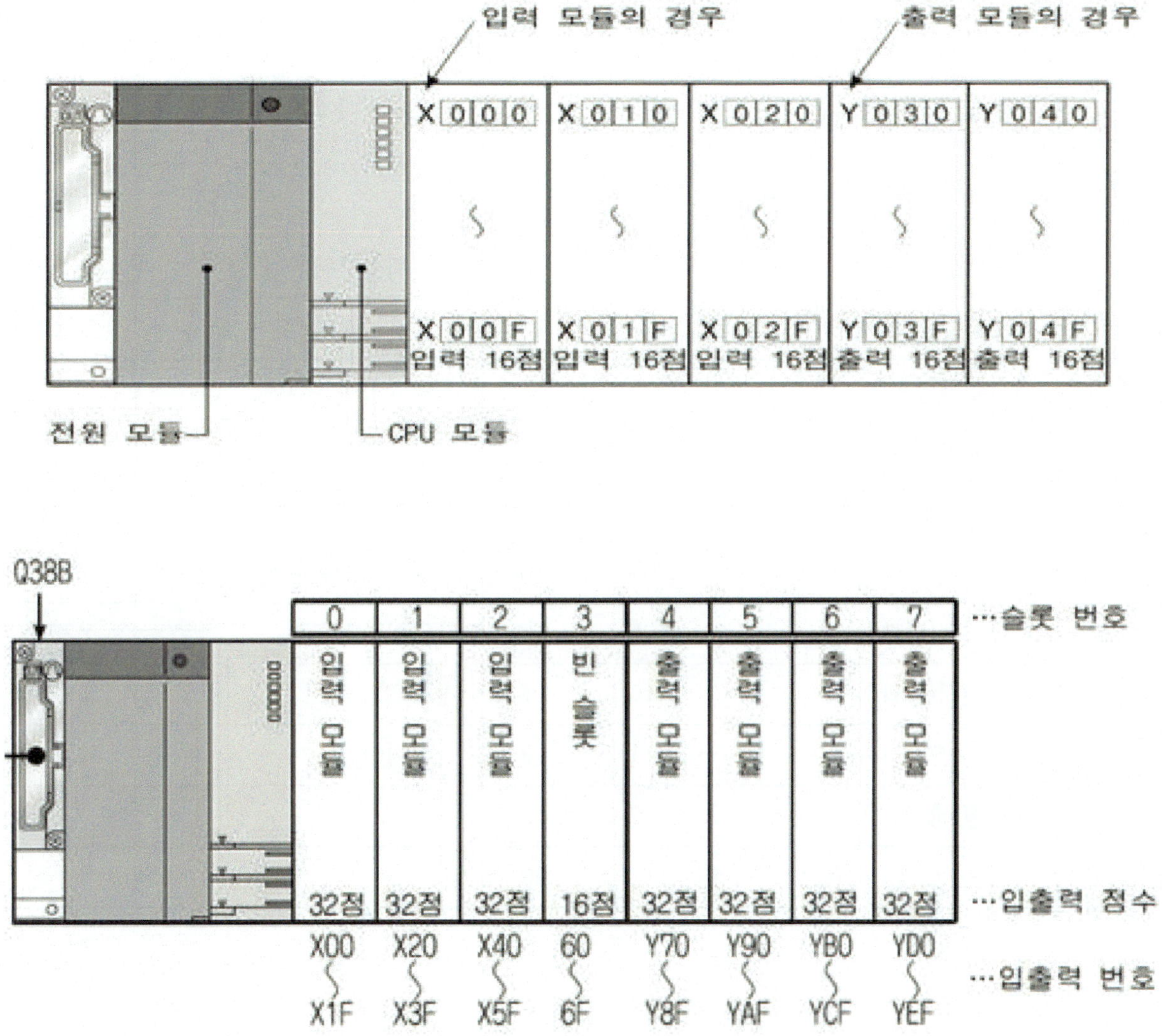

[그림 1-16] PLC 입출력 주소 할당

I/O입출력할당표

입력			출력		
번호	Comment	Device Nme	번호	Comment	Device Nme
1	A 공급실린더후진	X0	1	A 공급실린더전진	Y20
2	공급실린더전진	X1	2	공급실린더후진	Y21
3	B 송출실린더후진	X2	3	B 송출실린더전진	Y22
4	송출실린더전진	X3	4	송출실린더후진	Y23
5	C 가공실린더하강	X4	5	C 가공실린더하강 (편솔)	Y24
6	가공실린더상승	X5	6	가공실린더상승	
7	D 배출실린더후진	X6	7	D 배출실린더전진	Y25
8	배출실린더전진	X7	8	배출실린더후진	Y26
9	E 스토퍼실린더상승	X8	9	E 스토퍼실린더하강 (편솔)	Y27
10	스토퍼실린더하강	X9	10	스토퍼실린더하강	
11	F 흡착실린더전진	X0A	11	F 흡착실린더전진	Y28
12	흡착실린더후진	X0B	12	흡착실린더후진	Y29
13	G 흡착패드동작	X0C	13	G 흡착패드동작	Y2A
14	H 창고실린더후진	X0D	14	흡착패드 정지(편솔)	
15	창고실린더전진	X0E	15	H 창고실린더전진	Y2B
16	공급센서(광화이버)	X0F	16	창고실린더후진	Y2C
17	송출센서(광화이버)	X10	17	가공드릴	Y2D
18	전전용량형 센서	X11	18	컨베이어	Y2E
19	유도형 센서	X12	19		
20	광센서	X13	20		

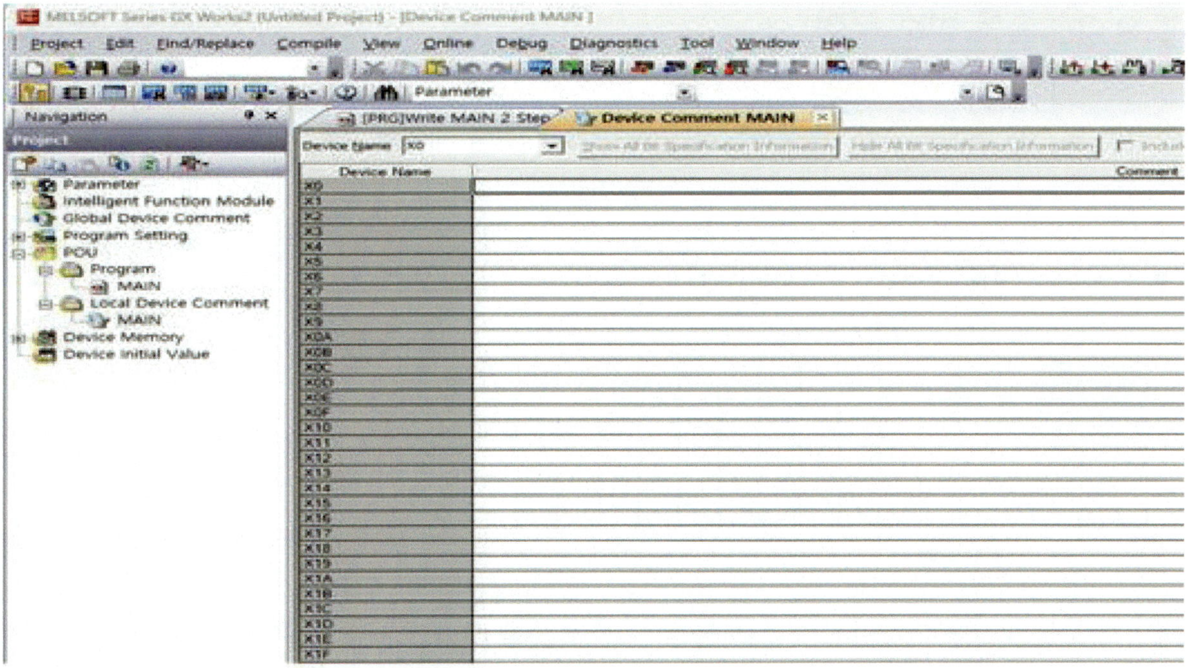

MELSEC[멜섹]Q03UDVCPU 입력 할당 입력창

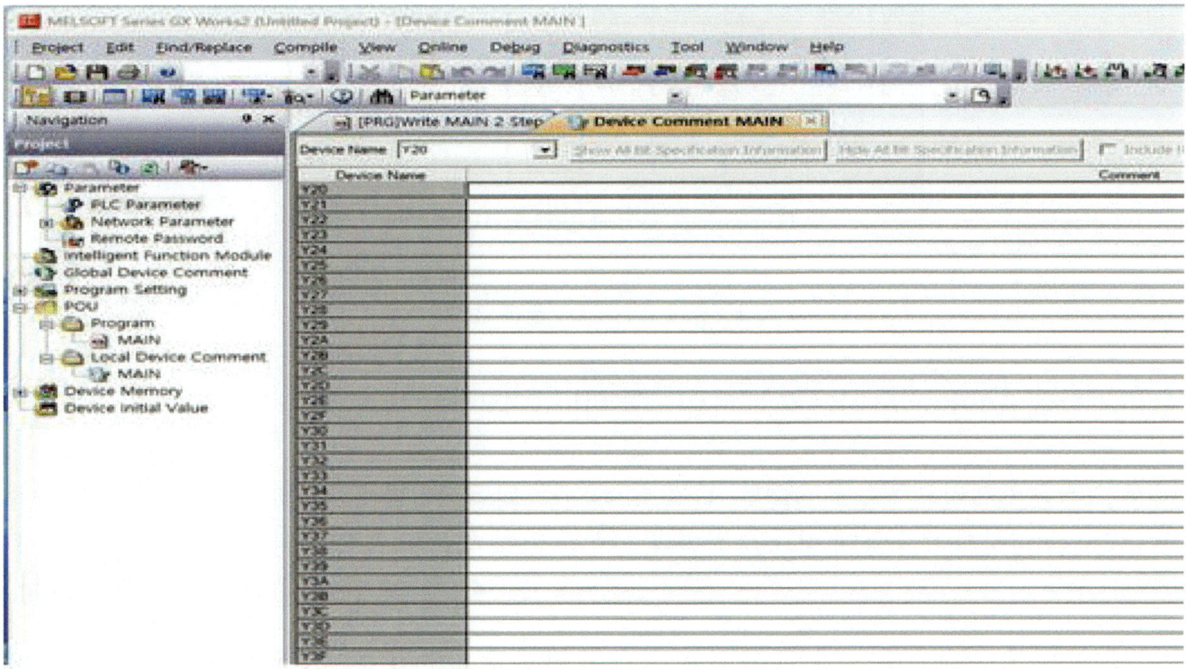

MELSEC[멜섹]Q03UDVCPU 출력 할당 입력창

1.8.2 슬롯 번호 부여

입출력 번호는 베이스 모듈에 장착된 입출력 모듈의 접점 개수에 따라 0번 슬롯부터 순차적으로 부여한다.

■ 기본 베이스 모듈

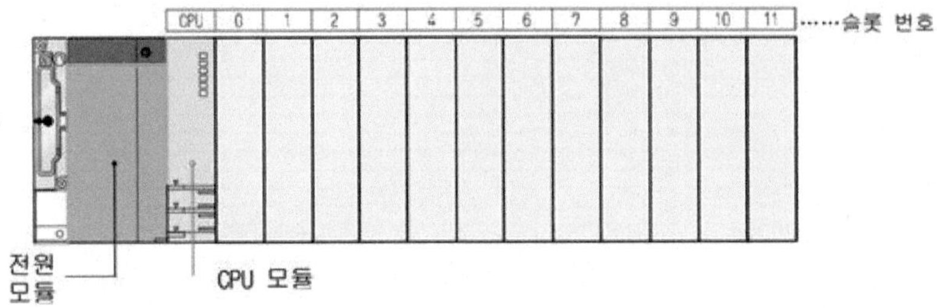

베이스 모듈의 사용 가능한 슬롯수(모듈수)는 빈 슬롯을 포함한 개수입니다.

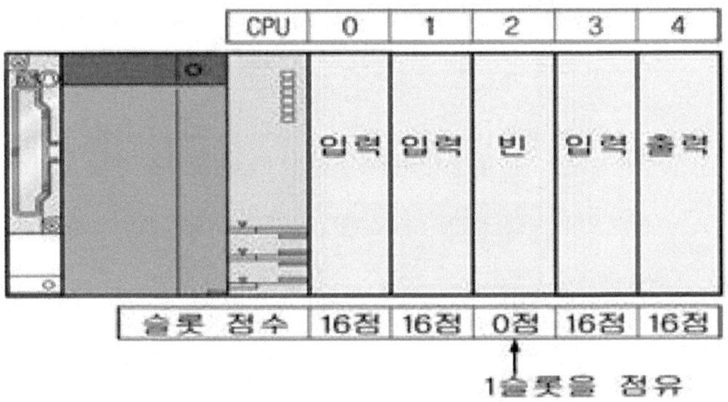

[그림 1-17] PLC 슬롯 번호

사용 가능한 슬롯수(모듈수)는 각 베이스 모듈 마다 다릅니다.

아래 그림은 Q시리즈 5슬롯, 8슬롯, 12슬롯 베이스 외형크기를 표시한다.베이스 모듈은 각종 PLC모듈을 장착하여 모듈에 필요한 전원과 신호를 연결 하는 역할을 한다.

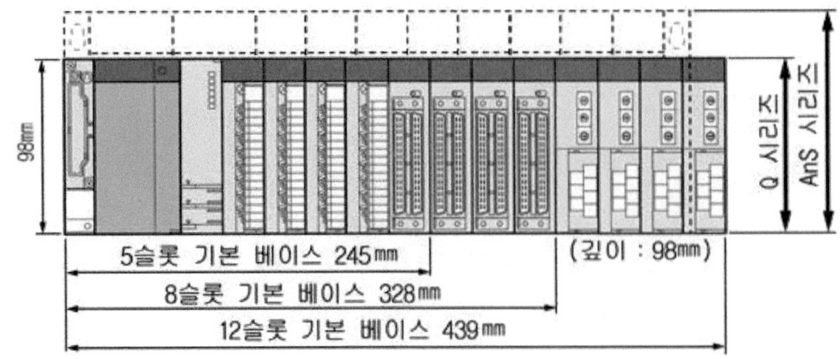

Chapter 2

터치스크린 GOT2000

2.1 GOT2000 GT Designer3에서 새 프로젝트 만들기

터치스크린(touch screen)은 일반적으로 산업체 자동화 생산라인에서 입력 및 출력 장치로 사용되어지며 터치스크린 또는 터치패널이라고도 불리고있다.

미쓰비시전기사의 HMI(Humam-MachineInterfaces) 터치패널인 GOT(Graphic Operation Terminal)는 기존 제어판넬에서 사용하던 스위치, 램프, 메시지알림,데이터 디스플레이 등을 터치 스크린에서 사용할 수 있도록 만들어진 제품으로 조작반의 디지털화 및 유연성,소형화, 배선비용 절감, 통신속도향상, 조작 성능 향상 등의 장점 때문에 자동화기기 및 자동화 시스템에서 PLC와 더불어 필수적으로 사용하는 장치이다. 이 책에서는 미쓰비시 터치스크린 GOT2000장치 작화 프로그램인 GT Designer3 프로그램툴이 설치된 PC에서 GOT에서 사용할 화면을 작성하고 작성된 내용을 USB통신 또는 이더넷 통신을 GOT2000디바이스에 전송 PLC CPU와의 통신을 통해 입력과 출력을 하고, PLC 내부메모리를 읽고 씀으로 PLC의상태를 화면에 표시한다.

1. 바탕화면 GT Designer3 프로그램툴을 클릭 한다.

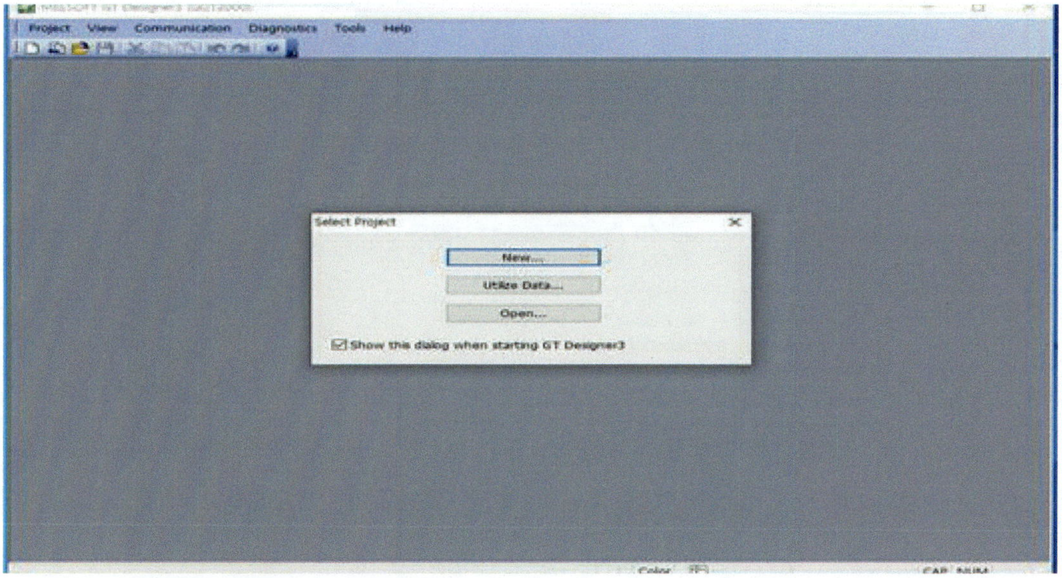

2. 새로만들기 New버튼을 클릭한다.

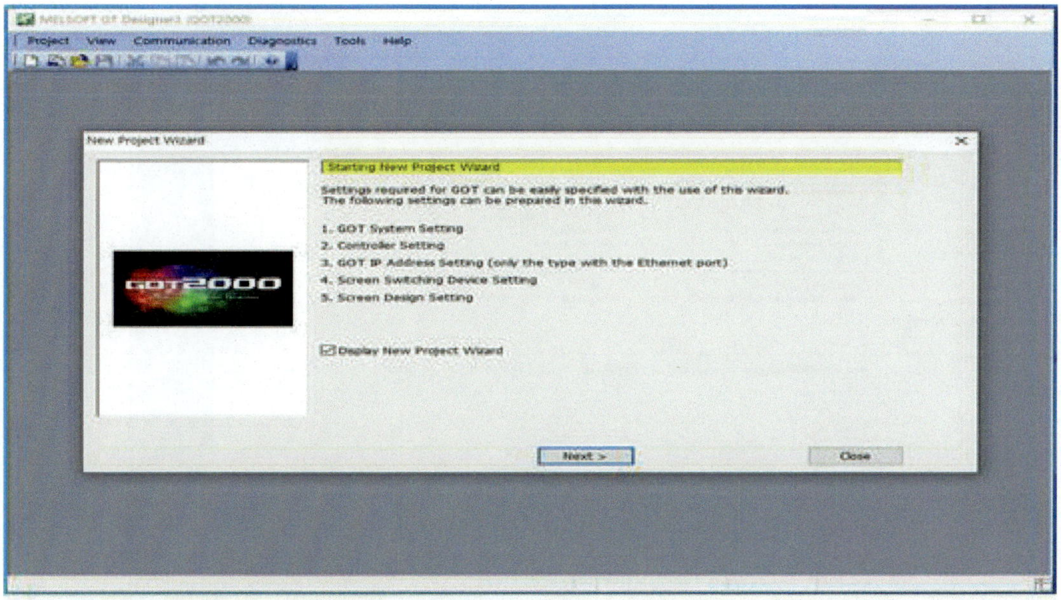

3. 다음(Next) 버튼을 클릭한다.

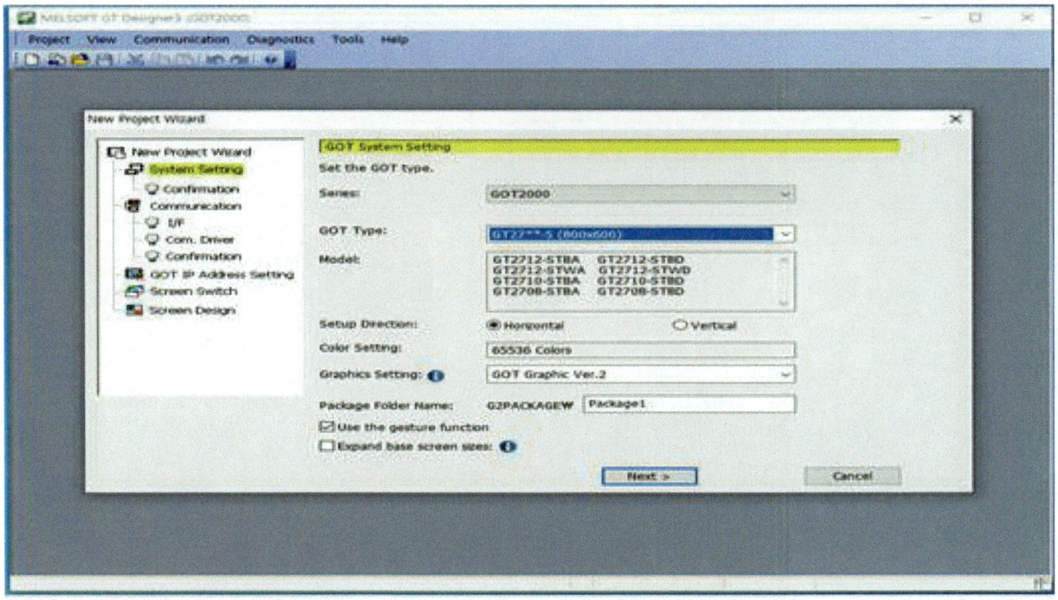

4. 다음(Next) 버튼을 클릭한다.

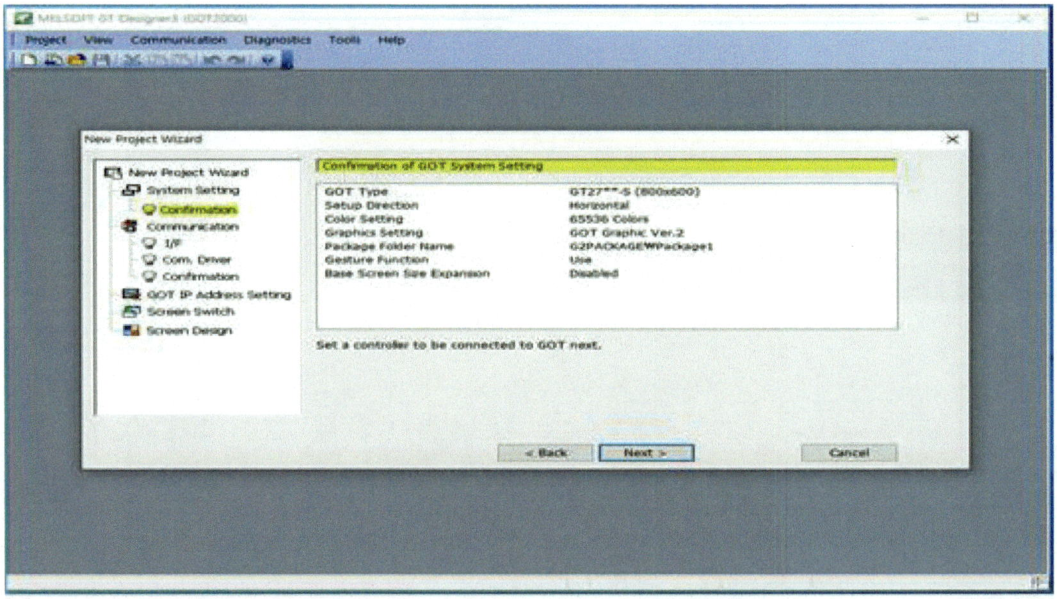

5. 다음(Next) 버튼을 클릭한다.

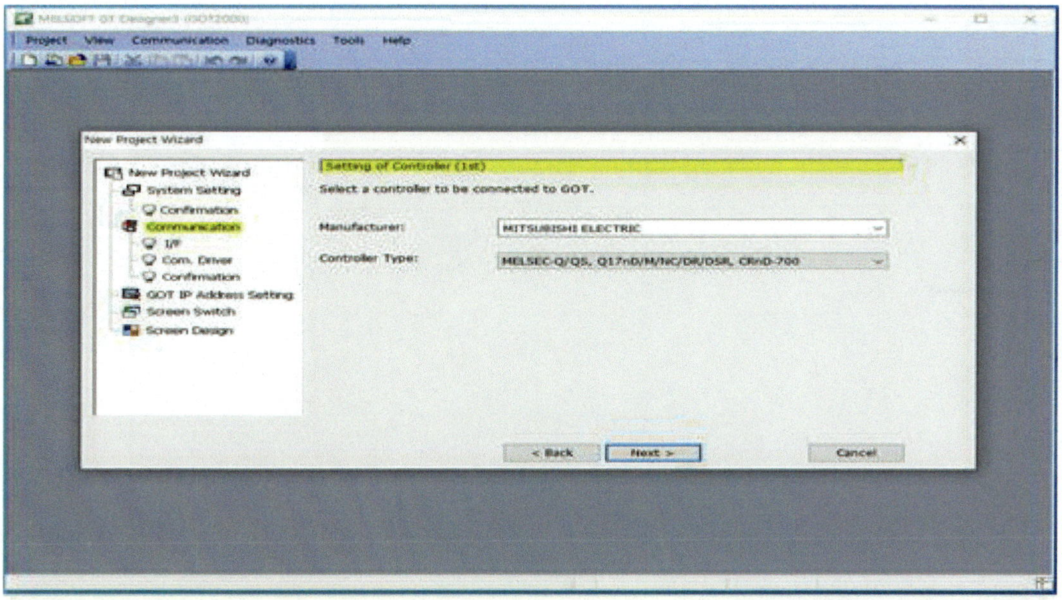

6. 다음(Next) 버튼을 클릭한다.

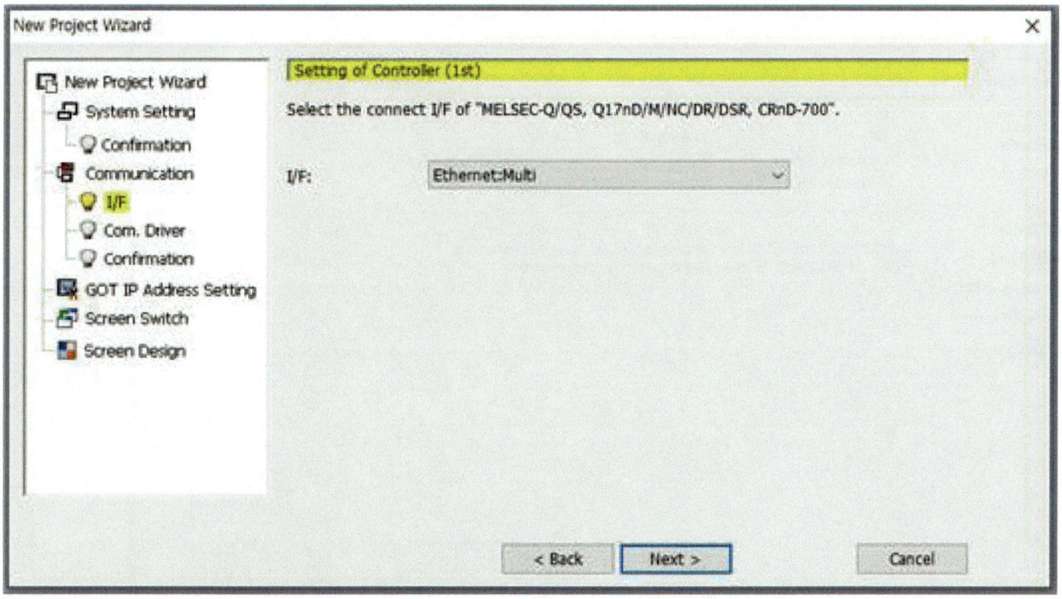

7. 다음(Next) 버튼을 클릭한다.

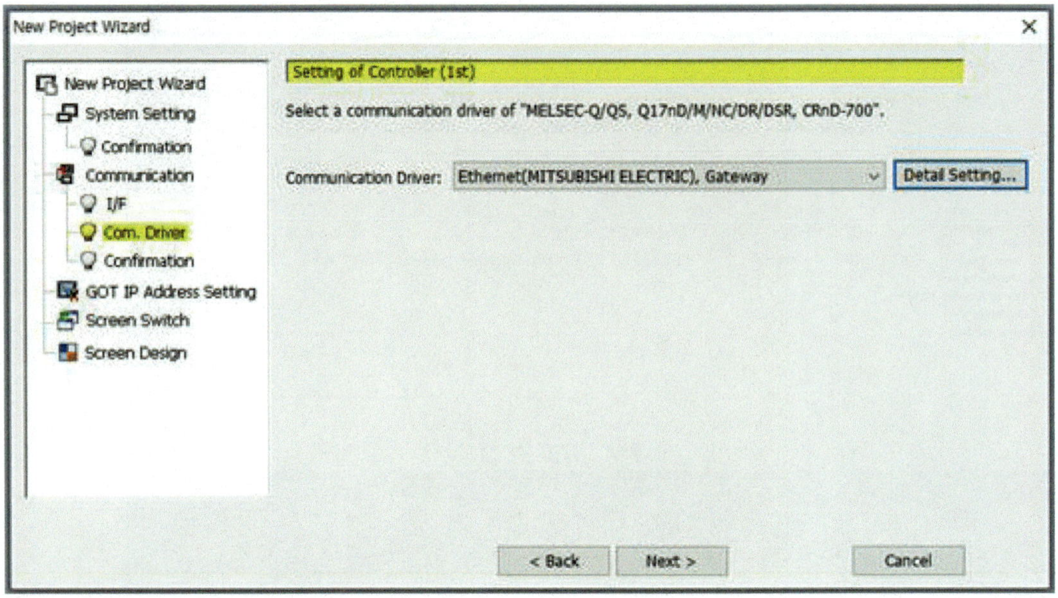

8. 다음(Next) 버튼을 클릭한다.

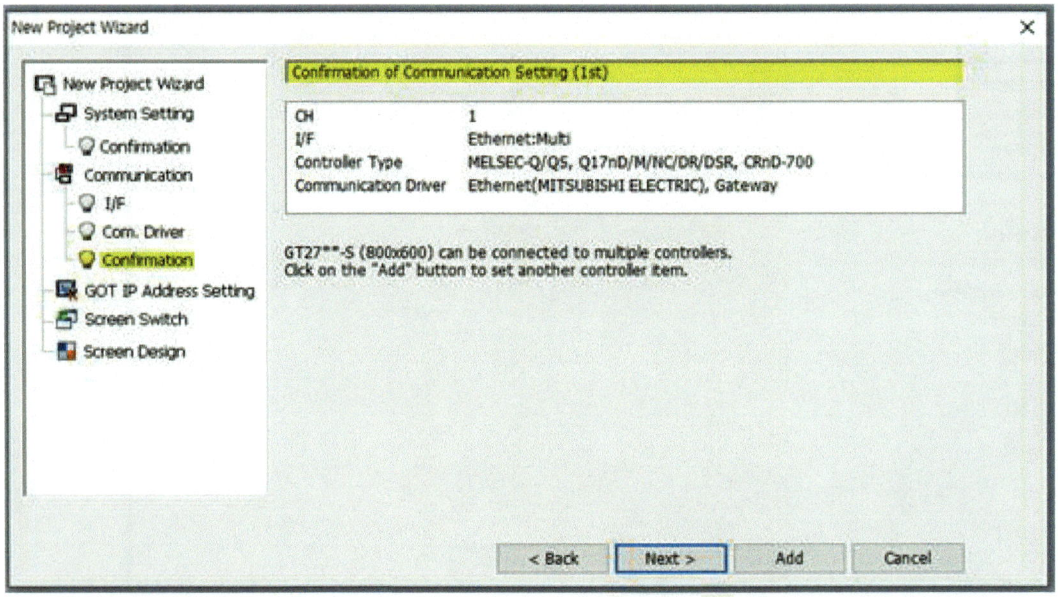

9. 다음(Next) 버튼을 클릭한다.

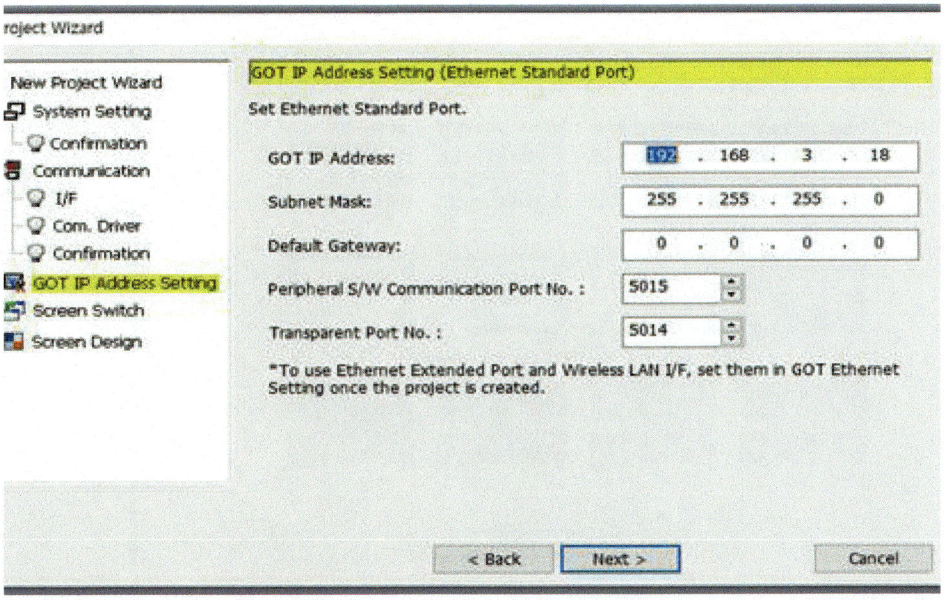

10. 다음(Next) 버튼을 클릭한다.

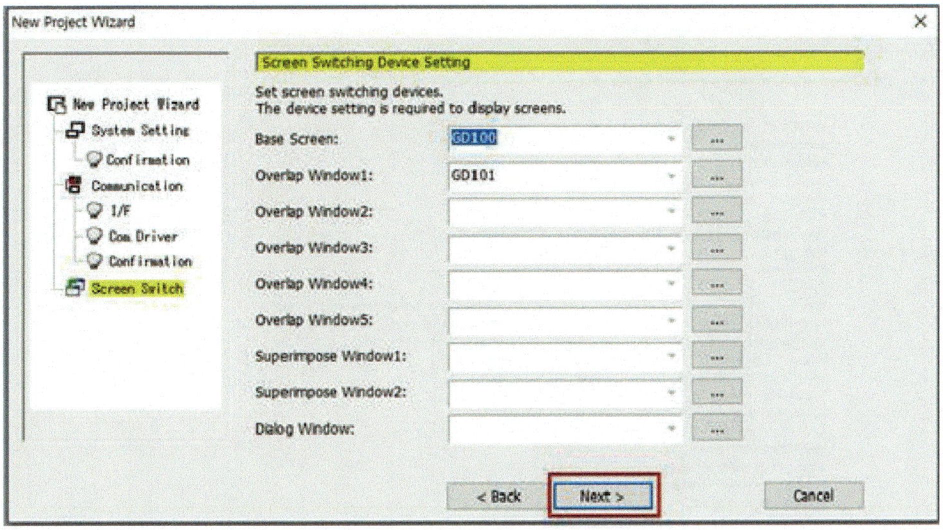

11. 다음(Next) 버튼을 클릭한다.

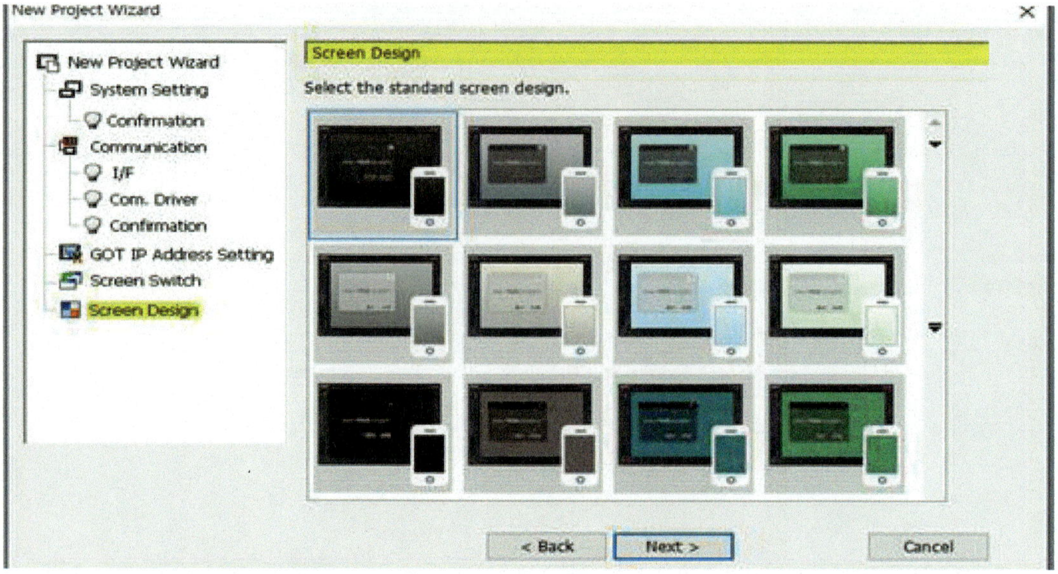

12. 다음(Next) 버튼을 클릭한다.

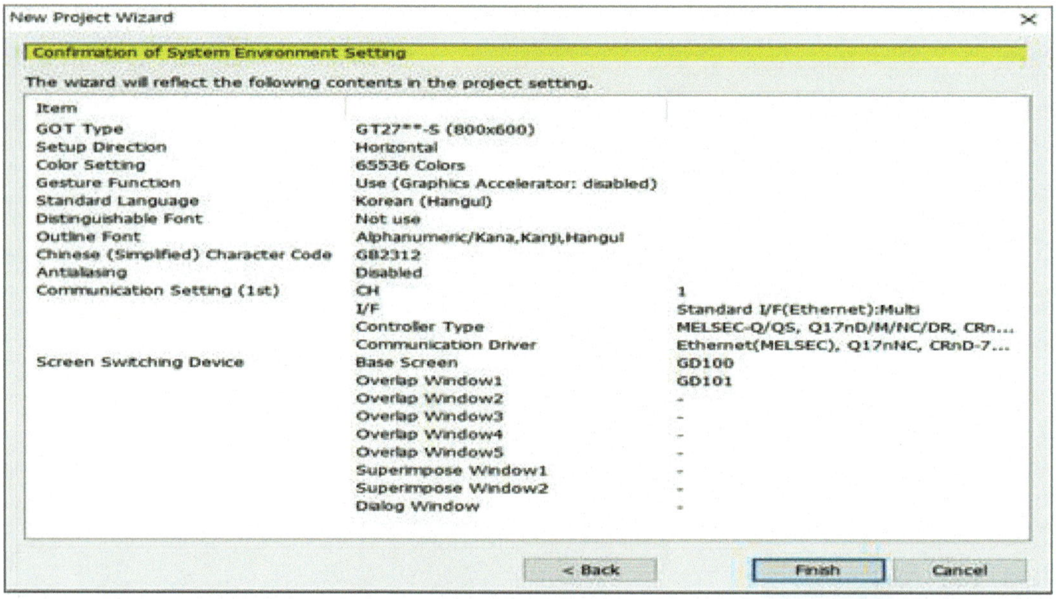

13. 완료(Finish) 버튼을 클릭한다.

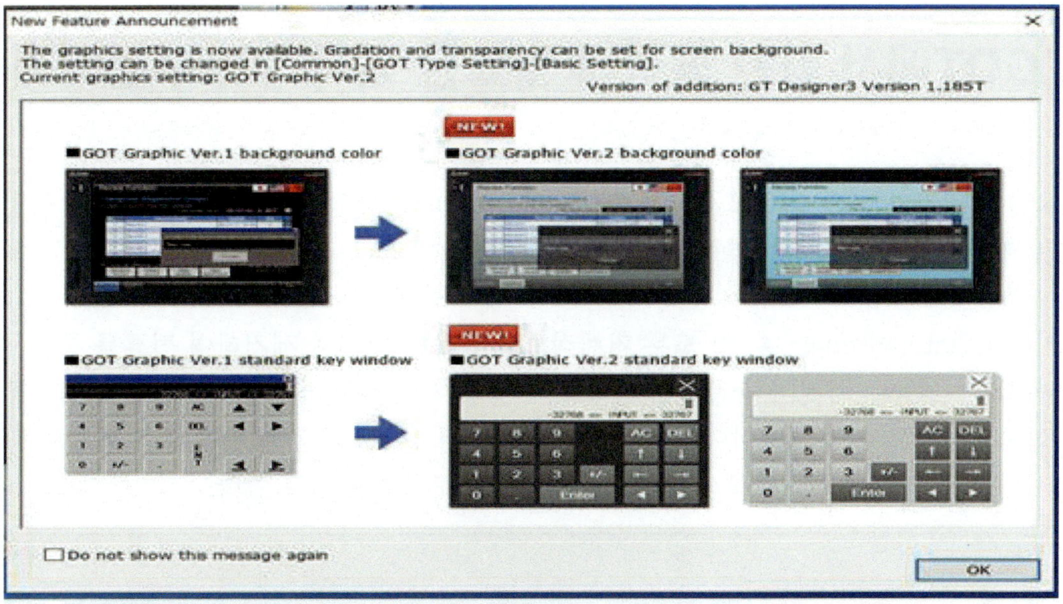

14. OK 버튼을 클릭한다.

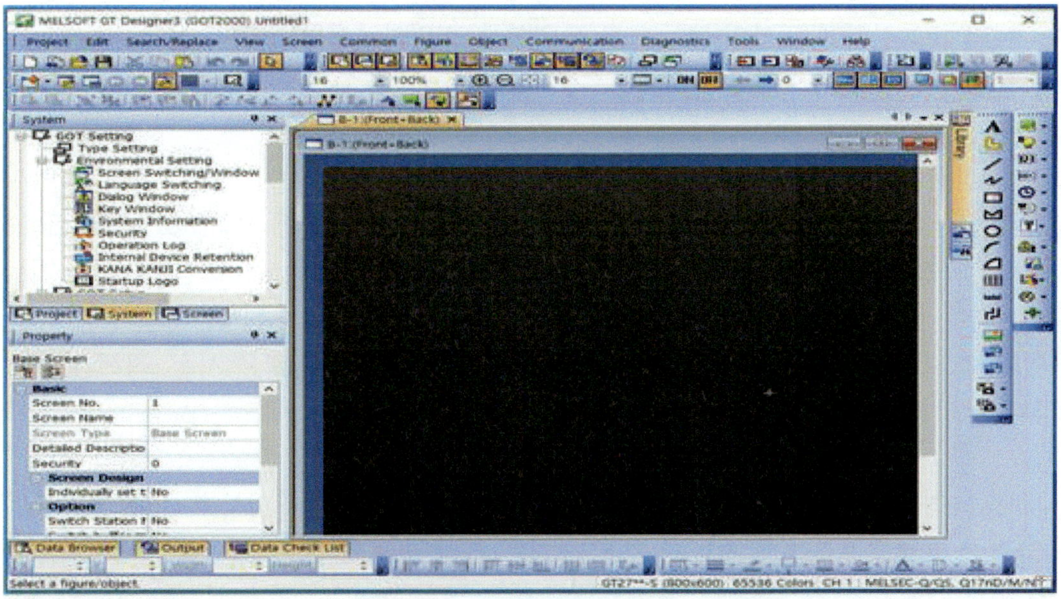

15. 작업 화면

2.2 GOT에서 화면 작성에 필요한 전자기기 부품이해

제어에 필요한 스위치와 램프,숫자 표시창을 GT Designer3 프로그램툴을 이용하여 GOT 화면을 작화하는 데에는 우선 전기기기 부품에 대한 이해가 필요하다.

조작 스위치(contact switch)는 손·발 또는 기계적으로 힘을 가하거나 제거하여 전류를 통전시키거나 차단시키는 기능을 가지며 자동을 수동으로, 수동을 자동으로 변환시키는 등의 스위치류로서 전기 회로에서는 필수적 요소이다. 조작 스위치는 그 기능별로 자동 복귀형, 유지형으로 나눌 수 있으며, 기계적으로는 ON/OFF시키는 스위치는 센서로 분류하기도 한다.

2.2.1 자동 복귀형 스위치

이 스위치는 푸시 버튼스위치(Push button switch)라고 하며, 손으로 스위치를 누르면 접점이 변하고 손을 떼면 스프링력에 의하여 자동으로 복귀하는 스위치로서 시스템의 시동, 정지의 신호를 얻는데 적합하다.

접점의 형태는 a접점과 b접점이 항상 공유하게 되며, 하나의 푸시 버튼에는 접점의 형태에 따라 상시 열림형 접점(normally open contact switch : a접점), 상시 닫힘형 접점(normally close contact switch : b접점), 전환 접점 스위치(change over contact switch : c접점)가 있다. 기능별로는 기본형 외에 동작 표시 램프 내장형등이 있으며, 버튼 모양에 따라 원형, 각형, 장방형, 버섯형 등이 있다. 스위치의 기능을 버튼의 색상으로 구분하기도 하며, 녹색은 시동, 적색은 정지 혹은 비상정지, 황색은 리셋의 기능을 나타내어 사용된다.

푸시버튼은 버튼을 누르고 있는 동안에만 접점이 ON 되는 기능을 가진 스위치로 GOT 화면구성 시 GT Designer3 프로그램툴에서 작화시 자동 복귀형 푸시 버튼과 같은 기능을하는 설정메뉴를 'Momentary'라 한다.

2.2.2 유지형 스위치

유지형 스위치는 소위 잔류 접점 스위치로서 외부 입력에 의하여 스위치를 조작하면 그 입력이 제거되어도 접점 상태가 그대로 유지되고, 이와 반대로 조작을 해야 접점의 상태가 초기 상태로 복귀하는 스위치이다. 이러한 스위치는 시퀀스에서 자동/수동, 연속/단속 등과 같이 조작 방법의 절환에 주로 사용되며, 간단한 회로에서는 운전/정지의 프로그램 제어용으로도 사용된다.

유지형 스위치의 종류로서는 셀렉터 스위치, 텀블러 스위치, 로터리 스위치, 토글 스위치 등을 들 수 있다.

푸시버튼은 버튼을 한번 누르면 접점이 ON 되고,또다시 누르면 OFF되는 기능 을 가진 스위치로 GOT 화면구성시 GT Designer3 프로그램툴에서 작화시 유지형 푸시 버튼과 같은 기능을 하는 설정메뉴를 'Alternate'라 한다.

Chapter 1

Chapter 2

Chapter 3

Chapter 4

2.3 GOT 화면구성에 필요한 스위치 작성

GT Designer3 프로그램툴에서 GOT 제어 동작 화면구성하기 위한 다양한 부품이 라이브러리 형태로 미리 만들어져 사용자에게 제공된다.

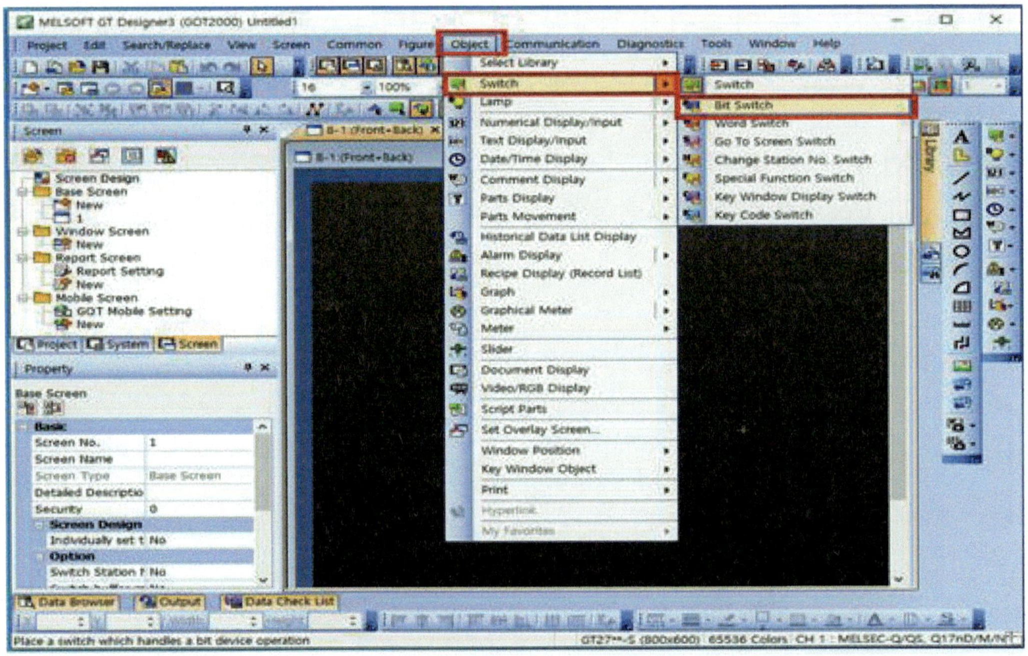

1. 오브젝트(Object)를 클릭 → Switch클릭 → Bit Sitch클릭 선택한다.

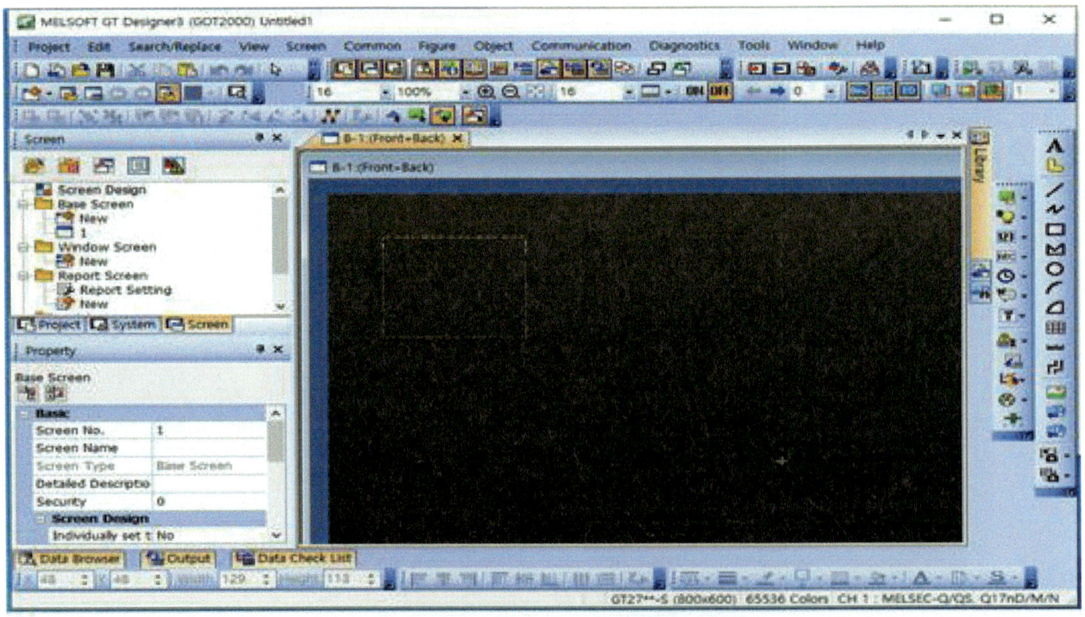

2. 드래그 앤 드롭으로 원하는 크기로 스위치를 작화한다.

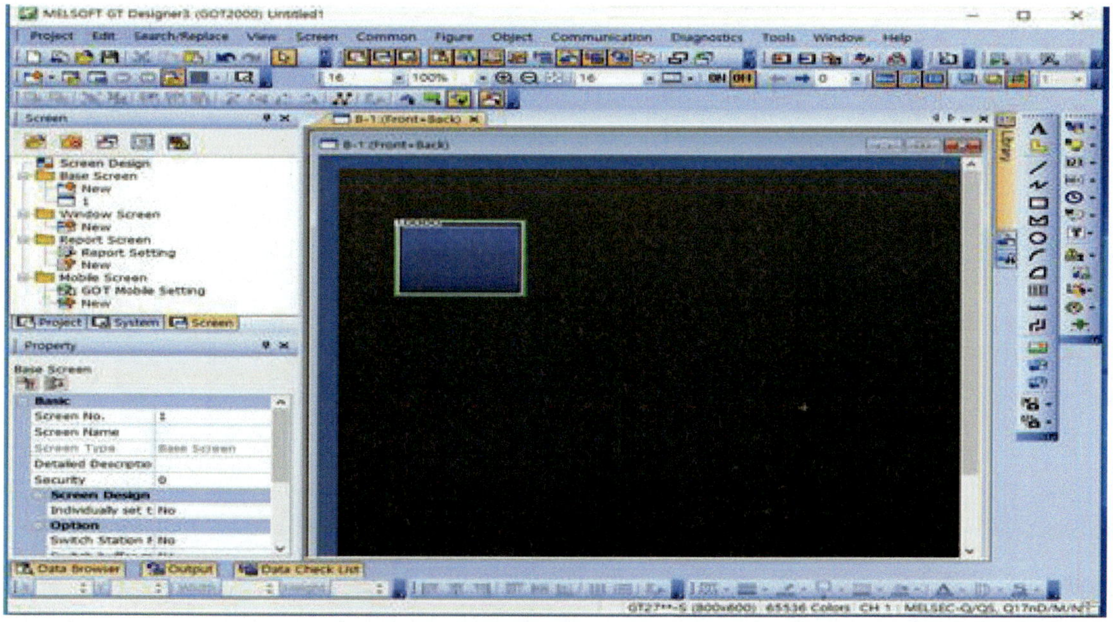

3. 화면에 작화된 스위치를 더블 클릭 선택한다.

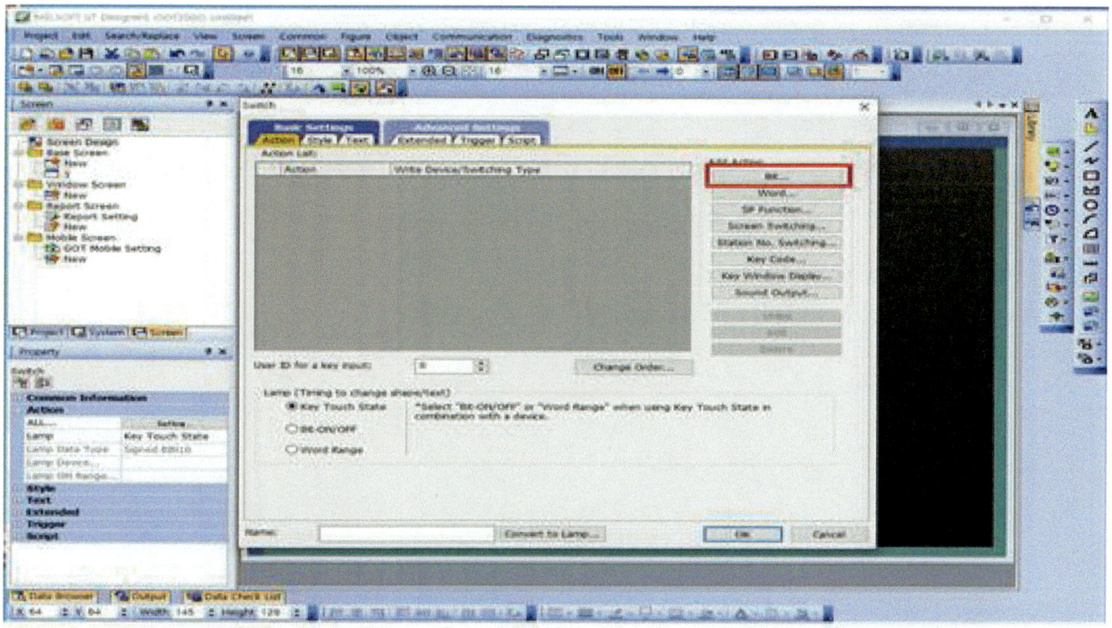

4. Bit 클릭 선택한다.

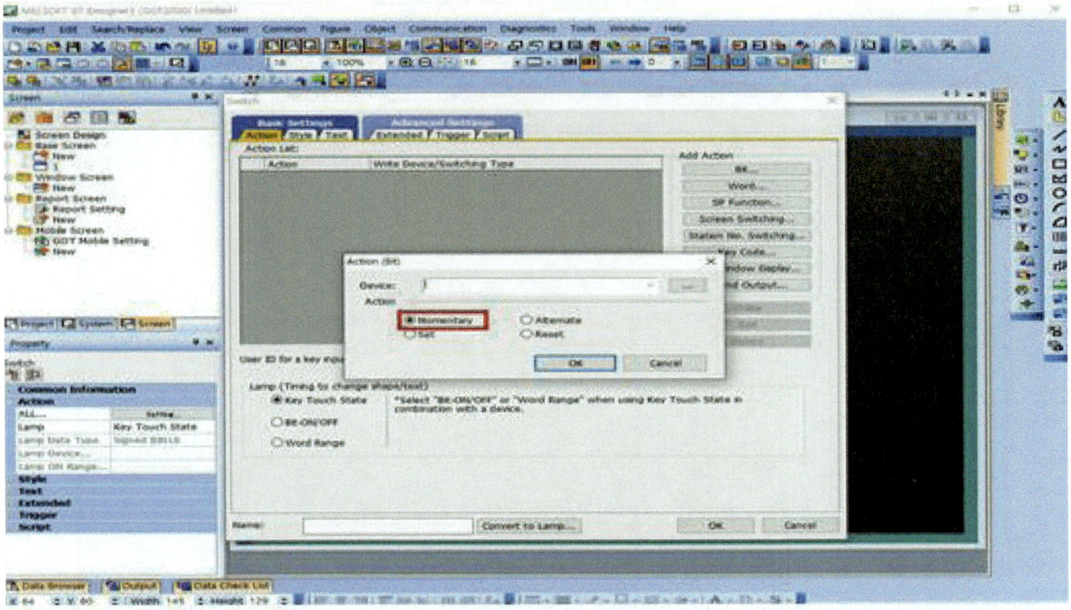

5. 스위치동작 설정메뉴 'Momentary'선택 확인한다.

- 푸시버튼은 버튼을 누르고 있는 동안에만 접점이 ON 되는 기능을 가진 스위치로 GOT 화면구성시 GT Designer3 프로그램툴에서 작화시 자동 복귀형 푸시 버튼과 같은 기능을하는 설정메뉴를 'Momentary'라 한다.
- 푸시버튼은 버튼을 한번 누르면 접점이 ON 되고,또다시 누르면 OFF되는 기능을 가진 스위치로 GOT 화면구성시 GT Designer3 프로그램툴에서 작화시 유지형 푸시 버튼과 같은 기능을하는 설정메뉴를 'Alternate'라 한다.
- 작화된 스위치에 할당할 PLC의 메모리 할당번지를 설정 한다.

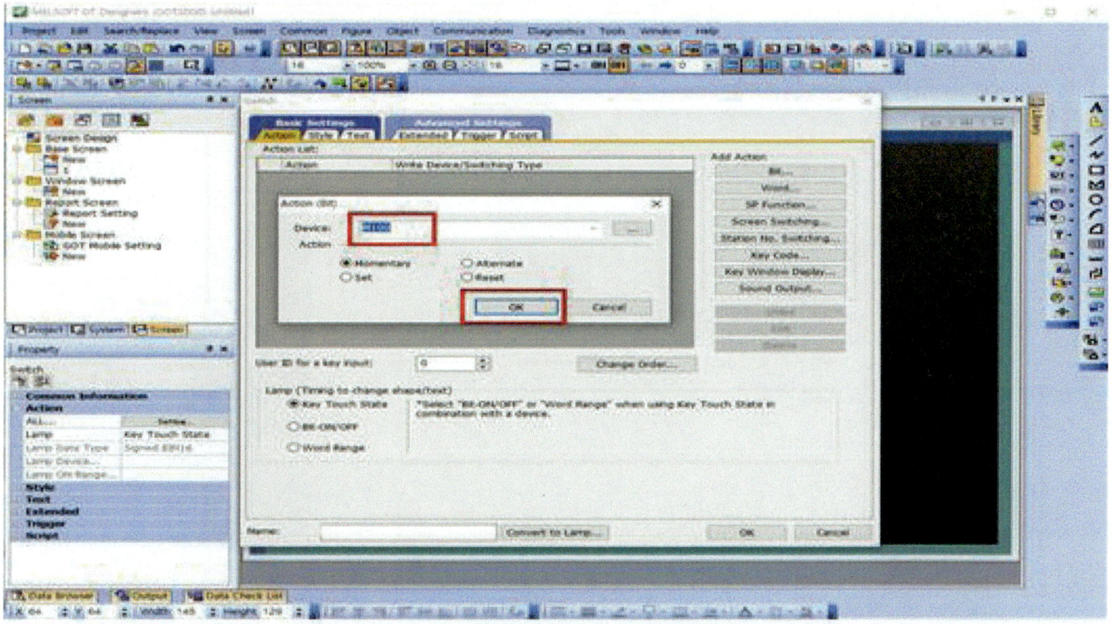

6. Device주소할당 PLC 비트 디바이스 직접 입력 내부릴레이 M100 할당 입력후 OK 클릭 한다. 조광형 스위치의 사용 여부를 선택 할 수 있다(Bit-ON/OFF 옵션선택가능)

· 멜섹Q03UDVCPU 사용 디바이스 종류

제어방식	종별	디바이스명	디폴트값		파라미터 설정에 의한 설정범위
			점수	사용범위	
내부 USB 디바이스	비트 디바이스	입력	8192 점	X0~X1FFF	
		출력	8192 점	Y0~Y1FFF	
		스텝릴레이	8192 점	S0~S8191	
		특수릴레이	2048 점	SB0~SB2047	
		내부릴레이	8192 점	M0~M8191	합계 28.8K 워드 이내에서 변경가능
		래치릴레이	8192 점	L0~L8191	
		애넌시애이터	2048 점	F0~F2047	
		에지릴레이	8192 점	V0~V2047	
		링크릴레이	8192 점	B0~B8191	
	워드 디바이스	타이머	2048 점	T0~T2047	
		적산타이머	0 점	(ST0~ST2047)	
		카운터	1024 점	C0~C1023	
		데이터레지스터	12288 점	D0~D12287	
		링크레지스터	8192 점	W0~W8191	
		특수링크레지스터	2048 점	SW0~SW2147	

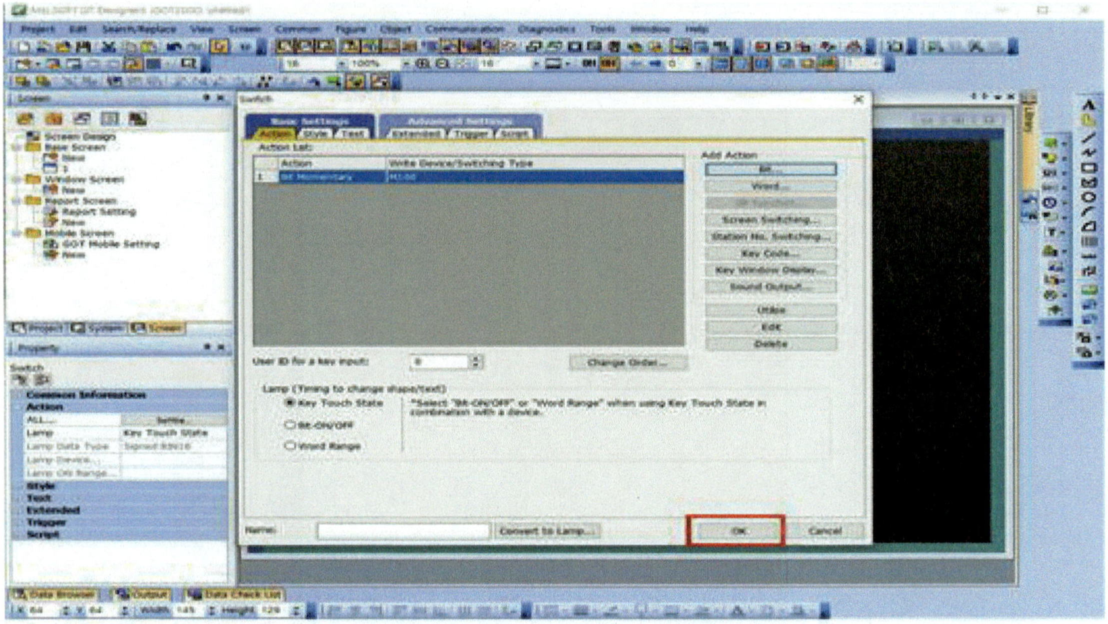

7. OK를 클릭 선택한다.

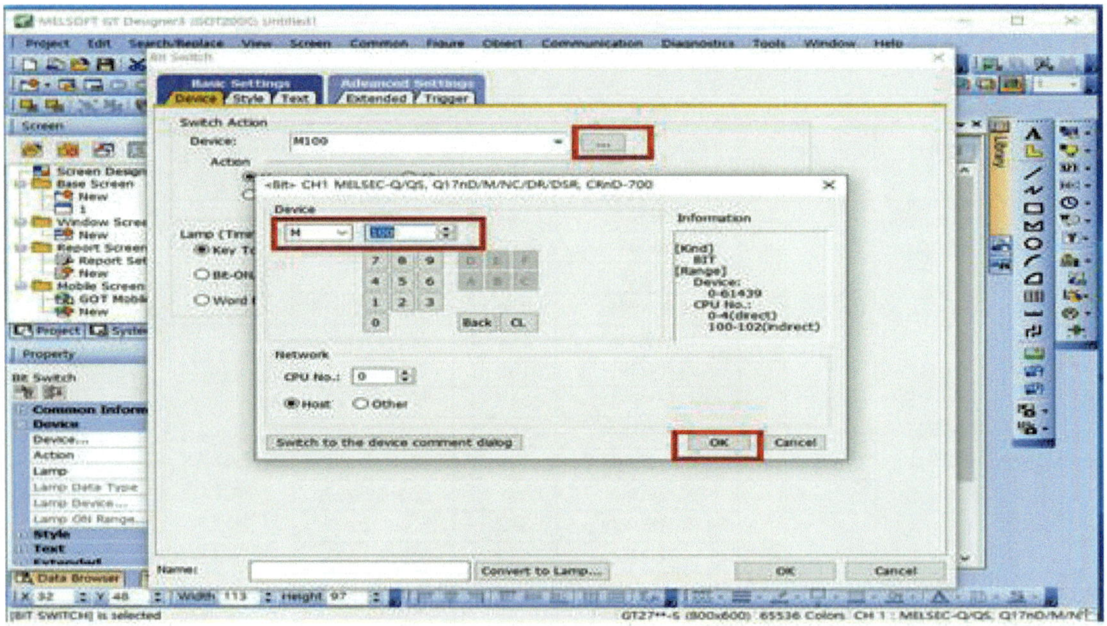

8. 버튼을 클릭 하여 Device주소 할당 하는 방법

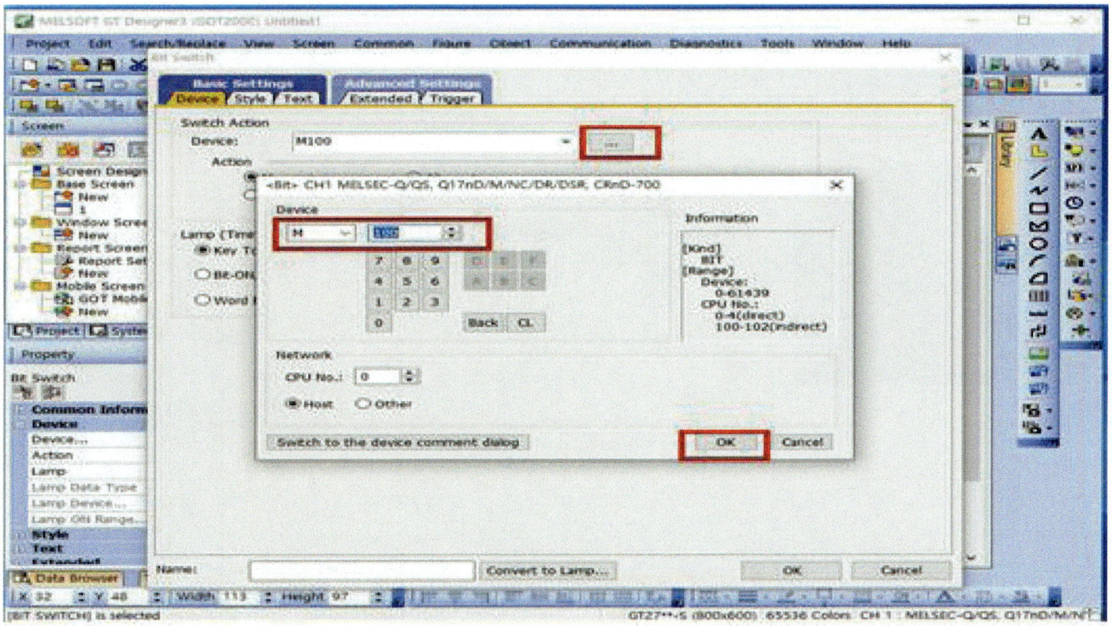

9. 버튼을 클릭하여 디바이스 M을 선택한다.

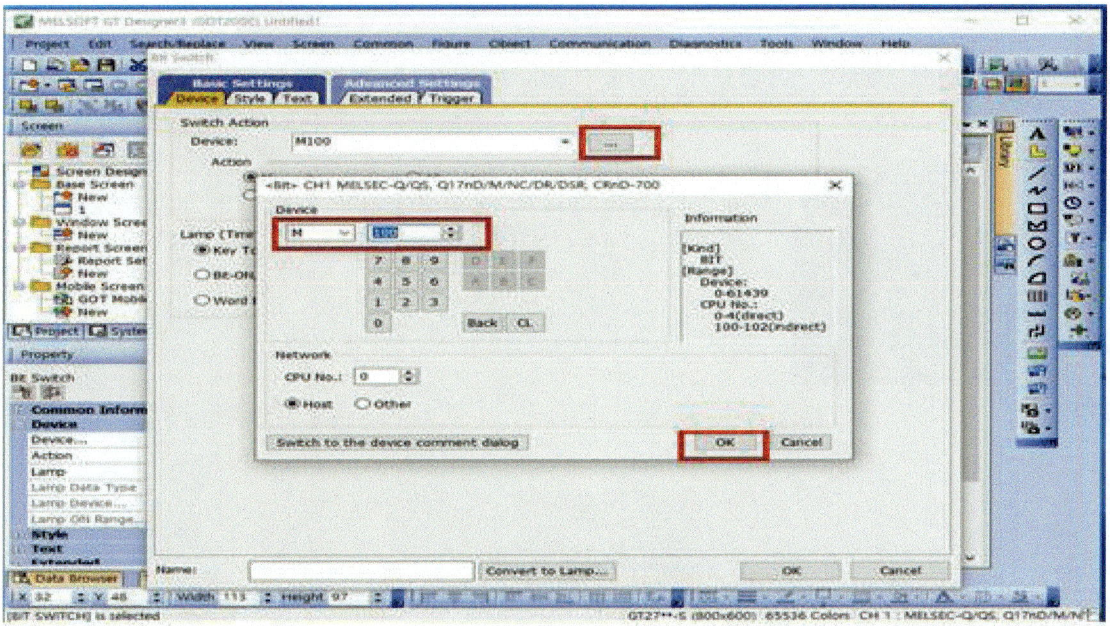

10. 디바이스 번호100을 입력하고, OK버튼을 클릭한다.

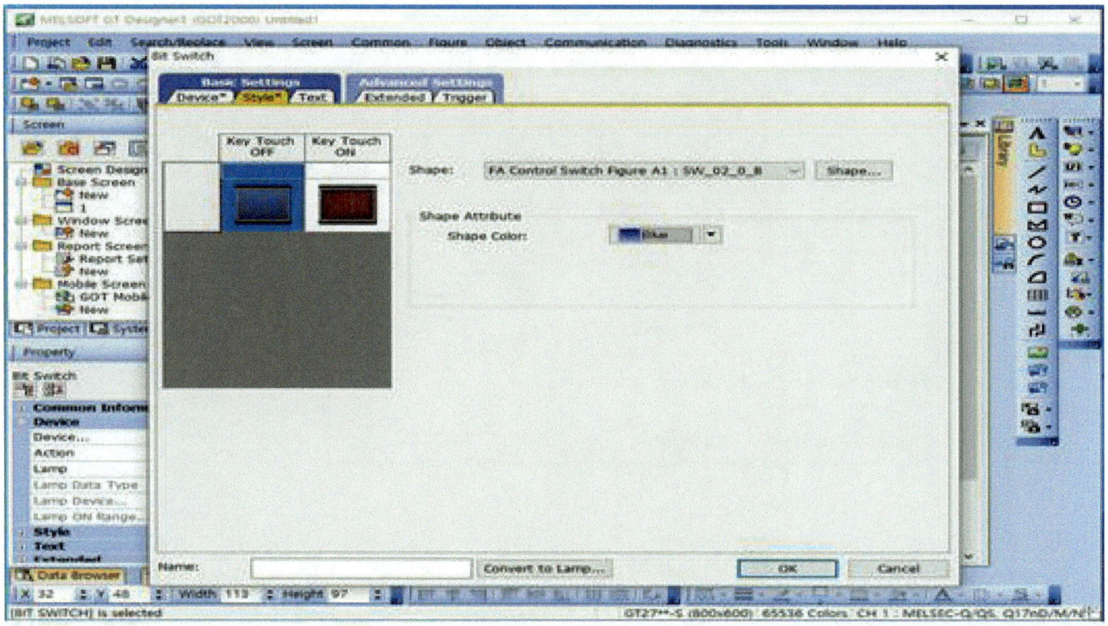

11. 스타일(Style) 탭을 선택한다.

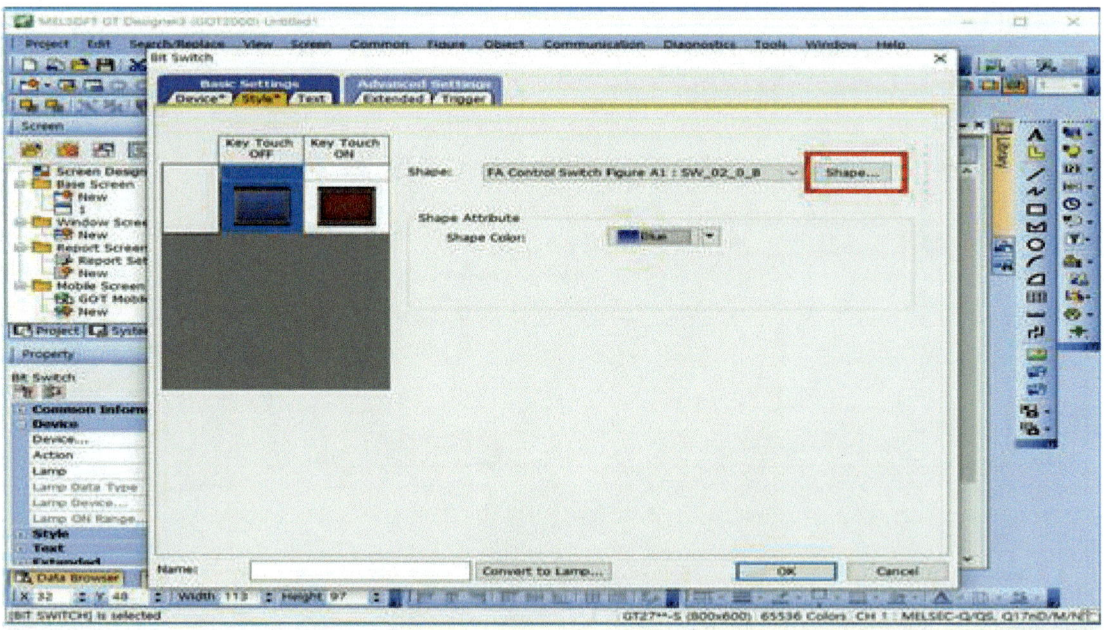

12. GT Designer3 프로그램툴에서 스위치의 모양을 다양하게 표현할 수 있다. Shape...를 클릭한다.

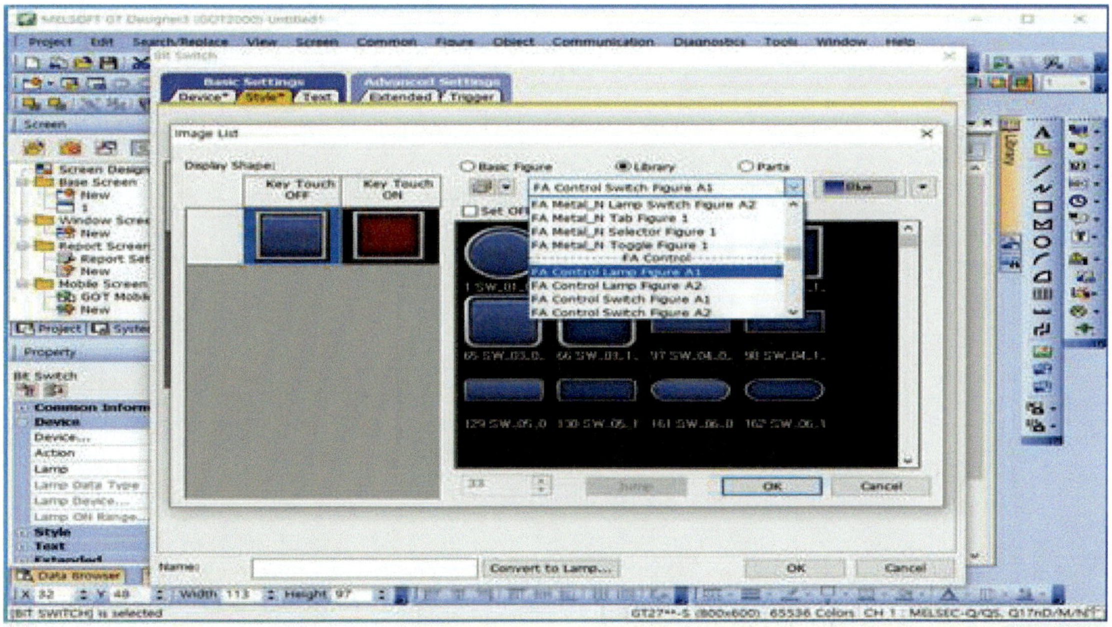

13. 스위치 라이브러리 폴더를 클릭한다.

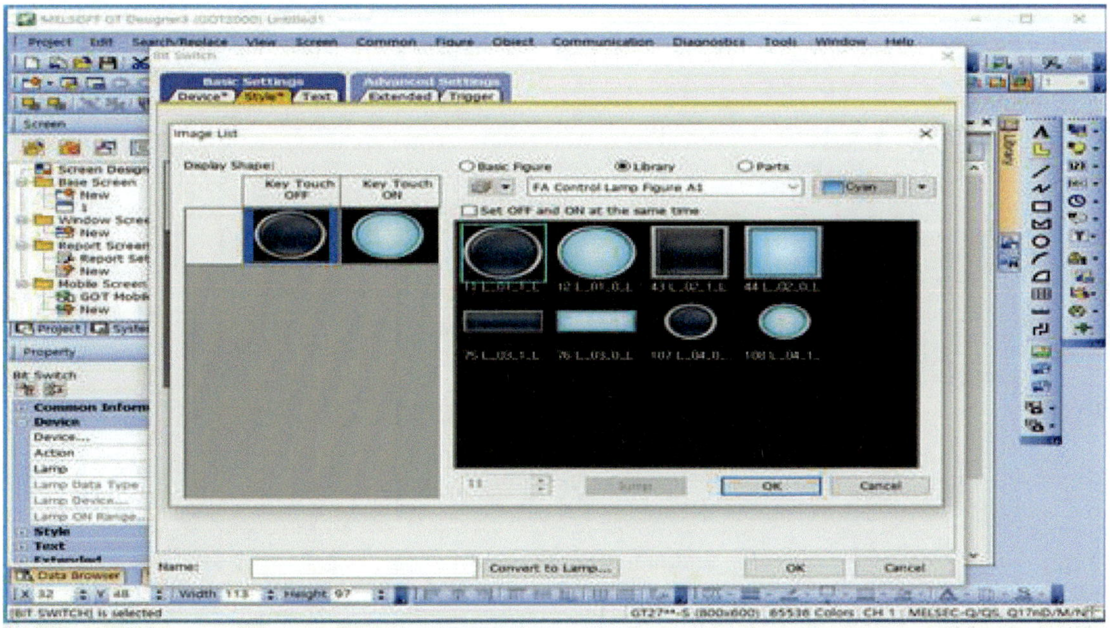

14. OFF스위치의 형상을 선택하고 변경할 스위치의 모양을 선택 후 OK를 클릭한다.

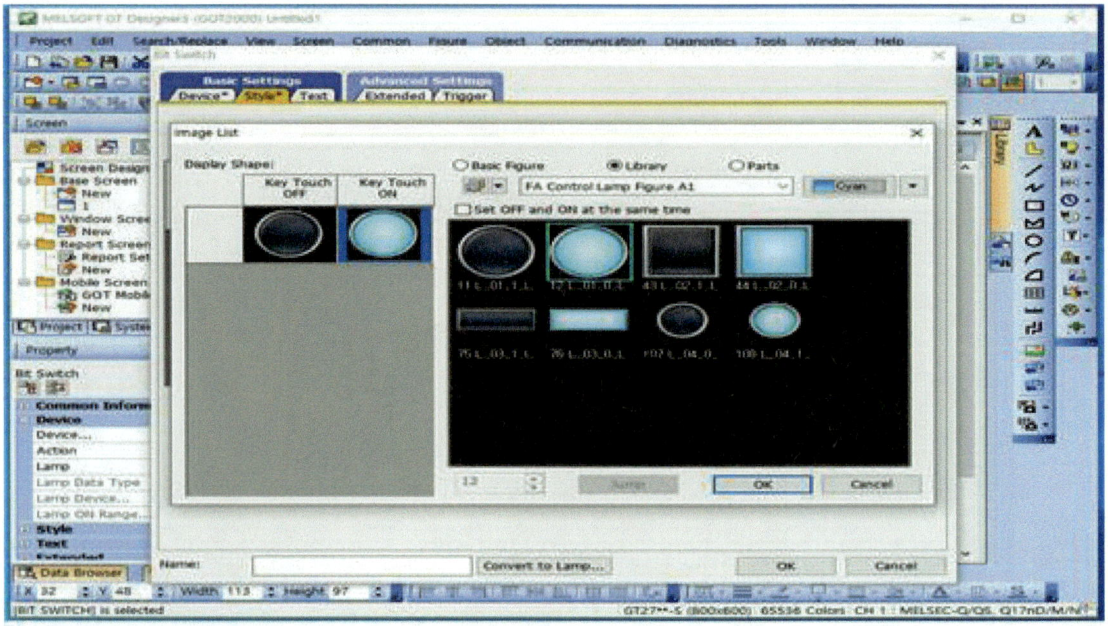

15. ON스위치의 형상을 선택하고 변경할 스위치의 모양을 선택 후 OK를 클릭한다.

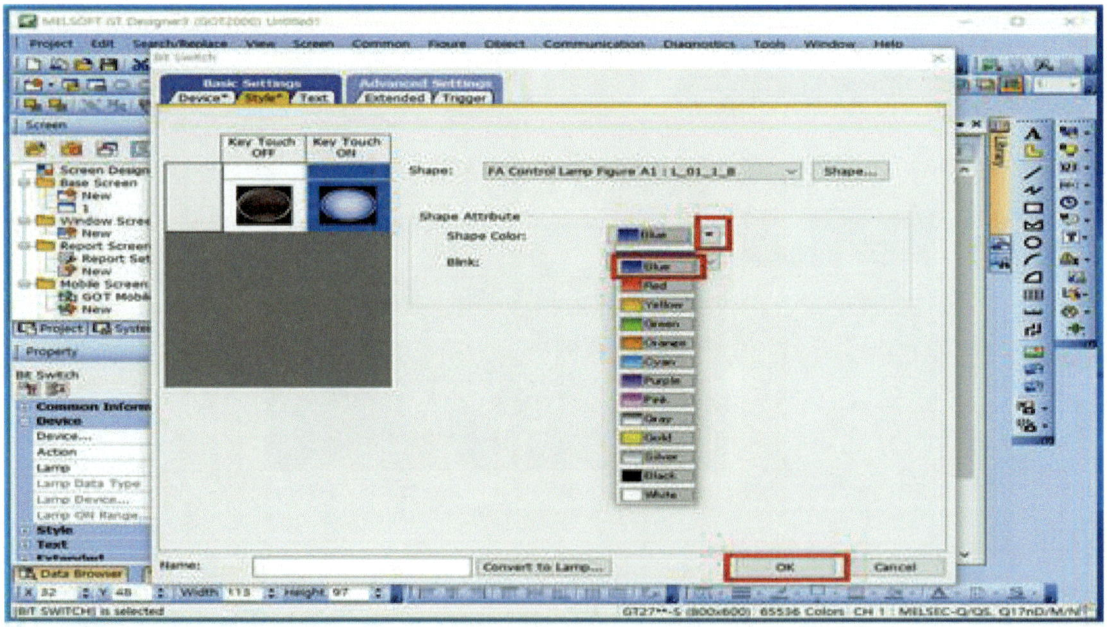

16. 스위치의 형상에 사용할 컬러를 설정 Key Touch ON 클릭 → Shape Color 클릭 선택한다.

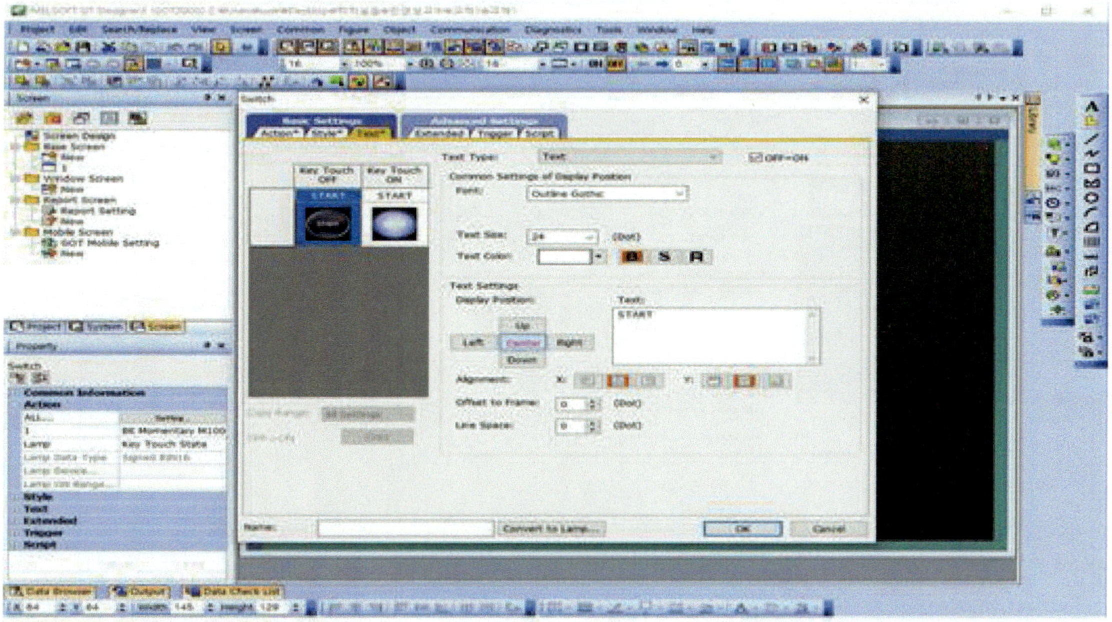

17. Text 탭을 클릭 선택한다.

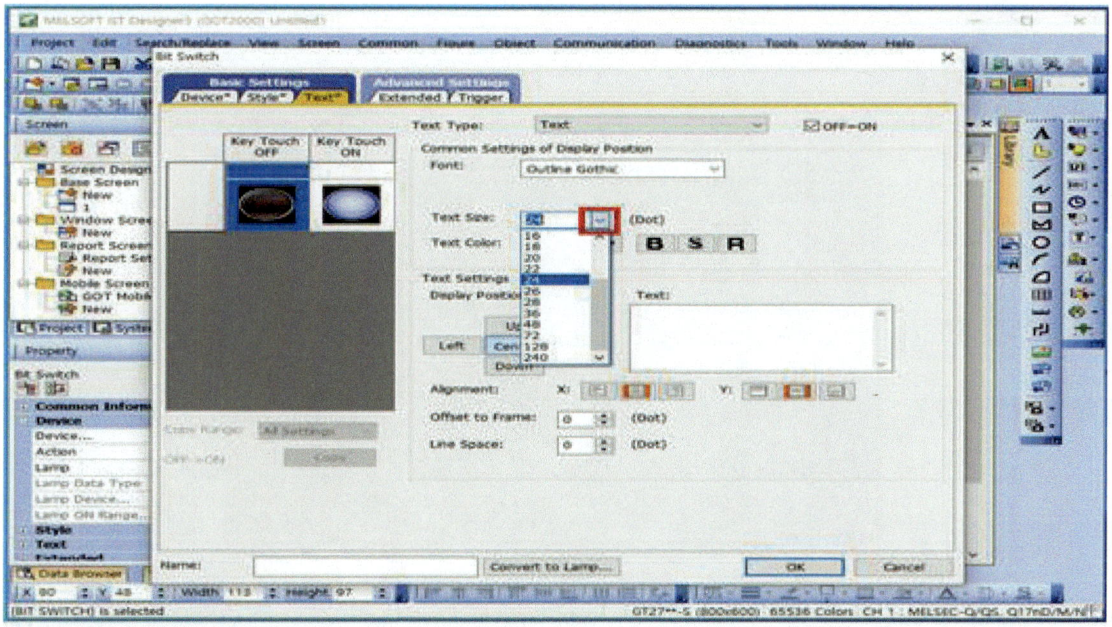

18. Text Size 탭을 클릭 문자크기 24를 선택한다.

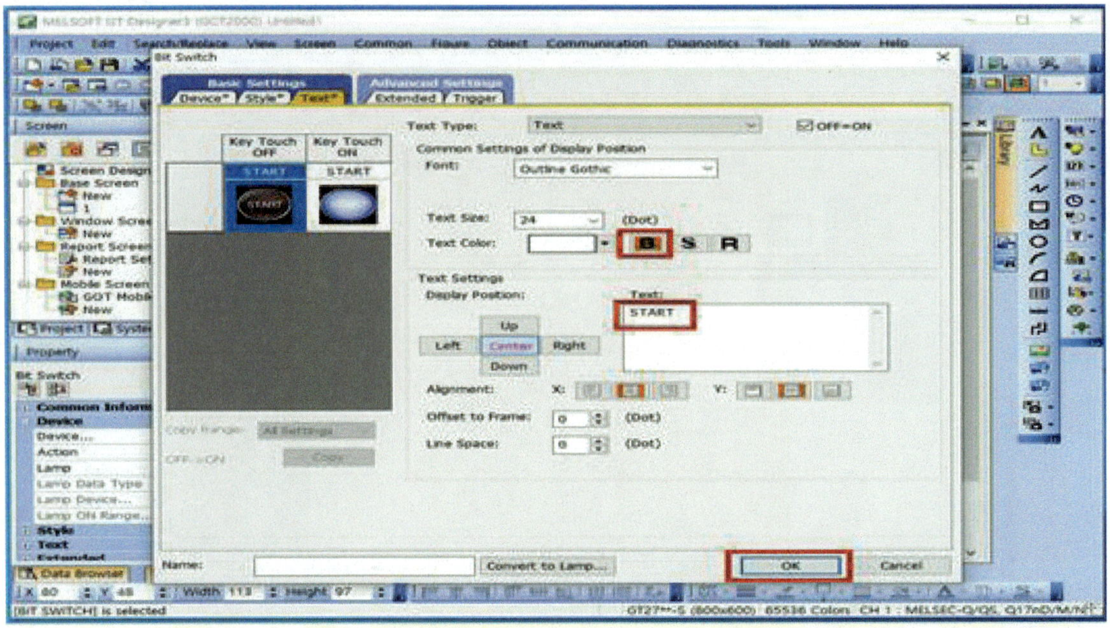

19. Text Color 탭을 클릭 문자 색상을 선택 → Text 입력후 OK 버튼을 클릭한다.

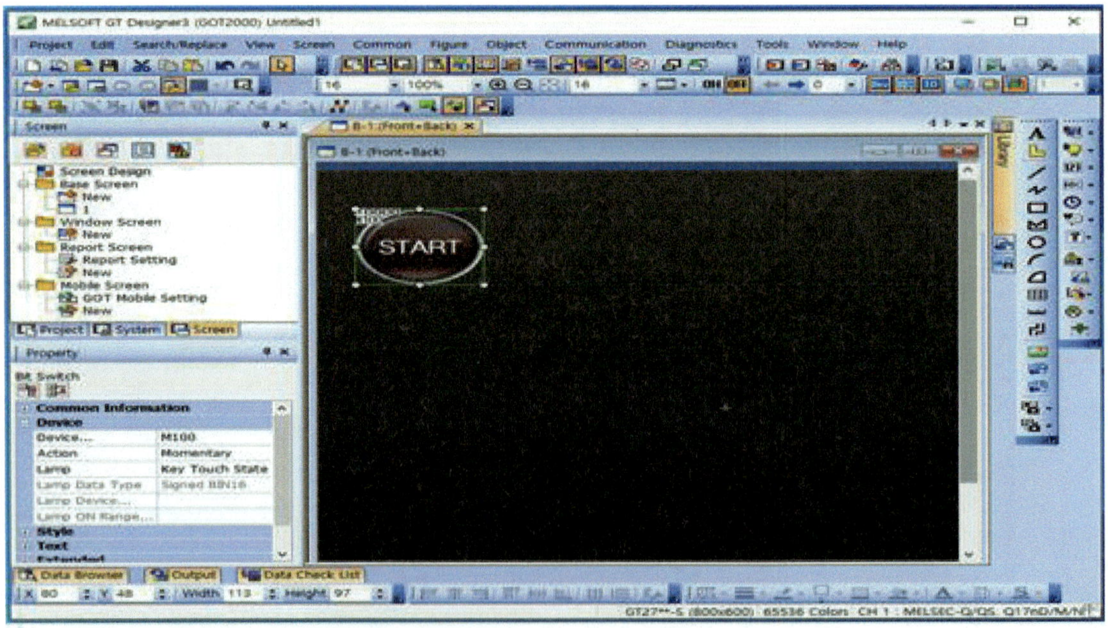

20. START 스위치 만들기를 완료한다.

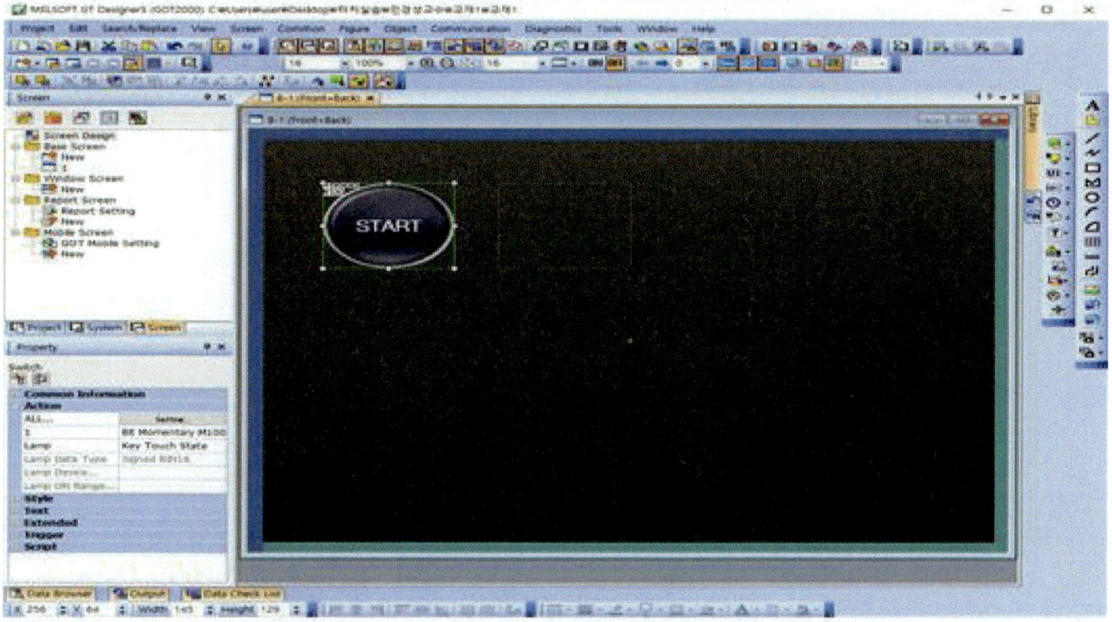

21. 키보드 자판 Ctrl 키를 누르면서 START 스위치를 마우스 오른쪽 버튼을 클릭 유지하고 드래그 앤 드롭하여 임의의 위치에 스타트 스위치를 배치한다.

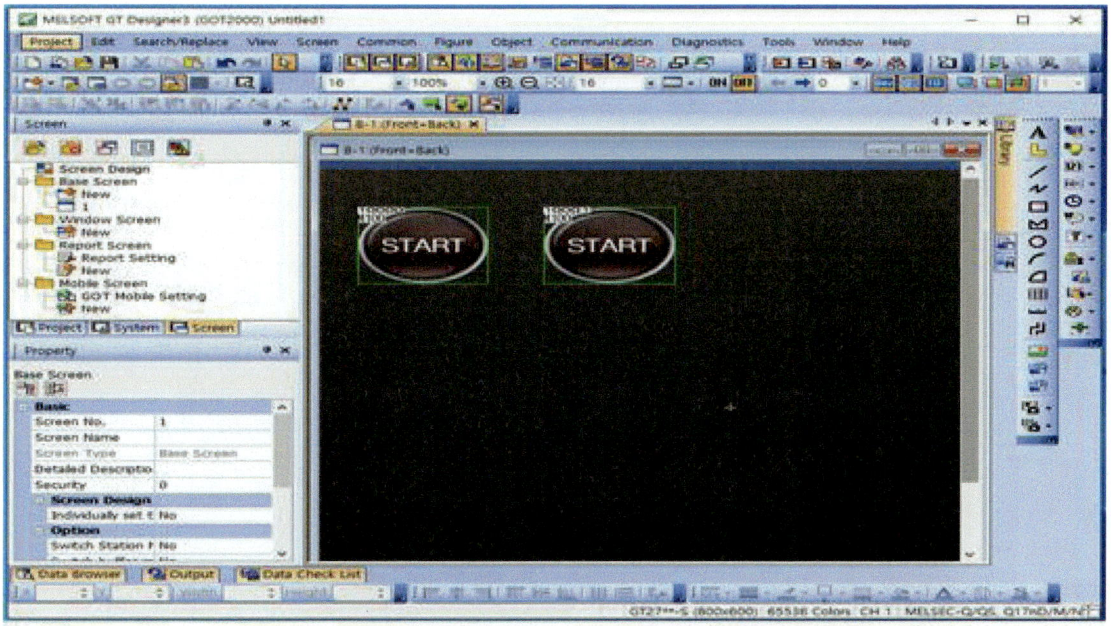

22. 복사해온 두 번째 스타트 스위치를 더블 클릭한다.

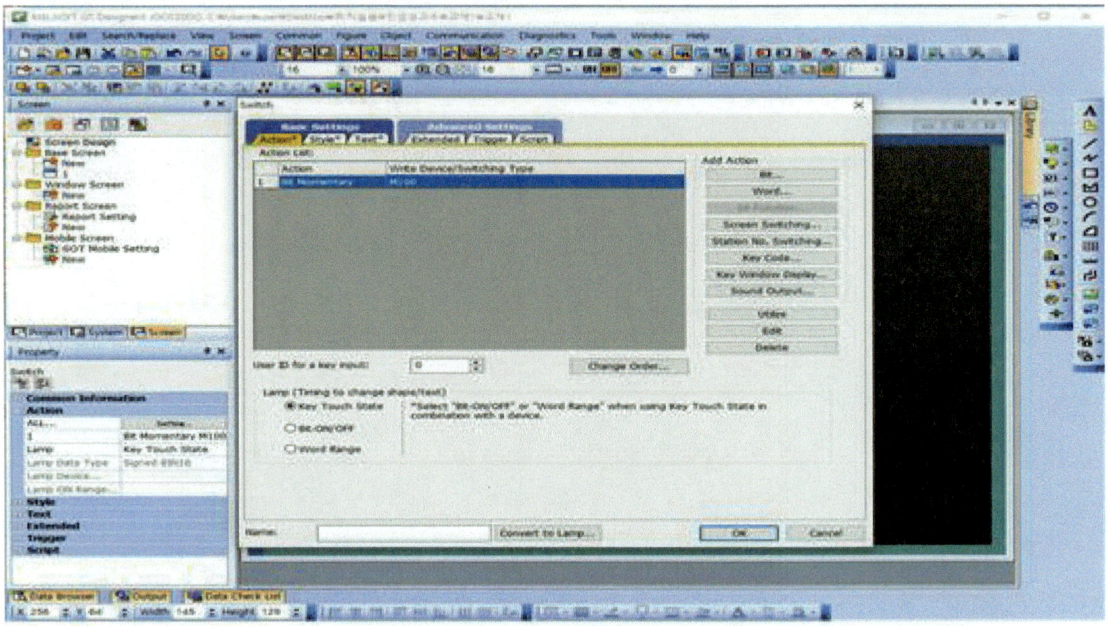

23. Action List에서 기존 디바이스 M100을 더블 클릭한다.

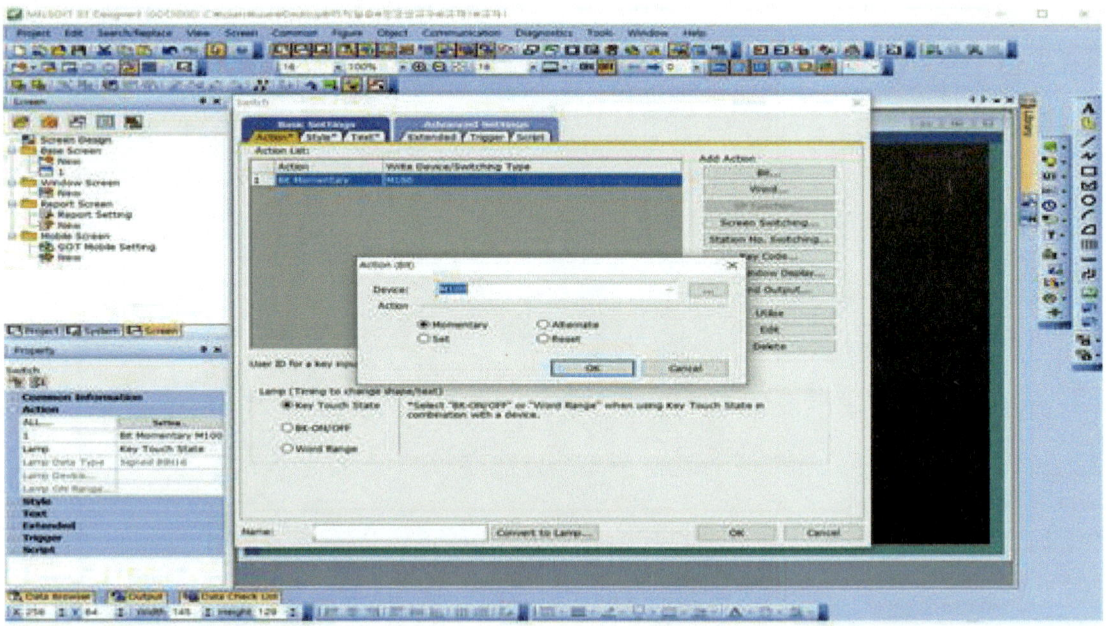

24. Device 입력창이 활성화된다.

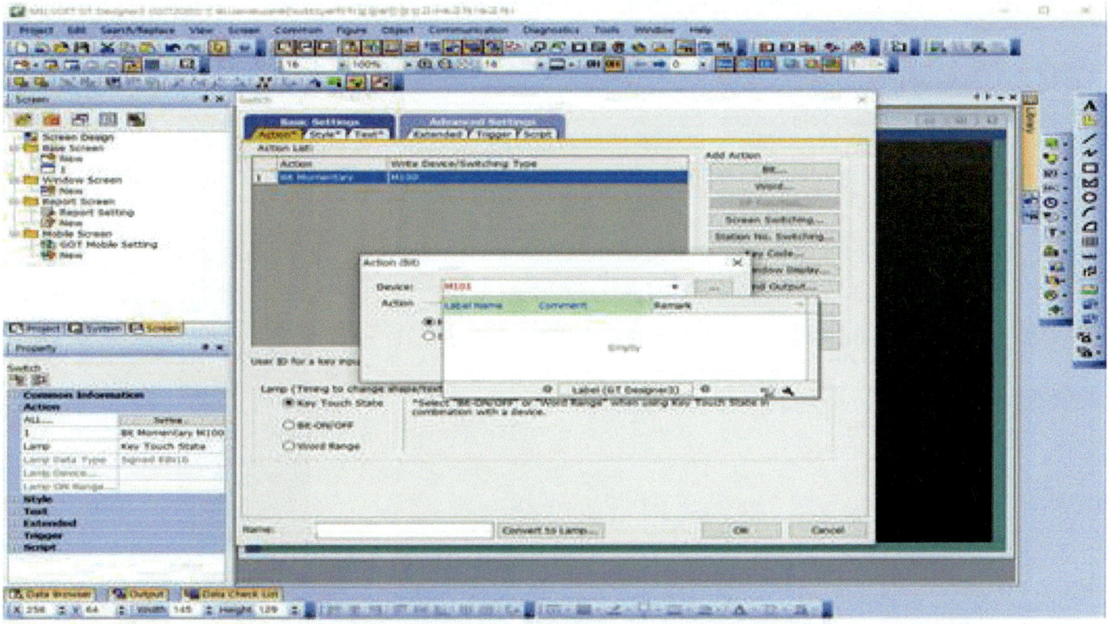

25. 생성된 Device 입력창에 리셋스위치 할당인 내부릴레이 M101 입력한다.

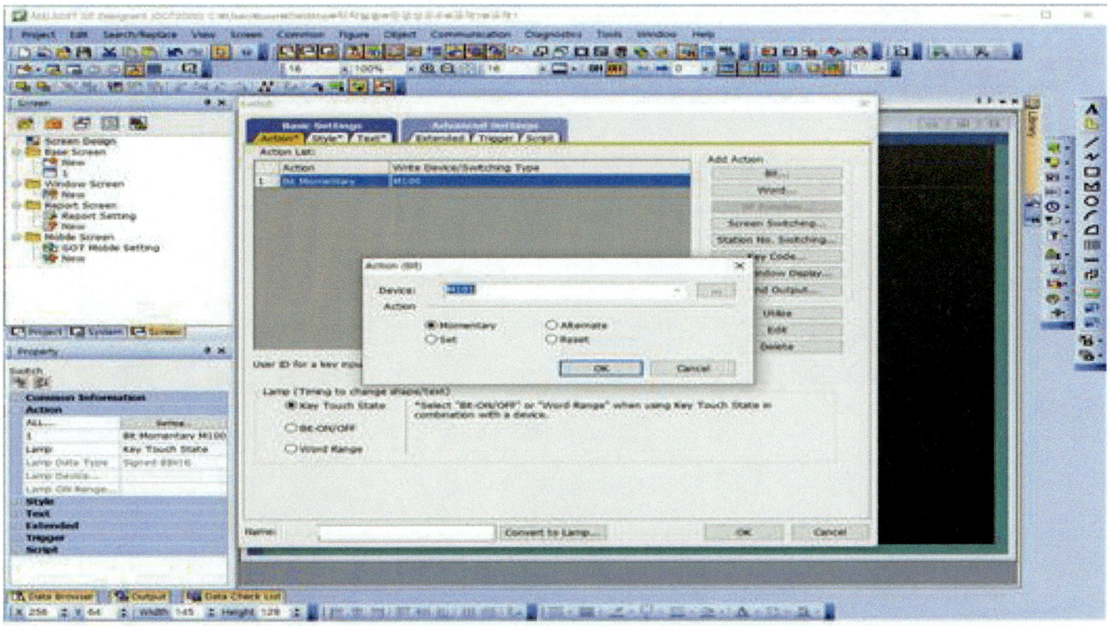

26. 생성된 Device 입력창에 M101 입력후 생성된 Device 입력창에있는 OK버튼을 클릭한다.

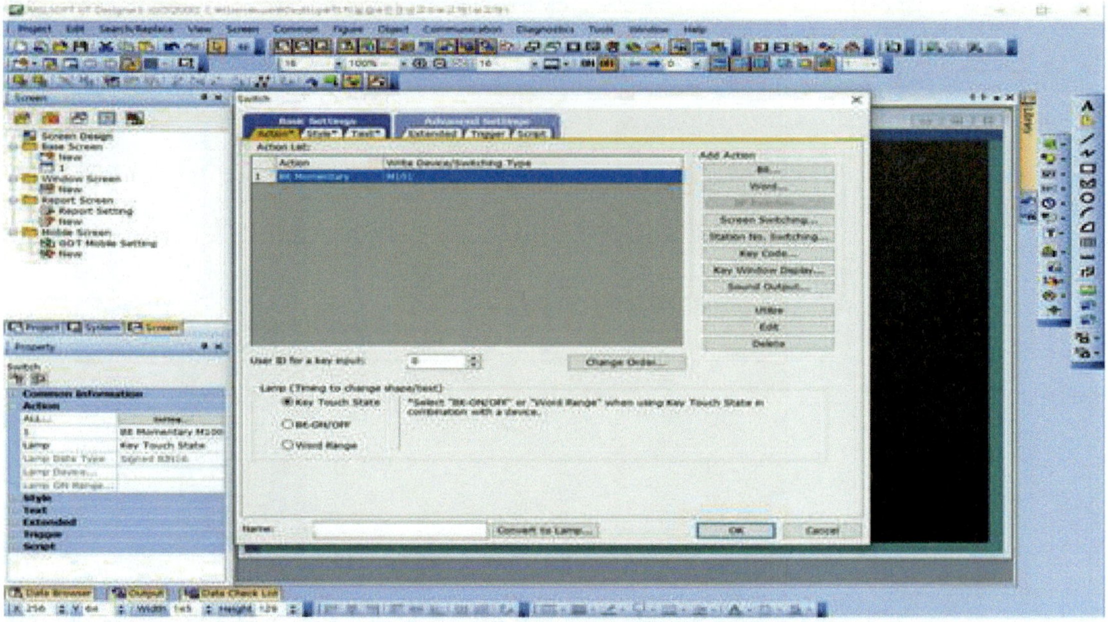

27. 하단 OK를 클릭한다.

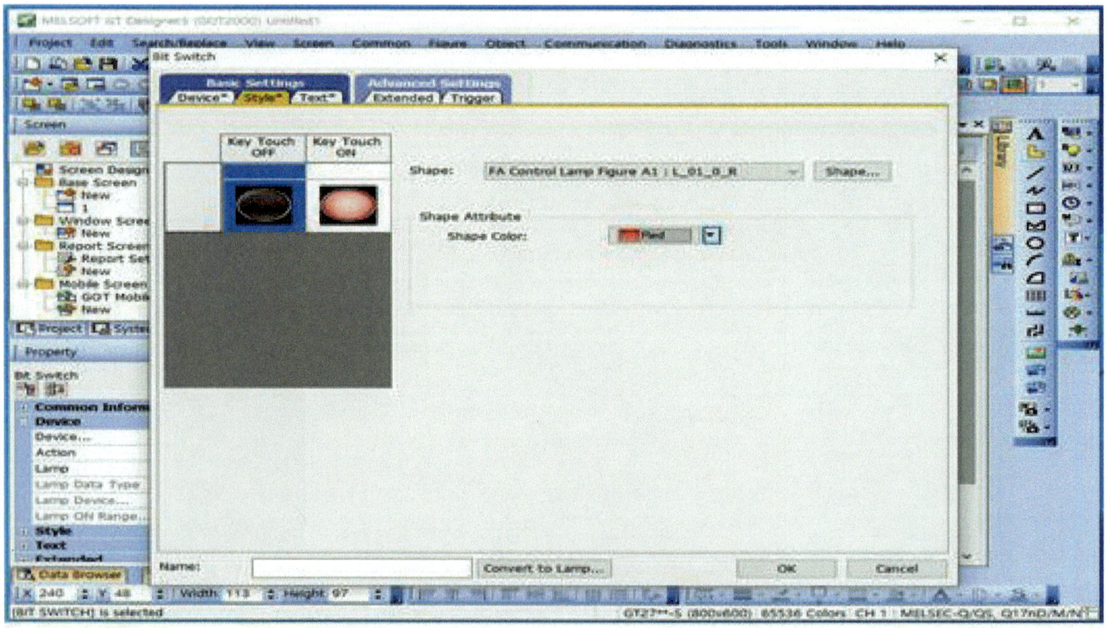

28. 스타일(Style) 탭을 선택한다.

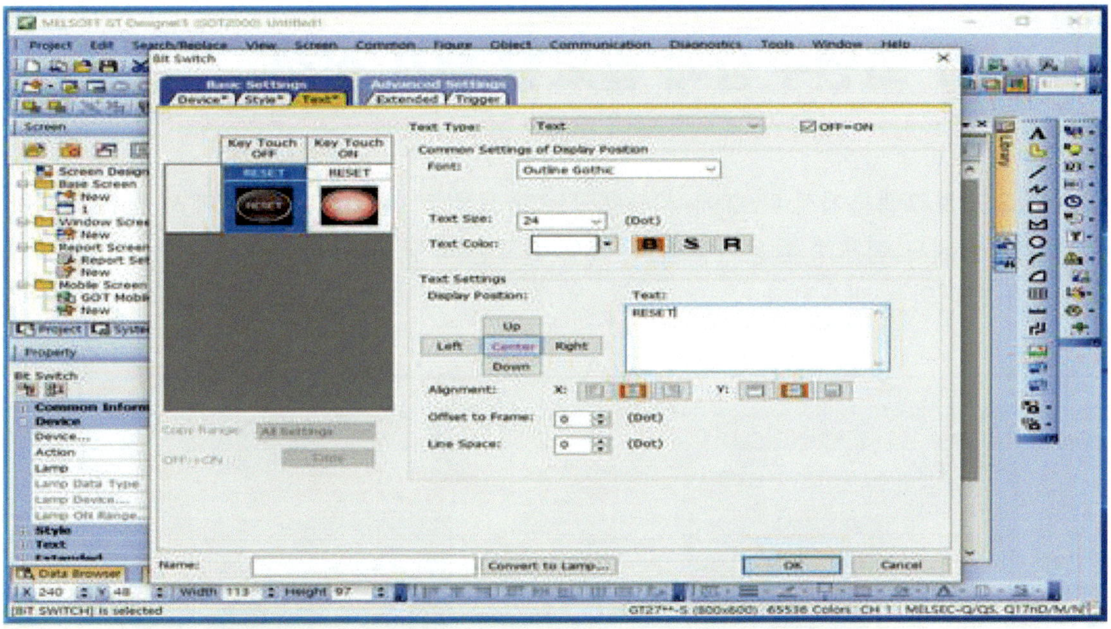

29. 스타드 스위치 설정과 동일 하게 설정 하고 Text 만 START를 RESET수정 변경하고 OK버튼을 클릭한다.

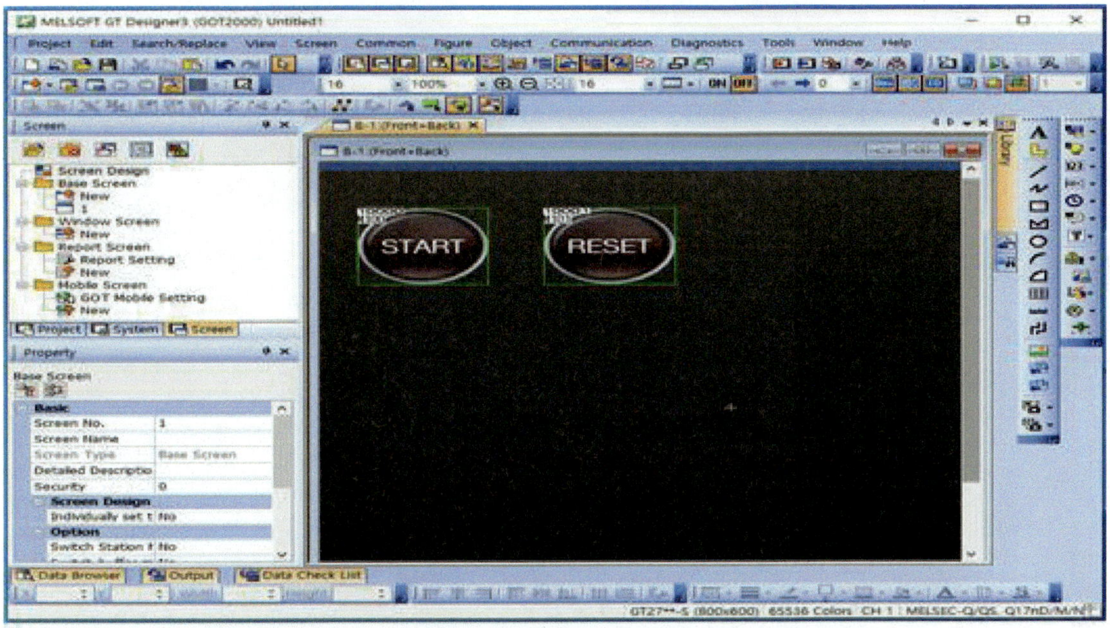

30. START스위치 디바이스할당 M100, RESET스위치 디바이스할당 M101의설정을 완료한다.

2.4 GOT 화면구성에 필요한 램프 작성

GT Designer3 프로그램툴에서 GOT에서 사용되는 램프를 작화 해보자 GOT에서 사용되는 램프는 비트 램프와 워드 램프로 활용가능하다. 비트 램프는 해당 비트 메모리의 0과 1의 값에 의해 ON/OFF가 제어되는 램프이다.

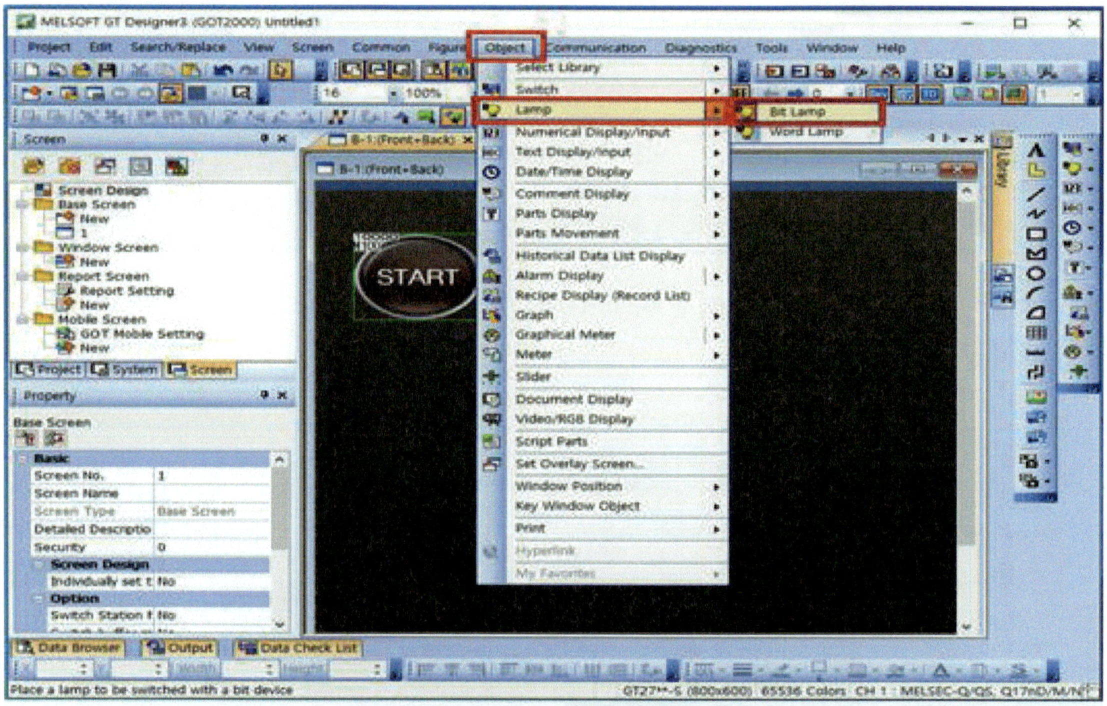

31. 메뉴바에서 Object를 선택한다. → Lamp를 선택한다. → Bit Lamp를 선택한다.

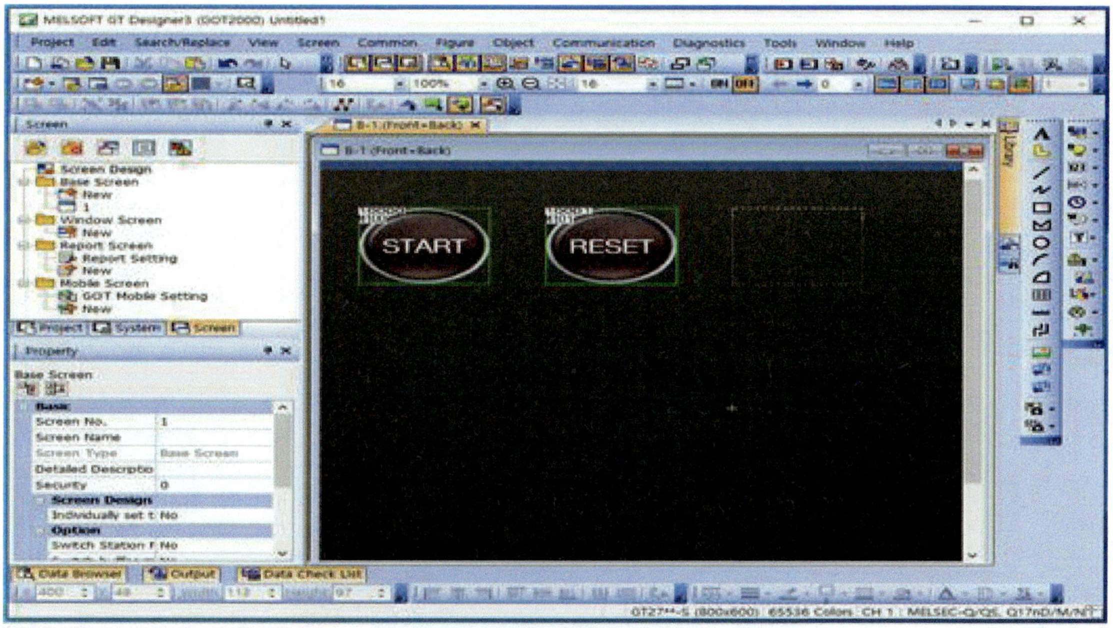

32. 드래그 앤드 드롭으로 원하는 위치에 원하는 크기의 램프를 배치한다.

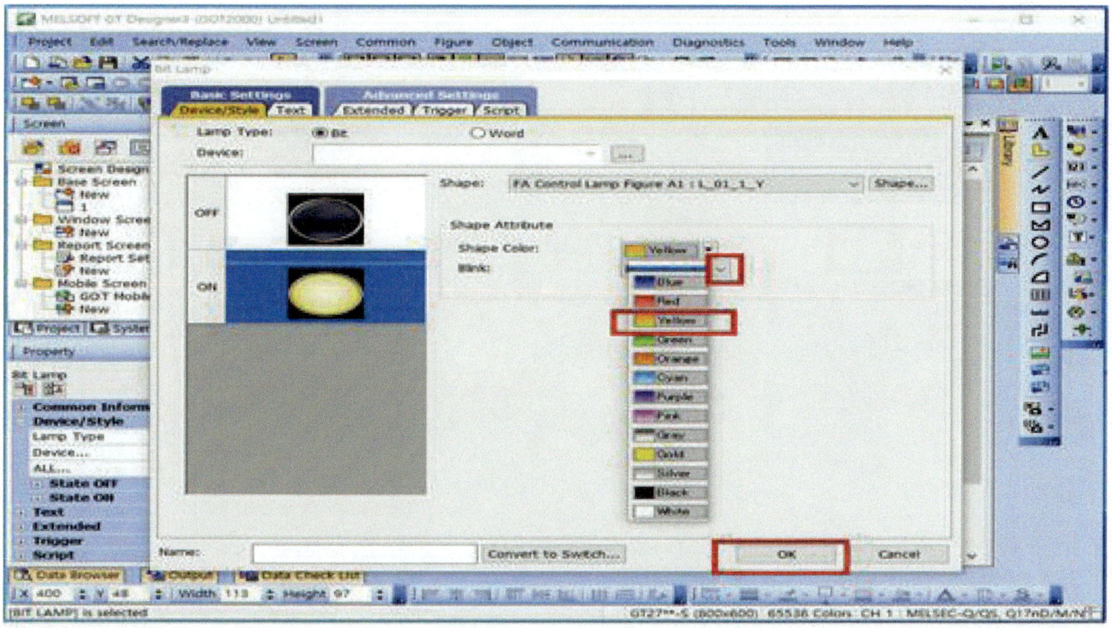

33. 배치된 램프를 더블 클릭 하면 다음과 같은 창이 생성되는데 원하는 램프색 버튼을 선택 클릭한다.

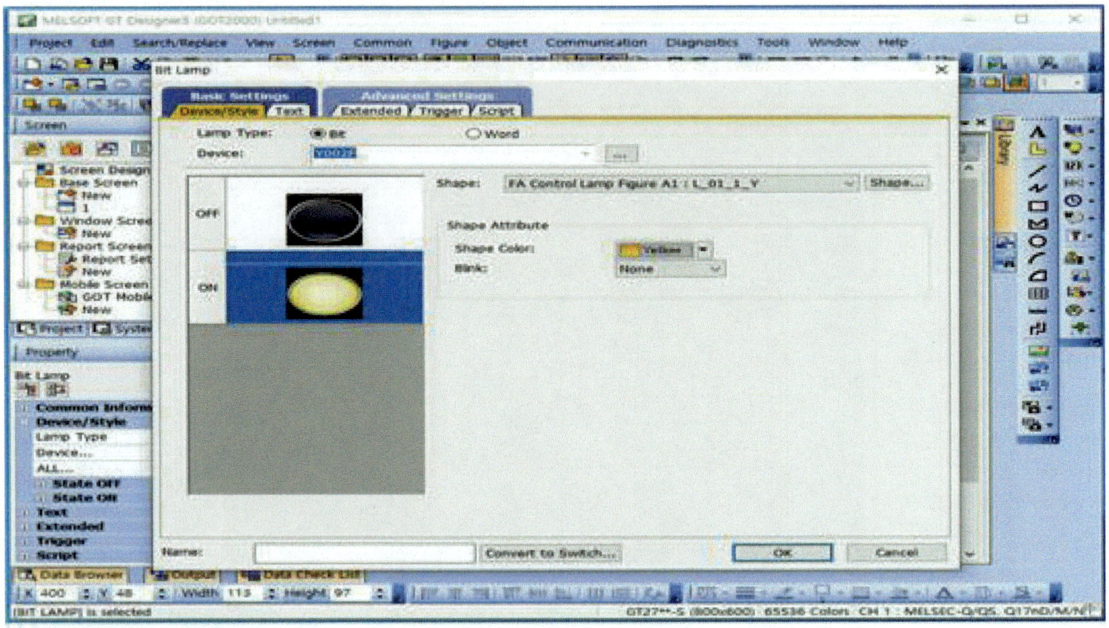

34. 해당 하는 디바이스 번호 Y002F를 입력 하고 OK버튼을 클릭한다.

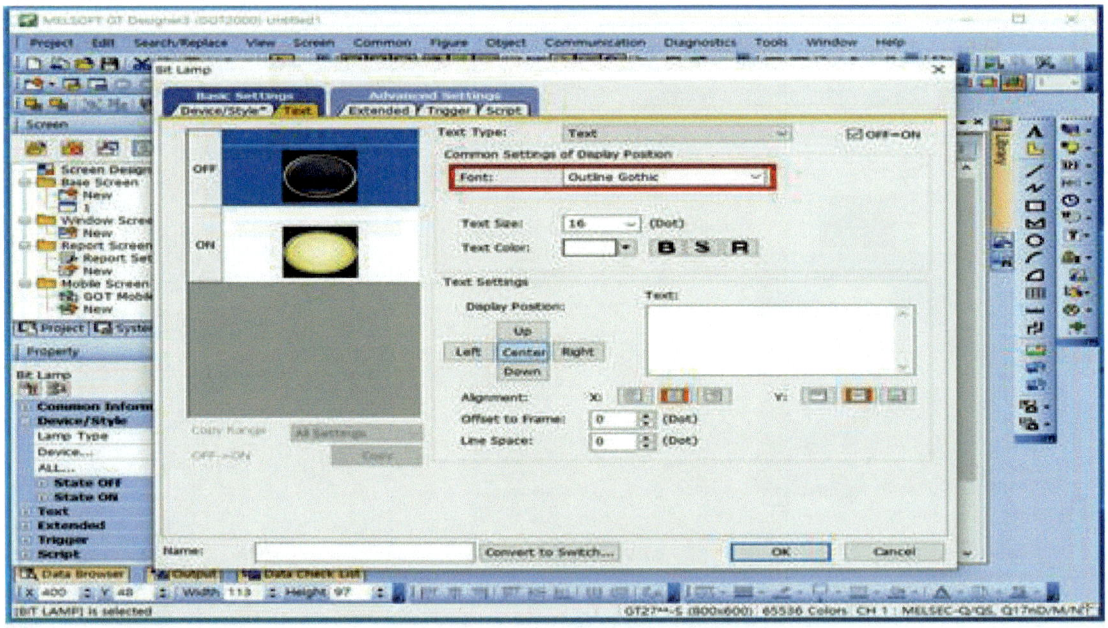

35. 문자탭(Text)을 선택하고 폰트옵션을 설정한다.

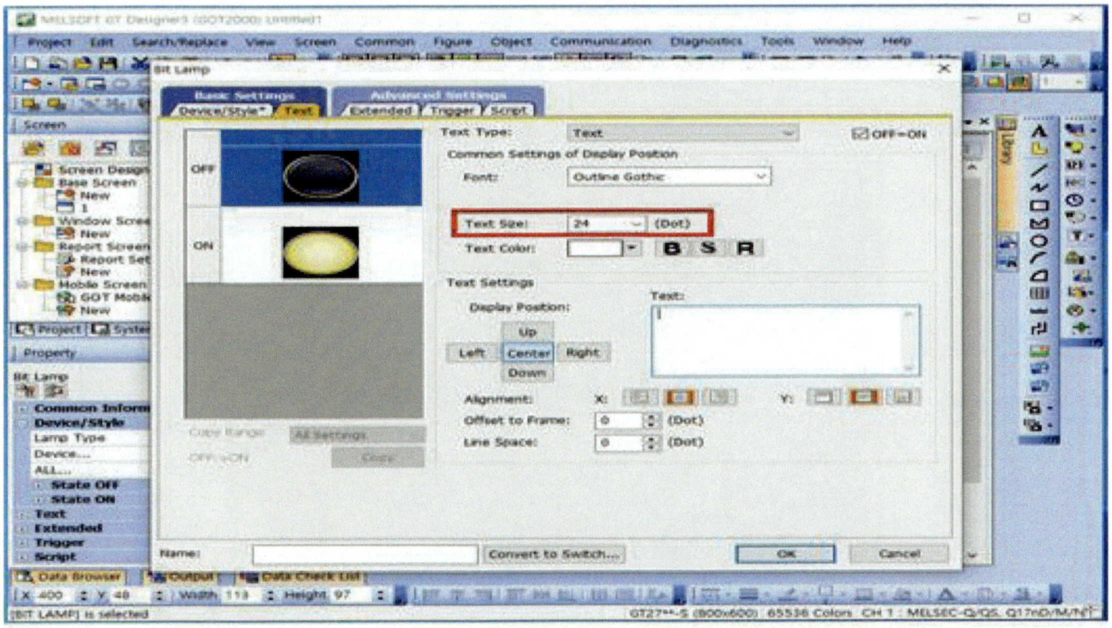

36. 문자크기를 선택한다.

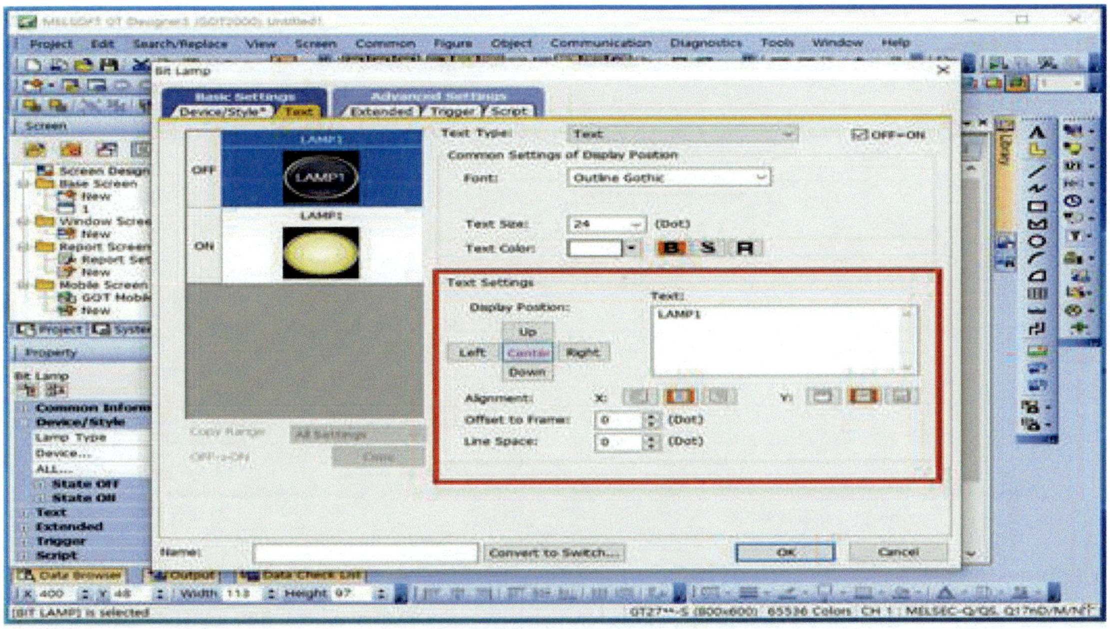

37. 문자를 Text에 입력하고 문자위치를 설정한다.

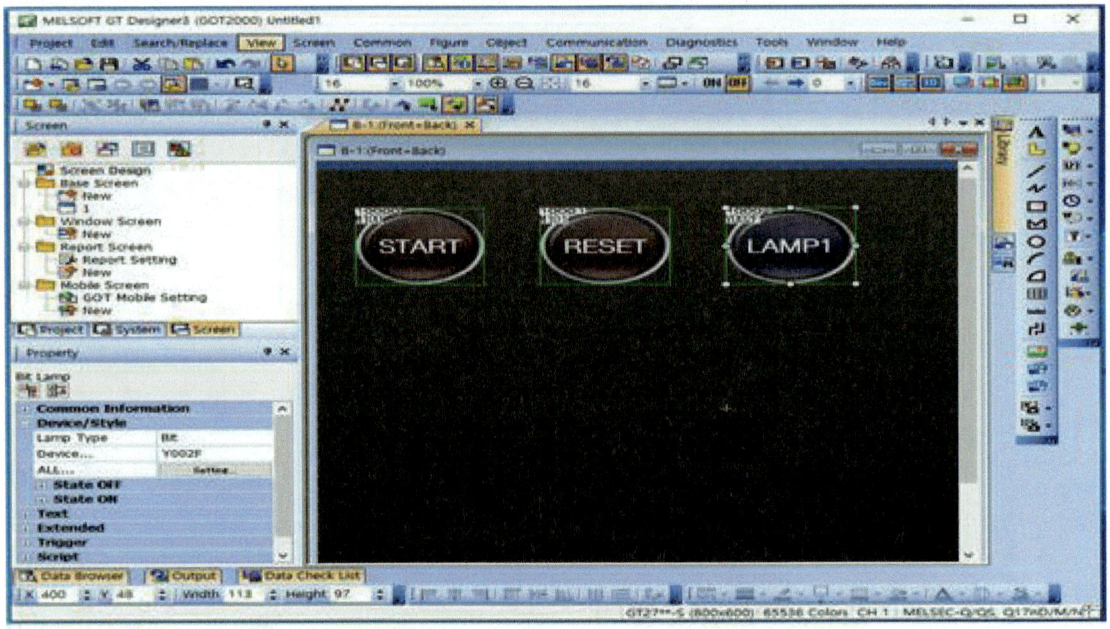

38. 램프 설정을 완료 한다.

· PLC프로그램

GT Designer3 프로그램툴에서 작성한 내용이 터치스크린(GOT2000)에서 PLC 프로그램과 연동해서 정상적으로 작동하는지 확인하려면 GT Designer3 프로그램툴에서 작성한 내용을 다운로드하기전 우선 PLC 프로그램이 정상적으로 동작되도록 준비 되어야 한다.

2.5 GOT에서 작업한 프로젝트 GOT2000으로 전송

GOT 사용을 위한 시스템 통신 연결 구성은 프로그램작성을 위한 PC와 GOT의 통신연결은 최근 대표적인 두 가지 방법이 있다. 우선 PC와 GOT의 USB 연결, 또다른 연결방법으로 PC와 GOT의 이더넷으로 연결 할 수 있고, GOT와 PLC간의 연결은 시리얼통신 또는 이더넷으로 통신연결 할 수 있다. 다시 정리하면 대표적인 사용 방법은 허브 사용 시 전부 이더넷 연결을 사용 할 수 있고, PC와 GOT의 USB 연결, PC와 PLC의 USB 연결, PLC와 GOT의 이더넷 또는 시리얼통신으로 연결 통신 시스템구성을 사용 한다.

이 책에서는 전자와 후자를 사용한다. 결론적으로 전자는 연결허부와 이더넷 케이블, 후자는 USB통신 케이블 2개, 이더넷 케이블1개가 필요하다.

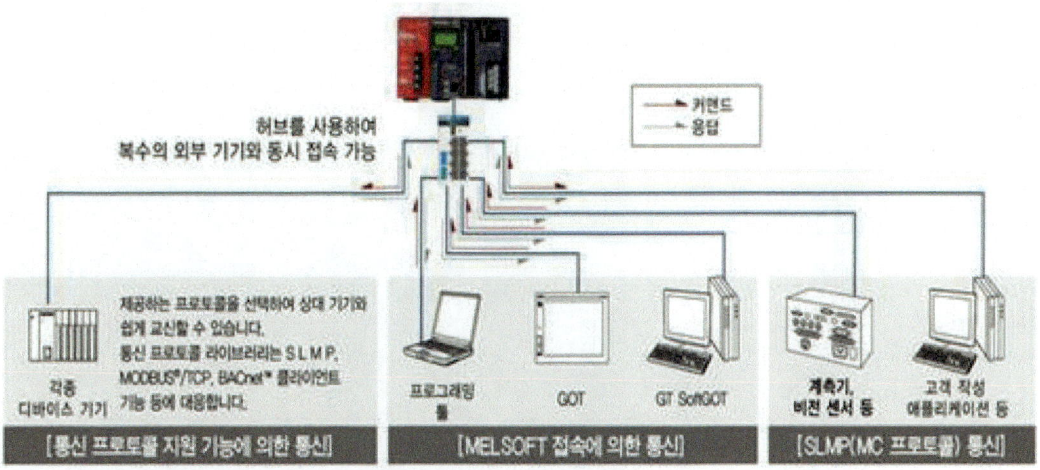

· 허브사용 이더넷 연결시 디바이스별 IP 어드레스

IP 어드레스				
PC	192	168	3	10
PLC	192	168	3	39
GOPT2000	192	168	3	18

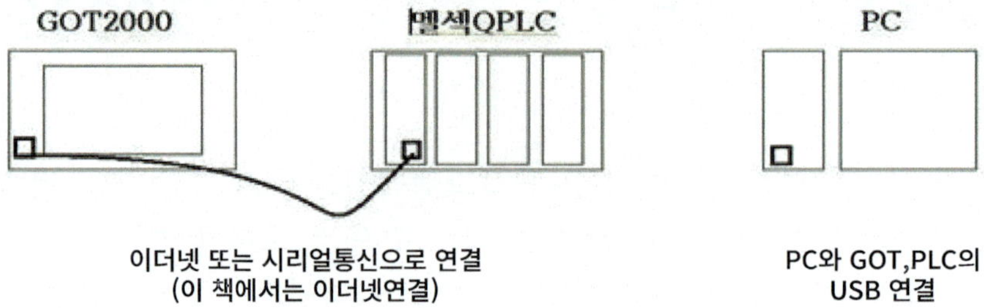

· PC와 GOT의 USB 연결, PC와 PLC의 USB 연결, PLC와 GOT의 이더넷 통신으로 연결하여 통신 시스템 구성을 사용한다.

GOT와 PLC 간 이더넷 통신연결 설정 방법을 알아보자.

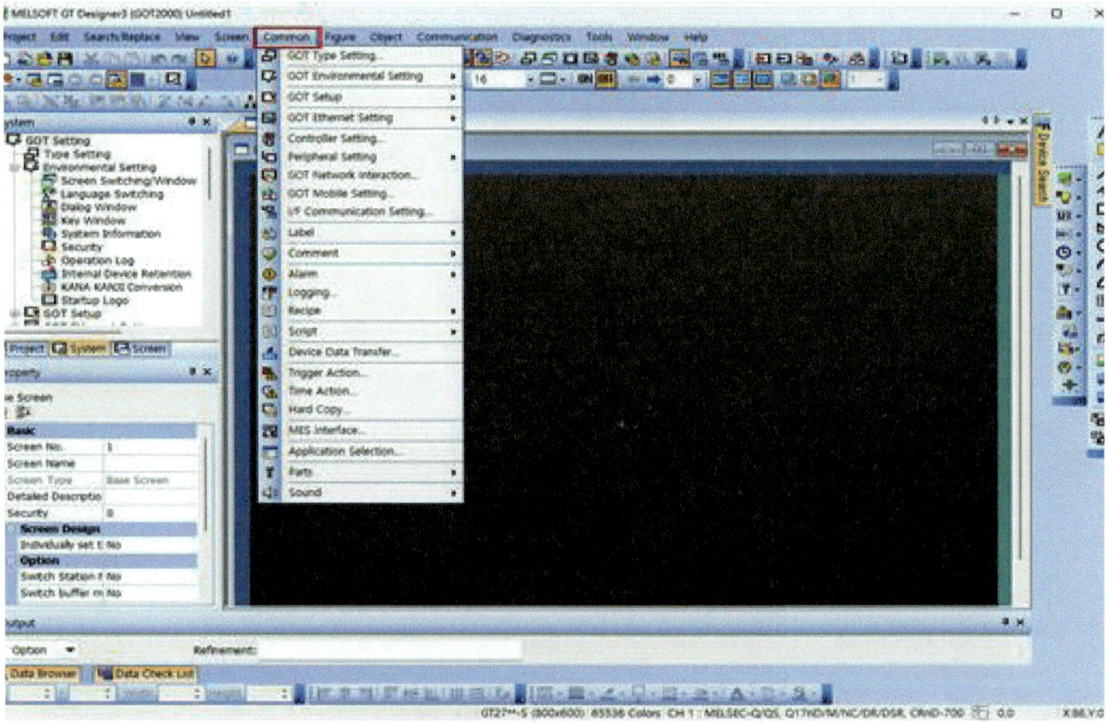

39. 메인 메뉴바에서 Common을 클릭한다.

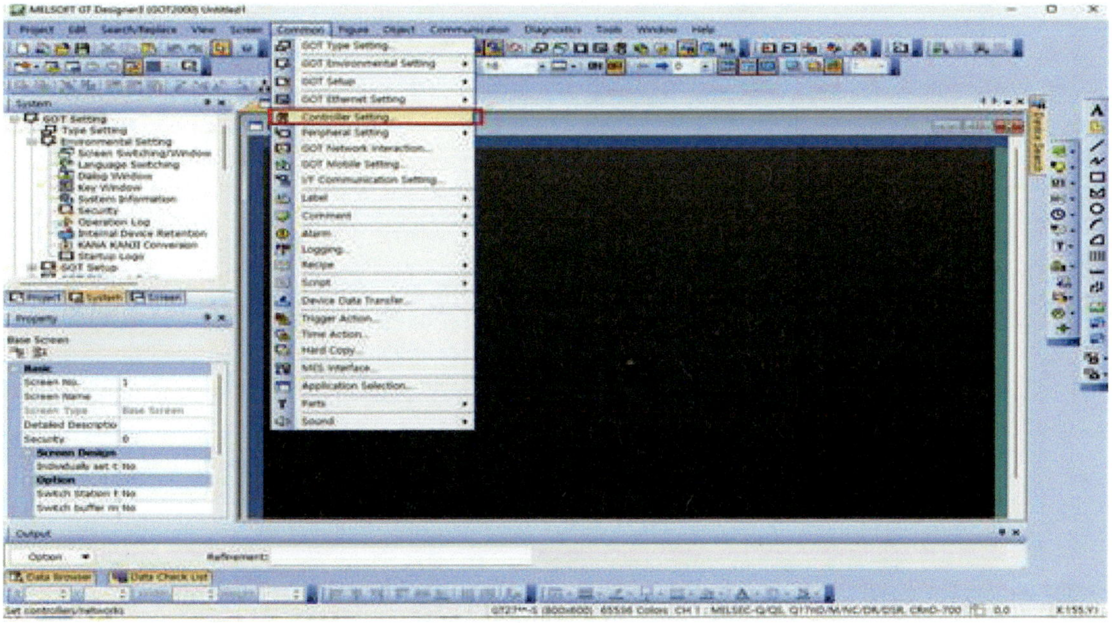

40. Controller Setting 폴더를 클릭한다.

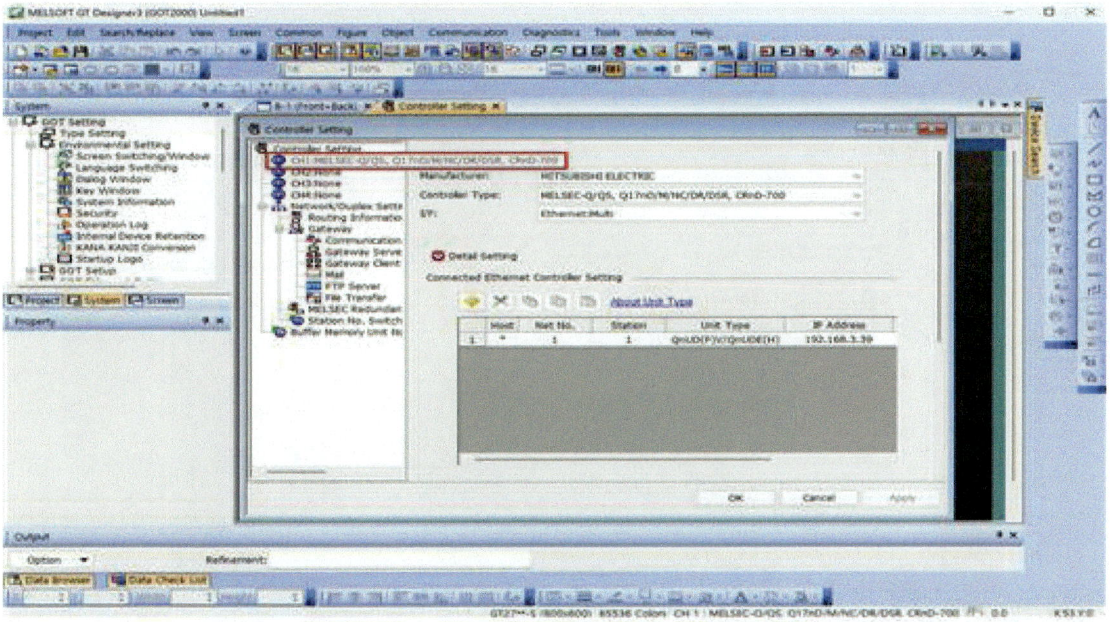

41. CH1을 선택 PLC와의 통신 설정 내용을 사용 하는 디바이스와 일치하는지 확인한다.

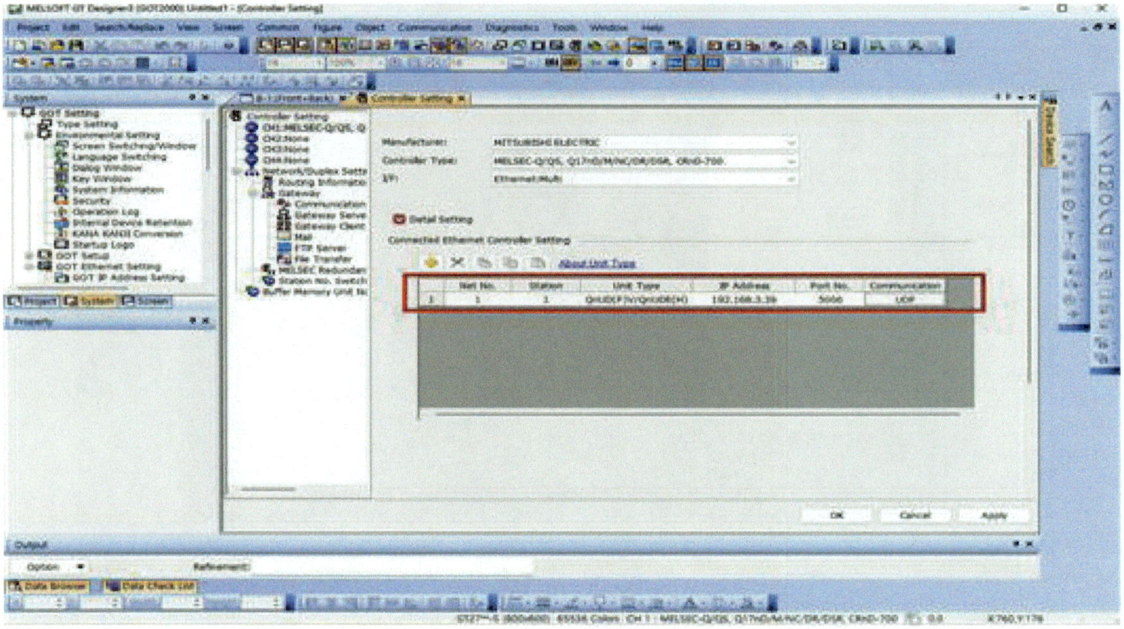

42. PLC CPU의 네장 이더넷 포트와 통신하기 때문에 PLC CPU에서 설정한 IP와 동일한지 확인한다.

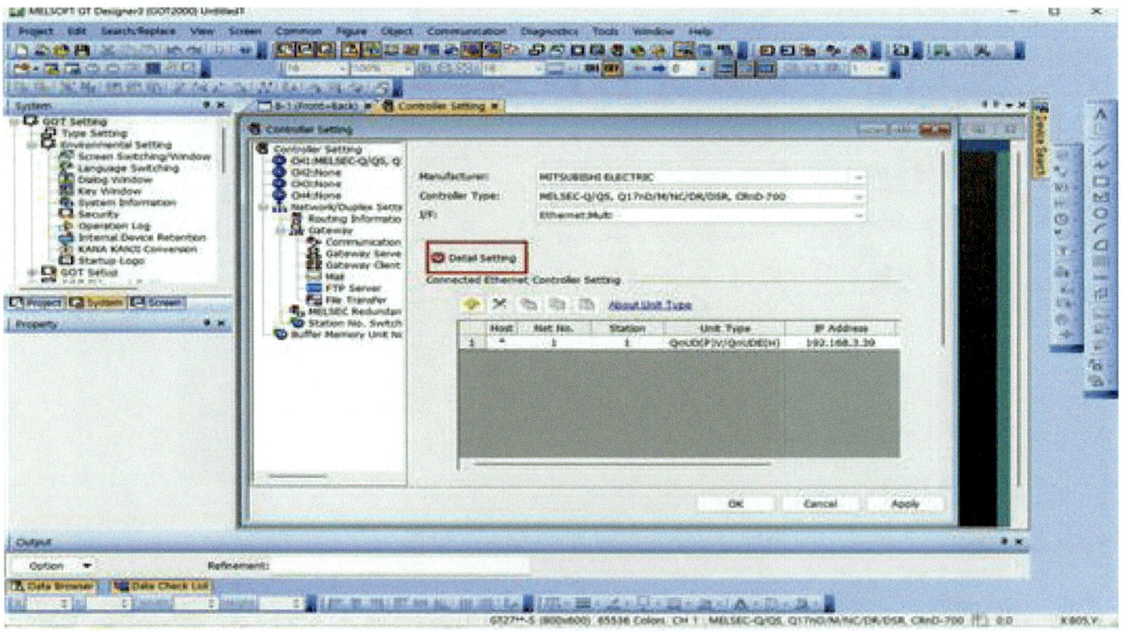

43. Detail Setting 아래 화살표 클릭한다.

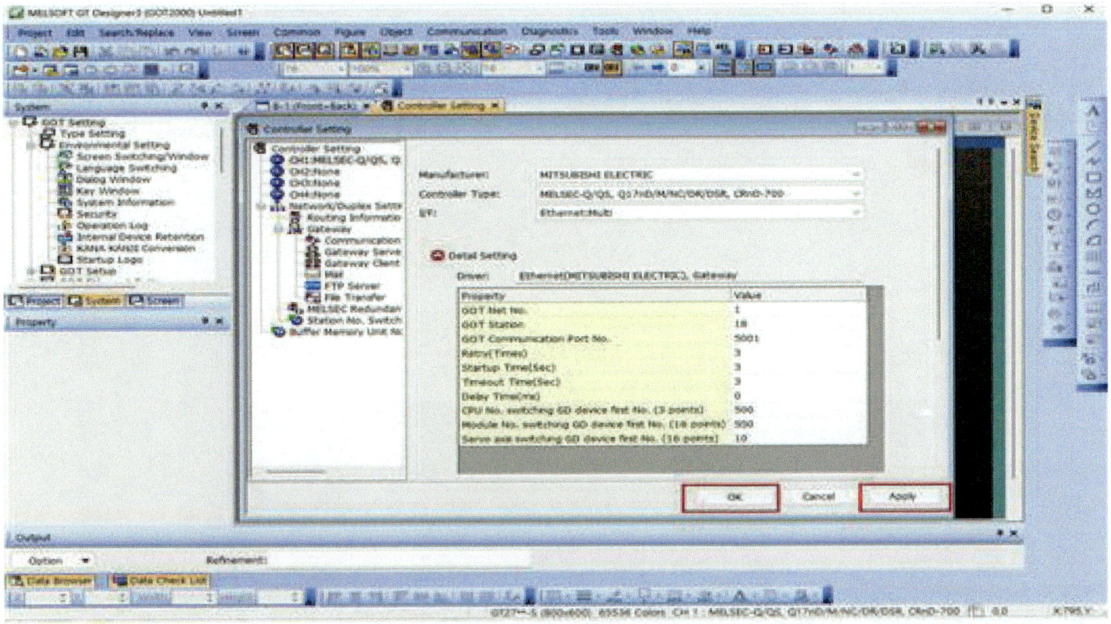

44. Detail Setting 내용 일치하는지 확인하고 Apply 선택 클릭, OK 선택 클릭한다.

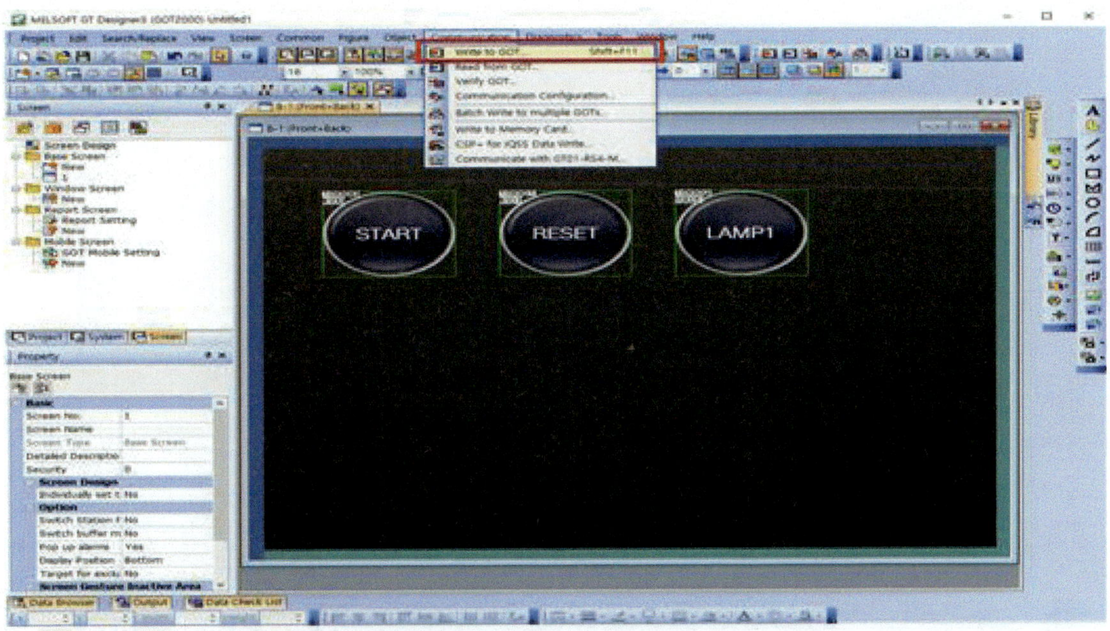

45. 메인메뉴 Communication버튼을 클릭 서브메뉴 창에서 Write to GOT(SHIFT+F11) 선택 클릭한다.

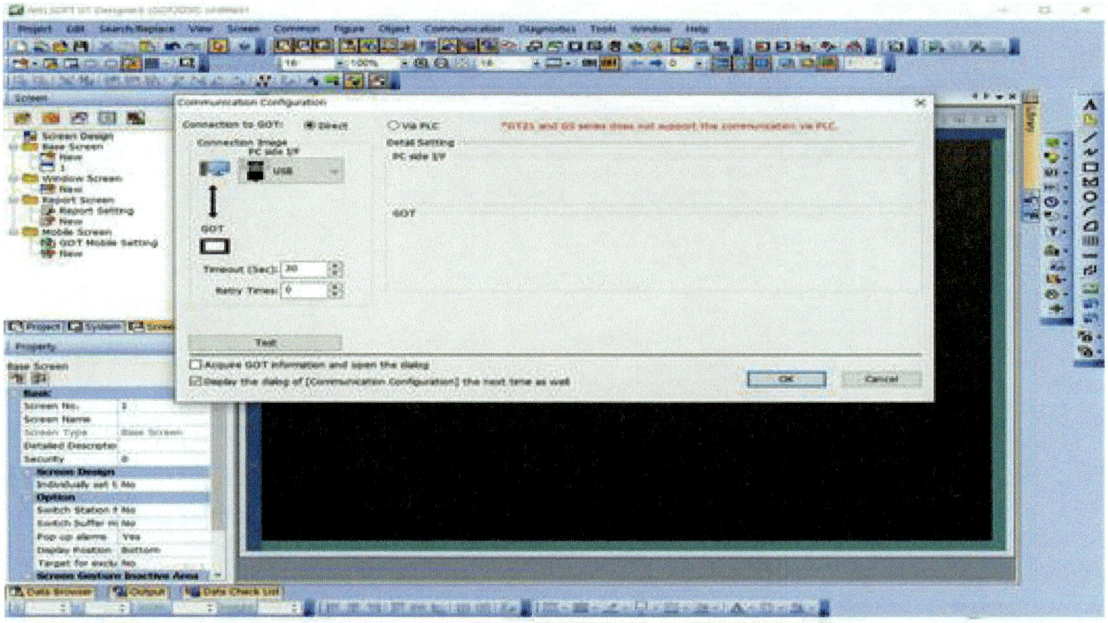

46. Communication Configuration 팝업창에서 USB 또는 이더넷(Ethernet)방법을 선택 설정한다.

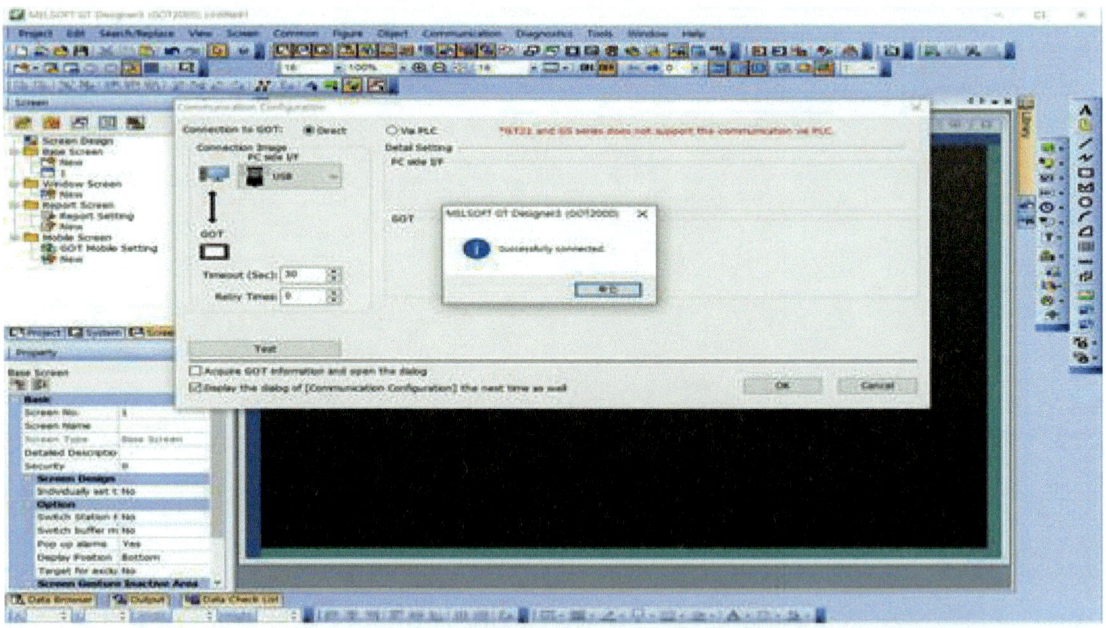

47. Test 버튼을 선택 클릭 하면 Successfully connected 이라는 Test 성공이라는 팝업창이 뜨면 팝업창의 확인 버튼을 클릭 후 OK 버튼을 선택 클릭한다.

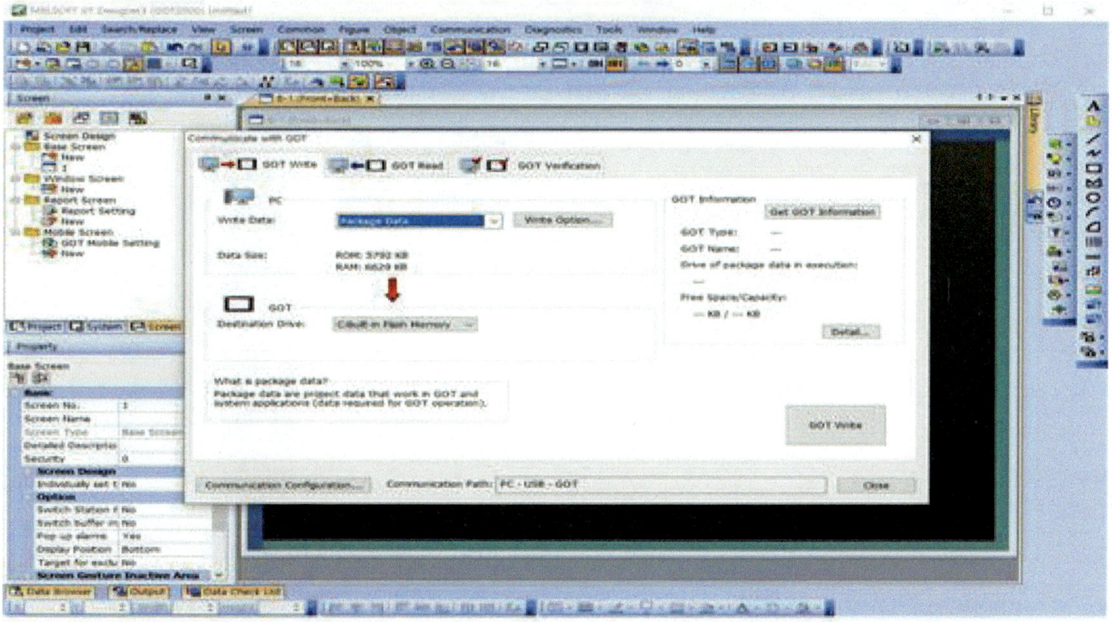

48. communicate with GOT 팝업창에서 GOT Write를 클릭 하면 코딩한 내용이 GOT로 전송된다.

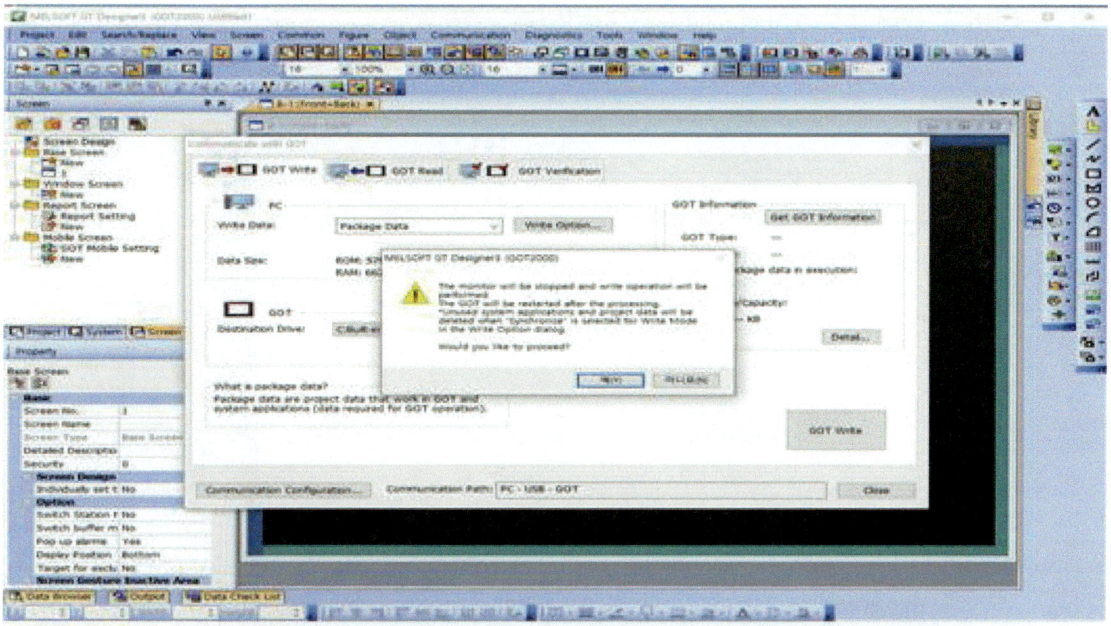

49. 모니터가 중지되고 쓰기 작업이 수행 됩니다. 쓰기옵션 대화 상자에서 쓰기 모드에 대해 “동기화”를 선택하면 사용되지 않는 시스템 응용프로그램 및 프로 젝트가 삭제 됩니다. 계속 진행 하시겠습니까? 예(Y) 선택 클릭 한다.

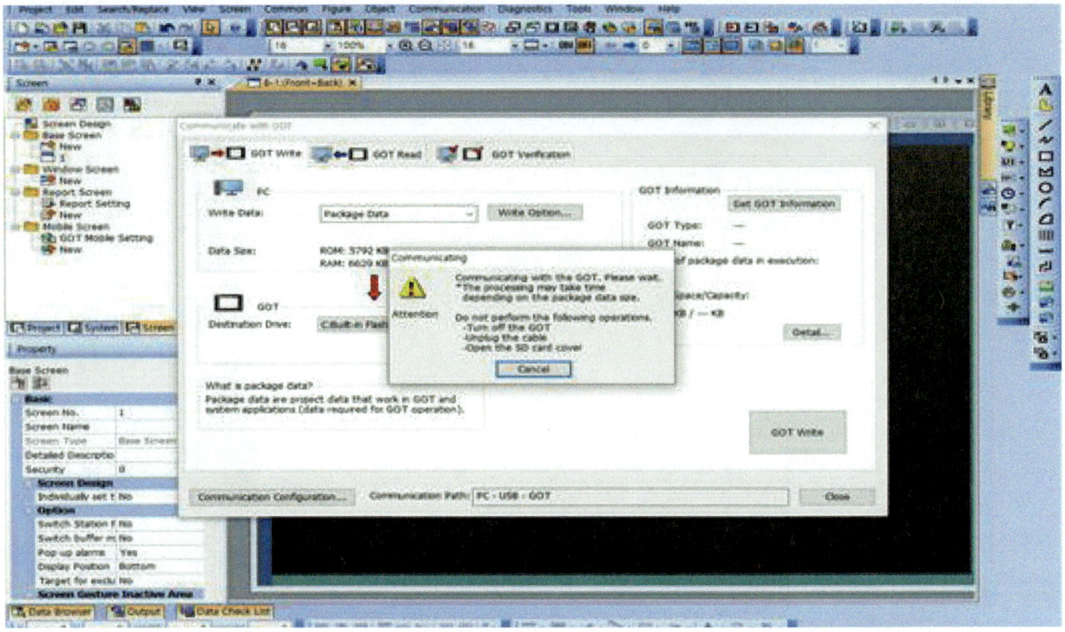

50. GOT와 통신 중입니다. 잠시만 기다려 주세요. 패키지 데이터 크기에 따라 처리 시간이 걸릴 수 있습니다.
진행 중 다음 작업은 수행 하지 마십시오.
(-GOT끄기,-케이블 플러그분리하기-SD카드 커버열기)

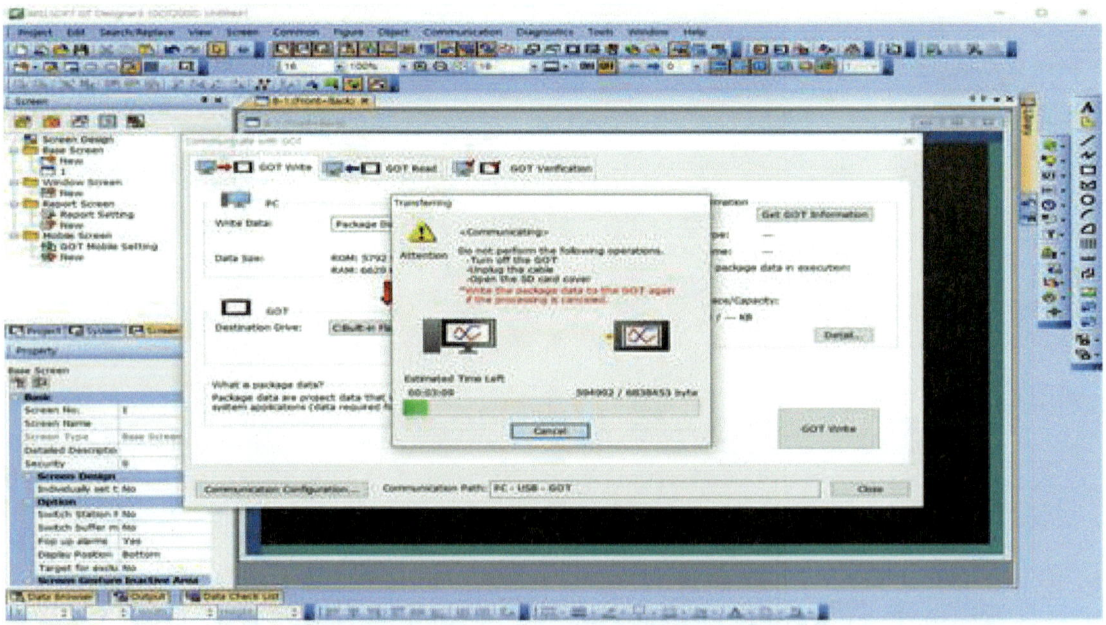

51. 다음 작업을 수행하지 마십시오.
(-GOT를 끕니다.-케이블을 분리합니다.-SD카드커버를 엽니다.)

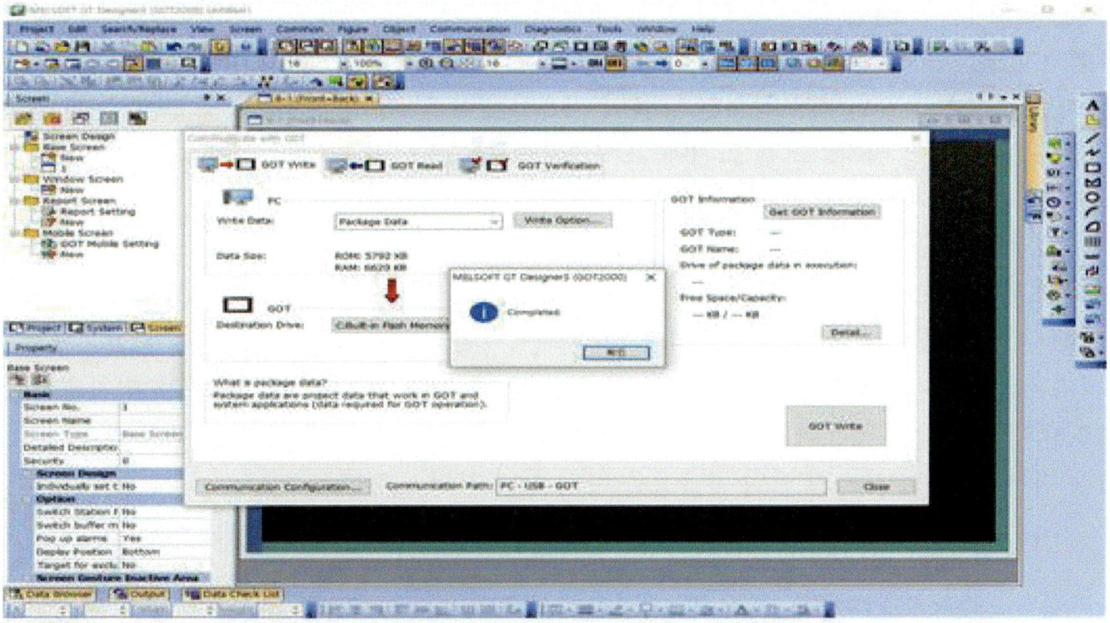

52. 확인 클릭 하면 다운로드 완료한다.

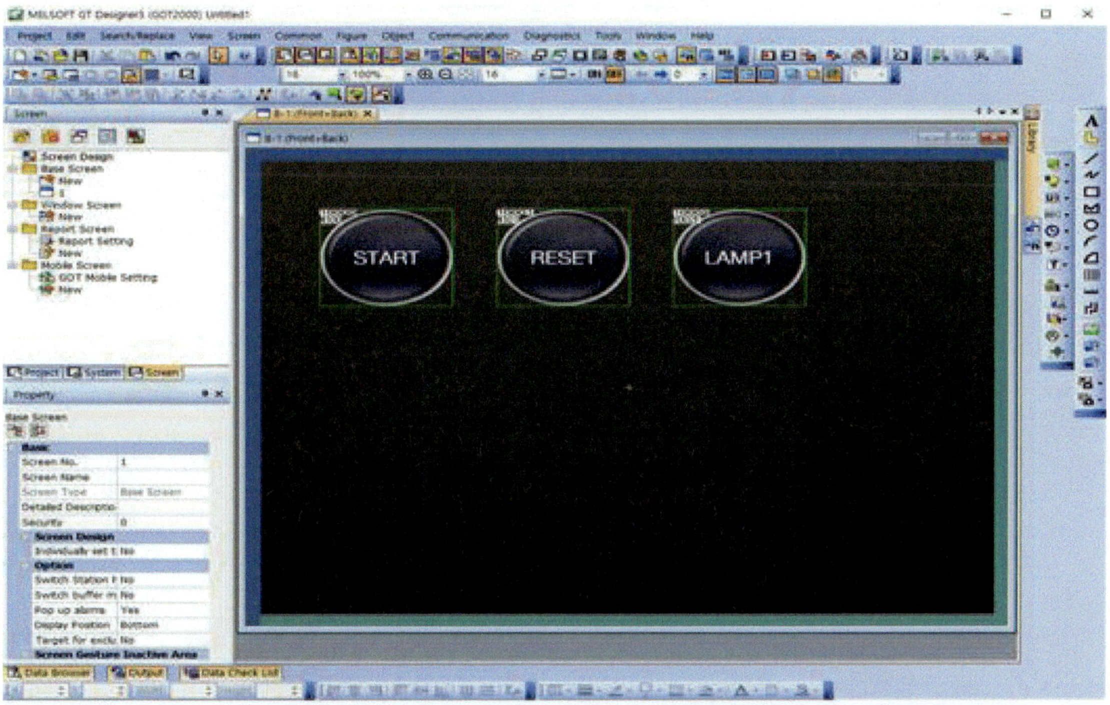

53. 터치스크린(GOT2000) 화면에서 선택 클릭 하여 PLC와 연동 작동확인

GT Designer3에서 작성한 터치스크린 작화 내용이 PLC 프로그램툴인 WORKS2에서 작성한 프로그램과 정상적으로 연동 작동되는지 확인해 보자. GT Designer3에서 작성한 내용을 GOT에 전송하면 터치스크린 화면에 작성한 내용이 디스플레이 된다. 정상적으로 작업을 수행 했으면 작업한 모든 내용이 터치스크린 화면에 표시되지만 정상적이지 않다면 터치스크린에 정상적인 표시가 되지 않는다.

램프의 디스플레이 및 동작은 PLC CPU 메모리 내용을 터치스크린(GOT2000)에서 읽어와서 디스플레이하는 것인데 문제가 발생하여 정상적인 작업 수행이 이루어지지 않아 PLC CPU 메모리 내용을 읽어올 수 없기에 정상적인 작동을 수행 할수 없다. 만약 램프가 터치스크린(GOT2000)에 표시되지 않는다면, PLC와 터치스크린(GOT2000)의 통신 연결 상태 또는 PLC 프로그램 다운로드,PLC시스템 전원 공급등을 다시 확인 하기 바란다.

2.6 GOT Designer3프로그램툴에서 숫자표시창 숫자설정

PLC의 입출력장치는 속도, 위치, 카운터설정값등을 입력하거나 디스플레이할 수 있는 장치가 필요하다, 터치스크린에서 숫자 표시창은 PLC제조사에서 지정한 워드 메모리에 저장된 값을 표시하는 창이며, 숫자 설정창은 PLC제조사에서 지정한 워드 메모리에 값을 설정할 수 있는 창이다. 우선 GT Designer3 프로그램툴을 이용하여 GOT2000에 숫자 표시창을 구성해 보자.

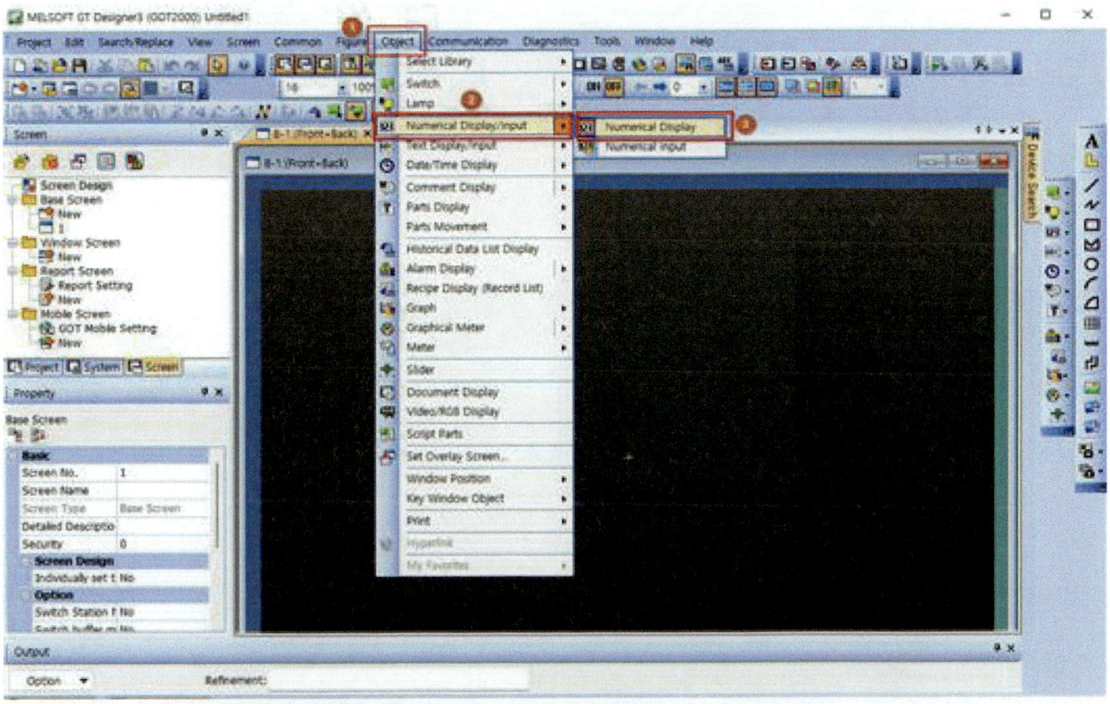

54. Object를선택한다. → NumericalDisplay/Input을 선택한다. → Numerical Display를 선택한다.

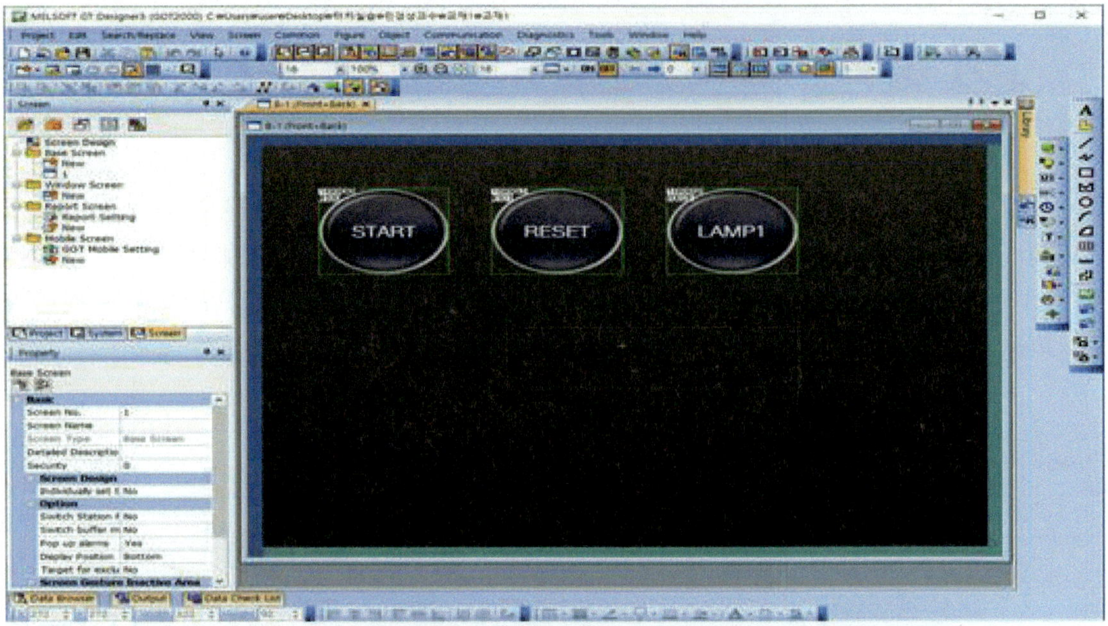

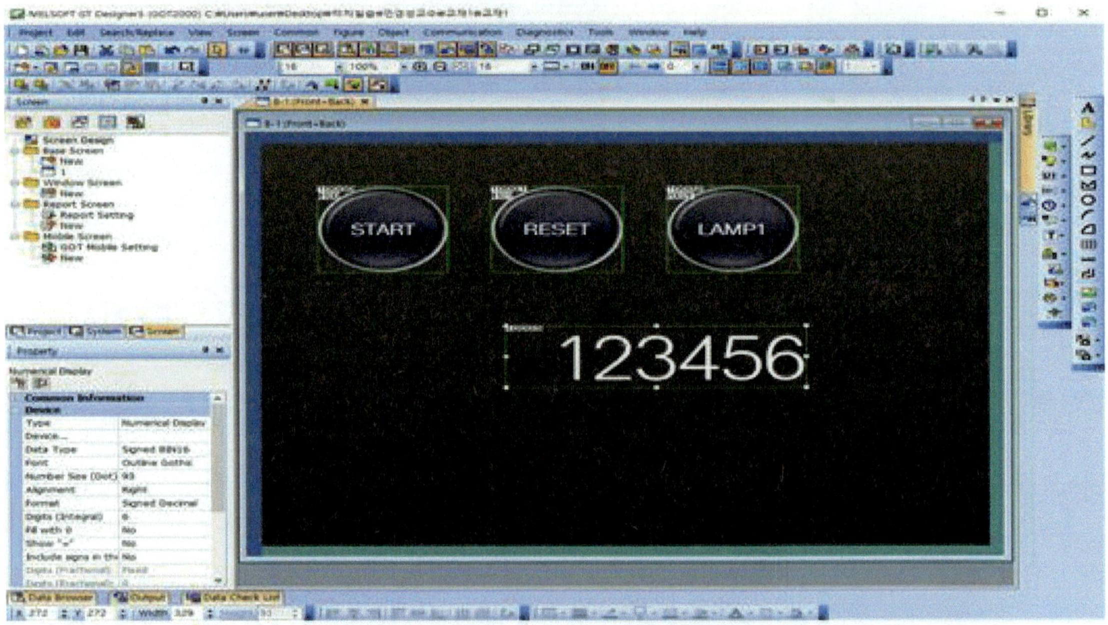

55. 화면에 마우스 커서를 위치 시키고, 마우스의 왼쪽 버튼을 누른상태에서 원하는 숫자 창 크기 만큼 사각 박스를 만든다.

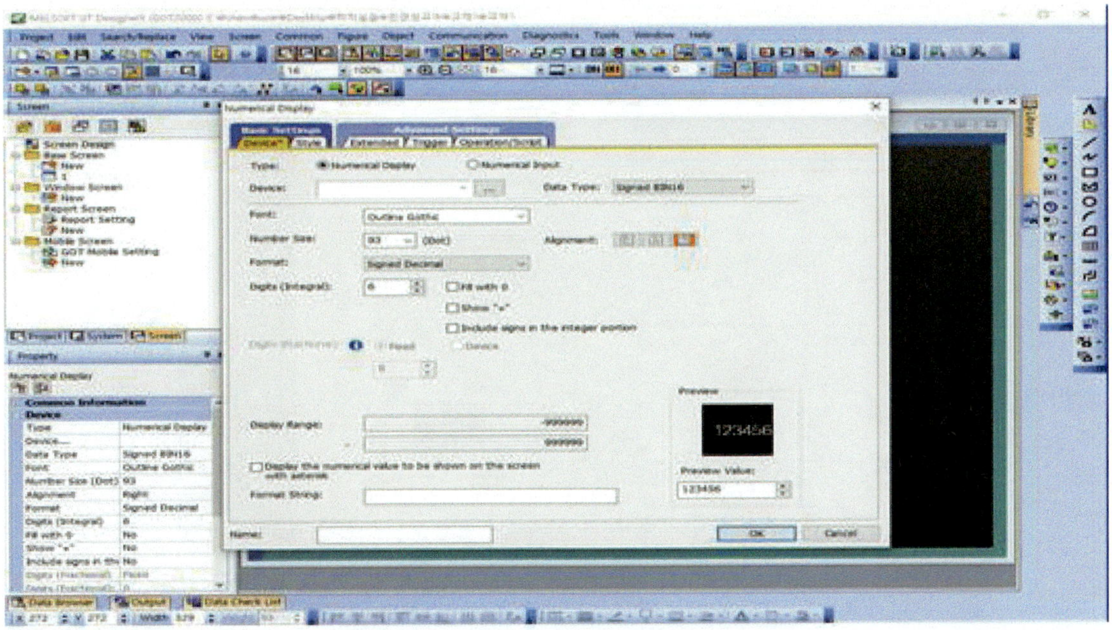

56. 숫자 표시창을 클릭하면 다음과 같은 메뉴화면이 생성된다.

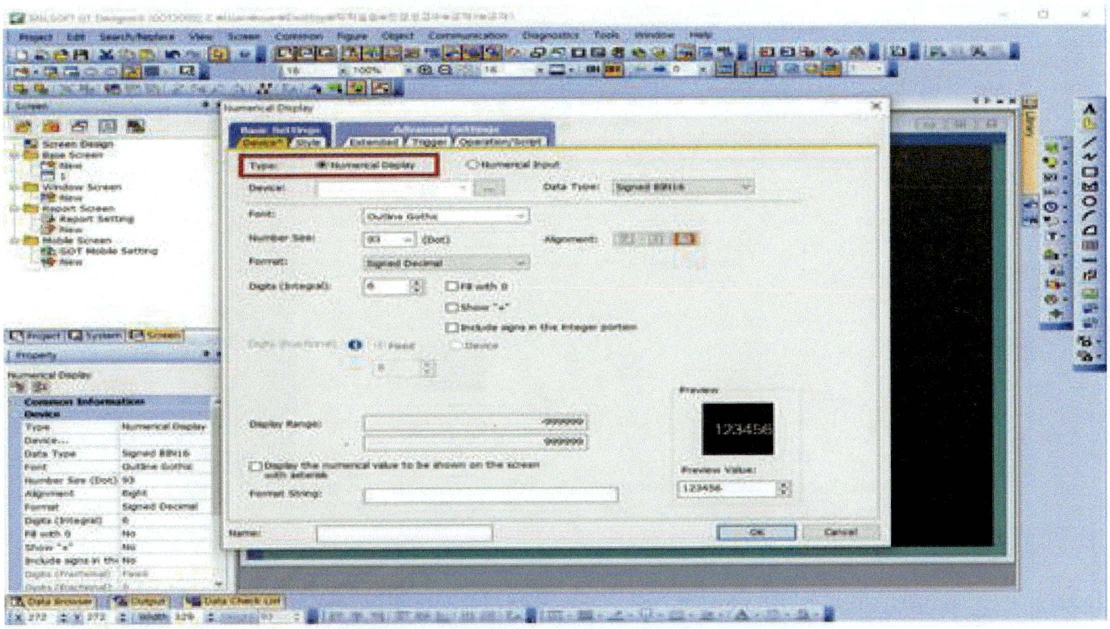

57. 숫자 표시창의 타입을 선택한다.

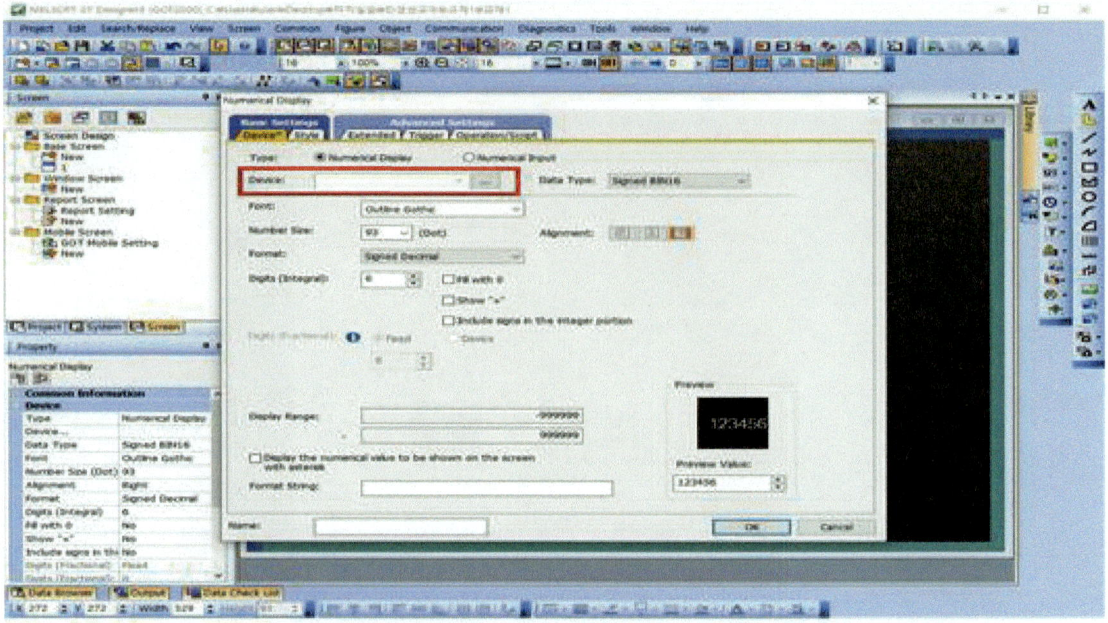

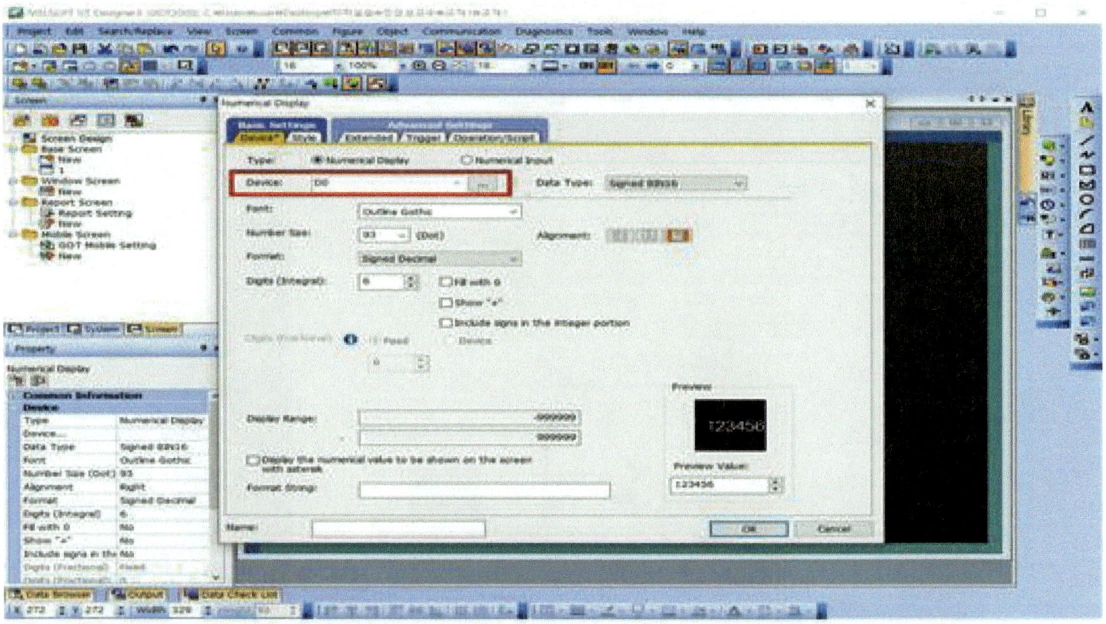

58.숫자창에 디스플레이할 값을 저장할수 있는 PLC 워드 디바이스(Device) 데이터레지스터 D0를 지정한다.

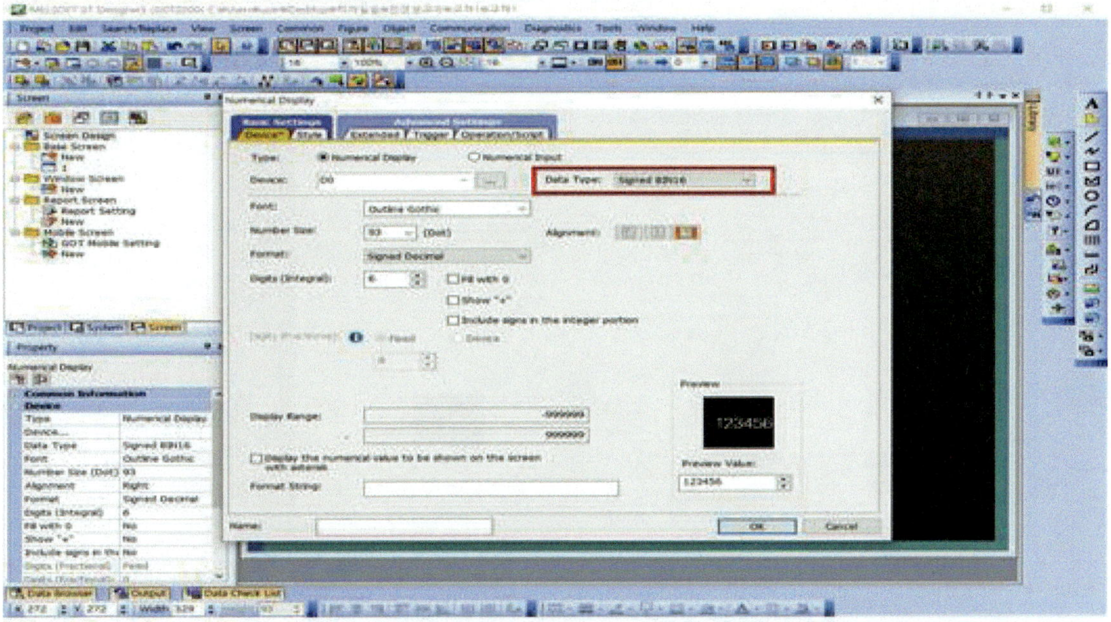

59. 설정할 메모리의 데이터 타입은 부호를 지닌 [Signed BIN16]을 설정한다.

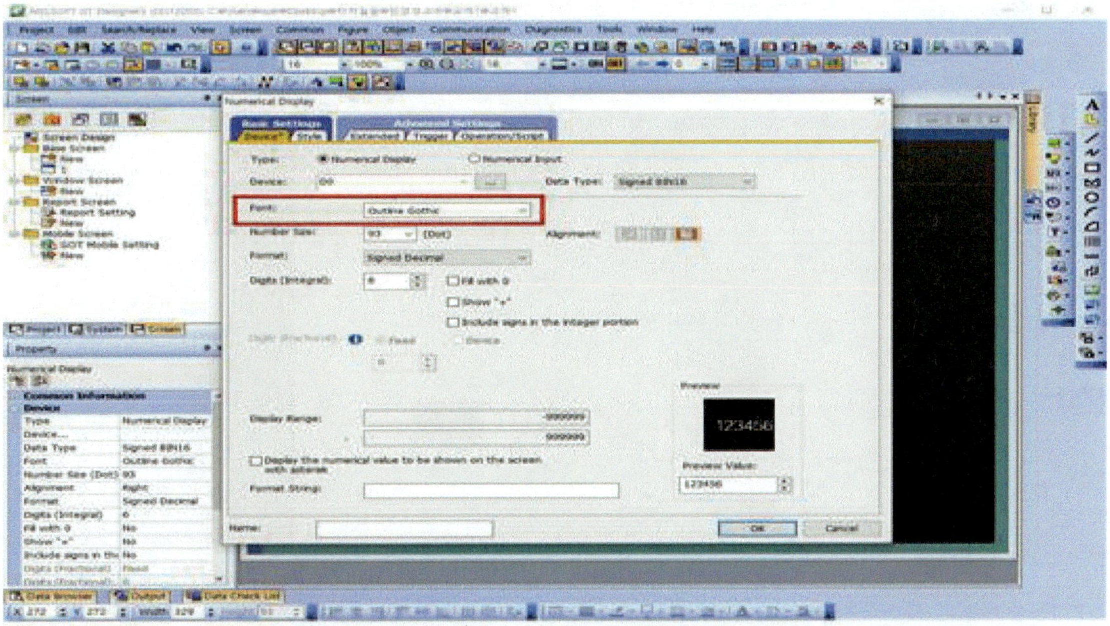

60. 표시할 숫자의 폰트를 설정한다.

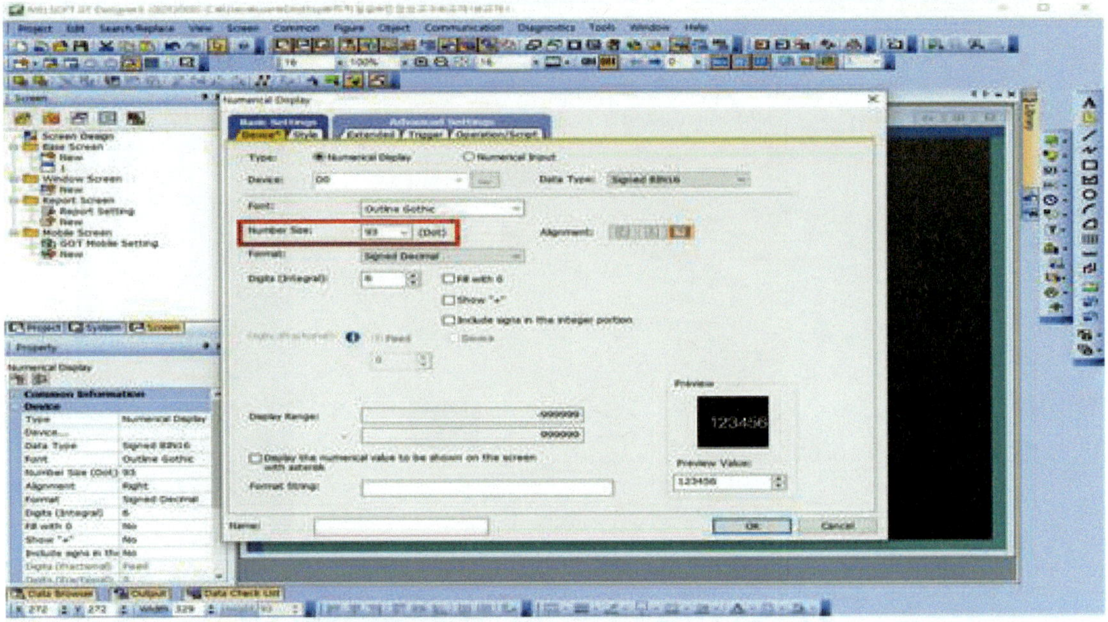

61. 폰트 크기를 설정한다.

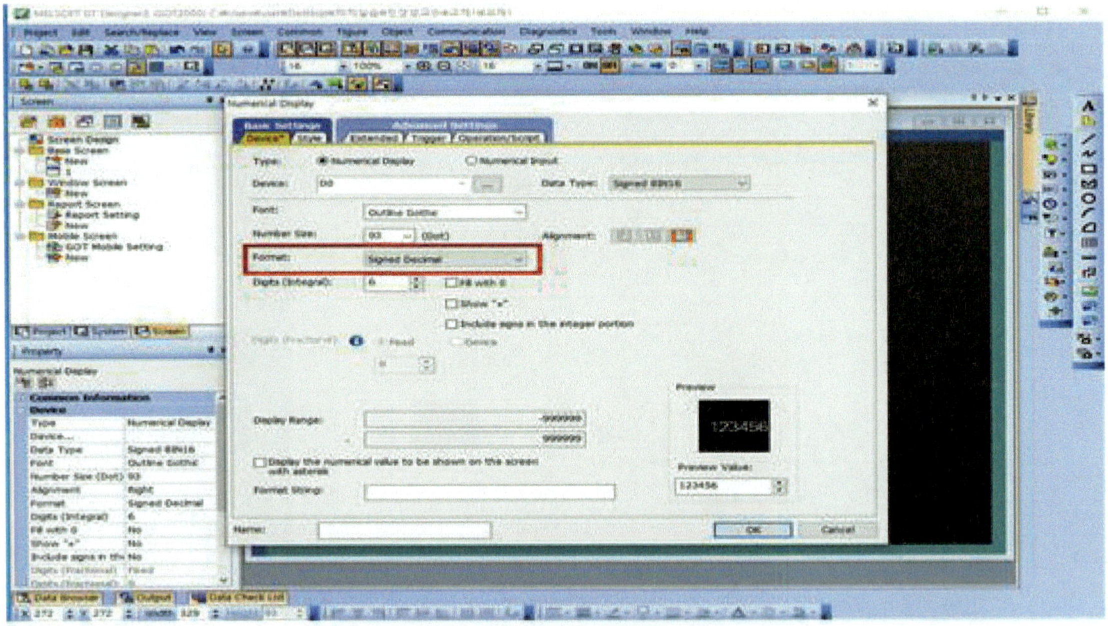

62. 표시할 형식(2진수,8진수,10진수,16진수)을 설정한다.

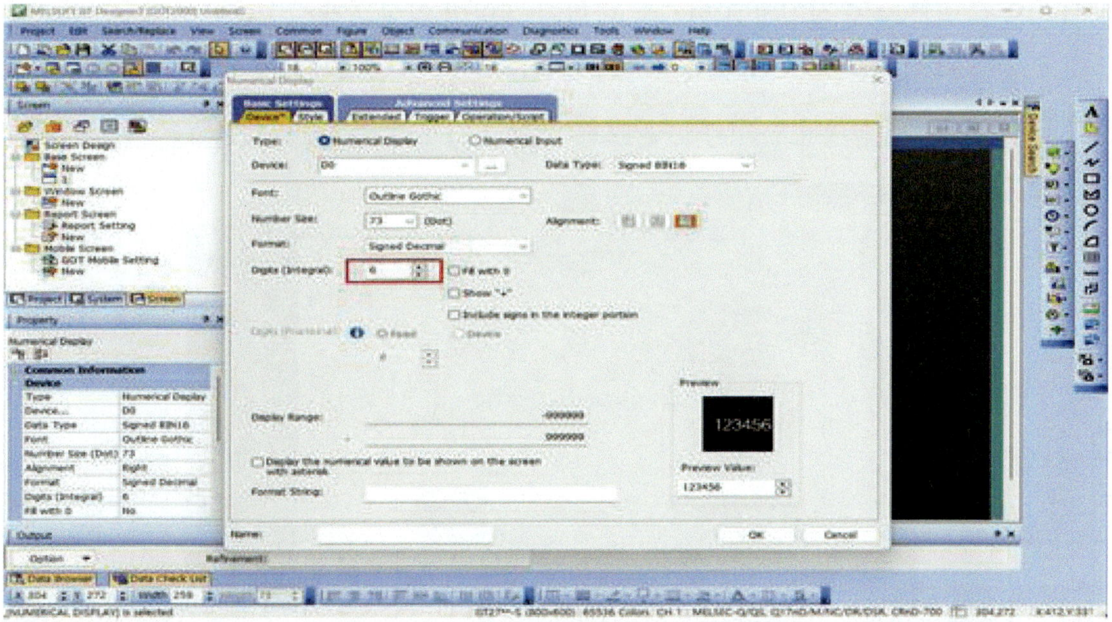

63. 숫자표시할 최대크기 숫자의 자릿수를 설정하고 OK를 클릭한다.

숫자를 설정 할수 있는 숫자 설정창을 만드는 방법에 대하여 알아보자.

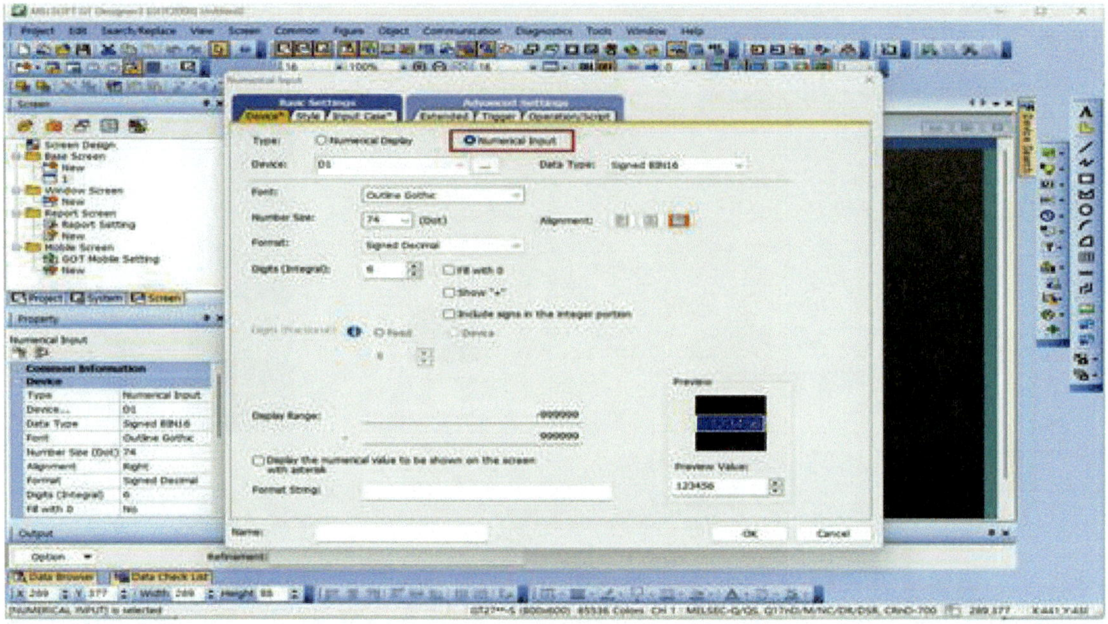

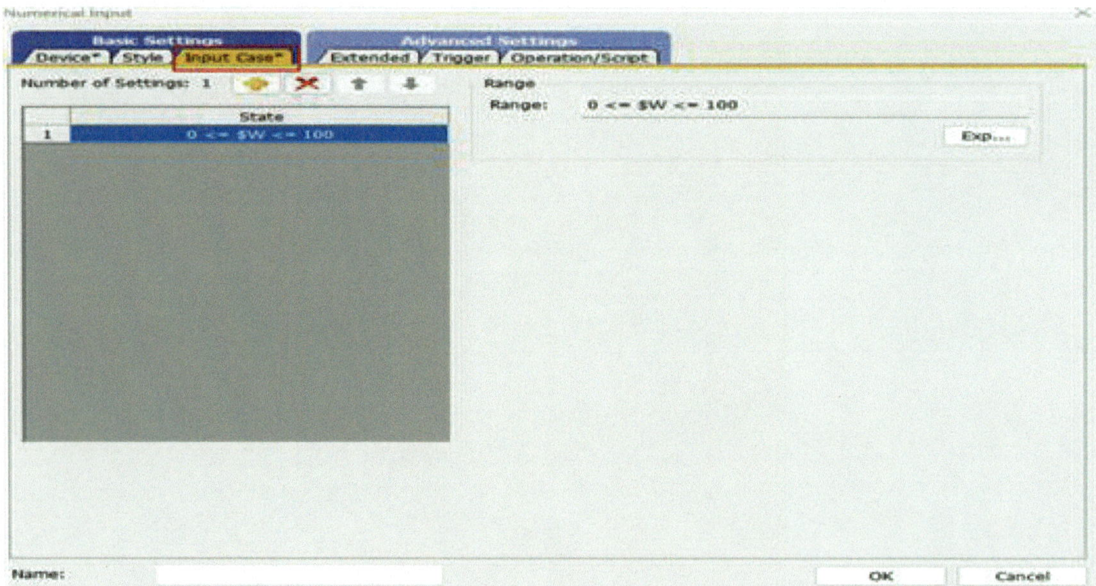

64. 숫자설정창을 만드는 작업 수행 절차는 동일하고 다른점은 숫자 창의 타입을 Numerical Input을 선택, 디바이스는 D1로 지정하고, Input Case탭을 클릭한다.

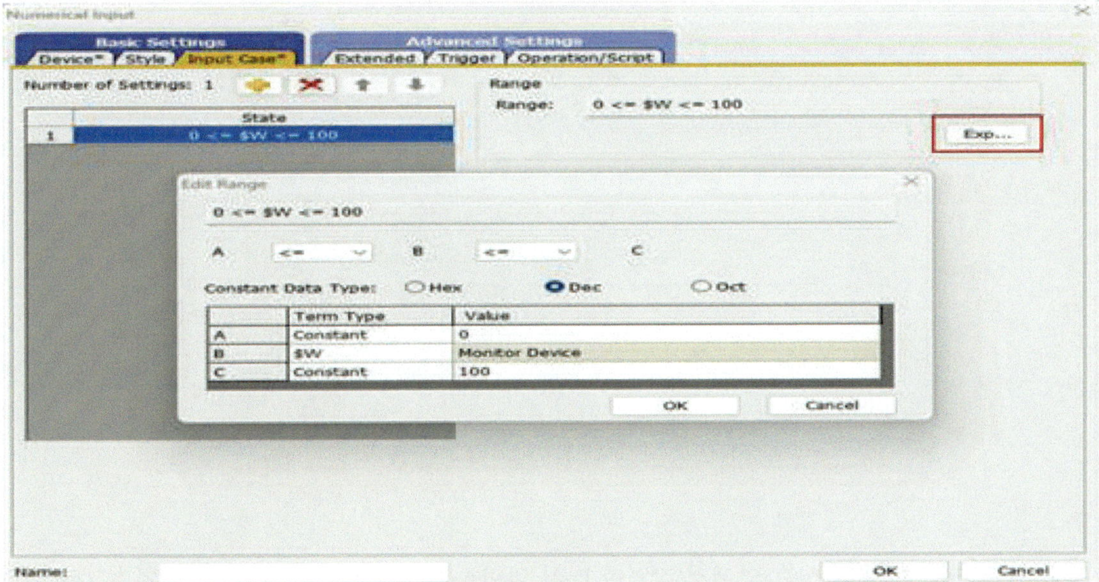

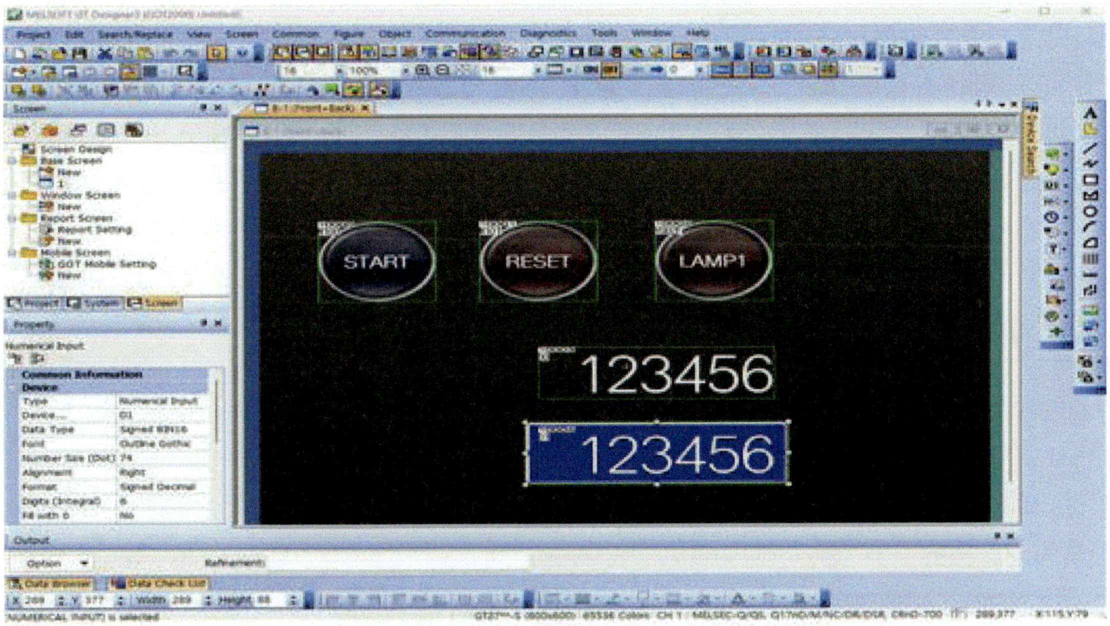

65. Exp...탭을 클릭한다. A항목에 하한값을 설정, C항목에 상한값을 설정하고, OK클릭하면 설정한 범위 값만 설정창에 입력하고, 하단에 있는 OK를 클릭하면 아래 최종 화면을 확인 할 수 있다.

· PLC프로그램

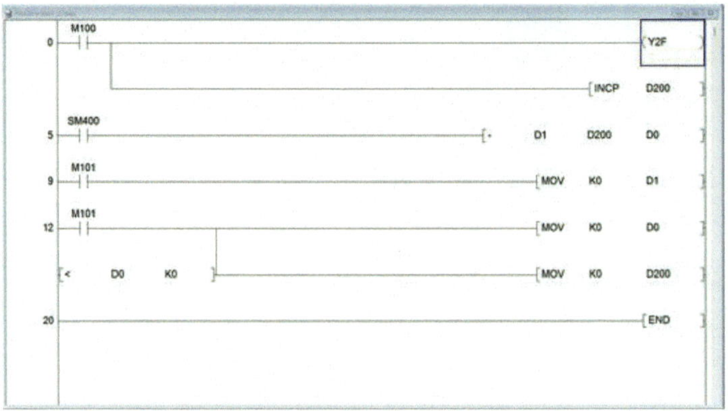

위와 같이 PLC프로그램을 작성후 앞에서 작업한 터치 화면를 GOT2000에 전송하면 터치스크린에 작성한 내용이 디스플레이 된다.

터치화면에 만들어진(할당M100) 스타트 스위치를 터치하여 동작시키면 출력신호에 할당된 램프1(할당Y2F)이 ON-OFF 되며, 하나씩 증가시키는 INCP명령에 따라 증가된 숫자를 PLC메모리 D200번지 방에 저장시킨다. 숫자 설정창 PLC에 지정된 메모리 D1에 터치스크린 입력 숫자 키패드를 이용해서 원하는 설정값을 설정한다.-뺄셈기호를 이용하여 D1메모리에 설정된 값(10임의설정)에서 하나씩 증가하는 값 PLC메모리 D200에 저장된 값을 빼서 숫자표시창 PLC메모리 D0번지에 저장 디스플레이 한다. 터치화면에 만들어진(할당M101) 리셋 스위치를 터치하여 동작시키면 상수K를 의미하는 KO를 PLC메모리에 저장된 값들을 모두 0으로 초기화 한다.

만약 0으로 초기화 하지 않으면 PLC메모리 D0번지 표시창에 16비트 Unsigned Decimal 최대값인 65535로 표시된다. PLC메모리 D0저장 내용이 상수 K0보다 작은 경우 PLC메모리 D0번지 저장숫자를 0이 되도록 비교문를 추가구성 하였고, 또한 PLC메모리 D200번지에 저장된 숫자를 초기화 되도록 프로그램 한다.

2.7 GOT 화면구성에 새로운 스크린 추가하기 및 스크린 이동 버튼 구성

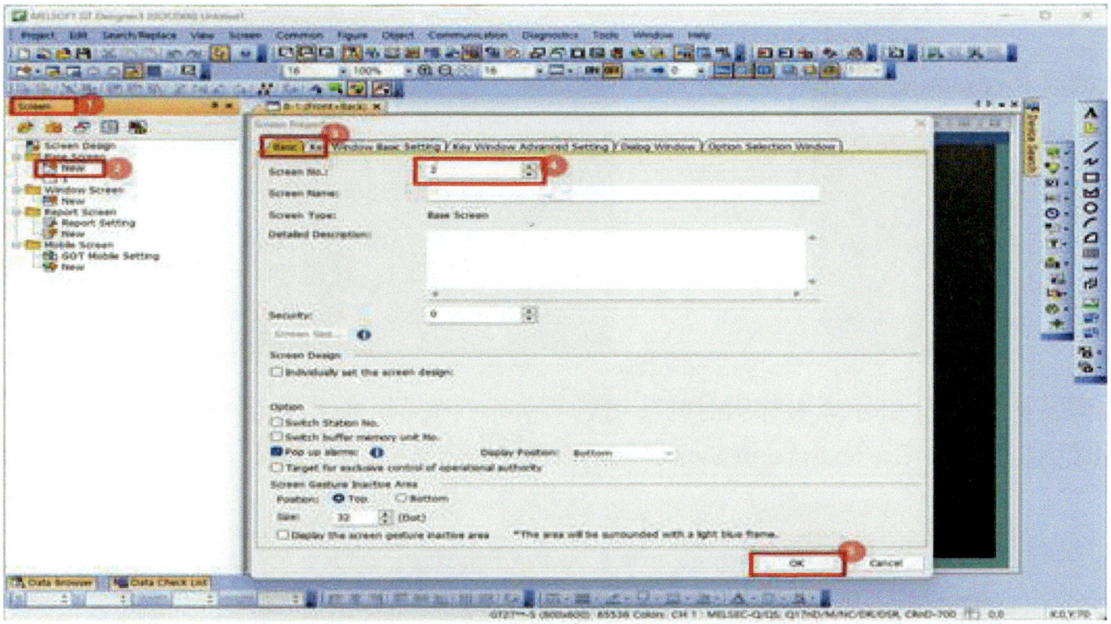

66. Screen탭을 클릭 → Base Screen → New클릭 → Base탭클릭 → 추가스크린 번호 설정 → OK클릭 하면 아래 내용을 확인 할 수 있다.

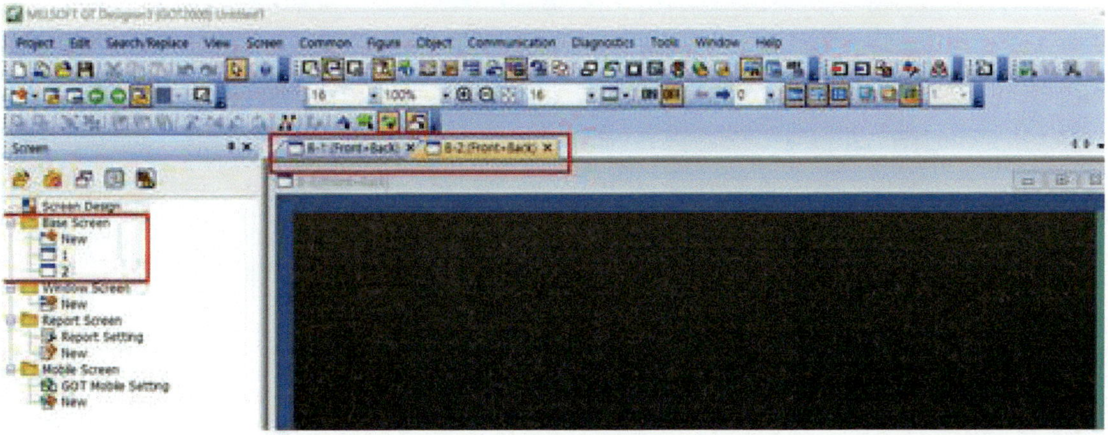

67. Base Screen 폴더에 스크린 넘버2가 추가 되어있다. 해당하는 스크린(화면)을 선택하여 사용자가 필요한 내용을 작성 사용하면 된다.

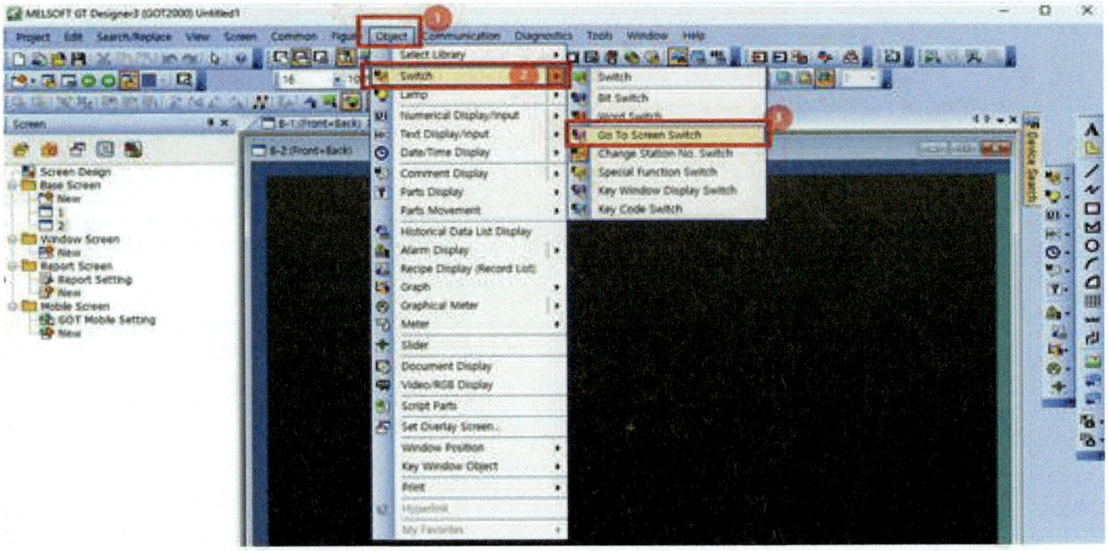

68. 스크린 넘버1에서 이동 스위치 작성하기 메인 메뉴바에서 Object탭을 클릭 → Switch를 클릭 → Go To Screen Switch를 클릭한다.

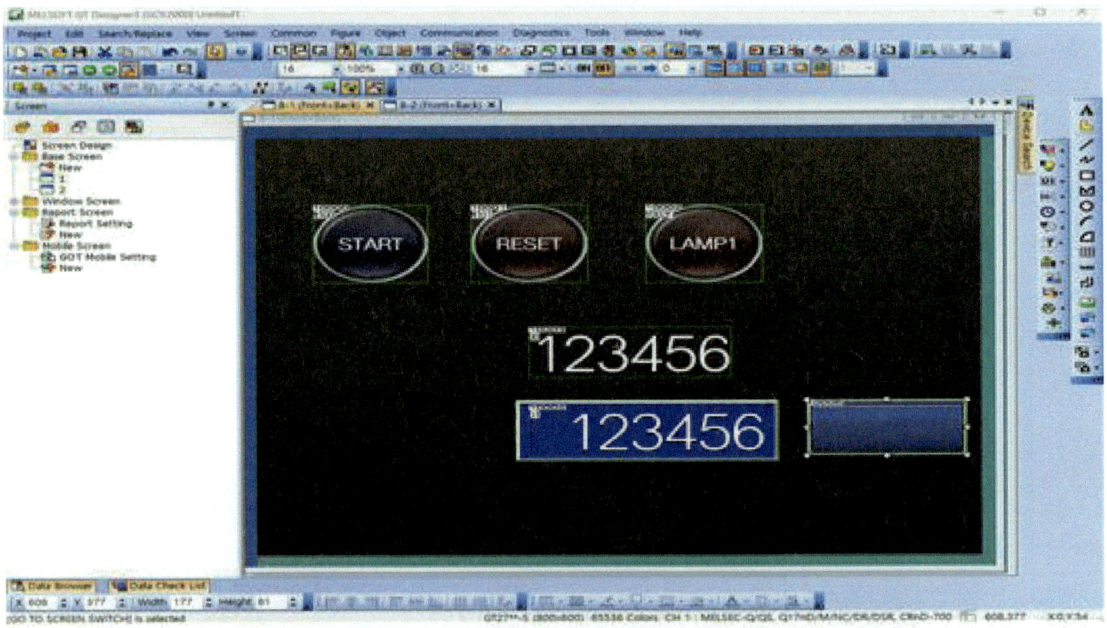

69. 스크1번 화면에서 드래그 앤 드롭으로 원하는 크기로 버튼스위치를 추가 작화작성 한다.

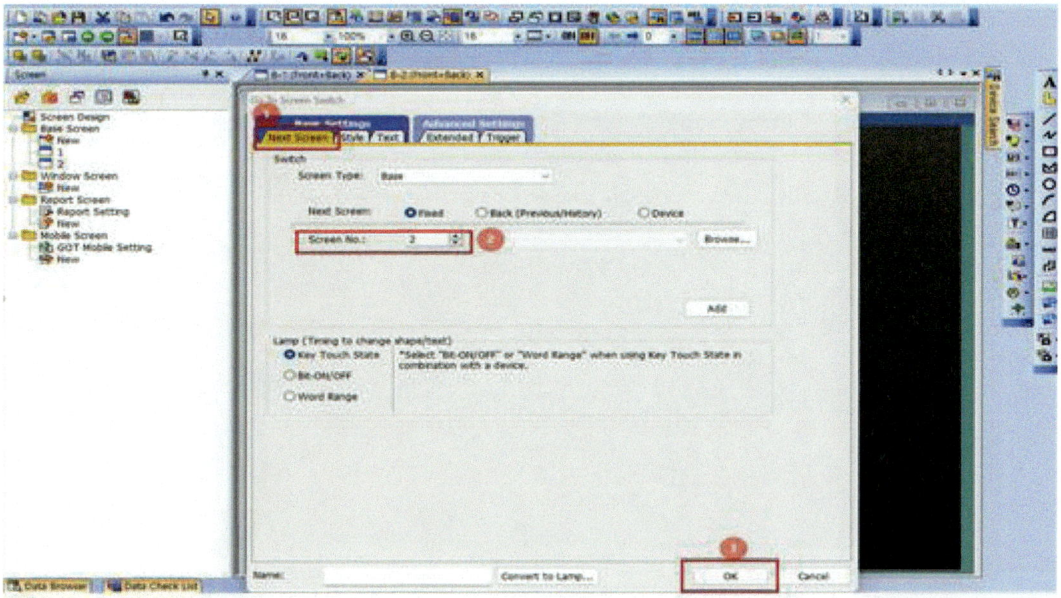

70. Next Screen탭을 클릭 → Screen No 이동을 원하는 하면번호 2를 설정 → OK클릭한다.

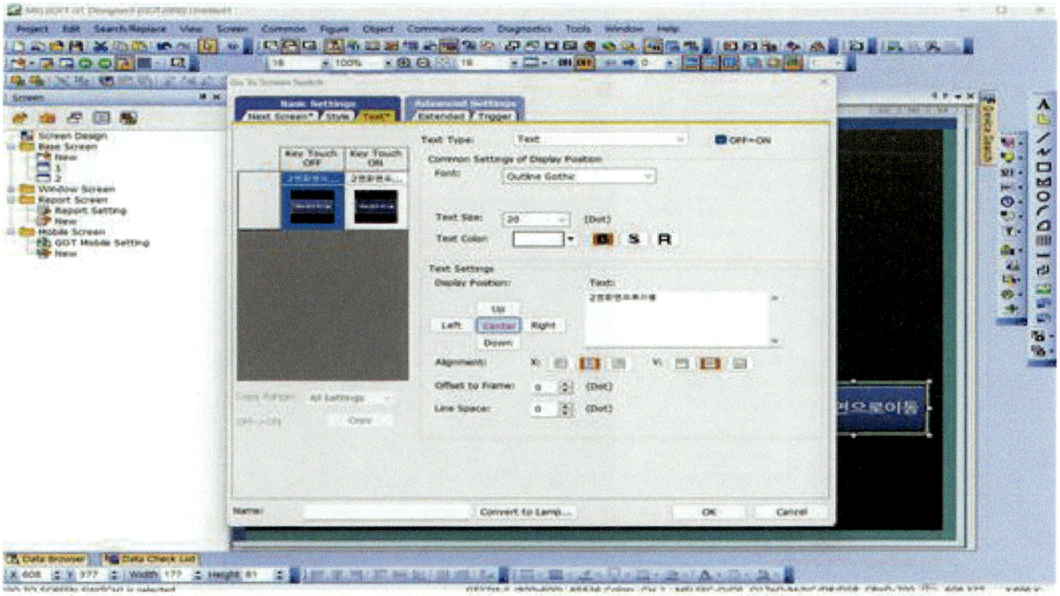

71. 버튼 Style 및 Text를 설정 Text내용은 2번 화면으로이동 작성 OK클릭

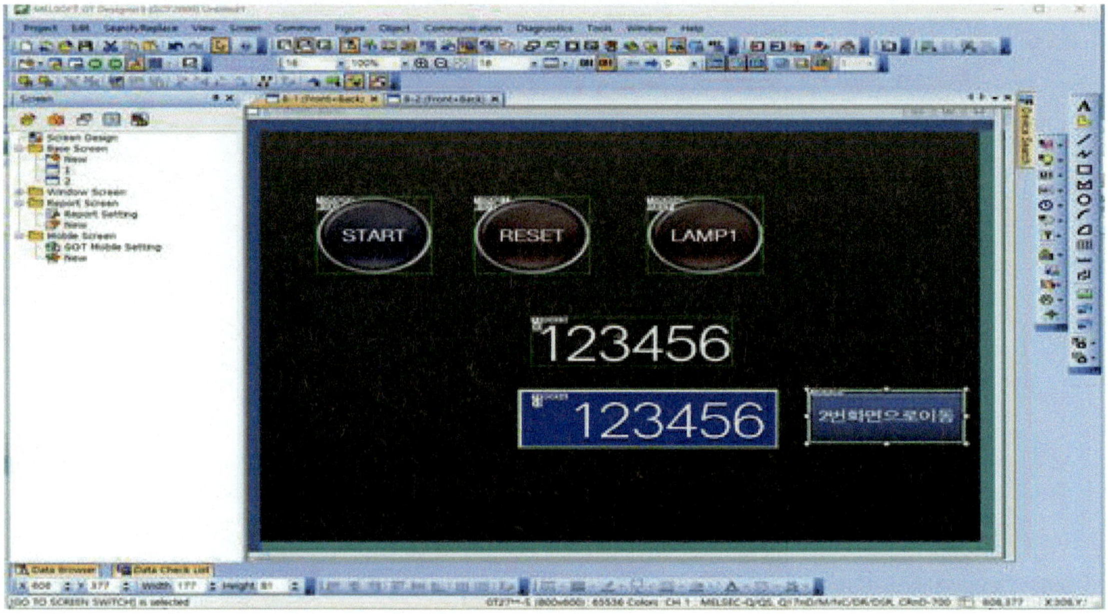

72. 스크린1번 화면에서 스크린2번으로 이동하는 버튼 스위치생성

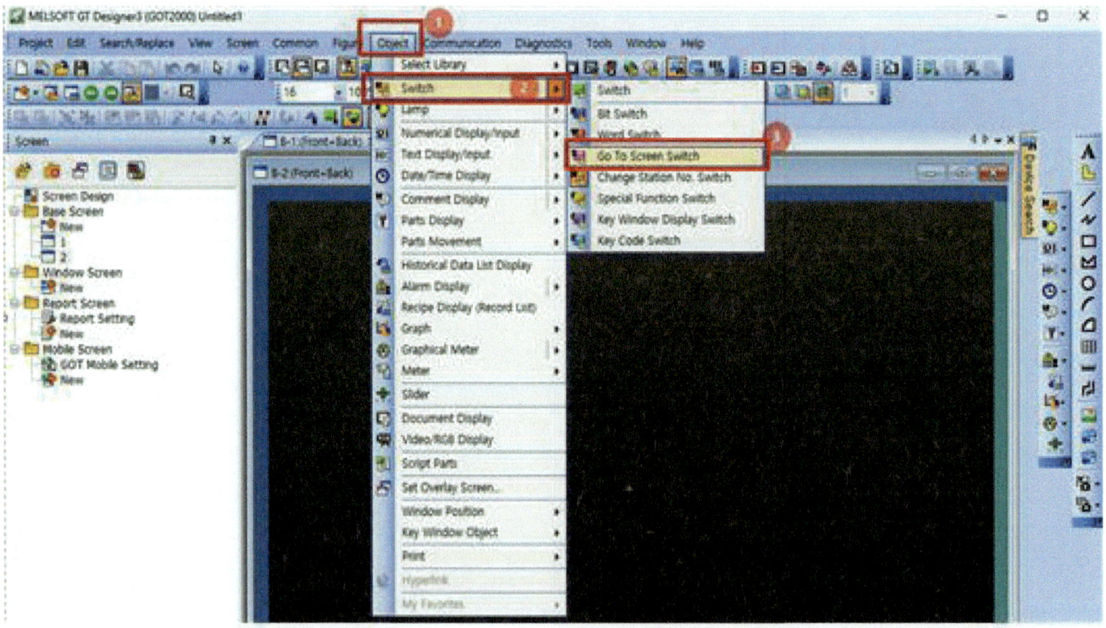

73. 스크린 넘버2번화면에서 이동 스위치 작성하기 메인 메뉴바에서 Object탭을 클릭 → Switch를 클릭 → Go To Screen Switch를 클릭 한다.

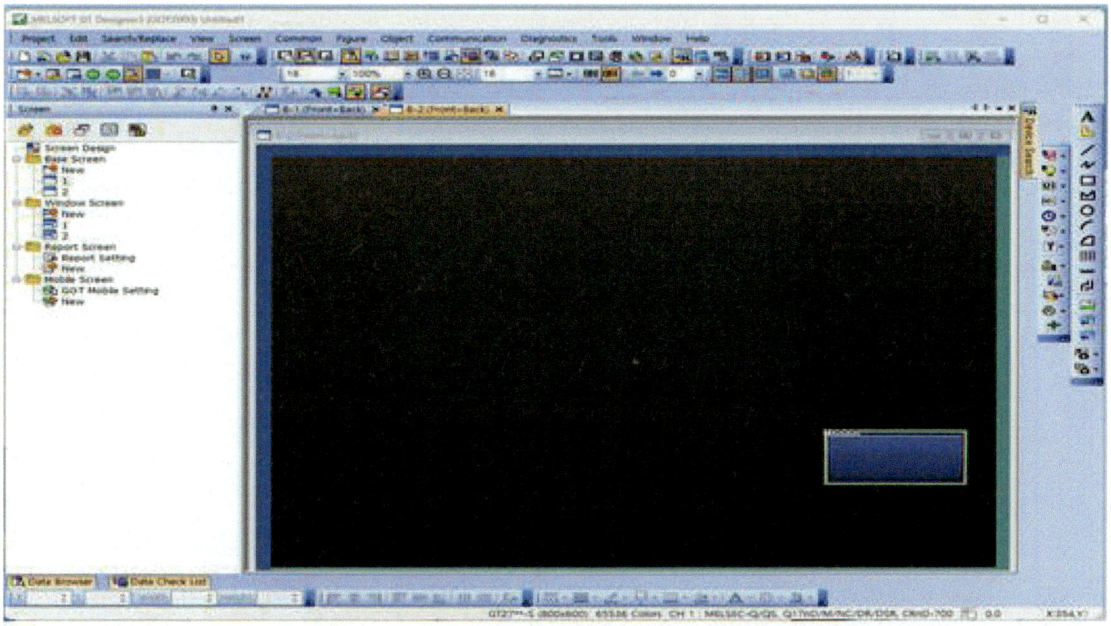

74. 스크린2번 화면에서 드래그 앤 드롭으로 원하는 크기로 버튼 스위치를 추가 작화 작성한다.

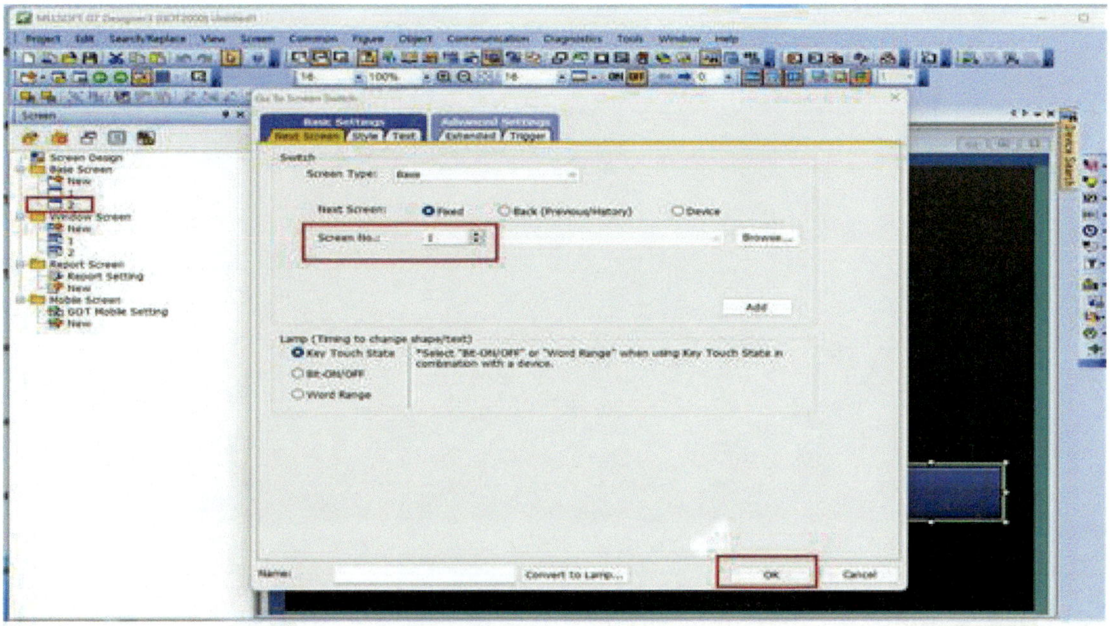

75. Next Screen탭을 클릭 → Screen No 1를 설정 → OK클릭한다.

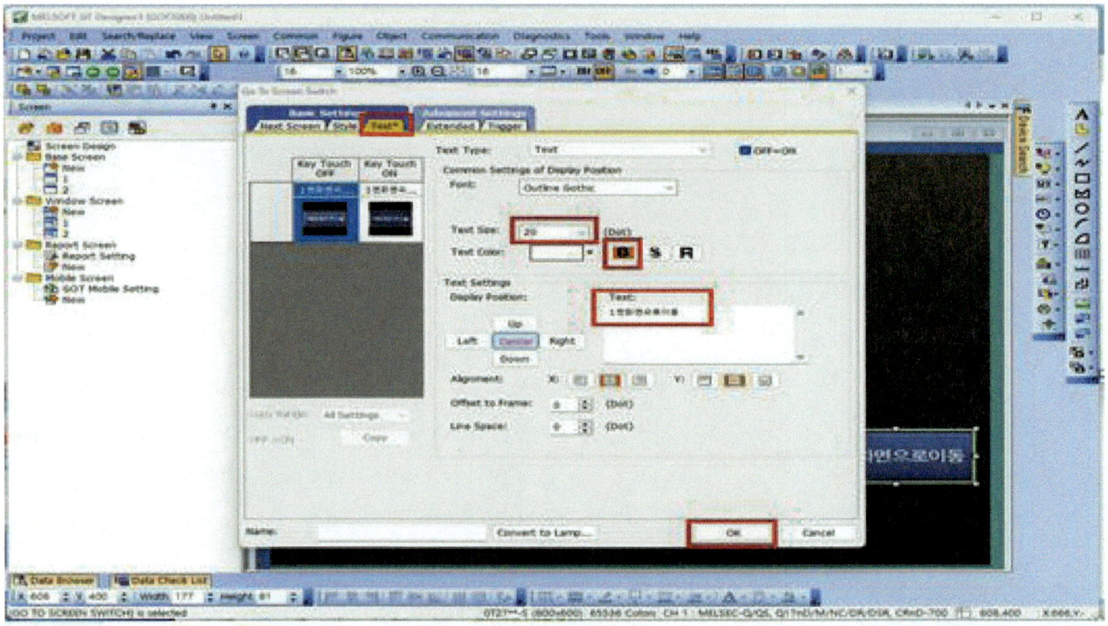

76. 버튼스위치 Style 및 Text를 설정 Text내용은 2번 화면으로이동 작성 OK클릭한다.

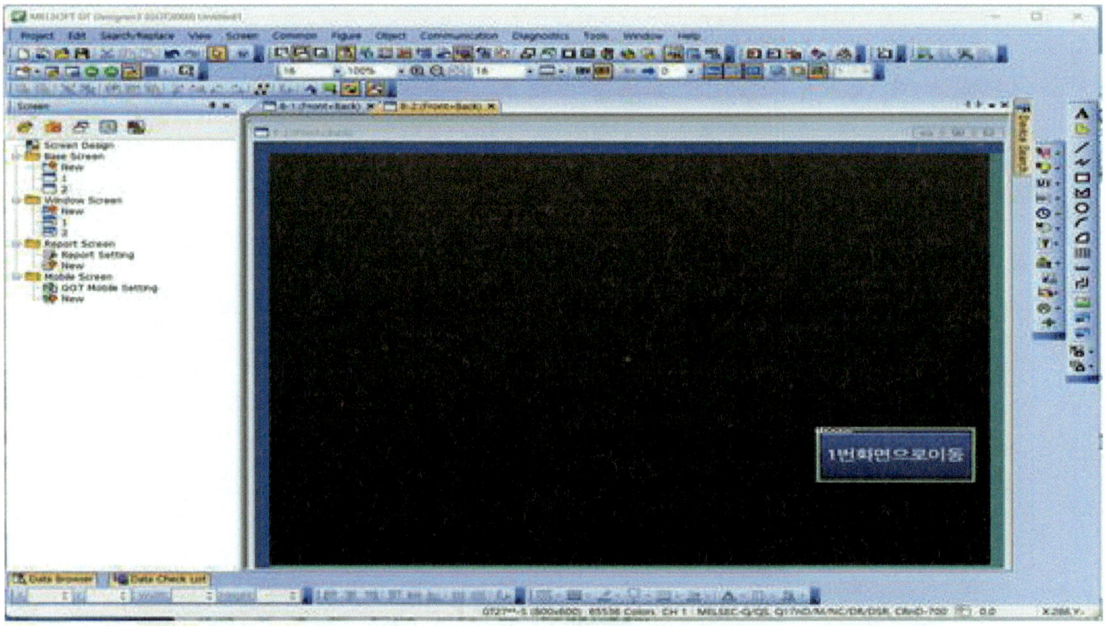

77. 작성된 내용을 메인메뉴 Communication버튼을 클릭 서브메뉴 창에서 Write to GOT(SHIFT+F11)선택 클릭 하여 GOT2000에 다운로드한다.

2.8 GOT에서 Comment Display 설정 사용하기

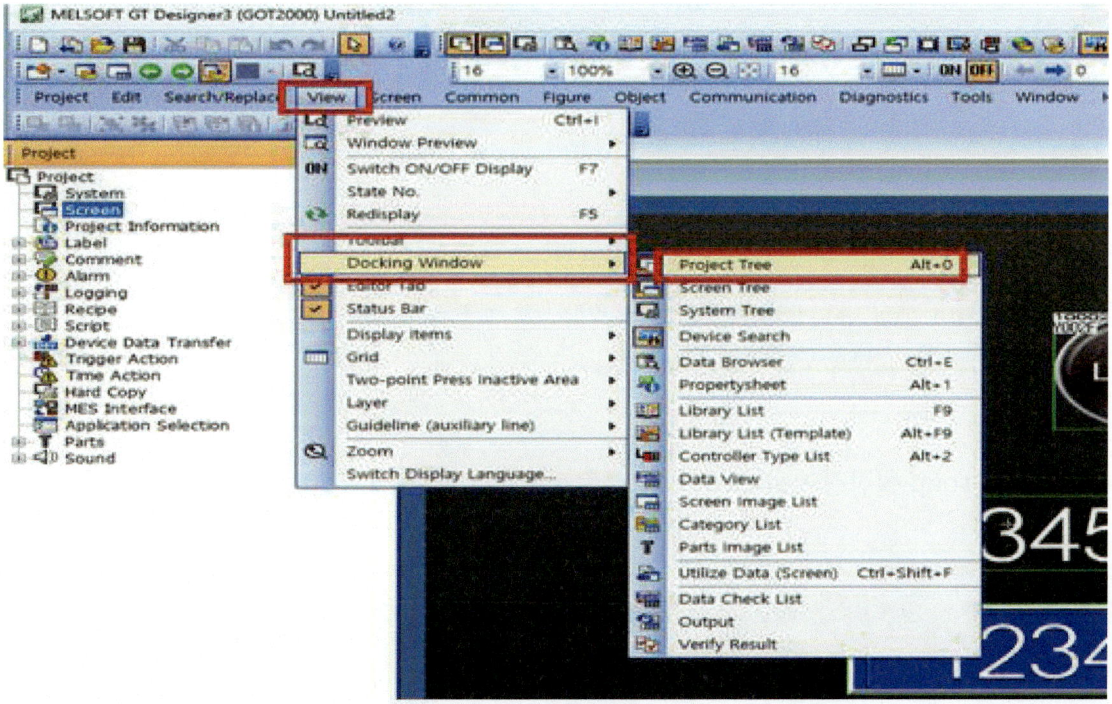

78. GOT2000에서 Comment Display를 사용하기전에 Comment를 설정해야 한다.
View → Docking Window → Project Tree선택 Project창 오픈한다.

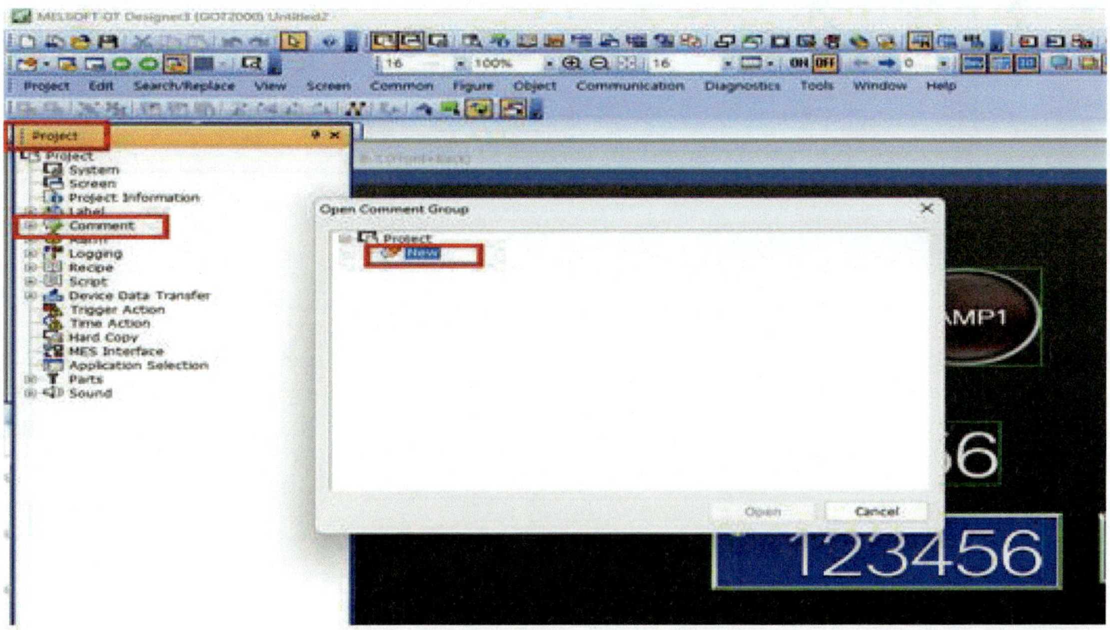

79. Project → Comment → New선택 클릭한다.

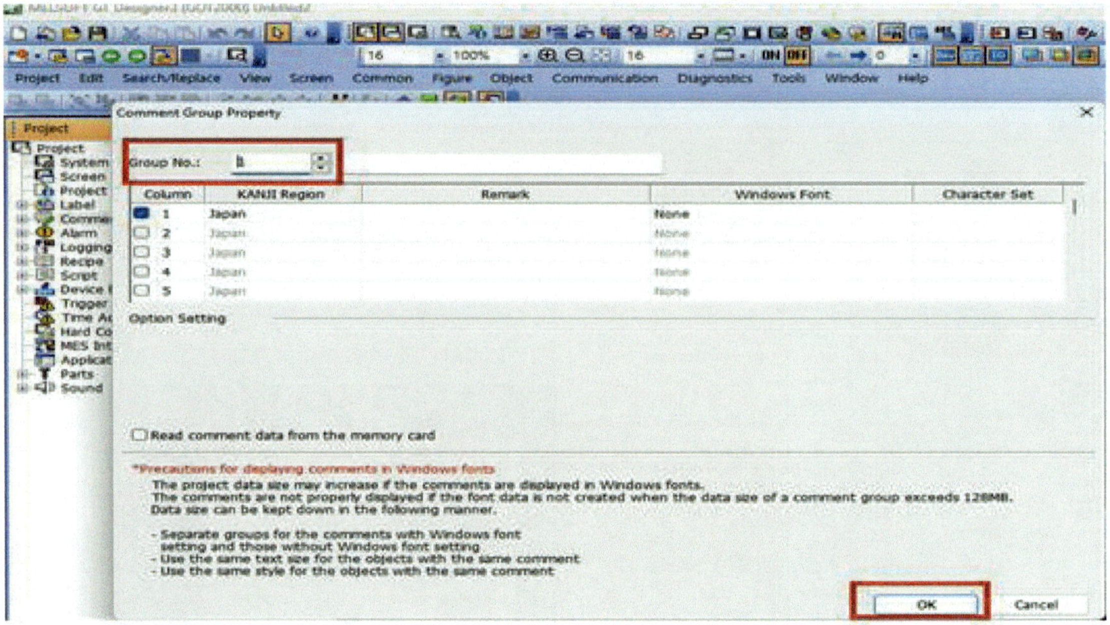

80. Comment Group 설정창에서 Group No.1로선택 OK 버튼 클릭한다.

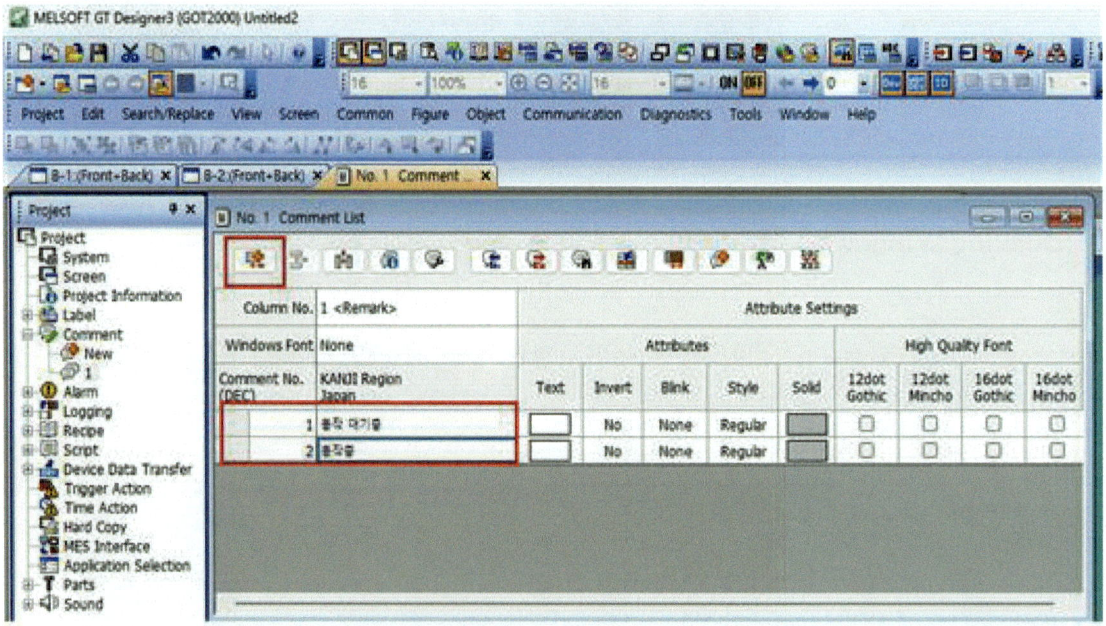

81. 아이콘을 선택 클릭 하여 코멘트 편집 추가. Comment No.1 동작대기중, 2.동작중

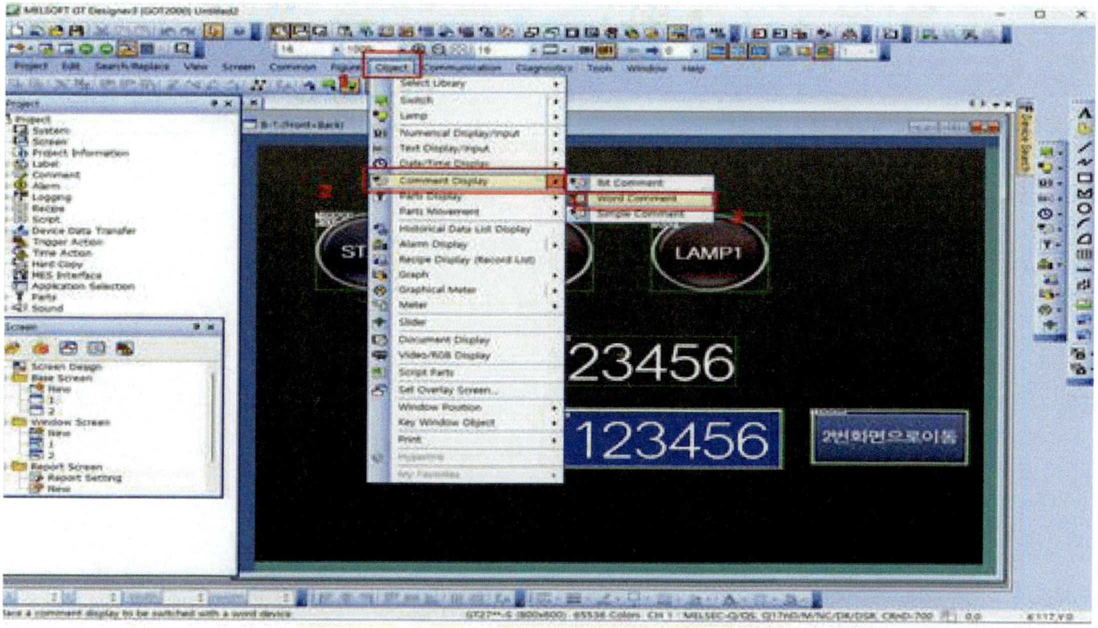

82. Object → Comment Display → Word Comment를 선택 클릭한다.

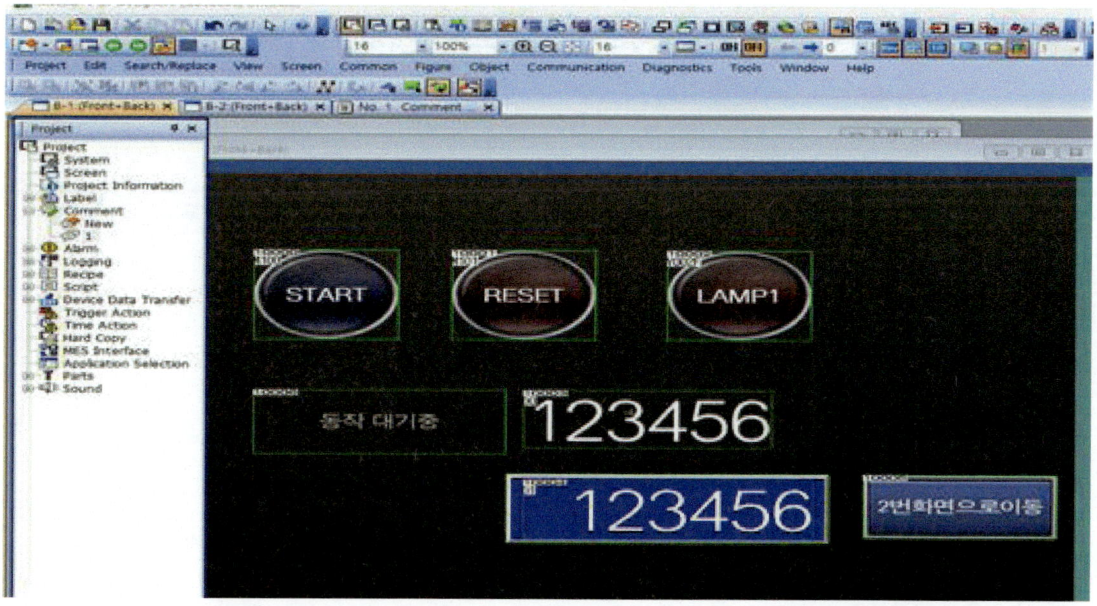

83. 화면에서 + 모양의 마우스를 드래그 앤 드롭으로 원하는 크기로 표시창을 추가 작화 작성한다.

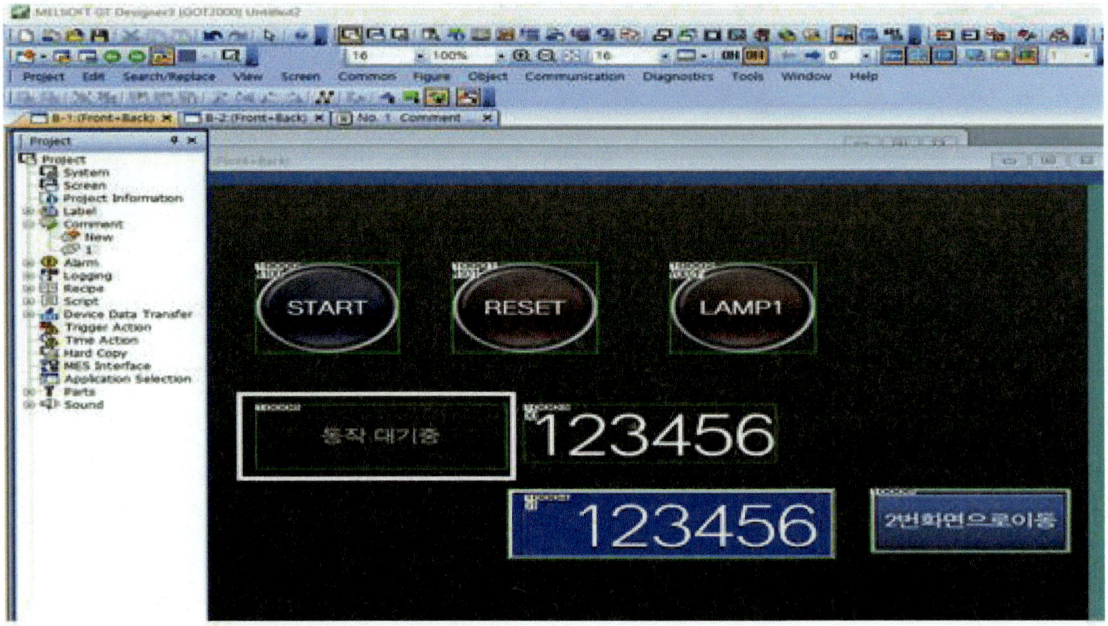

84. 동작 대기중 표시창을 선택 클릭한다.

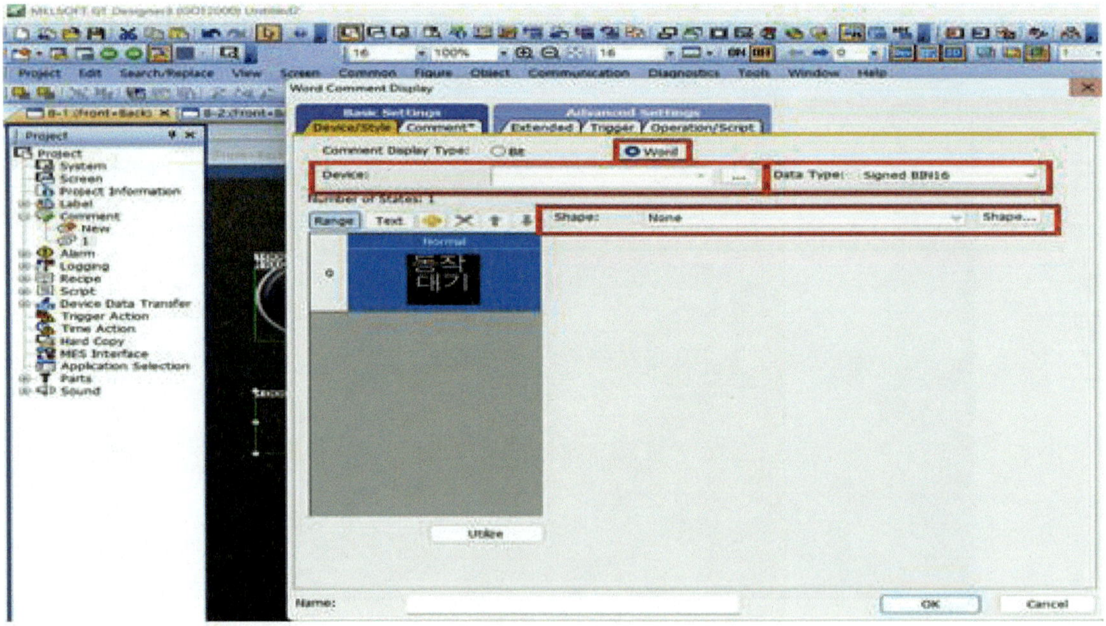

85. Comment Display Type Word선택 Device → D100설정, Data Type → SignedBIN16 → Shape 선택 클릭한다.

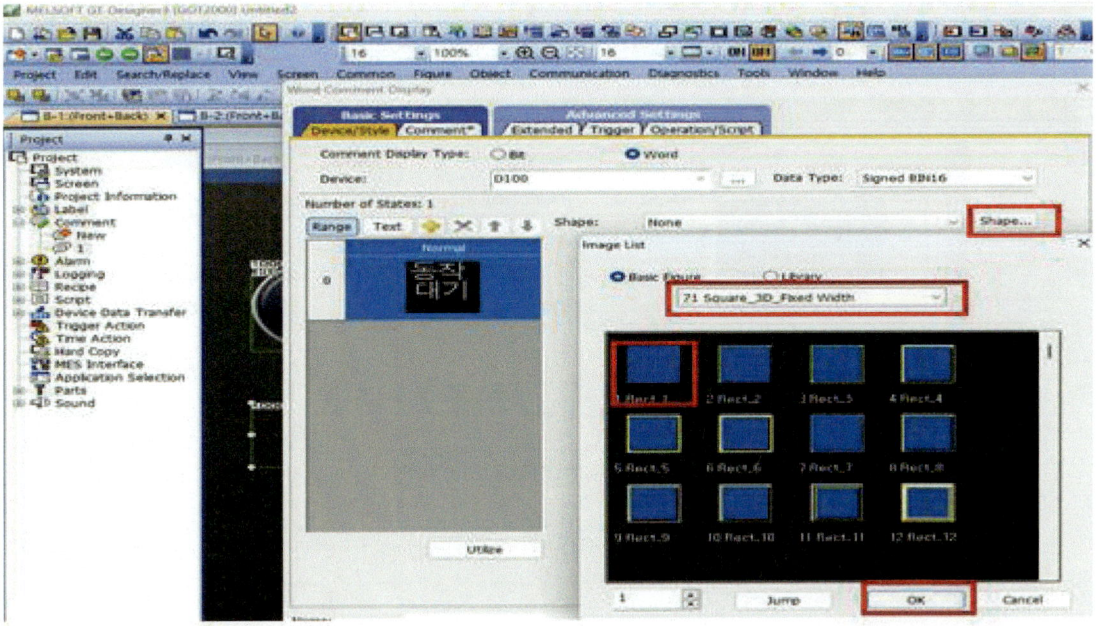

86. Shape → 버튼모양선택 → OK 클릭한다.

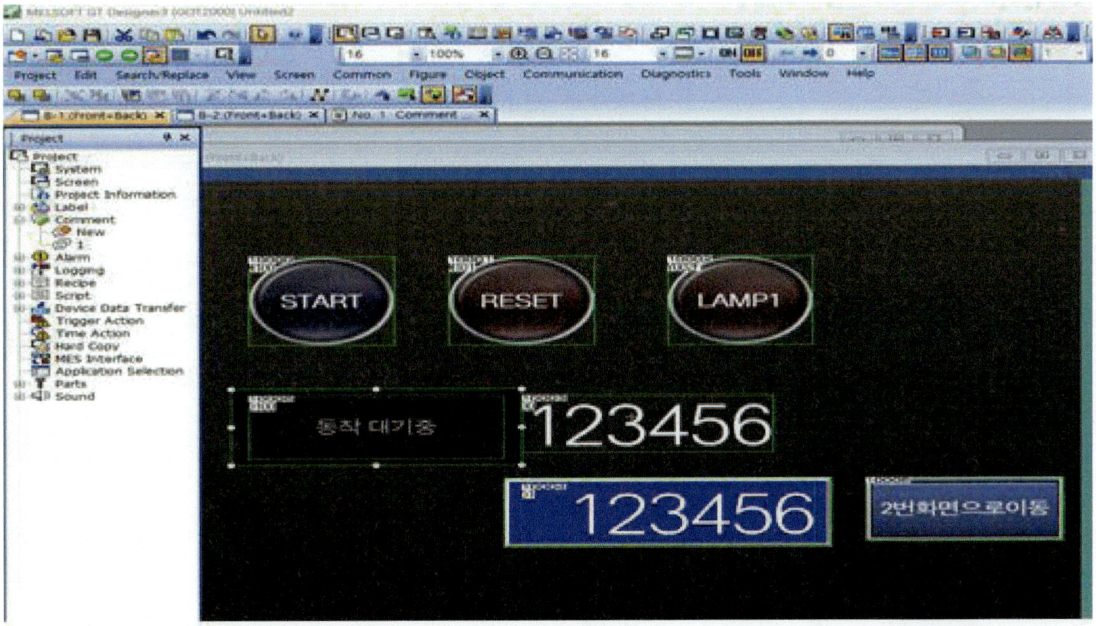

87. 디바이스 주소D100 Comment Display창을 생성, 구성된 창을 선택 클릭한다.

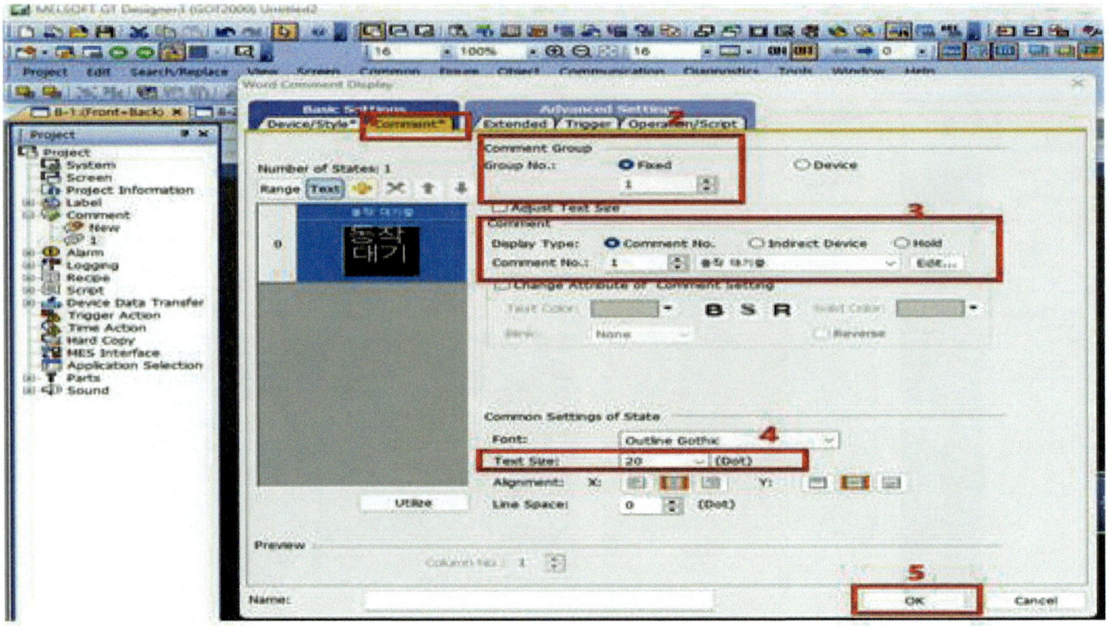

88. 1번 Comment 선택 클릭 하면 Comment설정창이 생성된다. 2 →3 → 4 순서로 설정하고 OK 버튼을 클릭한다.

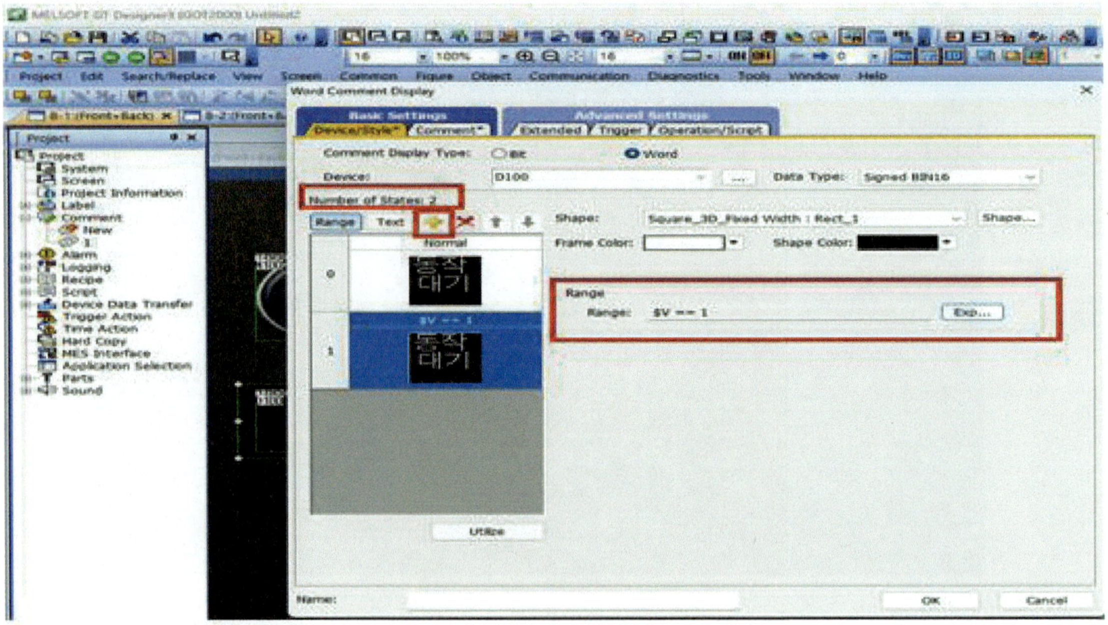

89. 클릭 하여 추가 Range는 $V == 1 선택한다.

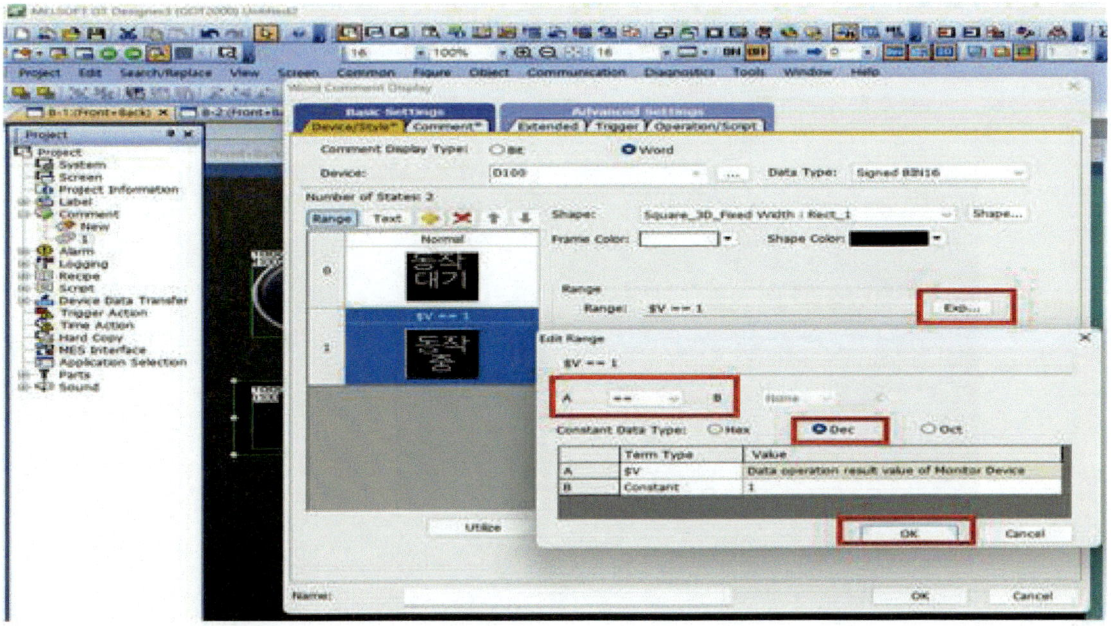

90. Range는 $V == 1 선택 하는 방법이다.

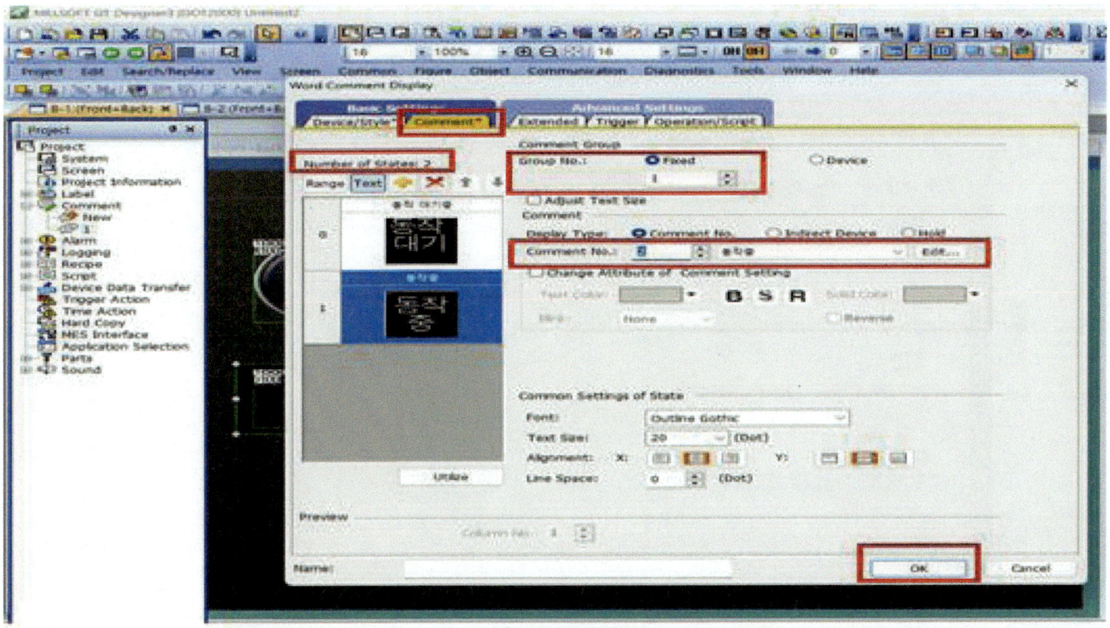

91. Comment No.2로 설정, PLC프로그램작성시 K1로 인식됨 No.1 → K0 클릭한다.

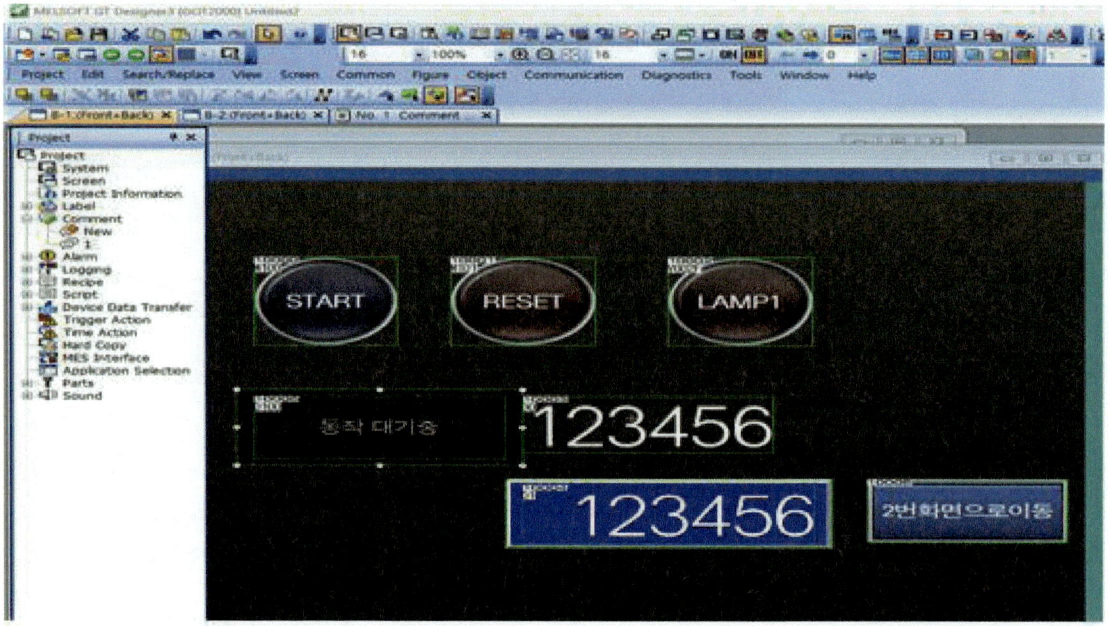

92. 동작 대기중 표시창을 선택 클릭한다.

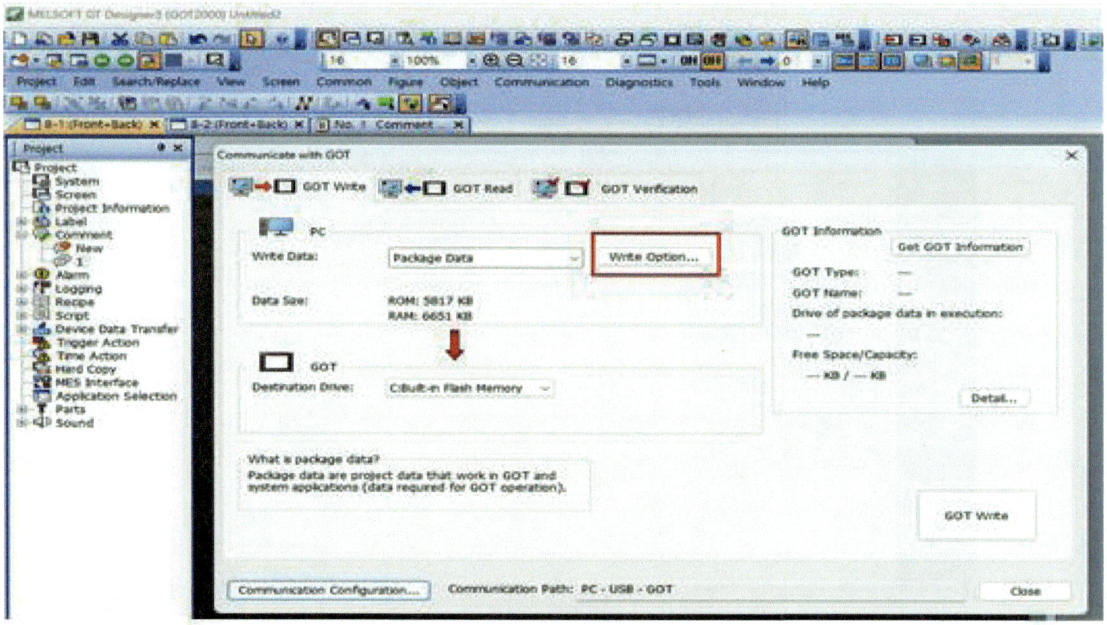

93. Write Option [쓰기 옵션] 버튼 선택 클릭한다.

Chapter 1
Chapter 2
Chapter 3
Chapter 4

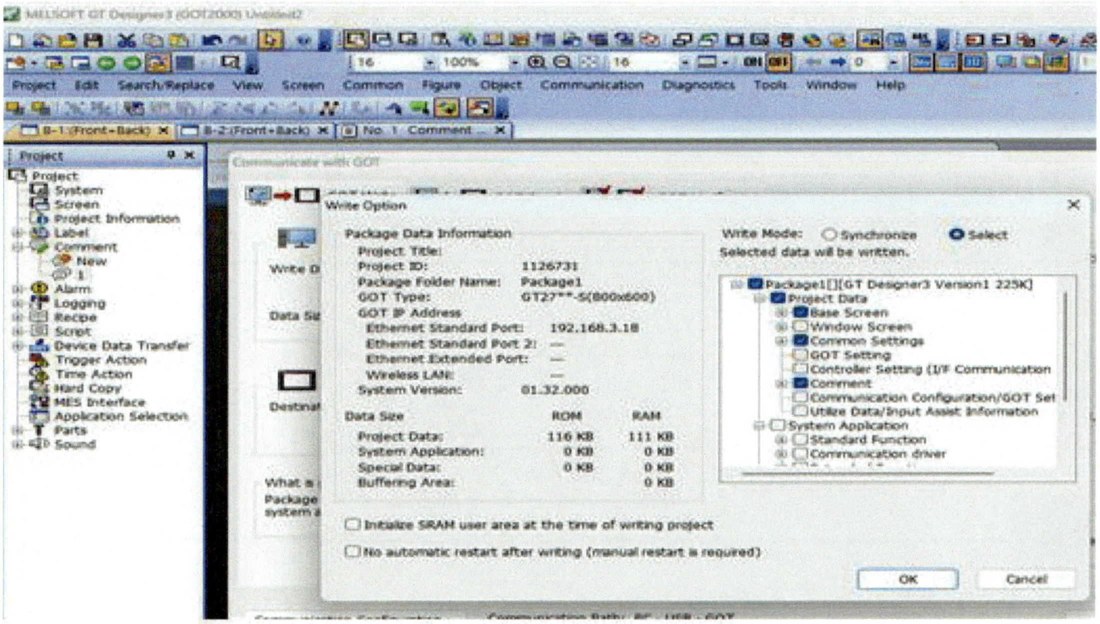

94. Option[옵션] 선택후 OK버튼 클릭 한다. 필요한 내용만 전송 시간 절약한다.

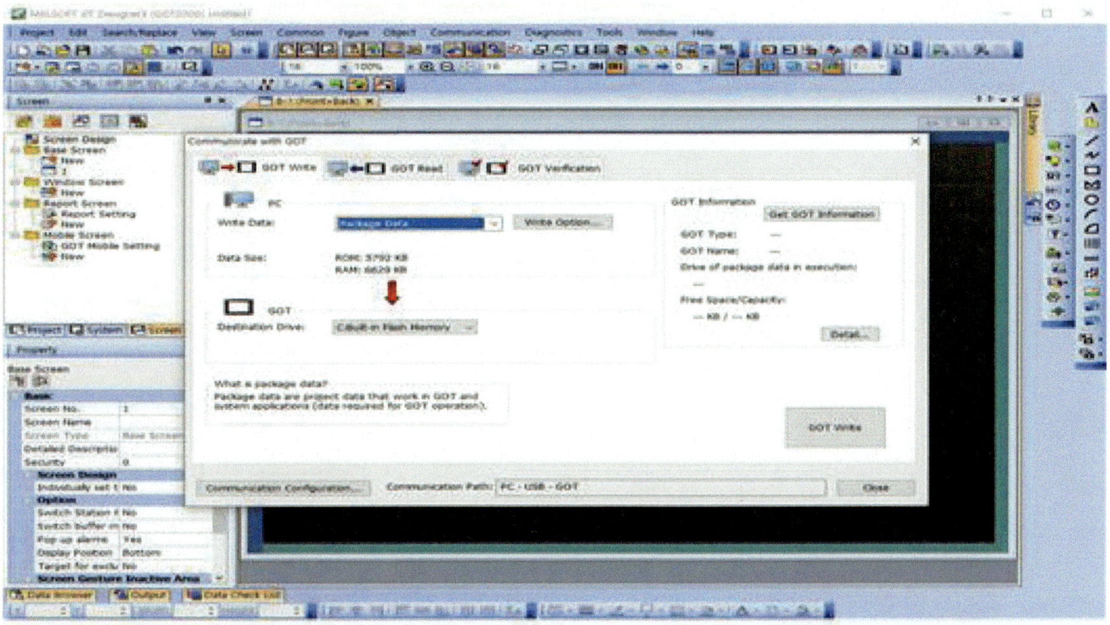

95. Communicate with GOT 팝업창에서 GOT Write를 클릭 하면
설정한 내용이 GOT로 전송된다.

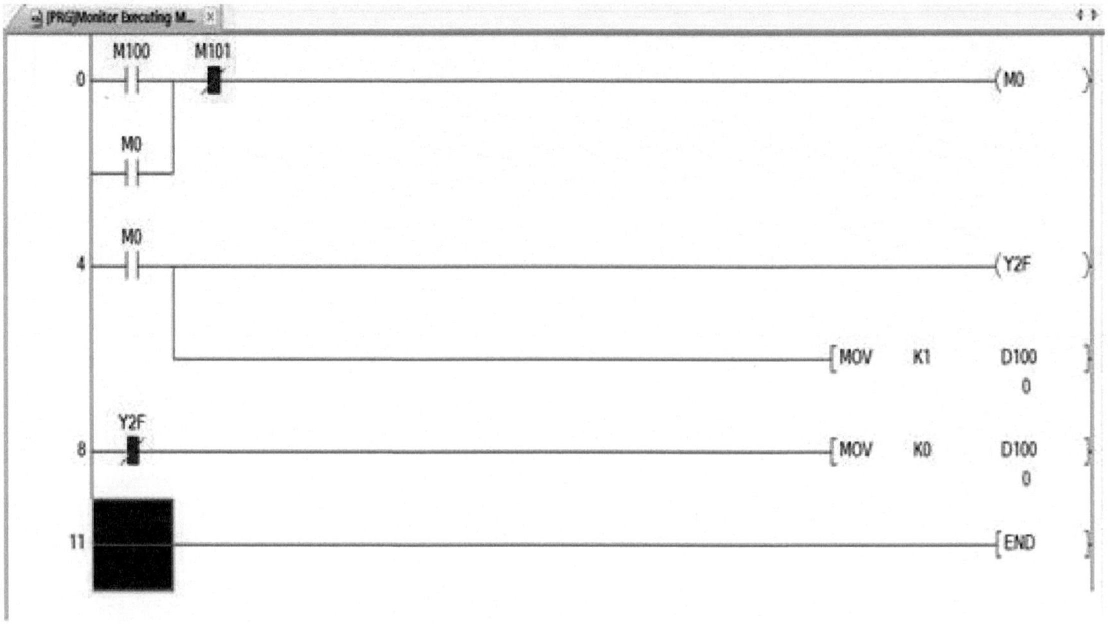

96. PLC프로그램작성시CommentNo.1 → K0동작대기중,Comment No.2 → K1동작중으로 인식 디스플레이 해준다.

Chapter 3

PLC GX Works2 활용

3.1 PLC 소프트웨어 GX Works2의 실행

3.1.1 프로그램 특징

GX Works2 소프트웨어의 특징에 대해서 살펴보도록 하자. 그러나 PLC를 사용하는데는 이와 같은 특징을 모두 이해해야만 가능한 것은 아니므로 간단하게 특징을 알아보자.

(1) 소프트웨어의 공통화

GX Works 2는 Q 시리즈, QnA 시리즈, A 시리즈[모션 컨트롤러(SCPU)]를 포함, FX 시리즈의 데이터를 작성할 수 있고, 설정 조작은 공통으로 가능하다.

(2) Windows의 장점을 살려 조작성이 비약적으로 향상

Excel, Word 등에서 작성한 Comment 데이터 등을 복사, 붙여넣기 하여 유용하게 사용된다.

(3) 프로그램의 표준화가 가능

① 라벨 프로그래밍

라벨 프로그래밍으로 시퀀스 프로그램을 작성하면, 디바이스 번호를 의식하지 않고 라벨에 의해 표준 프로그램을 작성할 수 있다. 라벨 프로그래밍으로 작성한 프로그램은 컴파일 함으로써 실행 프로그램으로 사용할 수 있다.

② 펑션 블록(Function Block, 이하 FB라고 한다.)

FB는 시퀀스 프로그램의 개발 효율의 향상을 목적으로 한 기능이다. 시퀀스 프로그램을 개발할 때에 반복해 사용하는 시퀀스 프로그램의 래더 블록을 부품화하여 시퀀스 프로그램의 개발을 용이하게 한다. 또한 부품화에 의해 다른 시퀀스 프로그램에 쓰이게 될 때 시퀀스 프로그램을 잘못 입력하는 것을 막을 수 있다.

③ 매크로

임의의 래더 유형에 이름(매크로 명)을 붙여 파일에 등록(매크로 등록)해두면 간단한 명령을 입력하는 것만으로 등록되어 있는 래더 유형을 읽어내 디바이스를 변경하여 유용하게 사용할 수 있다.

(4) 풍부한 프로그램 언어를 제공

릴레이 심볼어, 논리 심볼어, MELSAP3(SFC), MELSAP-L, 펑션블럭을 작성할 수 있으며 스트럭처 텍스트(Structure Text, 이하 ST언어라고 한다)가 추가되었다.

ST 언어에 대한 특징은 다음과 같다.

> ① C 언어 등의 고급 언어와 동등한 프로그래밍이 가능
>
> ST 언어는 C 언어 등의 고급 언어와 똑같이 조건문에 의한 선택 분기나 반복문에 의한 반복 등의 구문에 의한 제어를 기술할 수 있다. 이 때문에 보기 쉬운 프로그램으로 간결하게 쓸 수 있다.
>
> ② 연산처리를 용이하게 기술
>
> ST 언어는 리스트나 래더에서 기술하기 어려운 연산 처리를 간결하고 보기 쉽게 기술할 수 있으므로 프로그램의 가시성이 좋고, 복잡한 산술 연산 · 비교 연산 등을 실시하는 분야에 적절하다.

(5) 타국 액세스를 간단하게 설정

접속 상대의 지정을 그래픽화한 도형에서 설정할 수 있으므로 복잡한 시스템을 구축하고 있는 경우라도 간단하게 설정할 수 있다.

(6) PLC CPU와 다양한 방법으로 접속 가능

> ① 시리얼 포트 경유
> ② USB 경유
> ③ MELSECNET(II) 보드 경유
> ④ MELSECNET/10(H) 보드 경유
> ⑤ CC-Link 보드 경유
> ⑥ Ethernet 보드 경유
> ⑦ CPU 보드 경유
> ⑧ AF 보드 경유

(7) 충실한 디버그 기능이 제공

> ① GX Simulator를 이용하여 한층 더 간단하게 디버그 할 수 있다. 즉, PLC CPU와 접속할 필요가 없으며, 유사 시퀀스 프로그램을 작성할 필요가 없다.
> ② 도움말에 CPU 에러, 특수 릴레이 · 특수 레지스터의 내용을 알고 싶은 경우에 편리하다.
> ③ 데이터 작성 중에 에러가 발생했을 경우, 무엇이 원인인지 메시지를 표시하므로 데이터 작성 시간을 대폭 절감할 수 있다.

3.1.2 GX Works2의 실행프로그램 특징

1. GX Works2 아이콘 클릭

2. GX Works2 아이콘 클릭하면 상기 화면이 표시 된다. PLC프로그램을 프로그래밍 하기 위해서는 GX Works2를 실행한 후에 프로젝트를 새로 만들어야 한다.

3.2 프로그램 전체화면 구성

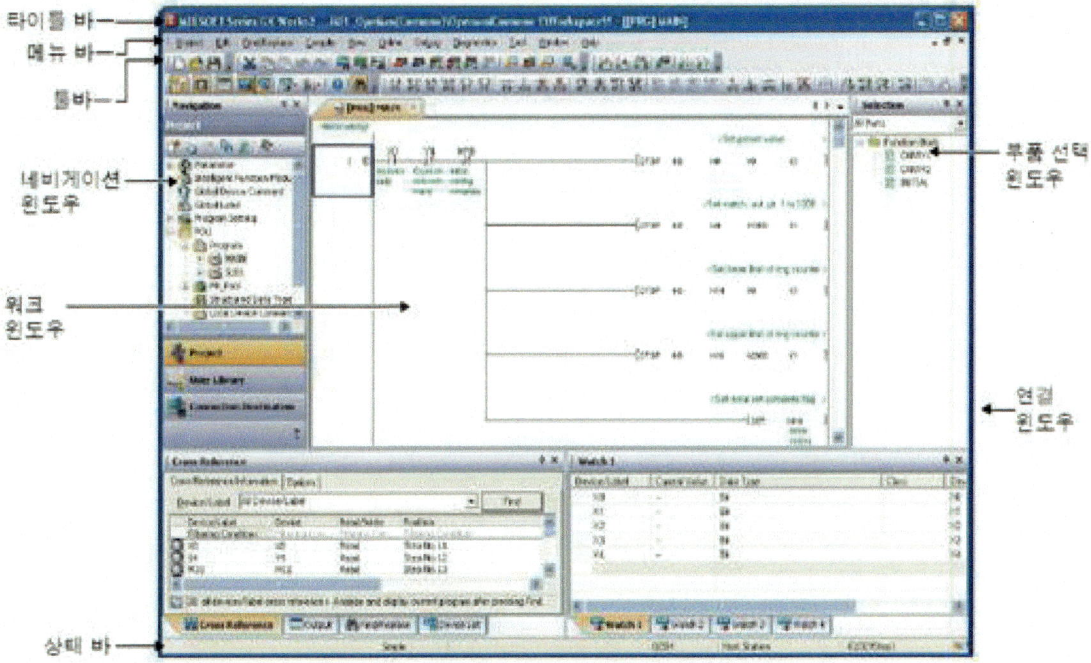

- 타이틀 바 : 프로젝트명 등이 표시
- 메뉴 바 : 각 기능을 실행하는 메뉴가 표시
- 툴바 : 각 기능을 실행하는 툴 버튼이 표시
- 워크 윈도우 : 프로그래밍, 파라미터 설정, 모니터 등을 실행하는 메인이 되는 화면
- 연결윈도우 : 워크 윈도우에서 실행하는 작업을 지원하기 위한 화면
- 상태 바 : 편집 중인 프로젝트에 관한 정보가 표시

3.3 프로그래밍의 기본 순서

*프로그래밍의 기본순서

시 작

↓

프로젝트 작성

↓

프로그램 작성

↓

프로그램 변환

↓

프로그램 쓰기

↓

동작 확인

↓

프로젝트 저장

↓

완 료

3.4 PLC 프로그래밍 프로젝트 새로 만들기

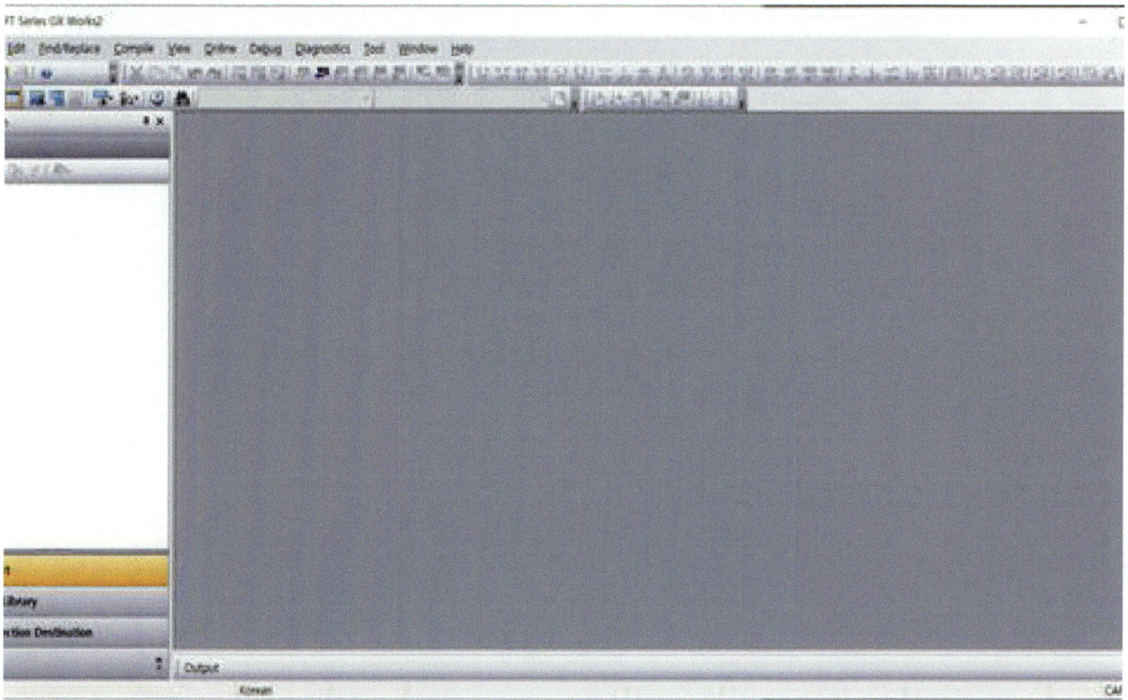

3. 메인메뉴바에서 프로젝트[Project] 메뉴선택 → [New]선택 클릭 또는 Ctrl+N을 누른다.

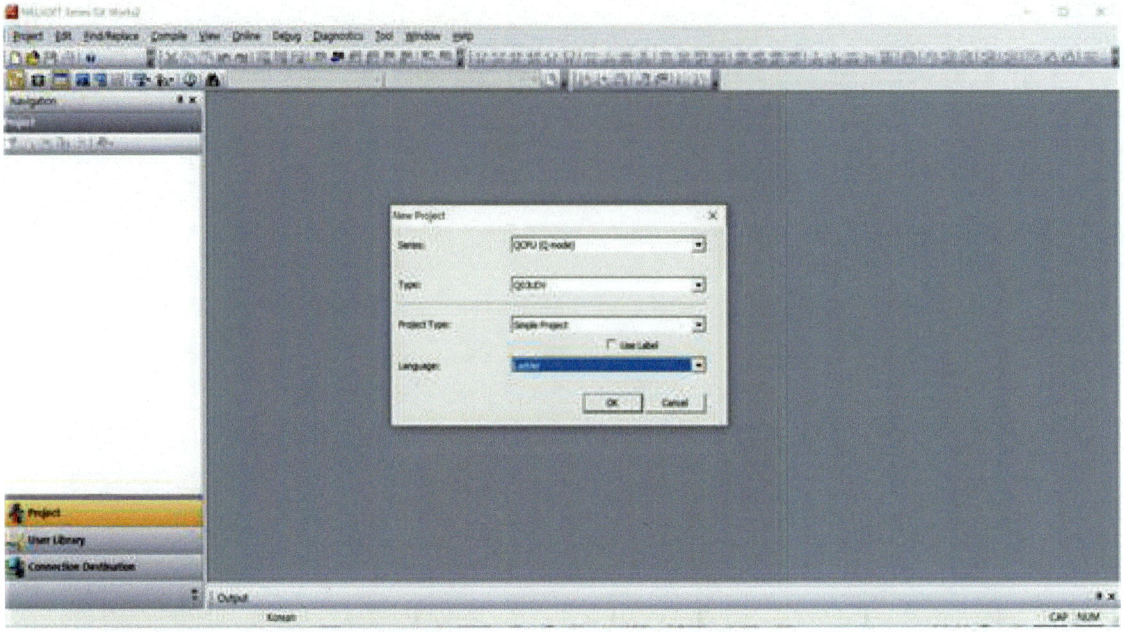

4. 프로젝트 타입 지정창이 생성된다.

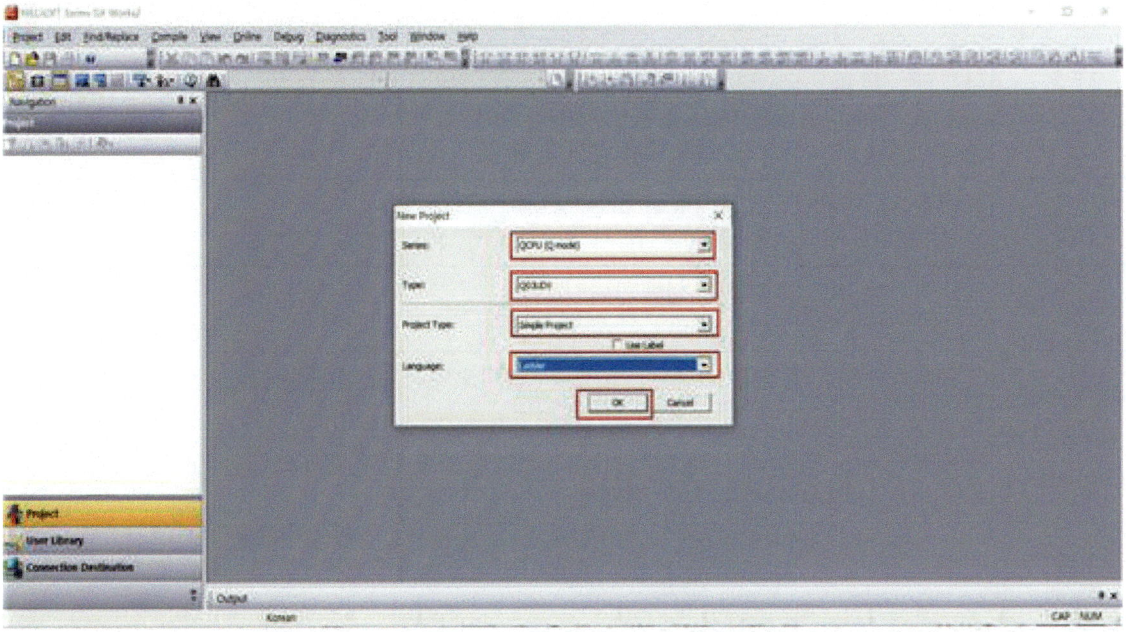

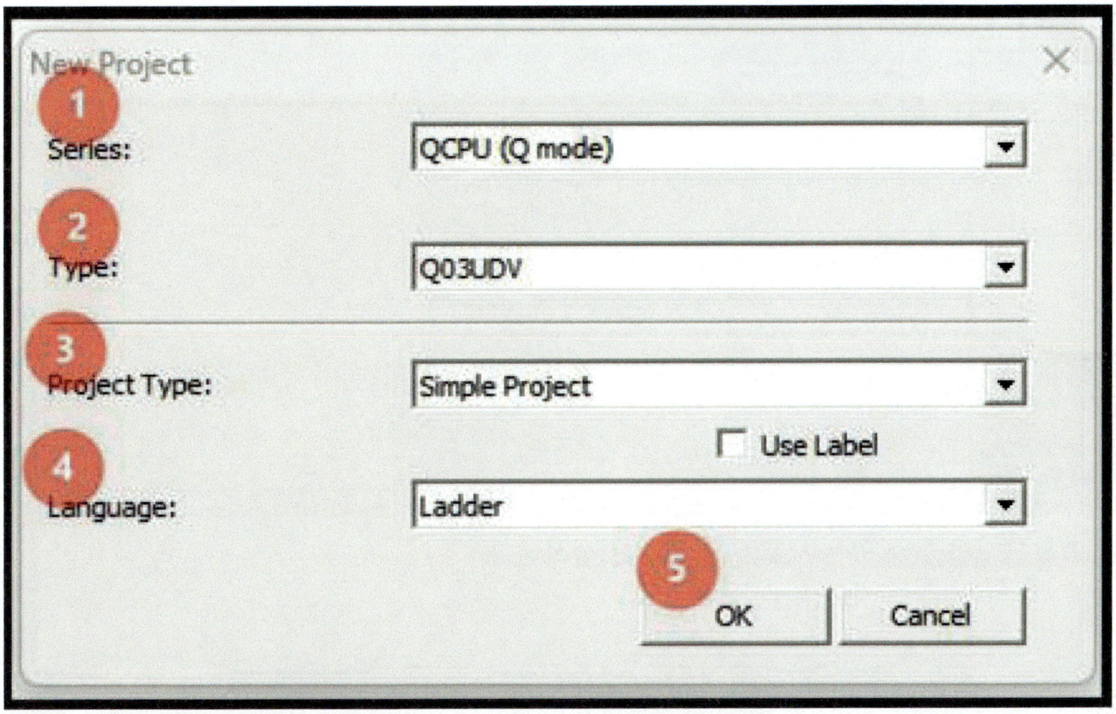

5. 사용 ①PLC시리즈, ②PLC 모델타입, ③프로그램 프로젝트타입, ④프로그램언어 선택, ⑤OK클릭

표 3-1

항목	내용
Project Type	새로 작성하는 프로젝트의 종류를 선택합니다. 본 장에서는 "Simple Project"를 선택합니다.
Use Lable	라벨을 사용하여 프로그래밍을 하는 경우에 체크합니다. 본 장에서는 체크하지 않습니다.
PLC Series	프로젝트의 PLC 시리즈를 선택합니다. 본 장에서는 "QCPU(Q mode)"를 선택합니다.
PLC Type	프로젝트에서 사용하는 PLC 타입(PLC모듈의모델명)을 선택합니다. 본 장에서는 Q03UDVCCPU을 선택합니다.
Language	프로젝트 새로 만들기 시에 작성하는 프로그램 데이터의 프로그램언어를 선택합니다. 본 장에서는 "Ladder"를 선택 합니다.

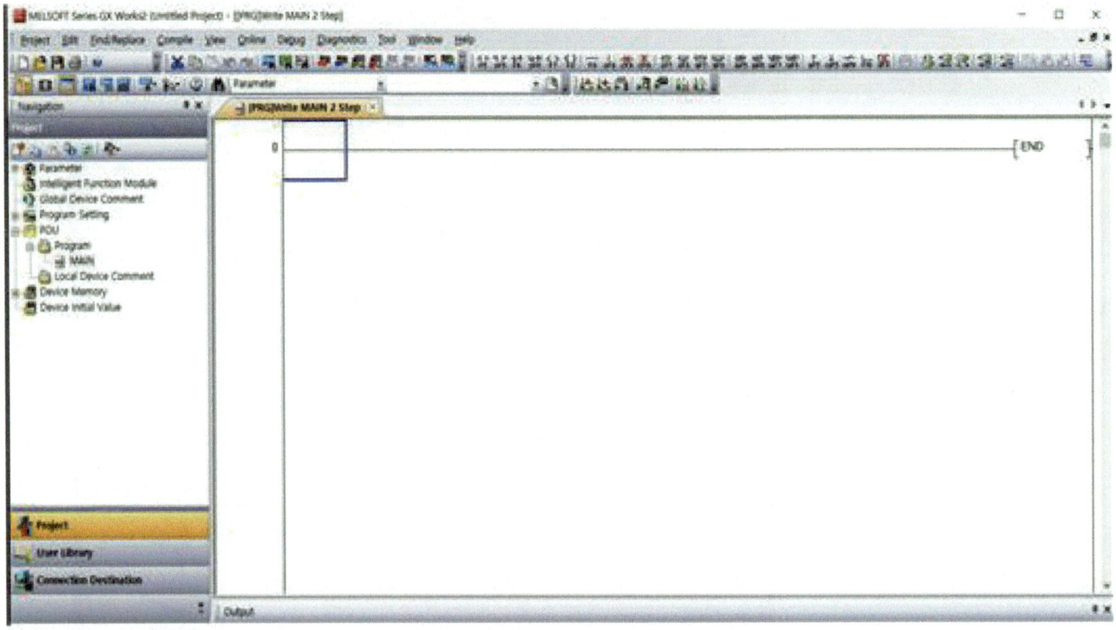

6. PLC 프로그래밍 할수 있는 새로운 작업창이 생성된다.

3.5 PC와 PLC 시스템 구성 예

본 장에서는 다음의 시스템 구성을 예로 제시 합니다. (제시된 제품 모델이 상이 할수 있습니다.)

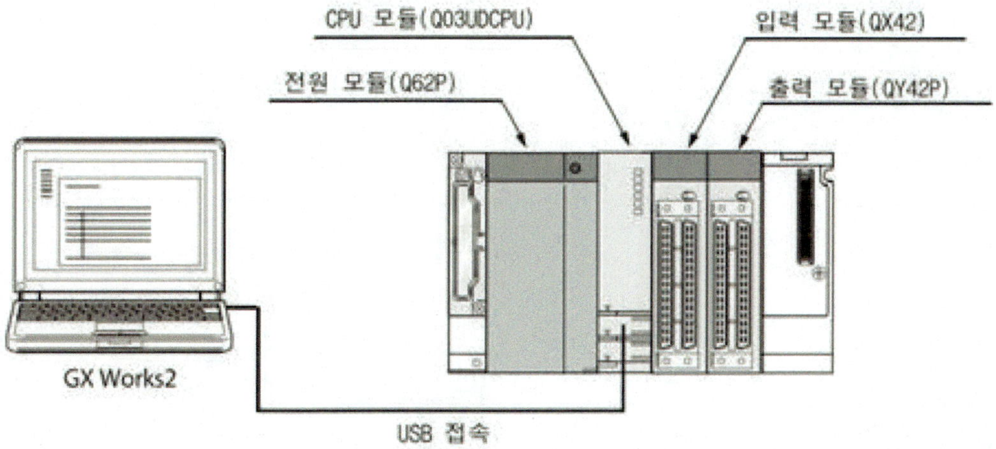

※ 전원모듈, 입출력 모듈의 배선은 생략하고 있습니다.

3.6 PC와 PLC(CPU)간 USB인터페이스 하드웨어 연결방법

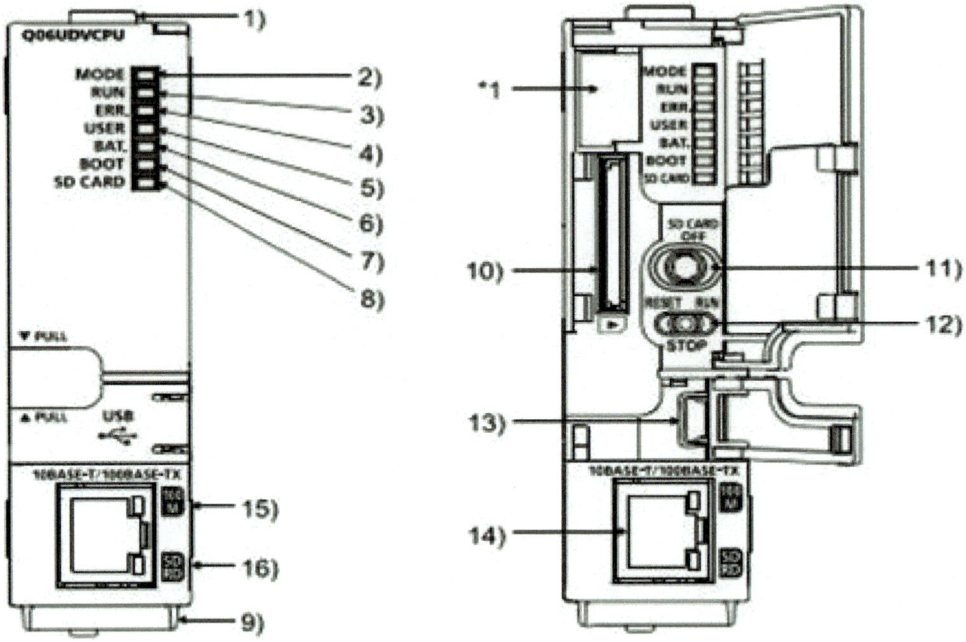

① 12)번에 헤당하는 RUN / STOP / RESET 모드 선택 스위치를 STOP 위치에 설정한다.

② 13)번의 5핀 USB 포트에, 프로그래밍할 PC의 USB포트를 USB커넥터 B타입 케이블을 연결한다.

NO.	명 칭	용 도
1	모듈 고정용 훅	모듈을 베이스 모듈에 고정하는 훅.(원터치 설치)
2	[MODE] LED	CPU 모듈의 모드를 나타낸다. 점등(녹색) : Q 모드
3	[RUN] LED	CPU 모듈의 동작 상태를 나타낸다. 점등 : RUN/STOP/RESET 스위치가 「RUN」으로 운전 중 일때. 소등 : RUN/STOP/RESET 스위치가 「STOP」으로 정지 중 일때. 운전을 정지하는에러 검출 시. 점멸 : RUN/STOP/RESET 스위치가 「STOP」상태에서 파라미터/프로그램을 쓴 다음 RUN/STOP/RESET 스위치를「STOP」→「RUN」하였을 때. 프로그램을쓴후에「RUN」LED를 점등시키기 위해서는 다음과같이 조작 한다. · RUN/STOP/RESET 스위치를「RUN」→「STOP」→「RUN」한다. · RUN/STOP/RESET 스위치로리셋한다. · PLC의 전원을 재기동한다. · 파라미터를쓴후에「RUN」LED를 점등시키기 위해서는 다음과같이조작한다. · RUN/STOP/RESET 스위치로리셋한다. · PLC의 전원을 재기동한다. (파라미터를 변경하고 나서 RUN/STOP/RESET 스위치를「RUN」→「STOP」→「RUN」하면, 네트워크 파라미터 및 인텔리전트 기능 모듈 파라미터는 반영되지 않습니다.)
4	[ERR.] LED	점등 : 배터리에러를 제외한 운전을 정지하지 않는 자기 진단 에러 검출 시. (파라미터 설정에서에러 검출 시 운전 속행으로 설정하였을 때.) 소등 : 정상 점멸 : 운전을 정지하는에러 검출 시. RUN/STOP/RESET 스위치에 의한리셋이 유효하게 되었을 때.
5	[USER] LED	점등 : 어넌시에이터 F가 ON 되었을 때. 소등 : 정상
6	[BAT.] LED	노랑 점등 : 메모리 카드 배터리의 전압저하에 의해 배터리에러가 발생하였을 때. 노랑 점멸 : CPU 모듈 본체배터리의 전압저하에 의해 배터리에러가 발생하였을 때 녹색점등 : 표준 ROM에 대한 래치 데이터 백업으로 백업된데이터의 복구완료 후 5초간 점등. 녹색 점멸 : 표준 ROM에 대한 래치 데이터 백업으로 표준 ROM에 대한 백업이 완료되었을 때. 소등 : 정상
7	[BOOT] LED	점등 : 부트 운전을 시작하였을 때. 소등 : 부트 운전을 실행하고 있지 않을 때.

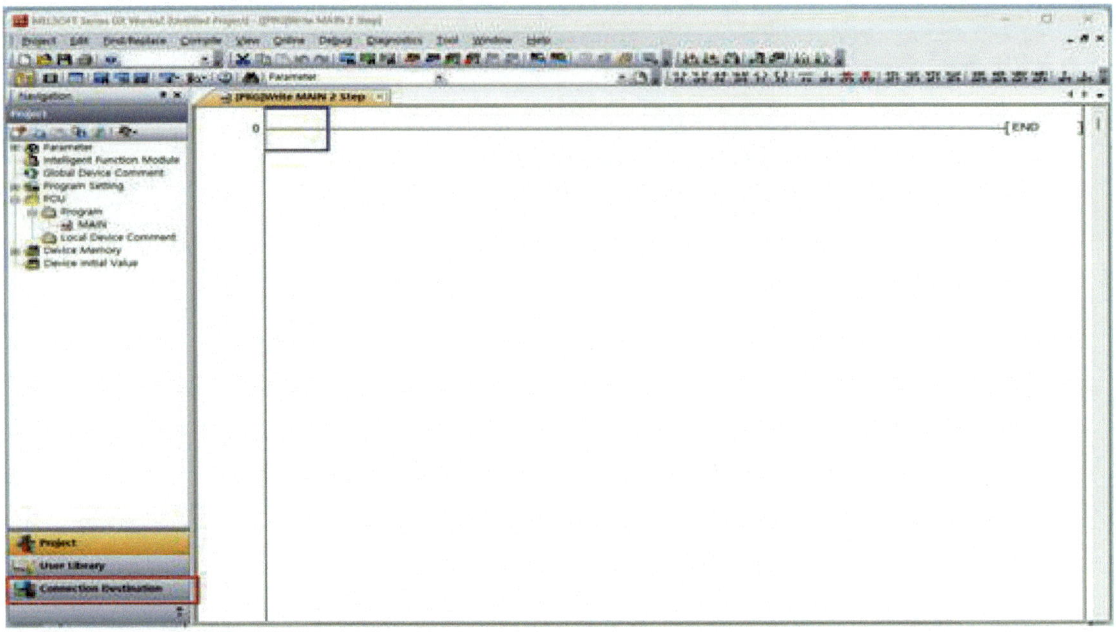

7. 새로운 프로젝트가 시작되면 좌측 하단부분에 접속대상 → Connection Destination 선택 클릭하여 PLC의 통신환경을 설정을 시작한다.

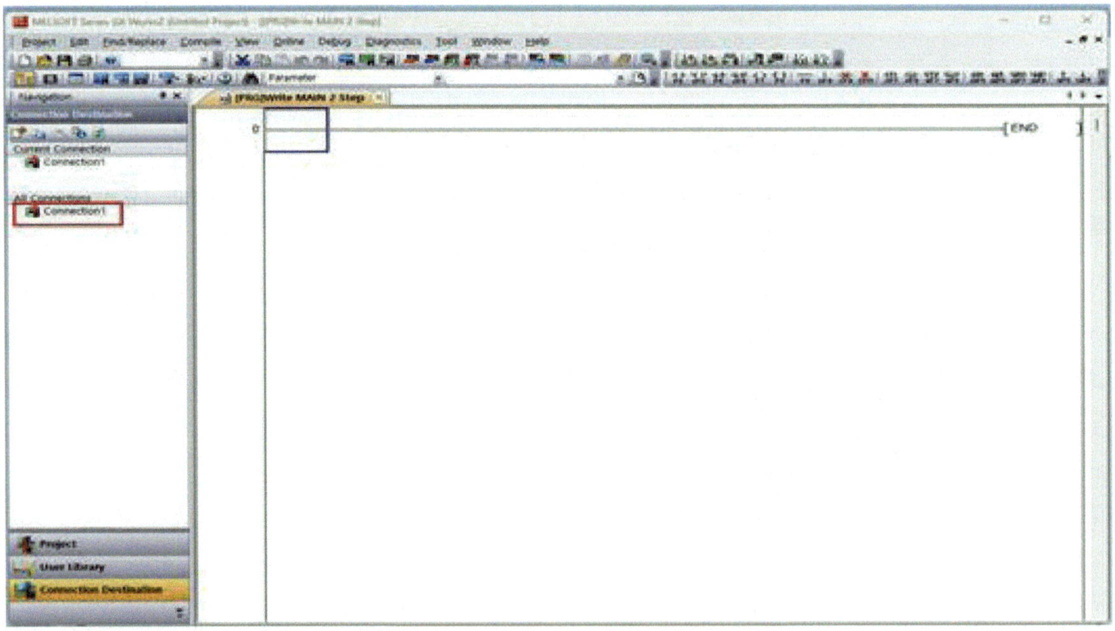

8. Connection1 선택하여 PLC의 통신환경을 설정을 한다.

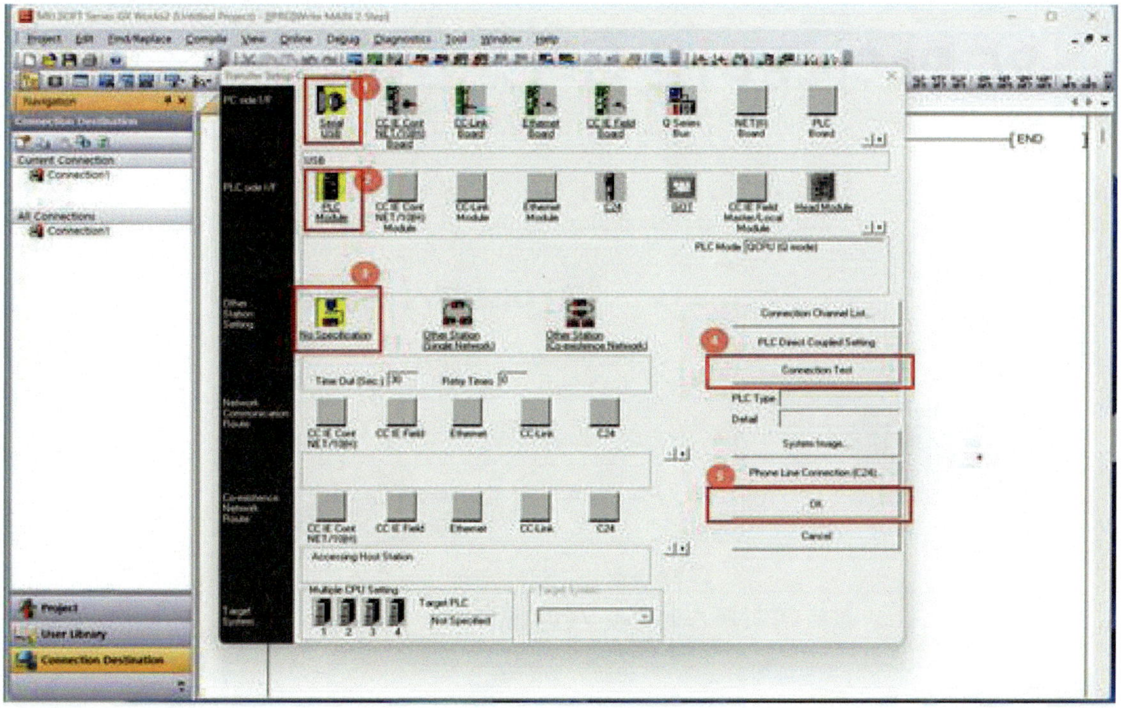

9. 연결 대상 지정 화면에서 PC측 I/F를 ①시리얼/USB로 선택 → ②PLC측 I/F는 CPU/모듈을 QCPU로 선택하고 ③타국은 지정 내용 없음으로 선택을 한다.(USB 통신) ④접속 테스트(Cnnection Test)를 하여 통신 상태를 점검 후 ⑤확인버튼(OK)을 클릭한다.

3.7 PC PLC(CPU)간 이더넷 연결방법

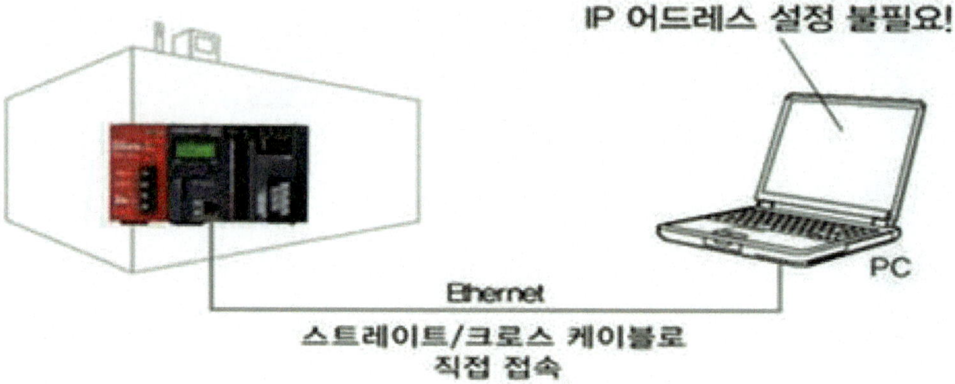

*Ethernet, USB 인터페이스 표준 탑재

비상시는 LAN/USB 케이블 1개와 노트북이 있으면 현장에서 보수유지(메인터넌스) 할 수 있습니다. Ethernet으로 직접 접속하는 경우, PC측 IP 어드레스 설정을 변경하지 않고 사용 중인 네트워크 설정 그대로 접속할 수 있습니다.

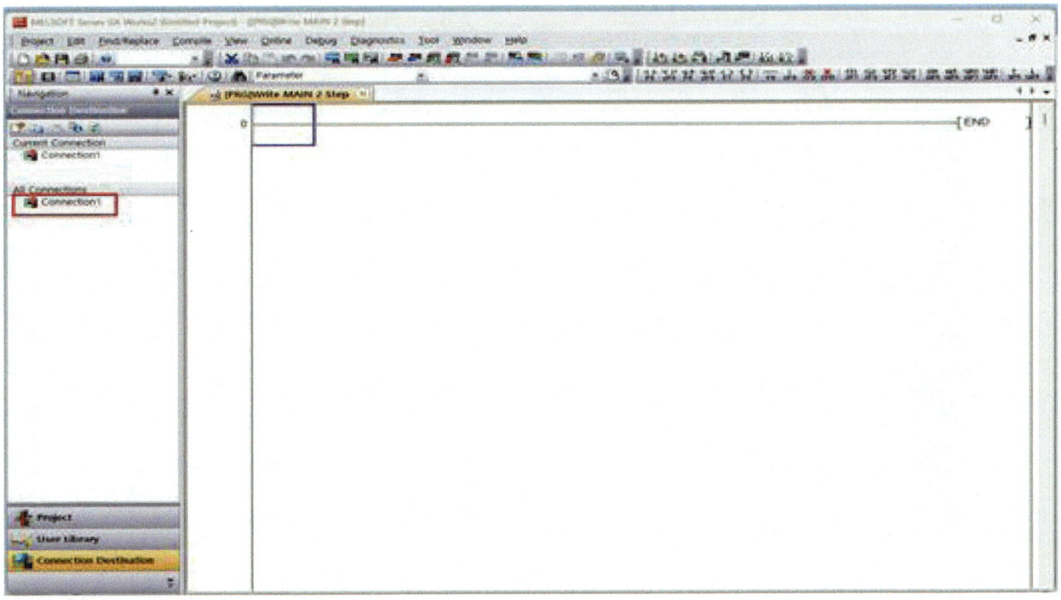

10. Connection1 선택클릭하여 PLC의 통신환경을 설정을 한다.

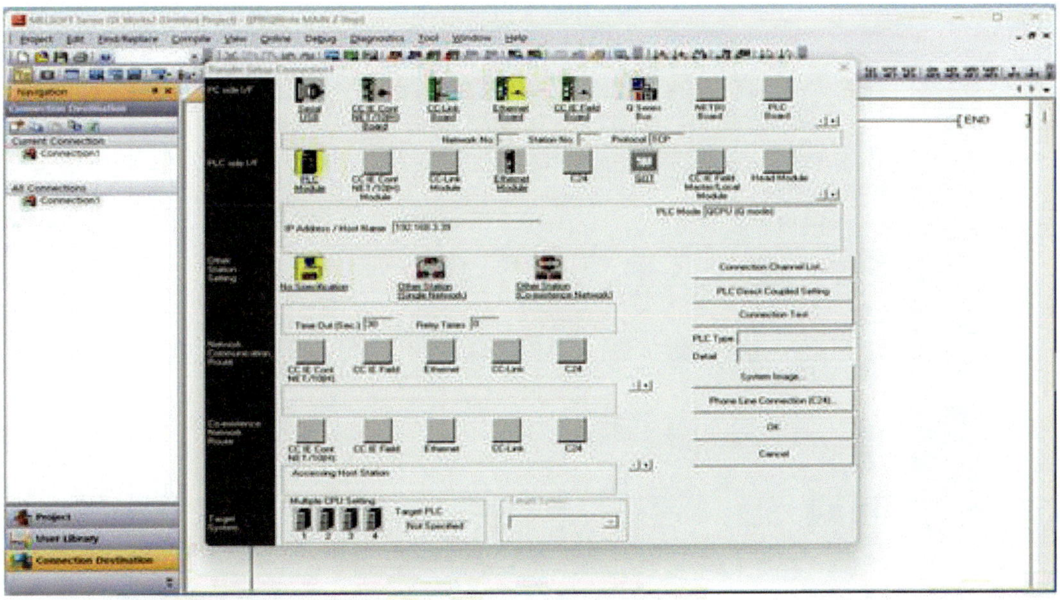

11. 설정 화면창을 확인 할 수 있다.

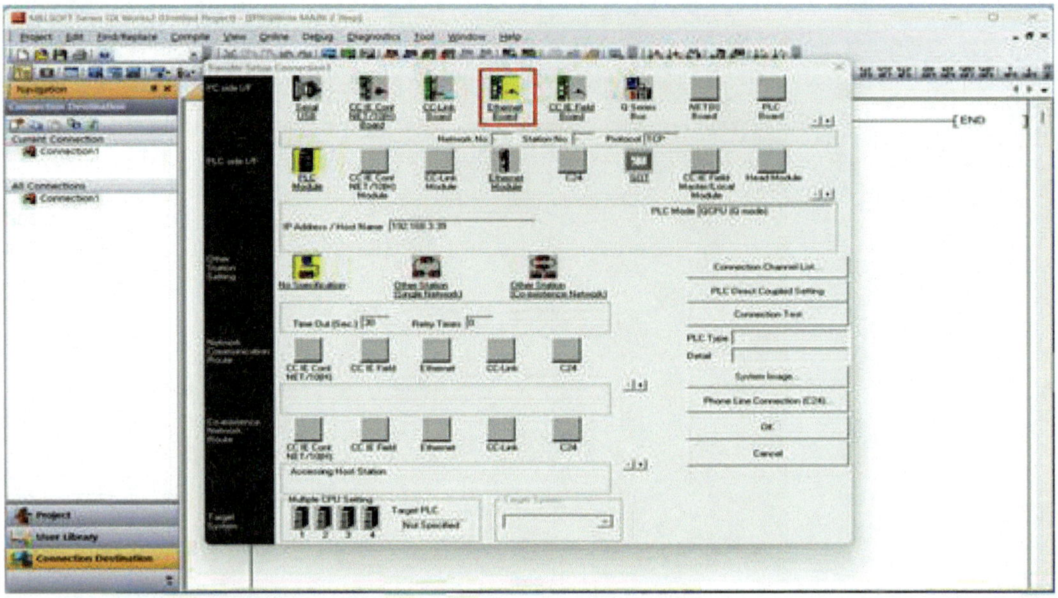

12. Ethernet Board 선택 클릭 한 후 Protocal TCP 확인 후 OK 클릭한다.

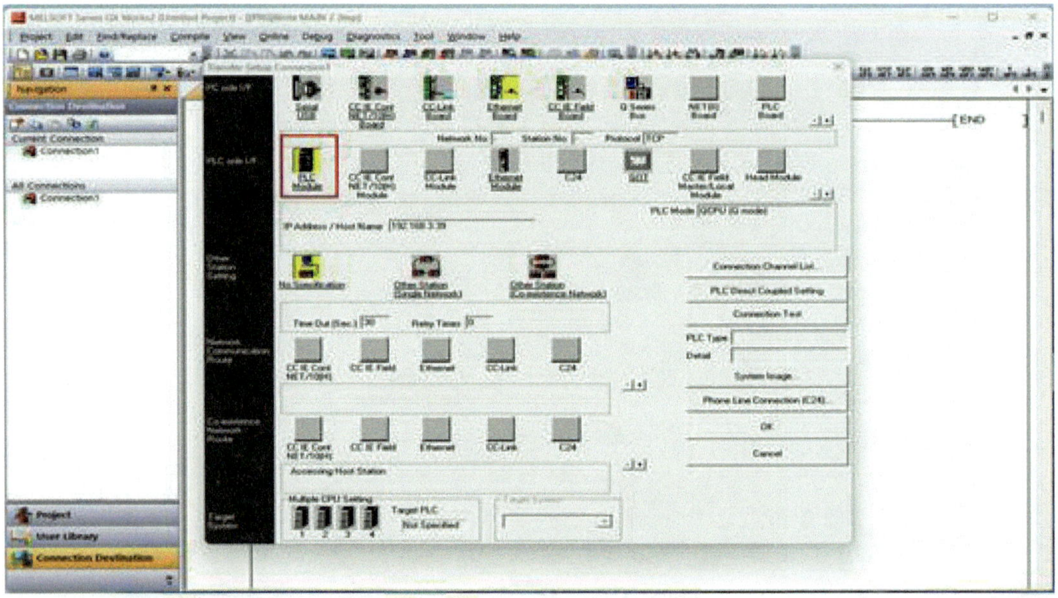

13. PLC Module 선택 클릭한다.

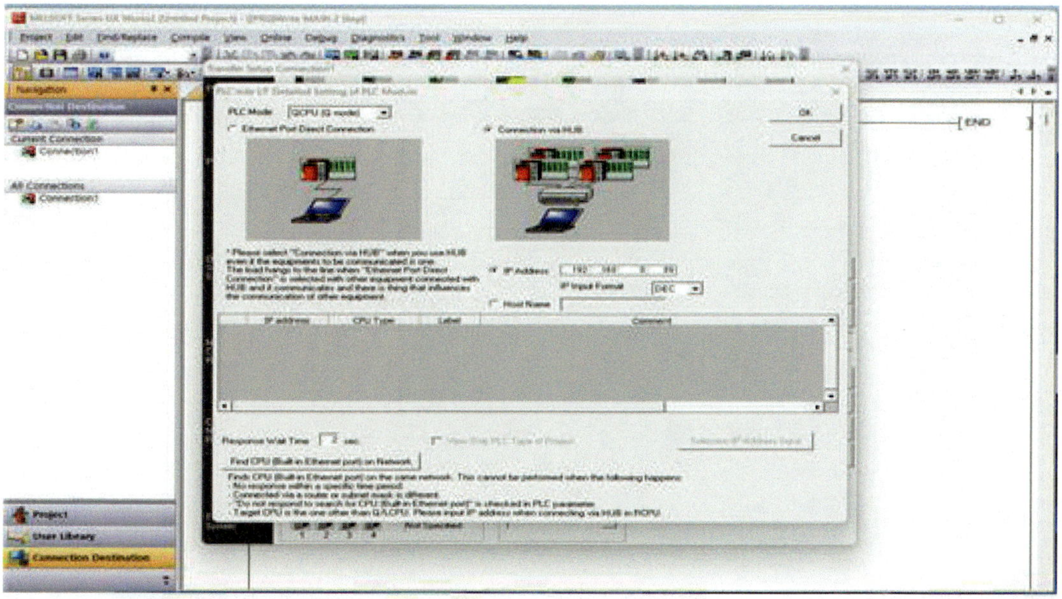

14. Ethernet 접속 Option창을 확인할 수 있다.

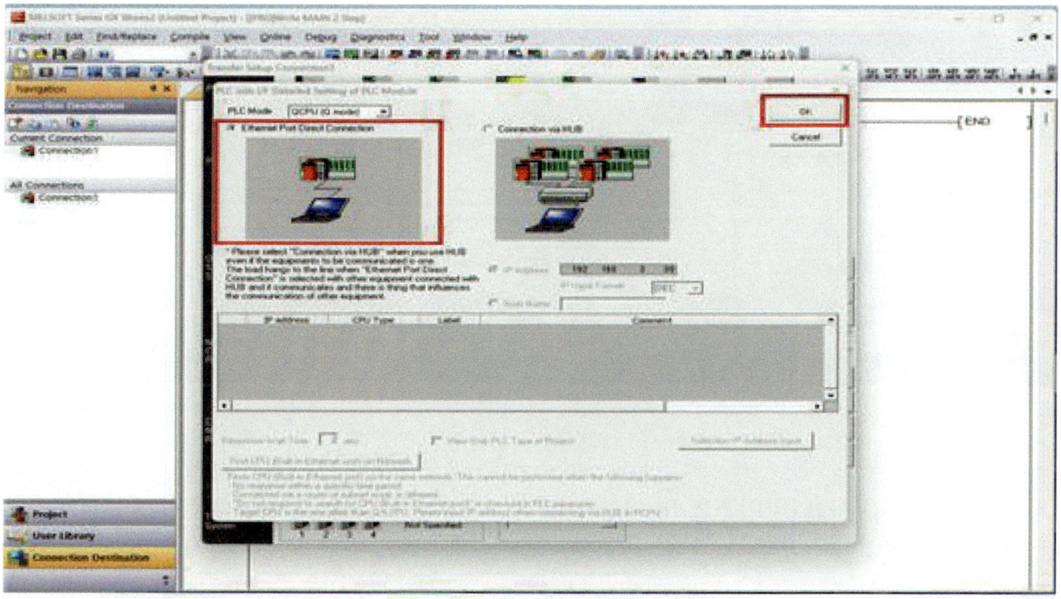

15. Ethernet Port Direct Connection Option 창을 선택한 후 OK클릭한다.

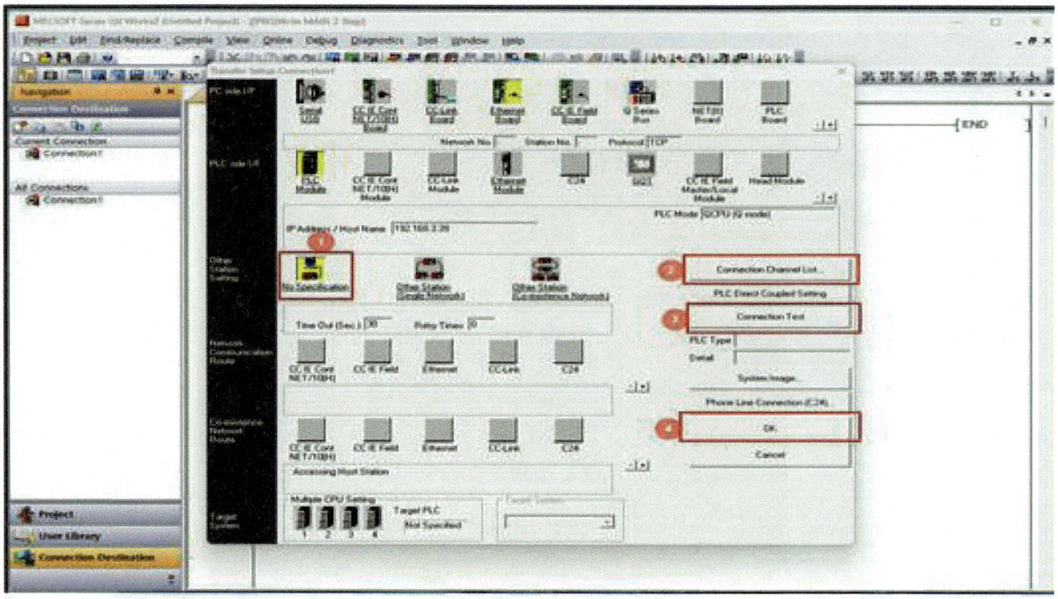

16. ①타국은지정내용없음으로선택 ②접속채널리스트(Ethernet Board Communication PLC Module Connection) ③접속 테스트(Cnnection Test)를 클릭 ④확인버튼(OK)을 클릭한다.

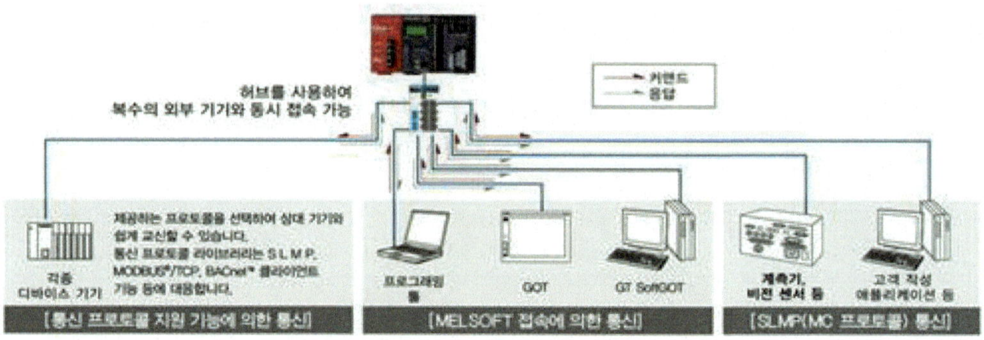

· 허브사용 이더넷 연결 시 디바이스별 IP 어드레스

IP 어드레스				
PC	192	168	3	10
PLC	192	168	3	39
GOPT2000	192	168	3	18

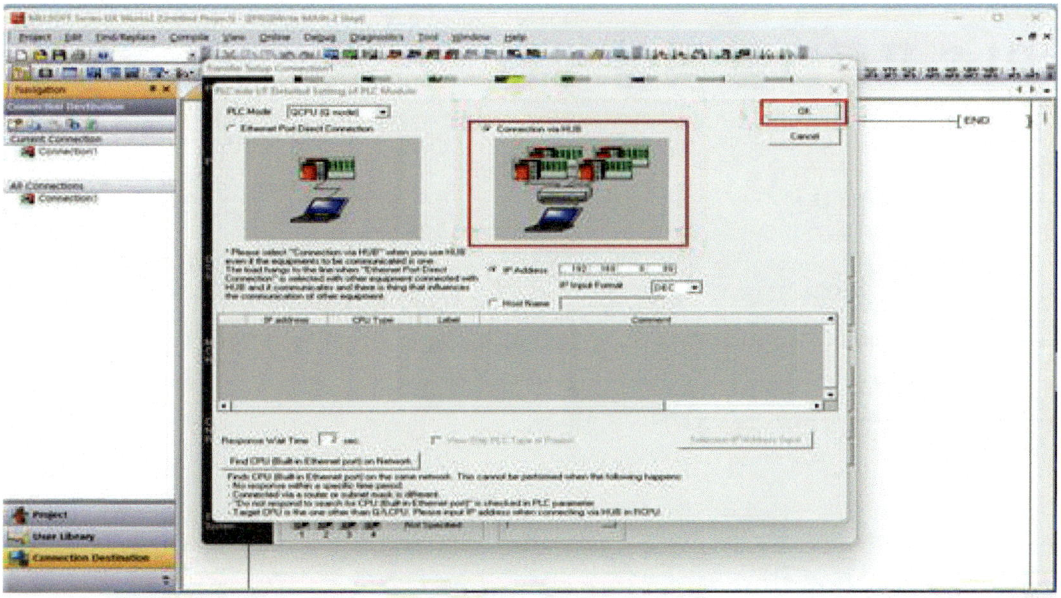

17. Ethernet을 사용하여 여러 대의 장치를 하나의 네트워크에 연결시 Connection Via HUB Option 선택 클릭 후 확인버튼(OK)을 클릭한다.

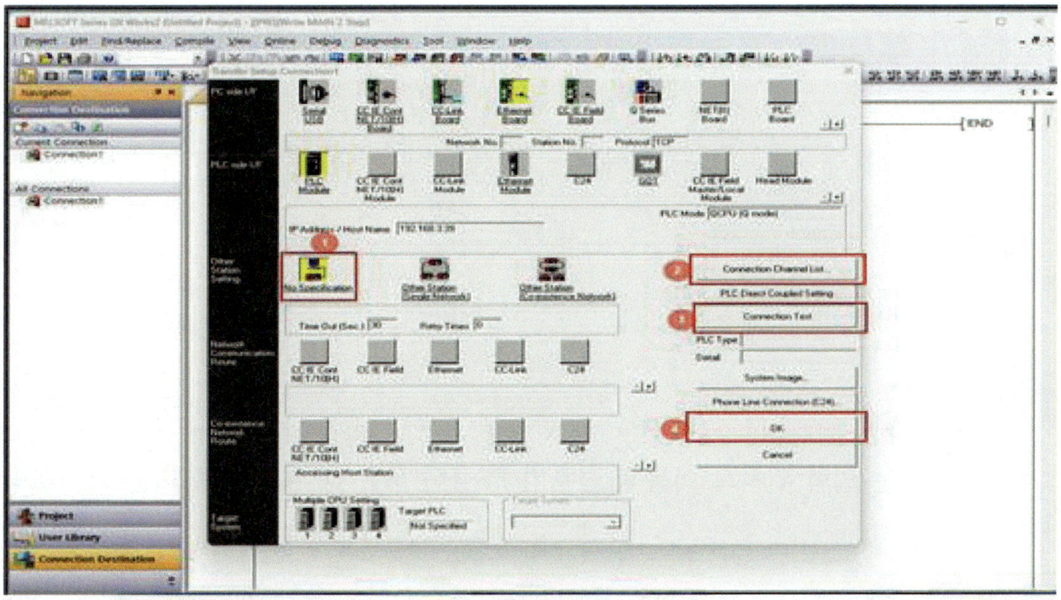

18. ①타국은지정내용없음으로선택 ②접속채널리스트(Ethernet Board Communication PLC Module Connection) ③접속 테스트(Cnnection Test)를 클릭 ④확인버튼(OK)을 클릭한다.

3.8 PLC 프로그램 작성 방법

다음 샘플 프로그램을 작성한다.

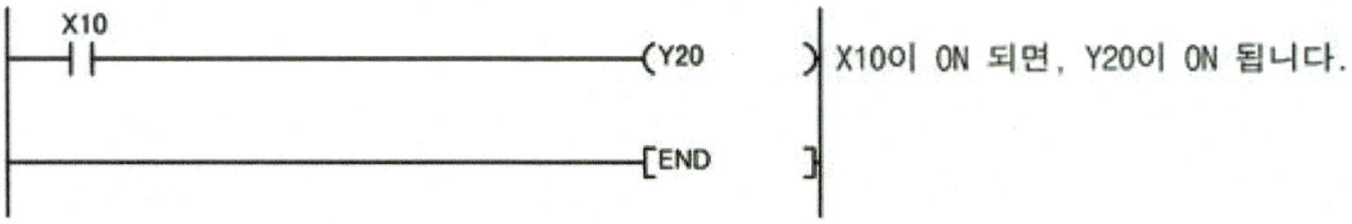

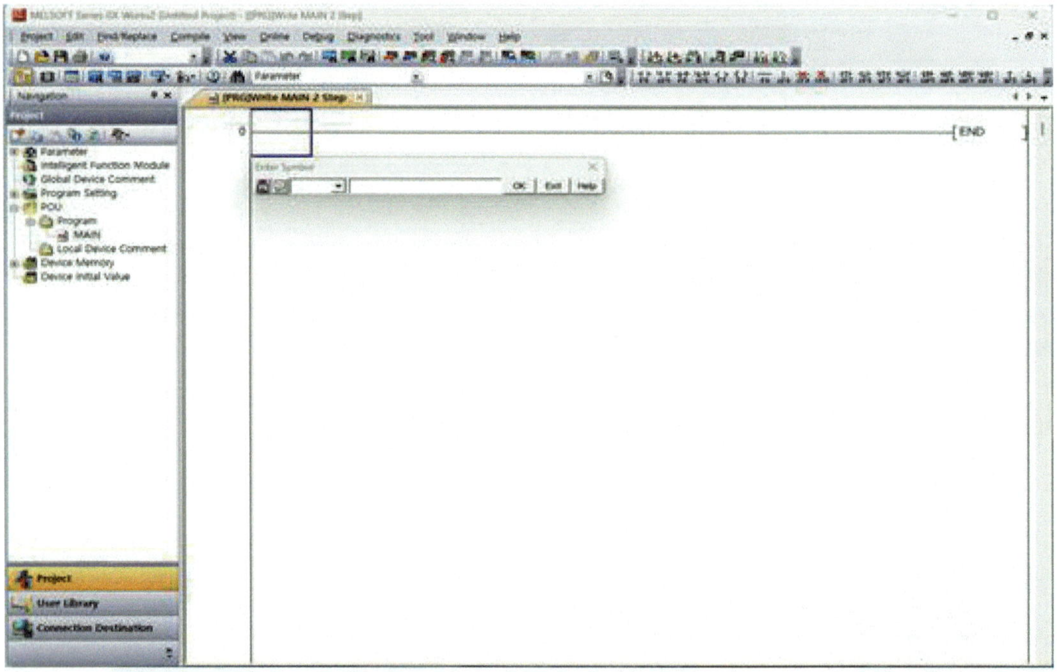

19. 마우스커서를 원하는 입력 위치로 이동후 단축키 F5클릭 또는 마우스 왼족 버튼 2번 클릭 → 입력 입력창 생성한다.

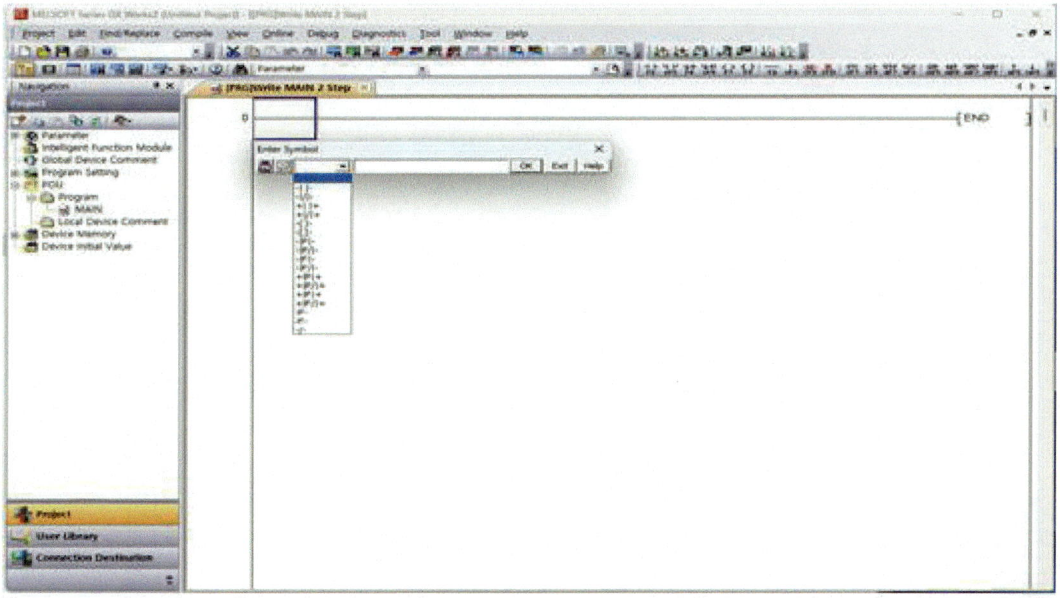

20. F5클릭하면 입력 a접점-l l-표시 ▼을 클릭 하여 심벌기호를 변경하고 선택 가능하다.

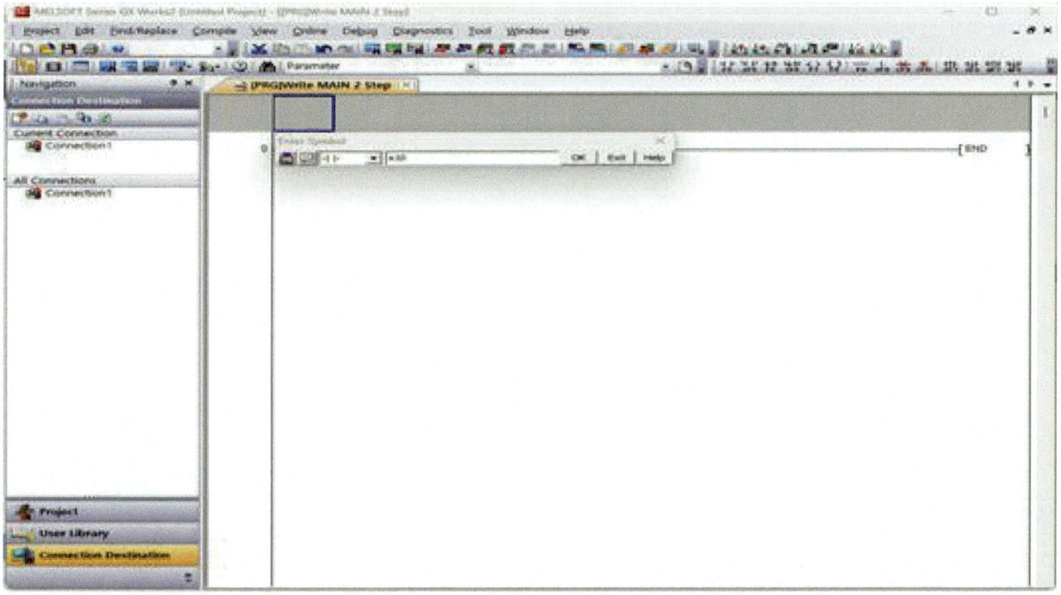

21. 입력 a접점-l l-선택하고 "X0"를 입력후 "OK" 클릭 또는 Enter를 실행한다.
입력창에 x0라고 소문자를 사용 하여도 자동으로 "X0"대문자로 생성 해준다.

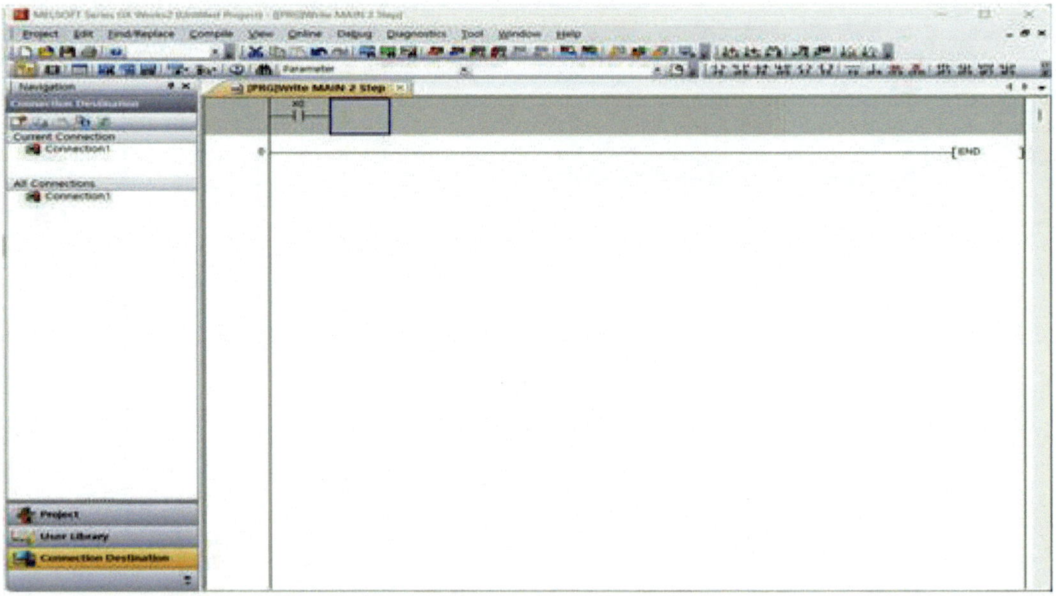

22. “X0” 입력a접점이 생성된다.

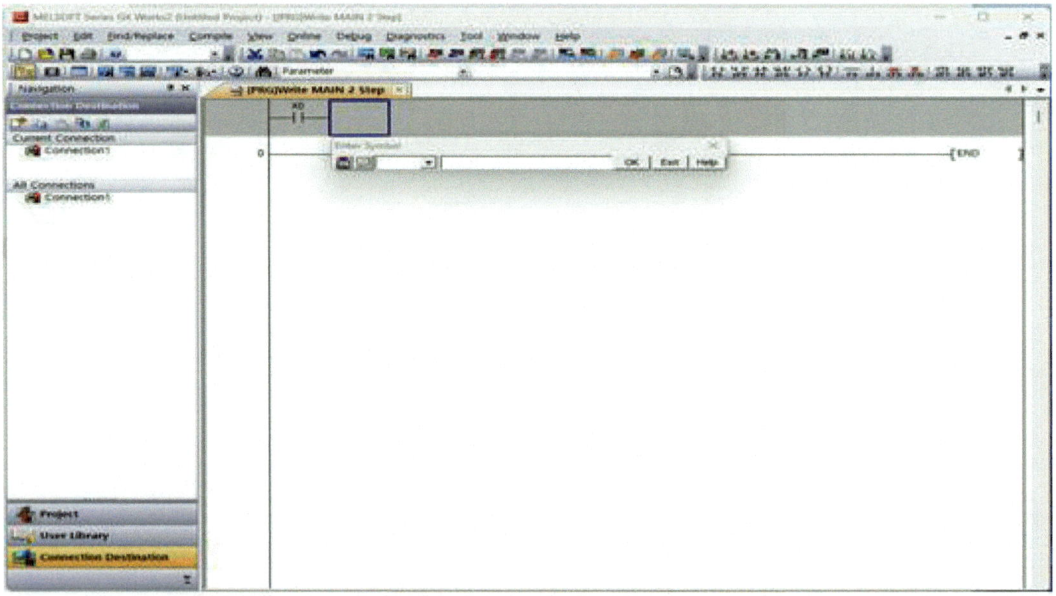

23. 마우스커서를 원하는 출력 위치로 이동 후 단축키 F7 클릭 또는 마우스 왼쪽 버튼 2번 클릭 실행 하면 → 출력코일 입력창이 생성된다.

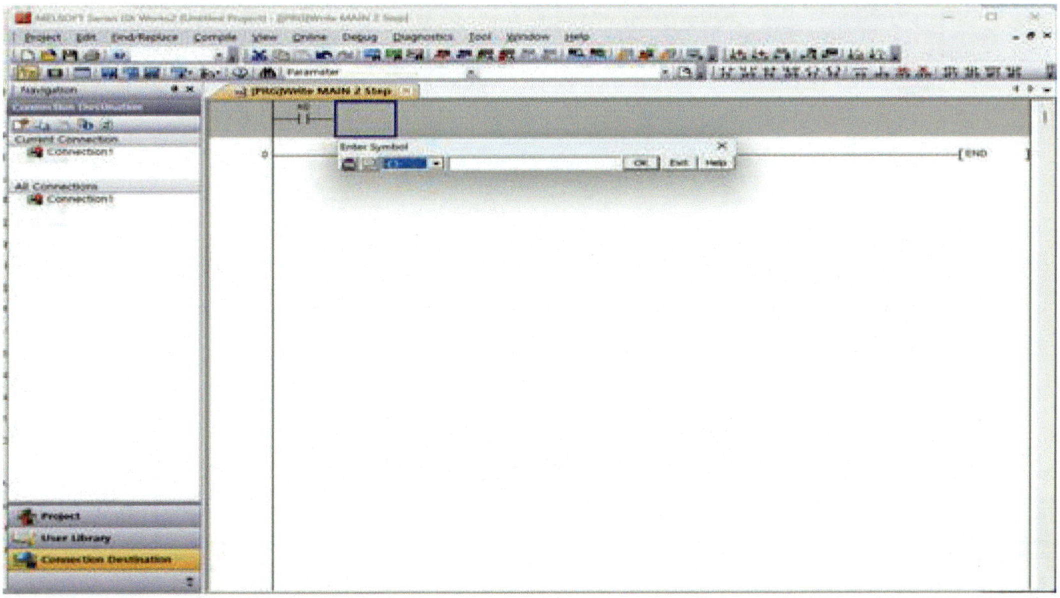

24. 출력코일 -( )-접점을 선택한다.

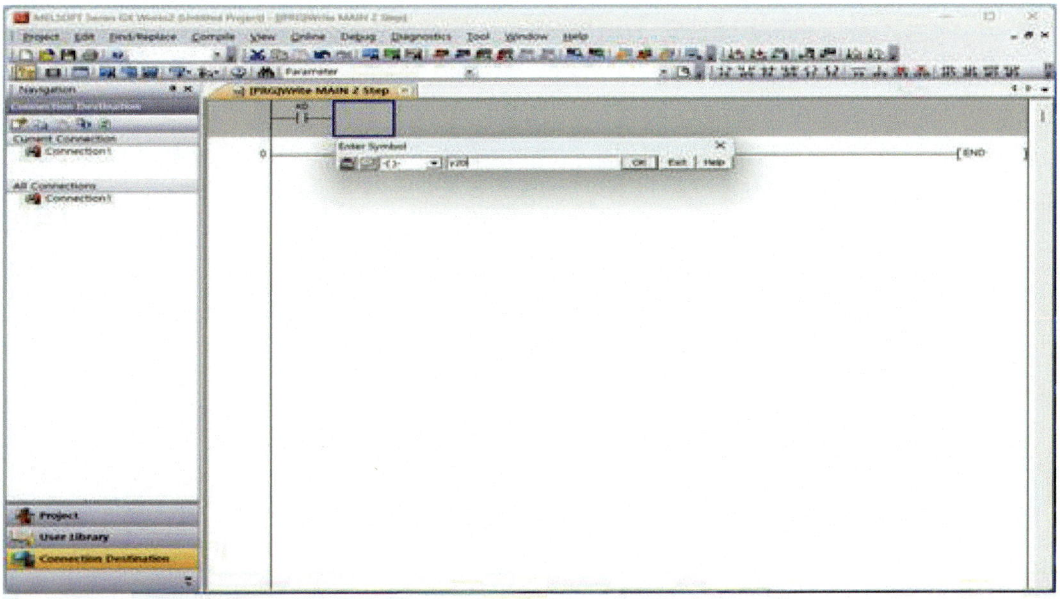

25. “Y20”를 입력후 “OK“ 클릭한다.

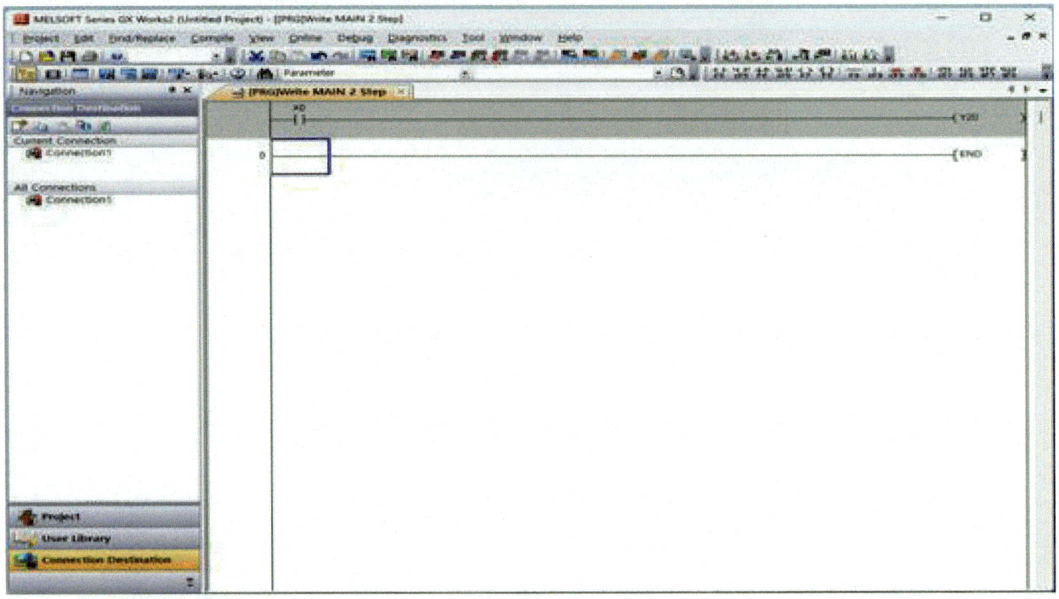

25. 이것으로 프로그램 작성을 완료한다.

3.9 이중 코일 사용 방지 기능 설정

메인메뉴 바에서 Tool[도구] → Options[옵션] → Program Editor[프로그램 에디터] → Ladder/SFC → Enter ladder에서 Check duplicated coil에 체크 OK 클릭

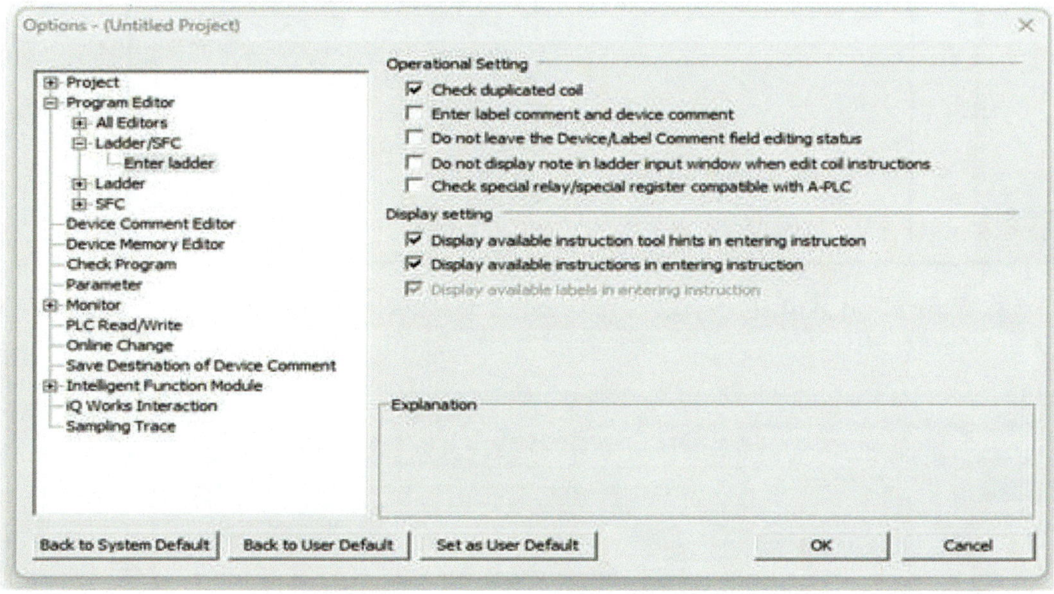

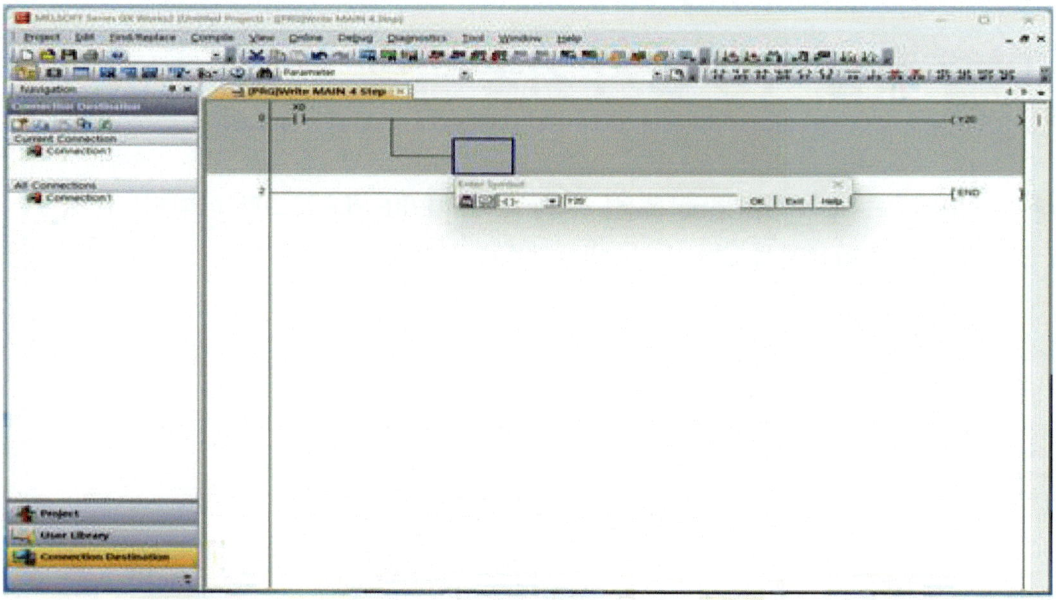

26. Ctrl+↓ 또는 SHIFT+F9 수직선, Ctrl+ → 또는 F9 수평선 작성 후 F7 클릭

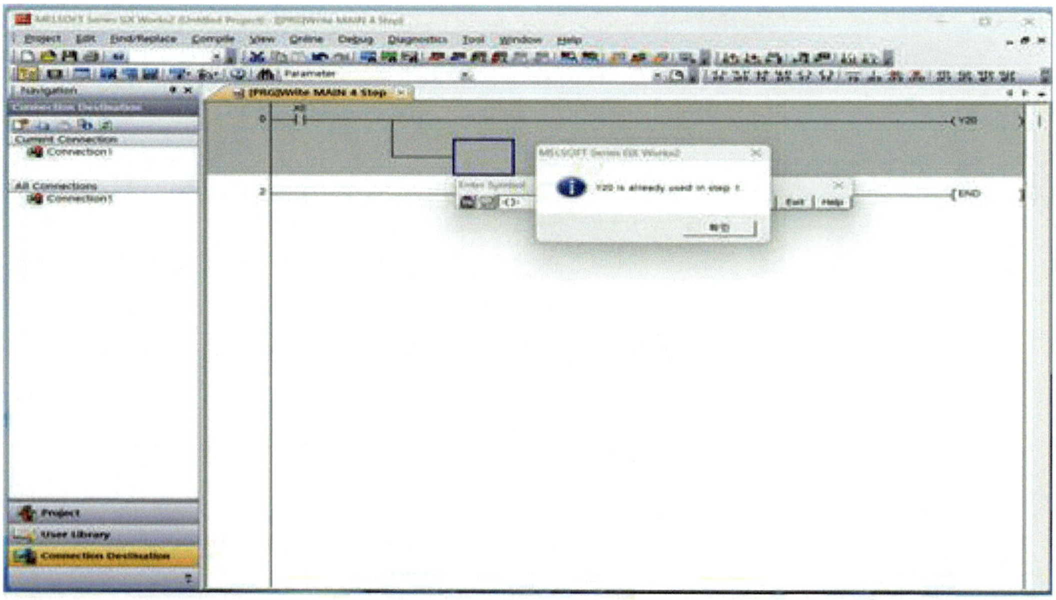

27. 프로그램 편집 중 2중 코일 사용시 Y20은 1스텝에서 이미 사용 되고 있다는 메시지창이 표시된다.

3.10 PLC 프로그램 컴파일

작성한 프로그램을 PLC로전송 할 수 있도록 기계어 코드로 변환하는 컴파일 작업 수행한다.

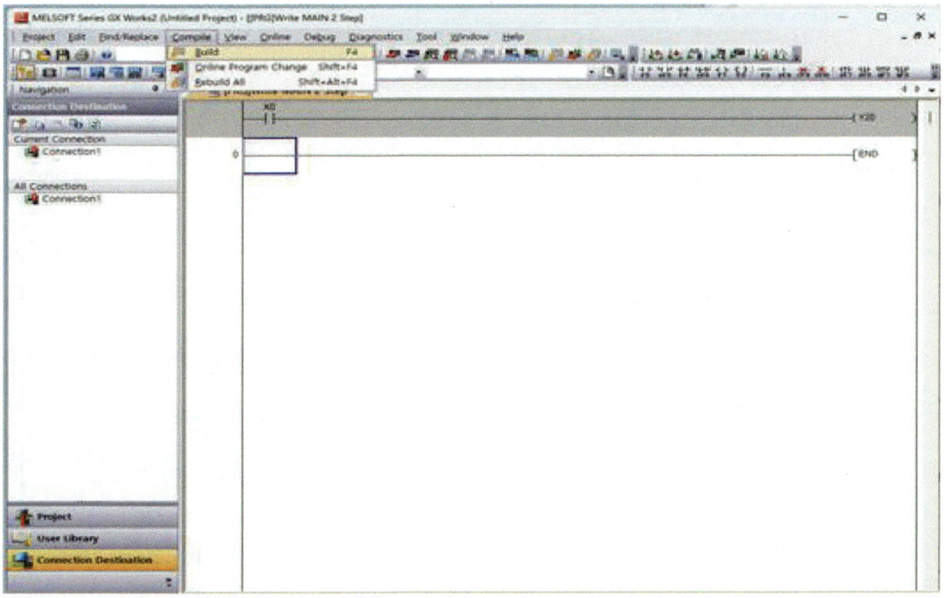

28. 입출력접점을 정상적으로 작성하면 바탕이 회색으로 표시되는데 정상적인 상태이다. 컴파일 작업을 수행하기 위해서 각 기능을 실행하는 메뉴가 표시되는 메뉴 바에서 Compile[컴파일] → Build[빌드] 선택 클릭실행 또는 단축키 F4클릭 실행 한다.

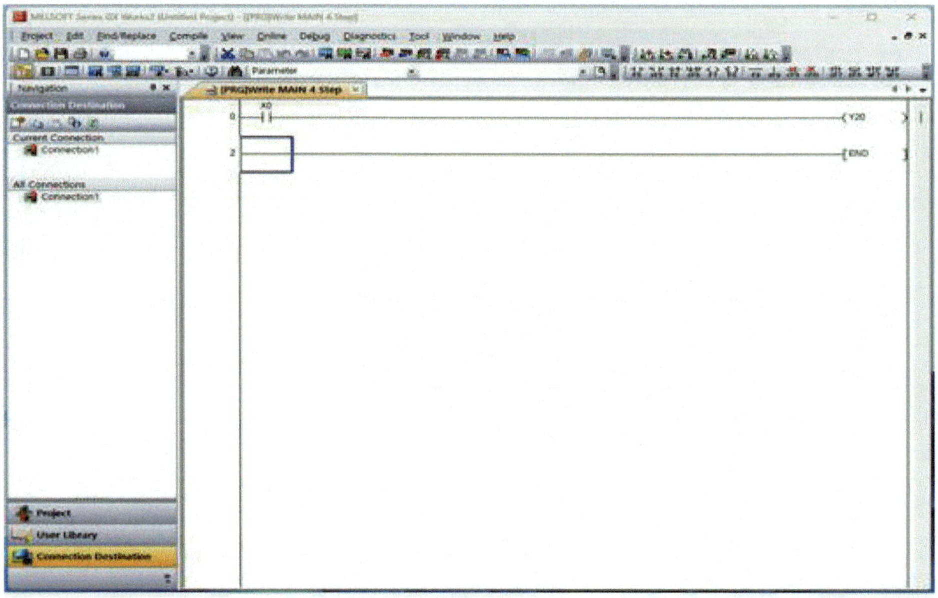

29. 컴파일이 완료되면 회색으로 블록 지정된 것이 없어지고 바탕이 흰색으로 변경된다. 만약 래더 프로그램을 많이 작성하고 컴파일을 한번에 할 경우 간혹 컴파일이 되지않고 작성중인 프로그램이 지워지는 경우도 있으므로 몇 블록 프로그램이 작성될 때마다 컴파일하는 습관을 갖는 것이 좋다.

3.11 PLC 프로그램 전송

GX Work2에서 작성한 프로그램을 컴파일한 후 PLC CPU의 메모리로 프로그램을 전송한다.

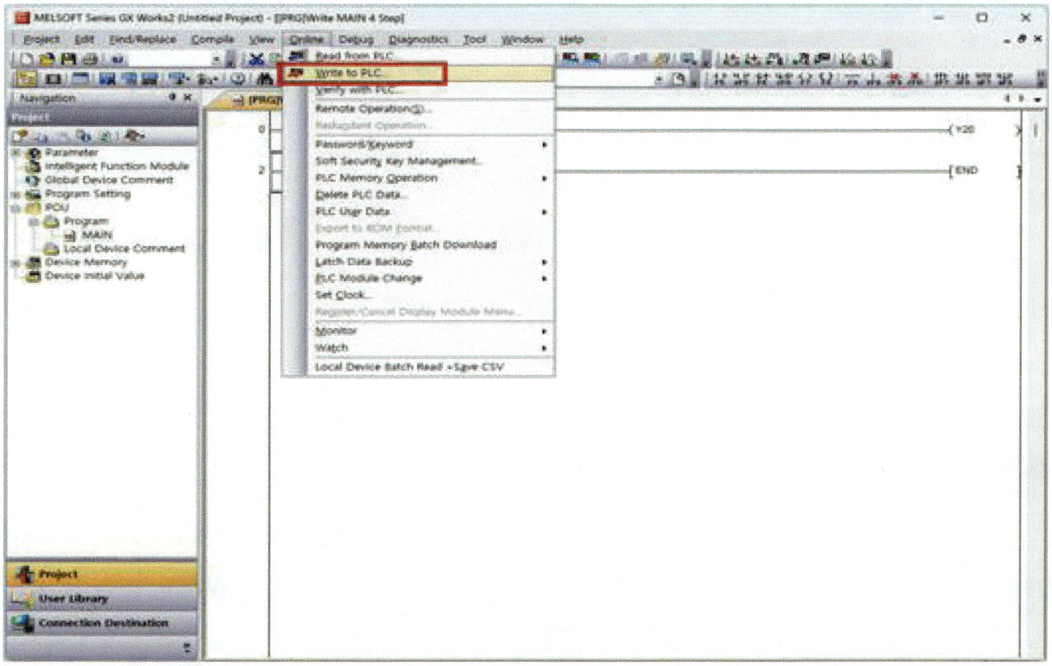

30. Online [온라인] → Write to PLC [PLC 쓰기]

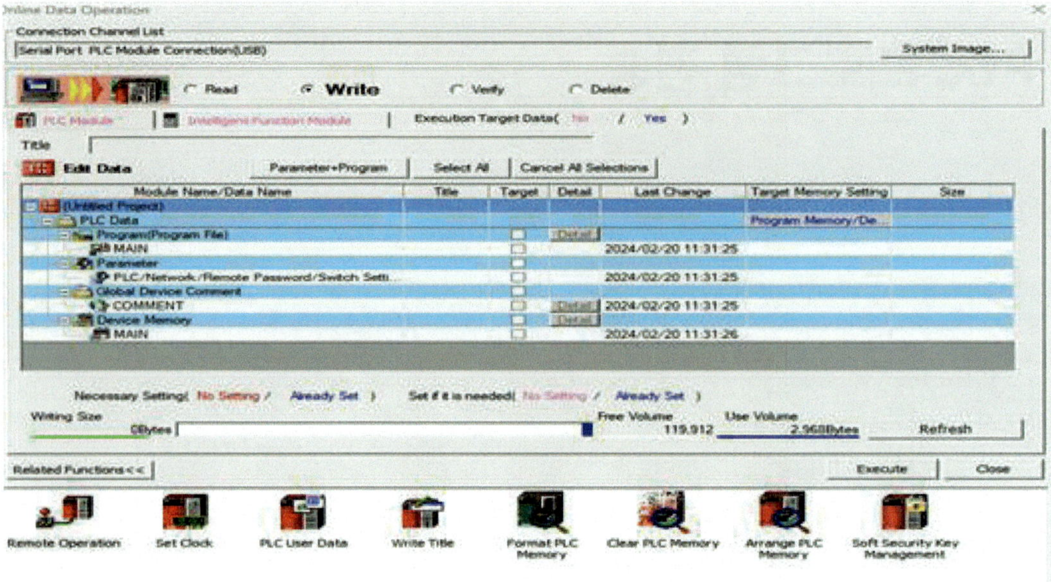

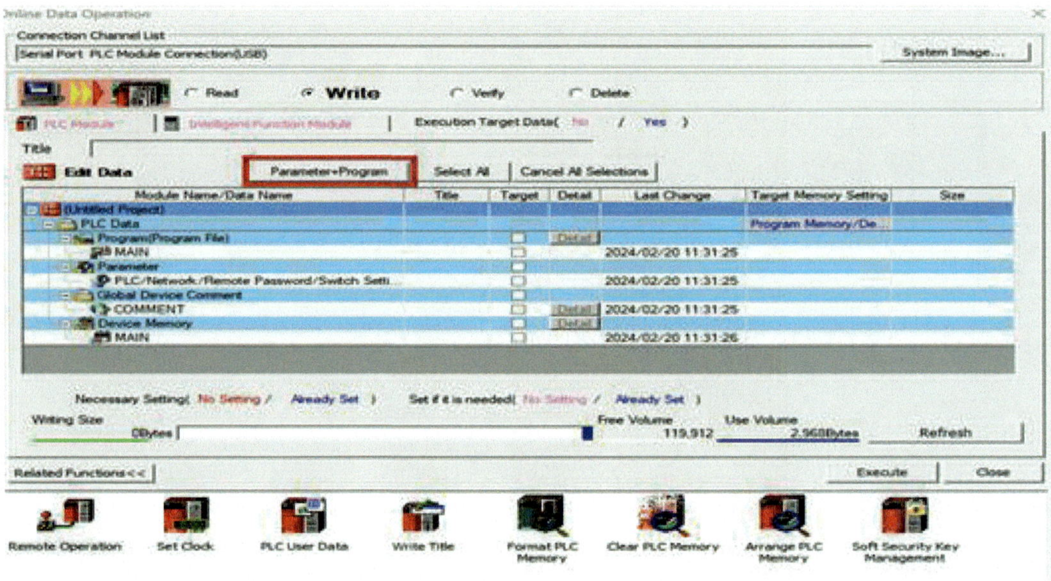

31. Parameter+Program을 클릭한다.

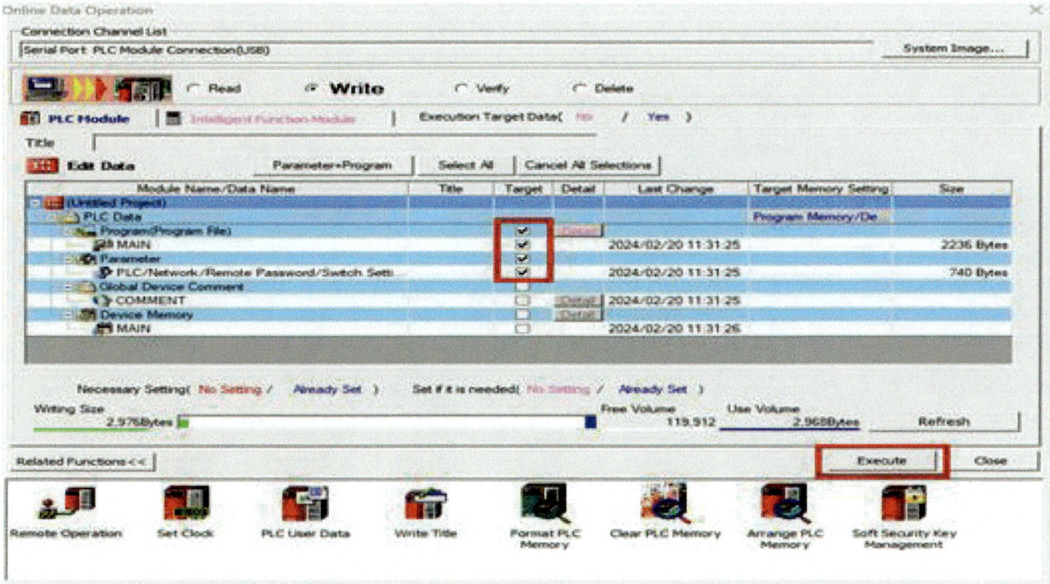

32. 4가지항목에 체크 선택 확인 후 아래 Execute버튼을 클릭한다.전송 완료후 CPU를 리셋 해야 PLC가 RUN상태가 된다.

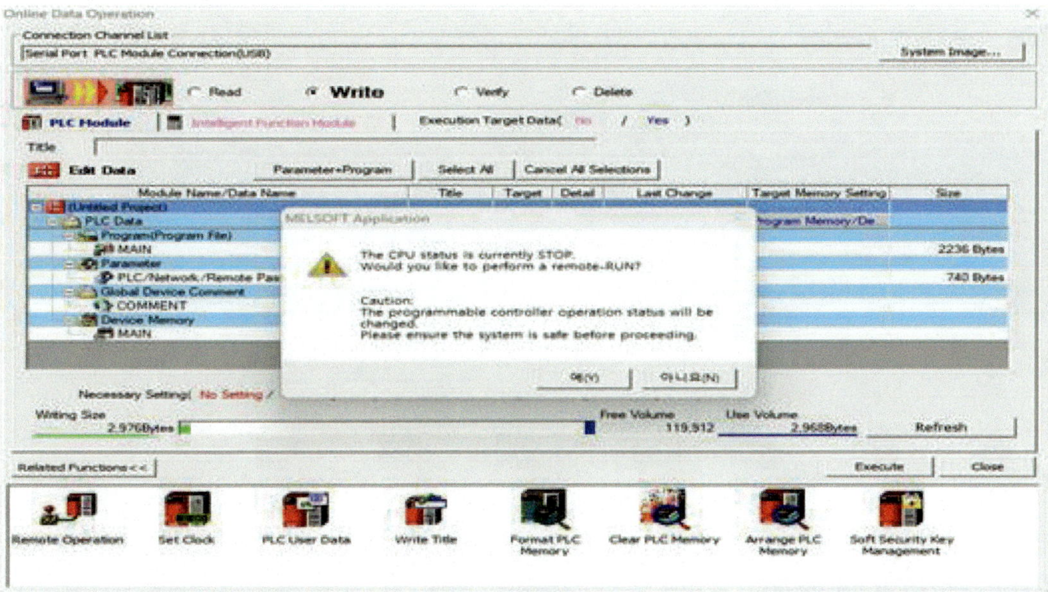

33. 쓰기 작업을 수행하려면 CPU 상태가 STOP이어야 합니다. 쓰기 작업을 수행하시겠습니까 ? 프로그래밍 가능한 컨트롤러 작동 및 장치 제어가 중단됩니다. 예 클릭한다.

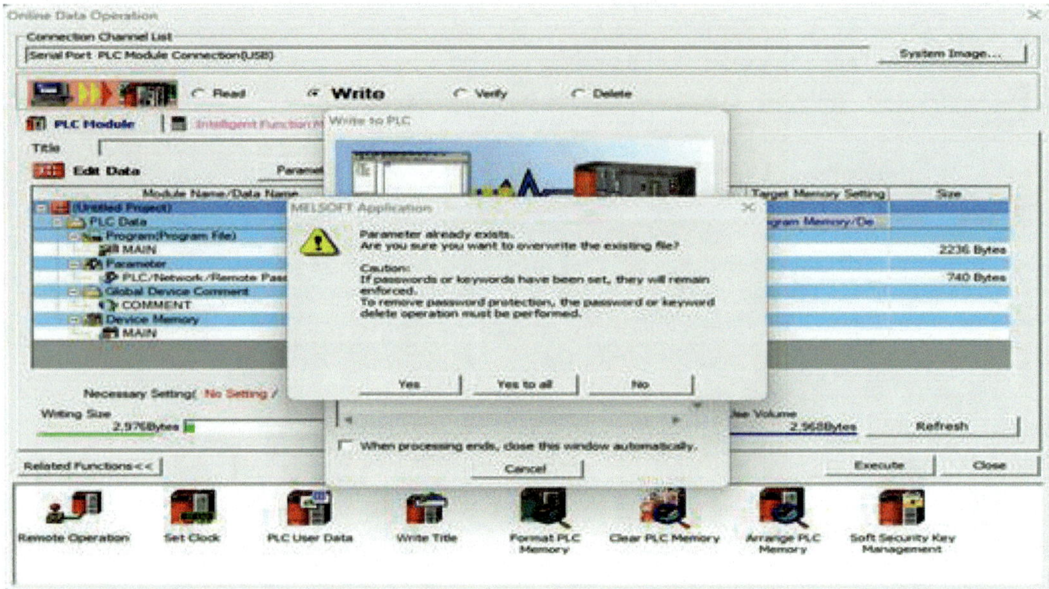

34. 매개 변수가 이미 있습니다. 기존파일을 덮어쓰시겠습니까 ? Yes to all 선택클릭한다.

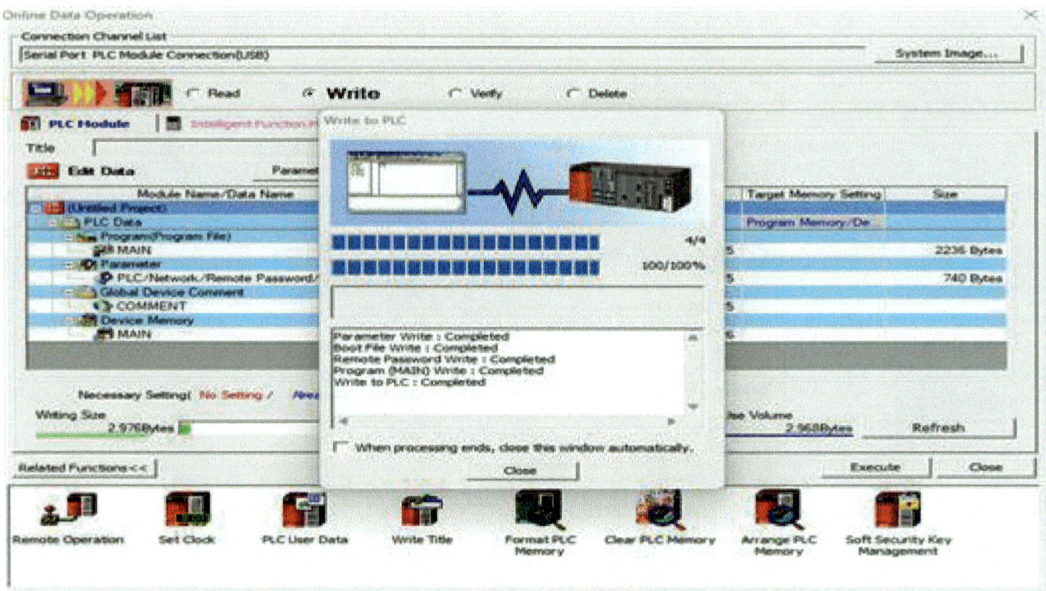

35. 전송 완료후 닫기(Close)한다.

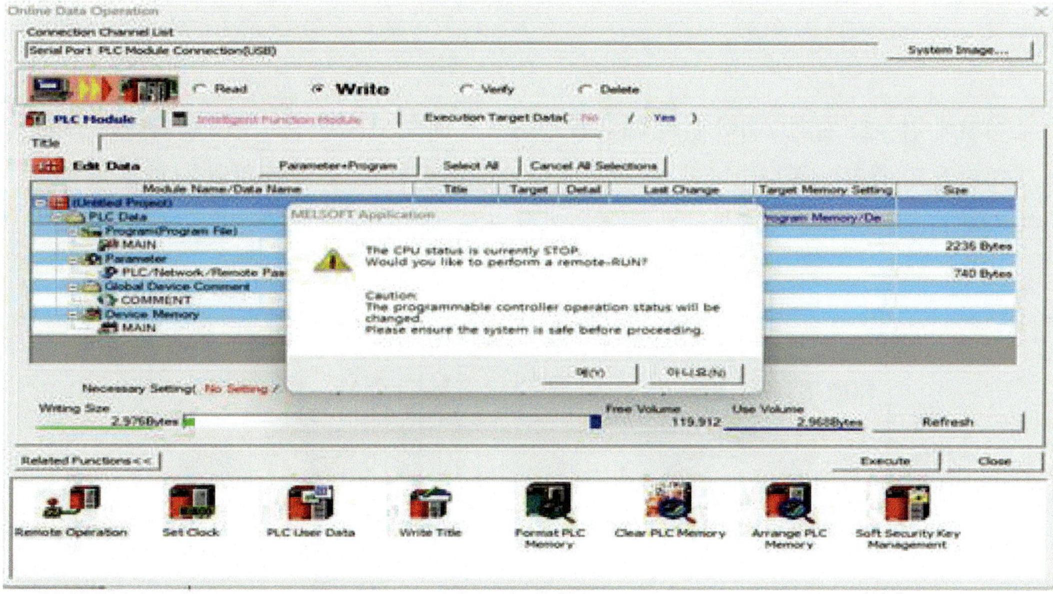

36. CPU상태는 현재 STOP입니다. 원격 실행을 수행하시겠습니까? 예[Y] 선택 클릭하면 프로그래밍 가능한 컨트롤러 작동 상태가 RUN상태로 변경됩니다.

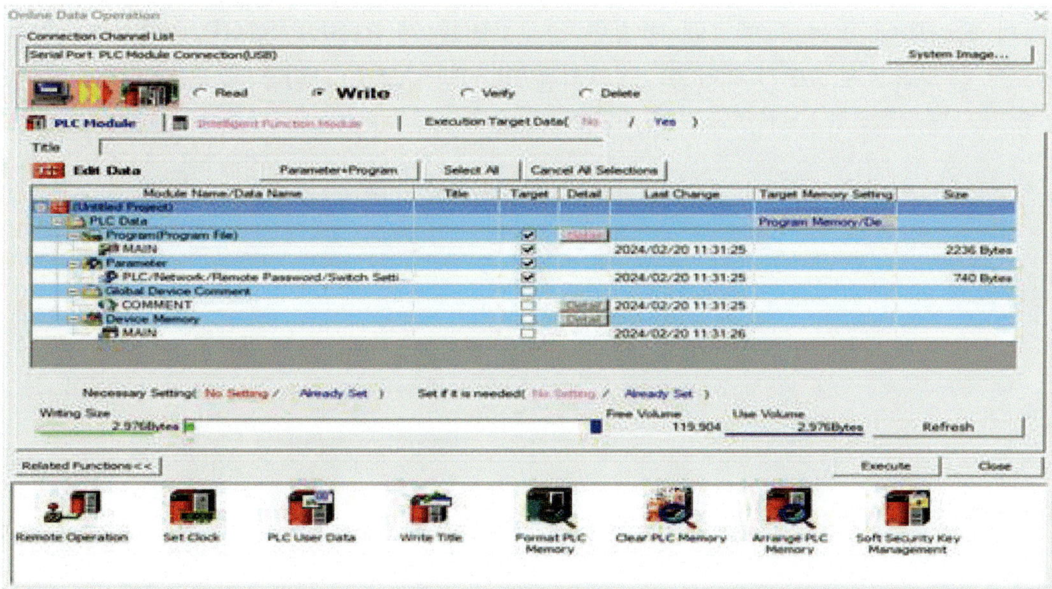

37. Close 선택 클릭 한다. 프로그램 화면으로 돌아가면 진행하기 전에 시스템이 안전한지 확인하십시오.

· 참고

PLC CPU에 이전에 전송한 프로그램이 있기 때문에 덮어쓰기 해도 되는지 경고창이 나타난다. 무조건 덮어쓰기 하지말고, 경고창이 나타나면 반드시 그 내용을 확인한 후에 다음 작업을 하는 습관을 가져야 한다. 덮어쓰기를 하면 CPU메모리에 등록된 이전 프로그램은 모두 삭제된다.

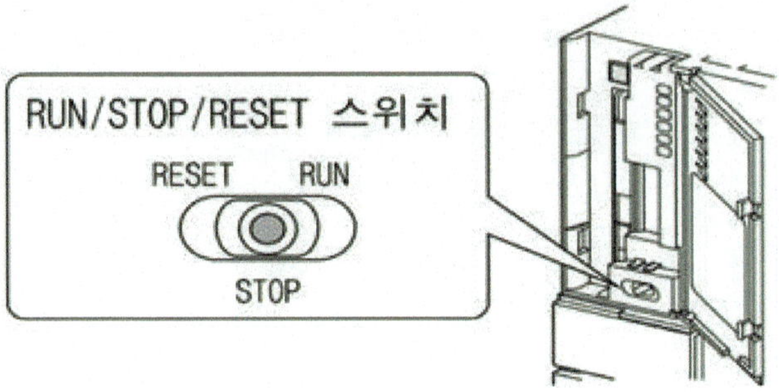

Point !

STOP상태에서 파라미터 또는 프로그램 변경한 경우,CPU본체 RESET/STOP/RUN 스위치를 RESET방향으로 물리적으로 3초간 리셋후 스위치를 RUN방향으로 전환후에 프로그램을 실행시킨다.

3.12 하드웨어 CPU모듈의 동작 확인 순서

GX Work2에서 작성한 프로그램을 컴파일한 후 PLC CPU의 메모리로 프로그램을 전송 후 동작 확인 순서이다. 조금이라도 수정했으면 Compile[컴파일] → Build[빌드] → Online [온라인] → Write to PLC [PLC 쓰기] 하고 PLC 하드웨어 CPU모듈의 동작 확인(CPU본체 RESET/STOP/RUN 스위치를 RESET방향으로 물리적으로 3초간 리셋후에 프로그램을 실행) 그때마다 순서대로 반드시 수행한다. 추가로 터지스크린과같이 사용시에도 PLC프로그램 수정 또는 터치스크린 프로그램 수정 시에도 순서대로 수행 되어야 한다.

1. 리셋 전의 LED 상태를 확인합니다.

↓

2. CPU 모듈 전면의 스위치를 RESET 측으로 돌립니다. (1 초 이상)

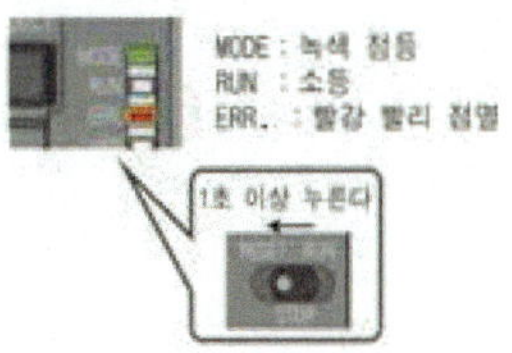

↓

3. ERR.LED 점멸 후 ERR.LED가 소등되고 나서 손을 놓습니다.

다음에 CPU 모듈을 동작시킵니다. 조작 시에는 CPU 모듈 본체의 스위치를 사용합니다.

4. CPU 모듈 전면의 스위치를 RUN 측으로 돌립니다.

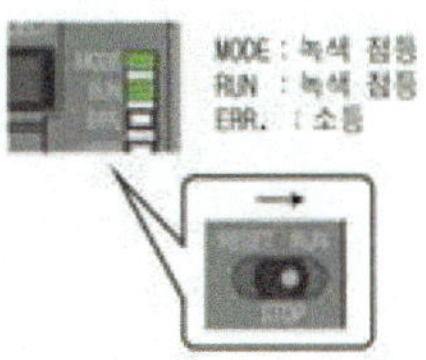

RUN LED가 녹색으로 점등되면, 정상적으로 프로그램이 실행되고 있는 것 입니다.
RUN LED가 녹색으로 점등되어 정상상태 임에도 불구하고 RUN 미동작 시에는 프로그램적인 Remote Operration 상태를 확인하여 소프트적인 RUN을 실행한다.

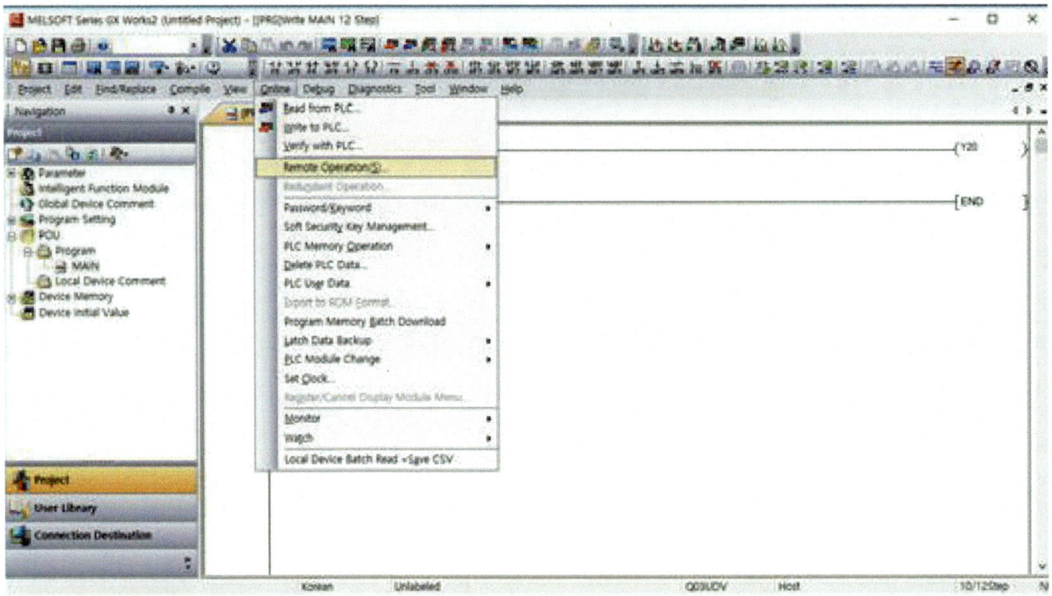

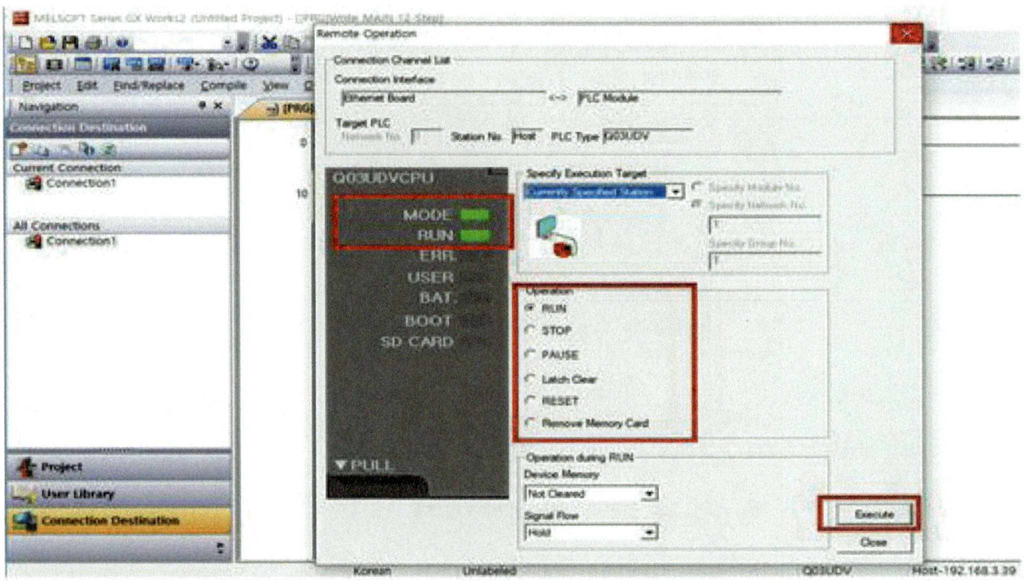

RUN,STOP등 해하는 메뉴를 선택한 후 Execute 클릭한다.

3.13 PLC 프로그램 모니터링 동작확인

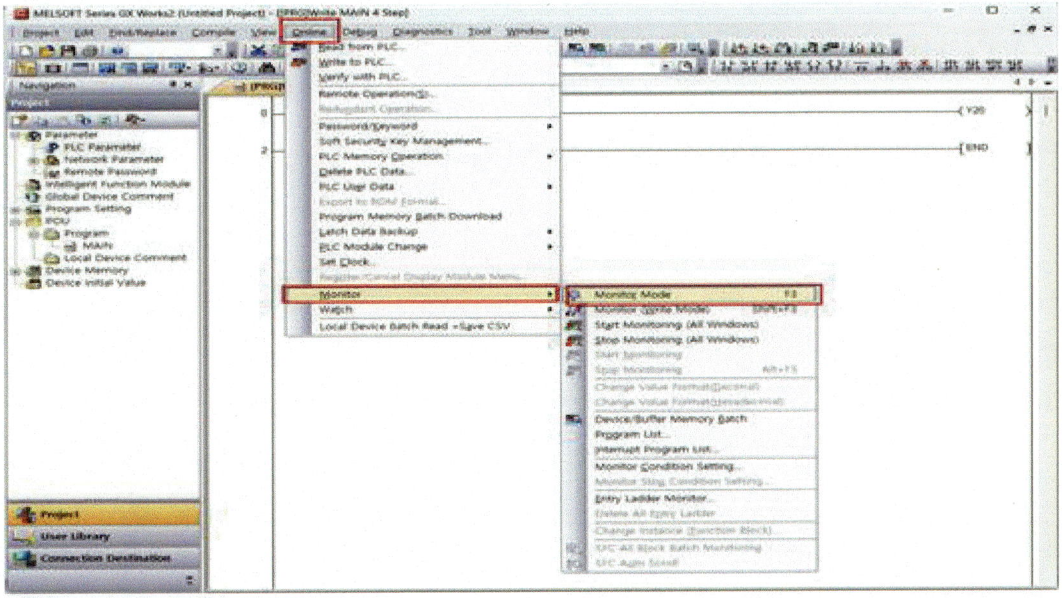

38. Oline[온라인] → Monitor[모니터] → Monitor Mode 또는 단축키 F3 선택 클릭한다.

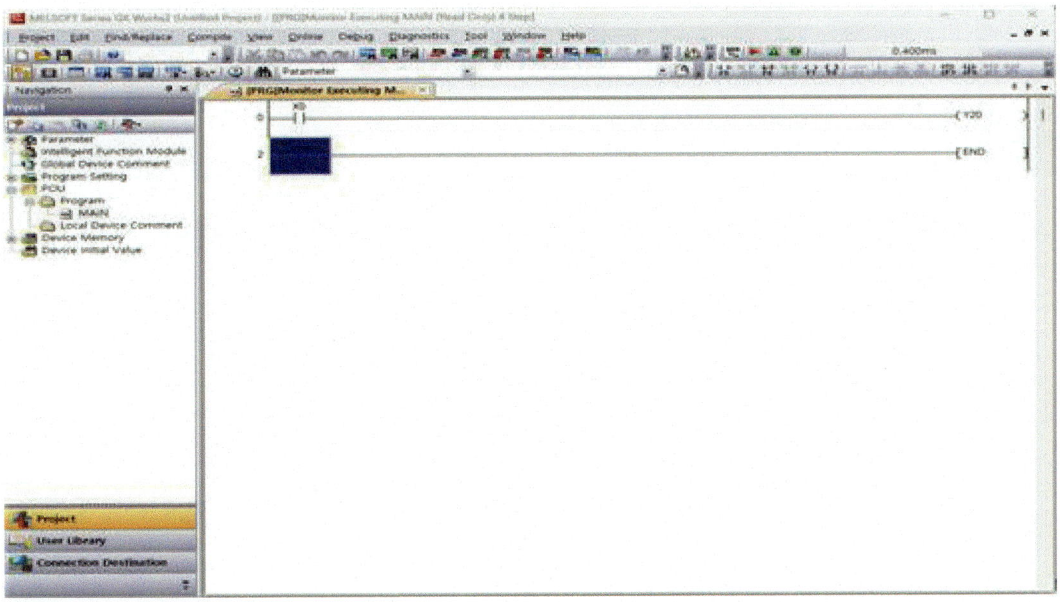

39. 모니터링 상태가 되면, 프로그램 작성용 커서가 파란색 사각 박스로 변환된다.
모니터링 모드상태가 되면, 접점이나 코일의도통,전원공급 상태를 확인할 수 있다.
커서를 X0위치에 맞추고 Shift+더블 클릭 하면, Y10이 ON 됩니다.

40. 도통하고 있는 X0 접점, Y20 코일은 파란색 음형이 됩니다.

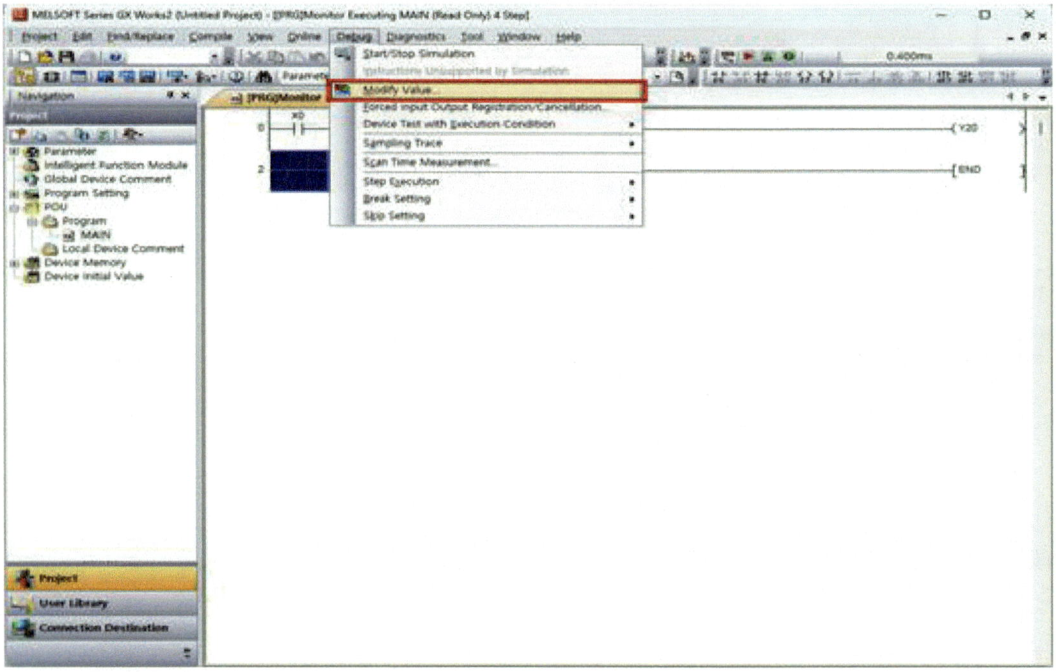

41. 다른 방법은 각 기능을 실행하는 메뉴가 표시되는 메뉴 바에서 Debug[디버그] → Modify[모디파이] Value[밸유]를선택 클릭 실행한다.

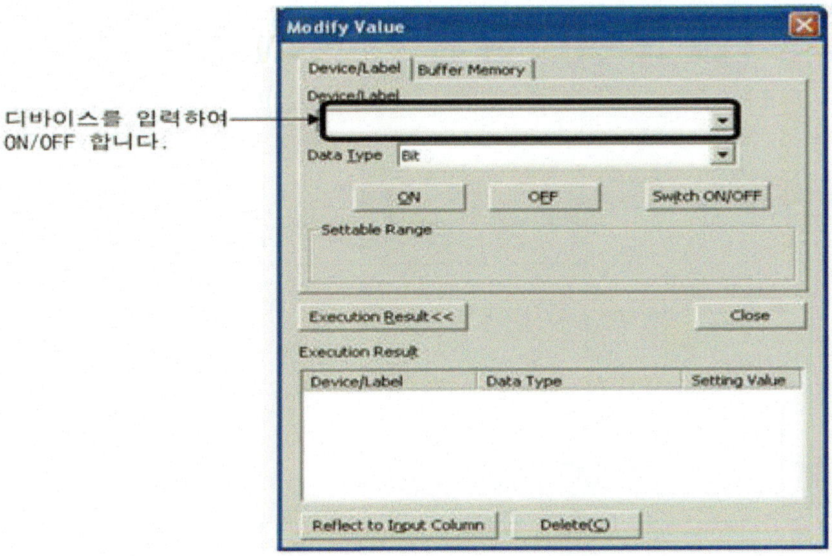

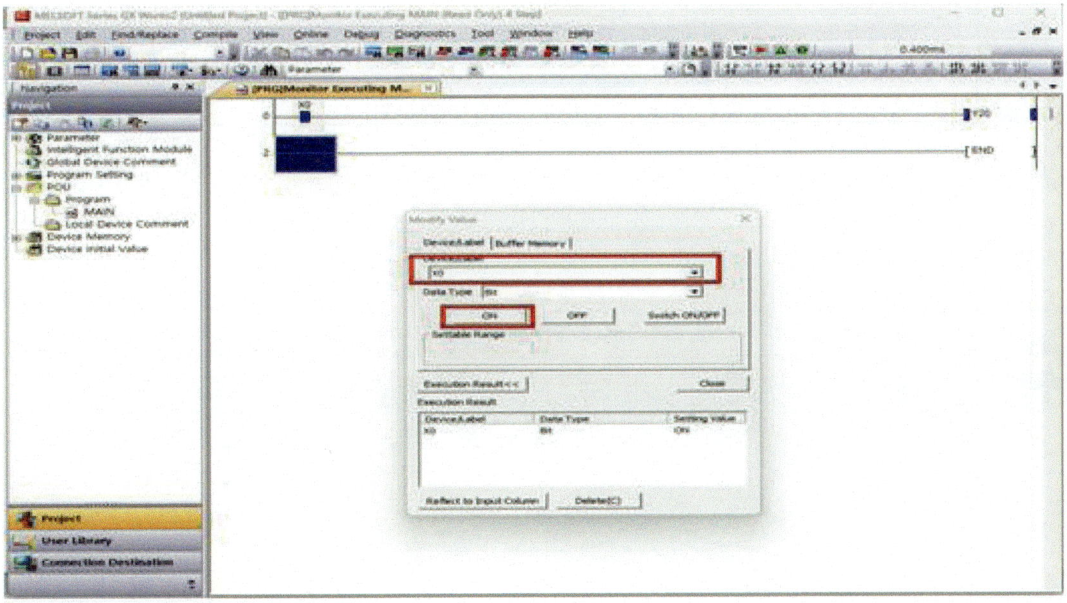

42. 디바이스 입력 창에 X0입력후 ON 선택 클릭 하면 도통하고 있는 X0 접점, Y20 코일은 파란색 음형이 됩니다. 모니터링정지 단축키는 F2입니다.

3.14 PLC 프로그램 모니터링중 프로그램 수정

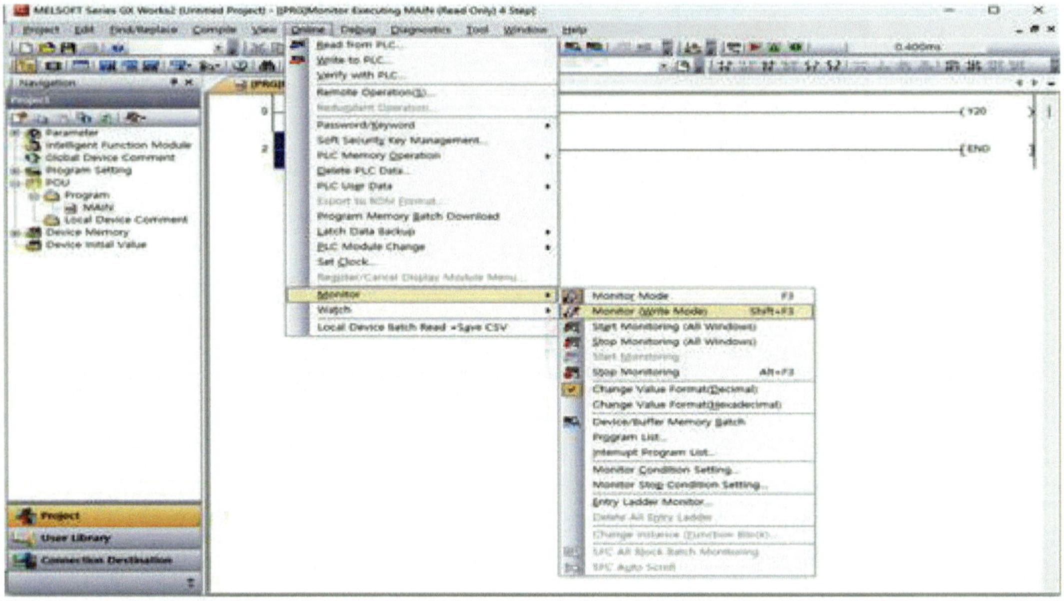

43. Oline[온라인] → Monitor[모니터] → Monitor(Write Mode) 또는 단축키 Shift+F3

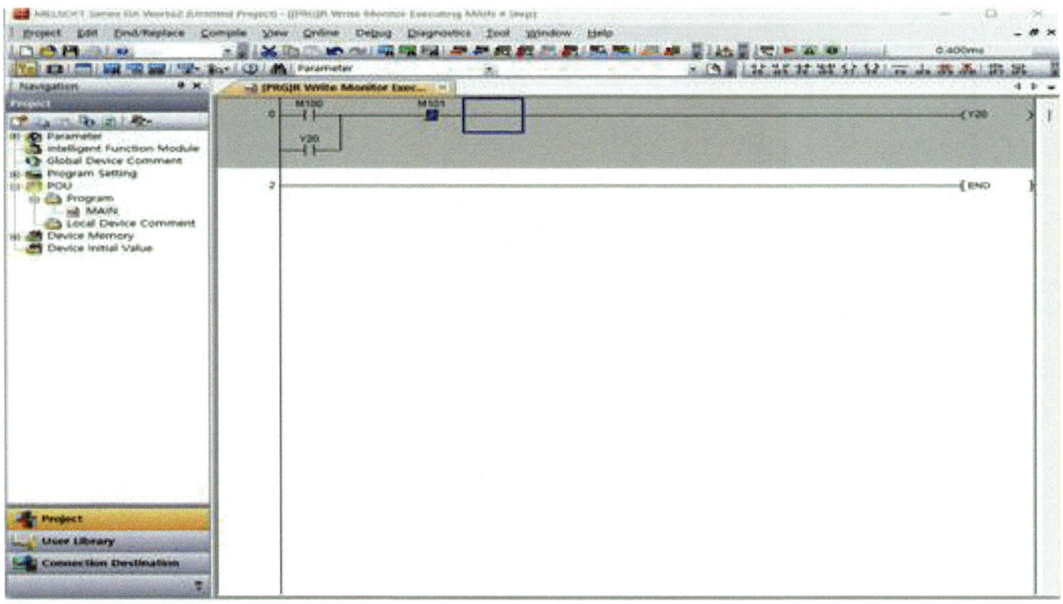

44. 터치 START 입력 M100, 리셋 입력 M101 자기유지 Y20추가 변경 수정

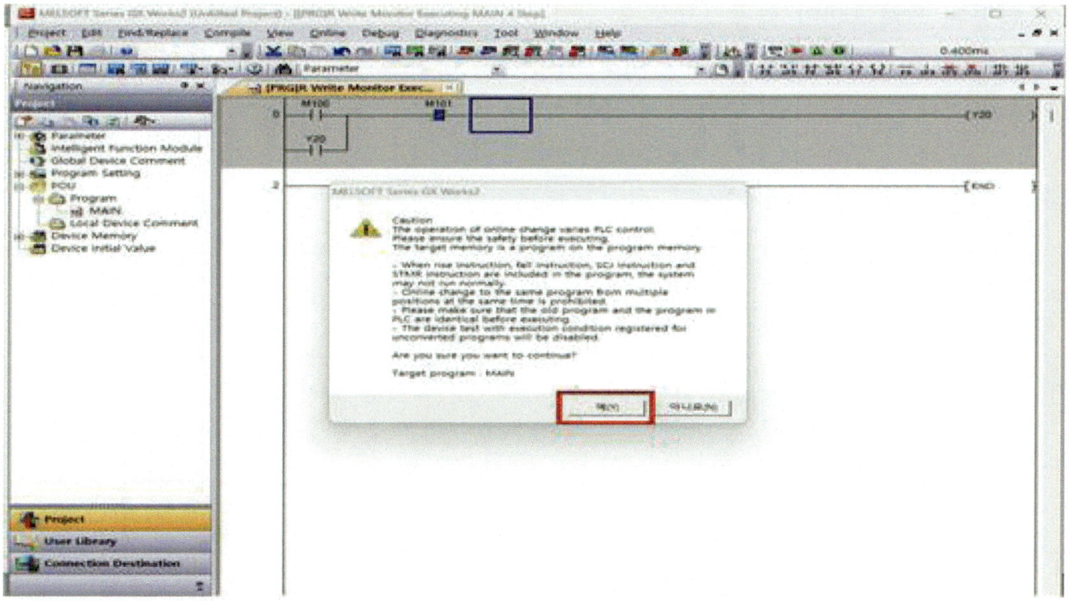

45. PLC CPU의 동작모드가 RUN상태에있기 때문에 경고창이 나타난다. CPU의 동작모드가 STOP 상태일 때에는 해당 경고창이 나타나지 않는다. 예(Y)버튼 클릭

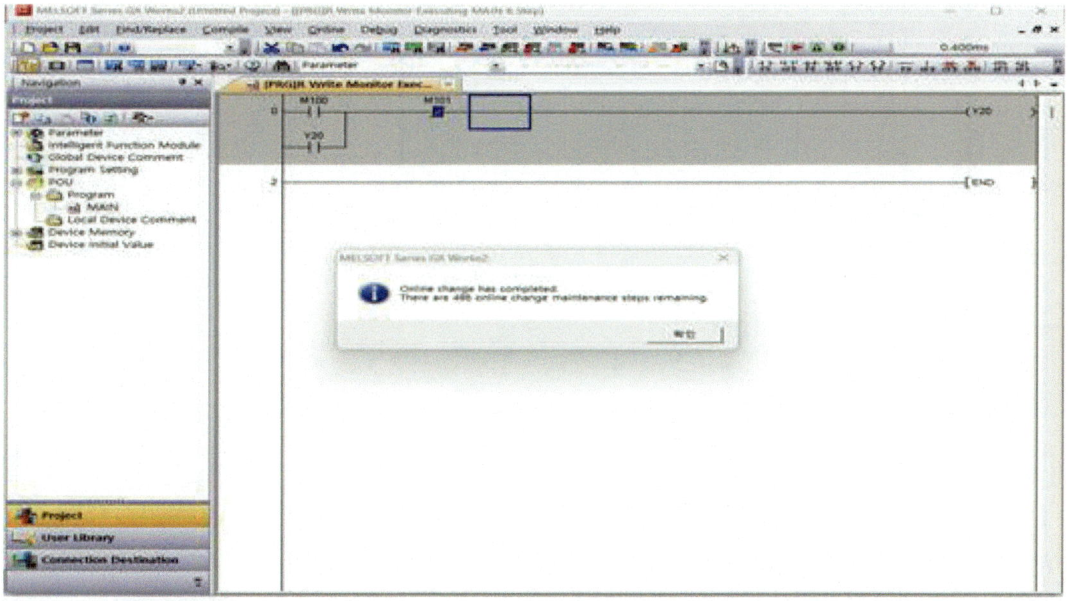

46. PLC CPU로 변경된 프로그램이 성공적으로 전송 메시지, 확인 버튼을 클릭한다.

PLC CPU로 변경된 프로그램이 성공적으로 전송되면 동작 확인 절차를 수행하면 된다. 다음 아래 예제를 모니터링 중에 수정해보자. 우선 비트 디바이스 내부릴레이(M)을 사용하지않고, 프로그램을 작성해보고 내부릴레이(M) 추가해서 작성한다.

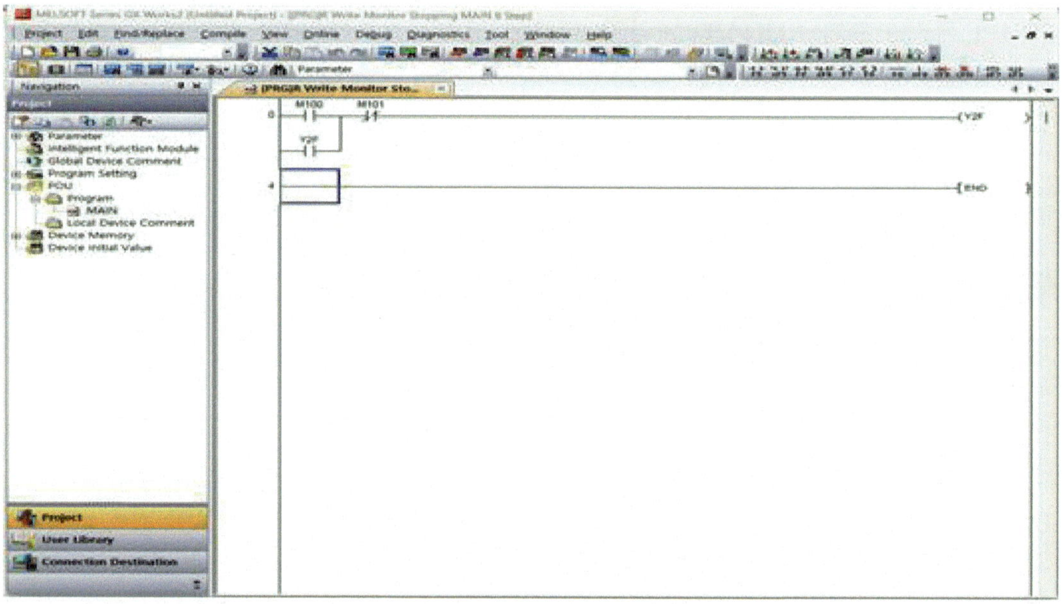

47. Oline[온라인] → Monitor[모니터] → Monitor(Write Mode) 또는 단축키 Shift+F3을 클릭하고 수정하고자 하는 터치 START입력 M100, 리셋입력 M101, 출력코일 Y2F, 자가유지 Y2F 추가 변경 수정 후 컴파일 빌드 단축키 F4 클릭후 Online [온라인] → Write to PLC [PLC 쓰기] PLC CPU의 메모리로 프로그램을 전송한다.

PLC CPU로 변경된 프로그램이 성공적으로 전송되면 동작확인 절차를 수행한다.

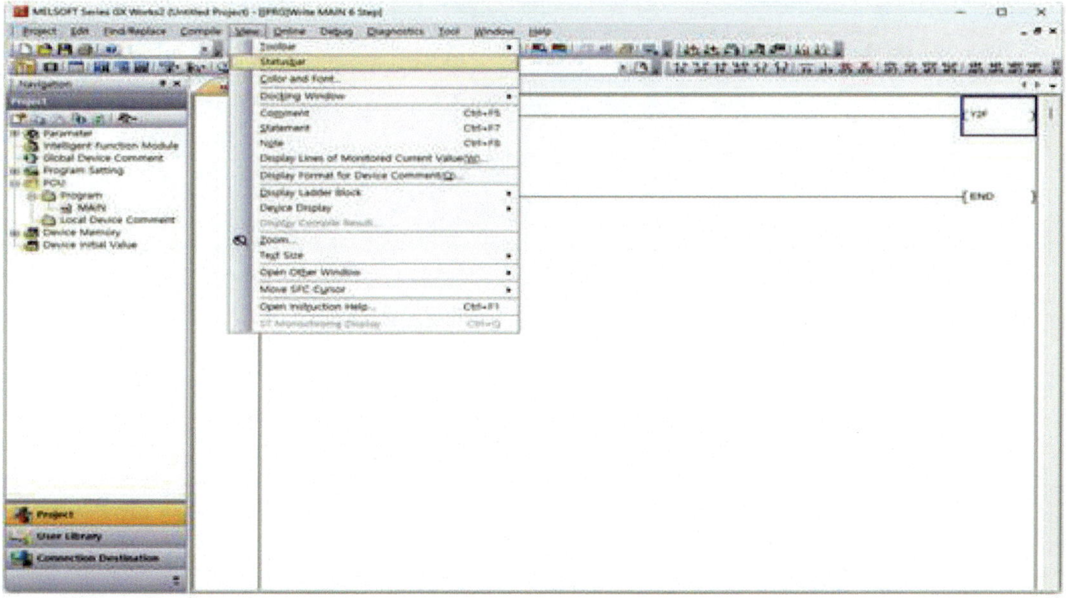

48. 우선 아래 상태바를 생성 하려면 메뉴 바에서 Statusbar[상태바] 선택 클릭 실행 하면 하단에 상태 바가 생성된 것을 확인할 수 있다.

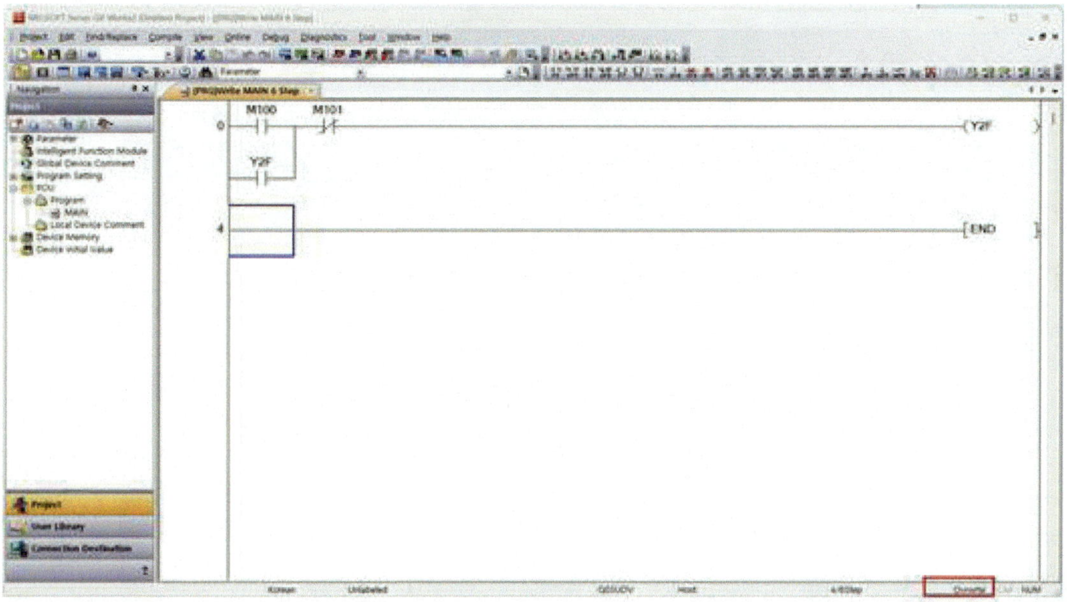

49. 우측 하단에 "Overwrite"또는"Insert"로 표시 된 부분을 확인할 수 있다.

다음은 내부릴레이(M) 추가하여 자기유지회로를 구성하기 전에 키보드 자판 "Insert"버튼을 누를 때마다 우측 하단 상태바에 "Overwrite"또는"Insert"로 표시가 변경 되는 것을 확인할 수 있다.

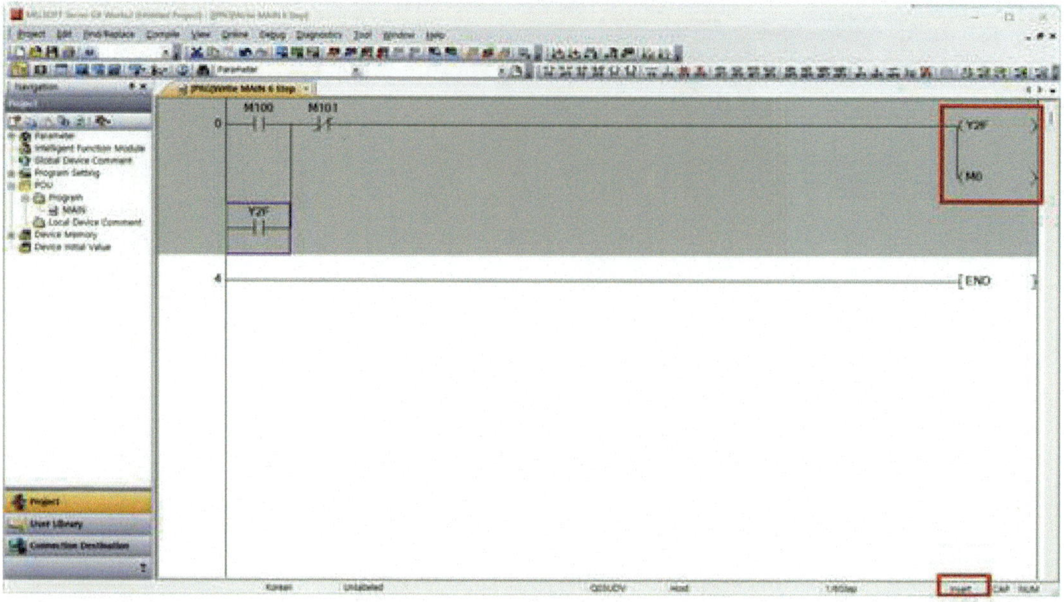

50. Oline[온라인] → Monitor[모니터] → Monitor(Write Mode) 또는 단축키 Shift+F3 클릭하고 키보드 자판 “Insert”버튼을 누를 때마다 우측하단 상태바에 “Insert”로 표시될 경우 Y2F를 M0로 변경시 M0가 덮어 쓰기가 아니라 삽입된 것을 확인할 수 있다.

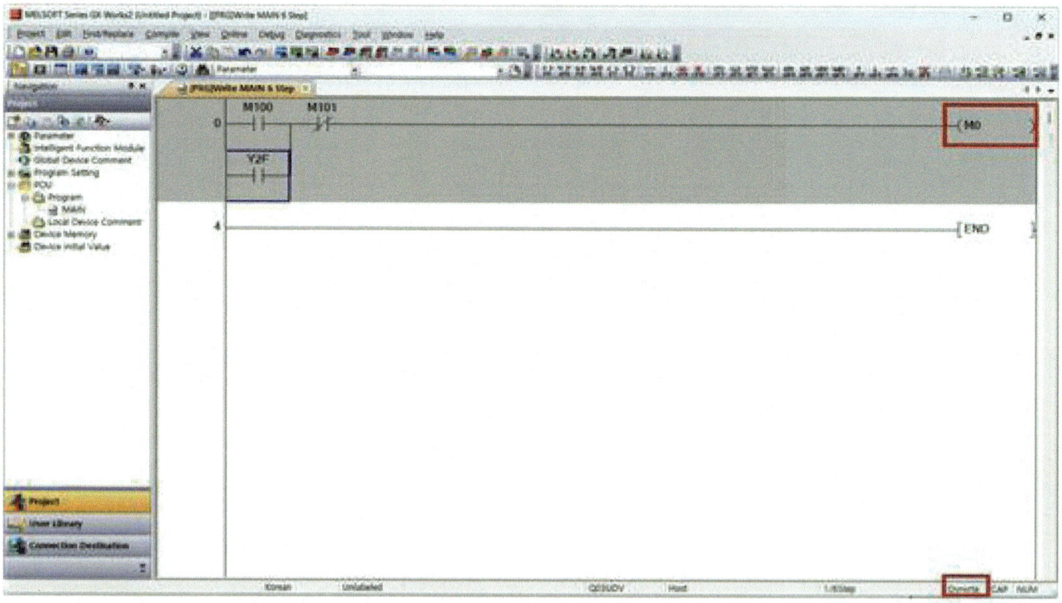

51. 우측 하단 상태바에 “Overwrite”표시될 경우 Y2F 가 M0로 덮어 쓰기 된다.

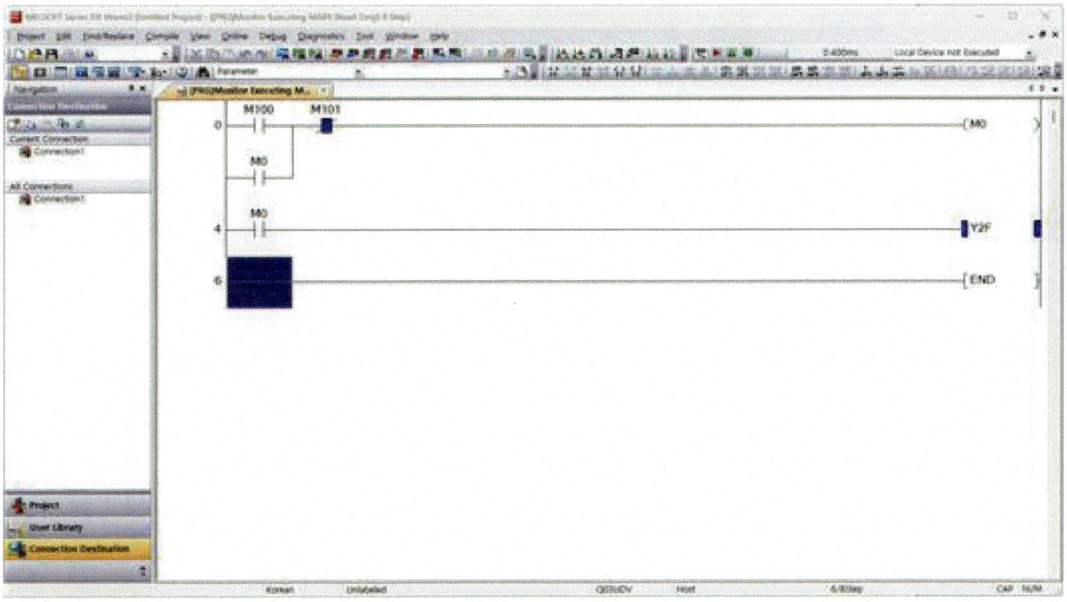

52. 수정 하고자하는 터치 START입력 M100, 리셋입력 M101, 출력코일 Y2F, 비트 디바이스 내부릴레이(M)를 추가 변경 수정 후 컴파일 빌드 단축키 F4 클릭후 Online [온라인] → Write to PLC [PLC 쓰기] PLC CPU의 메모리로 프로그램을 전송한다.

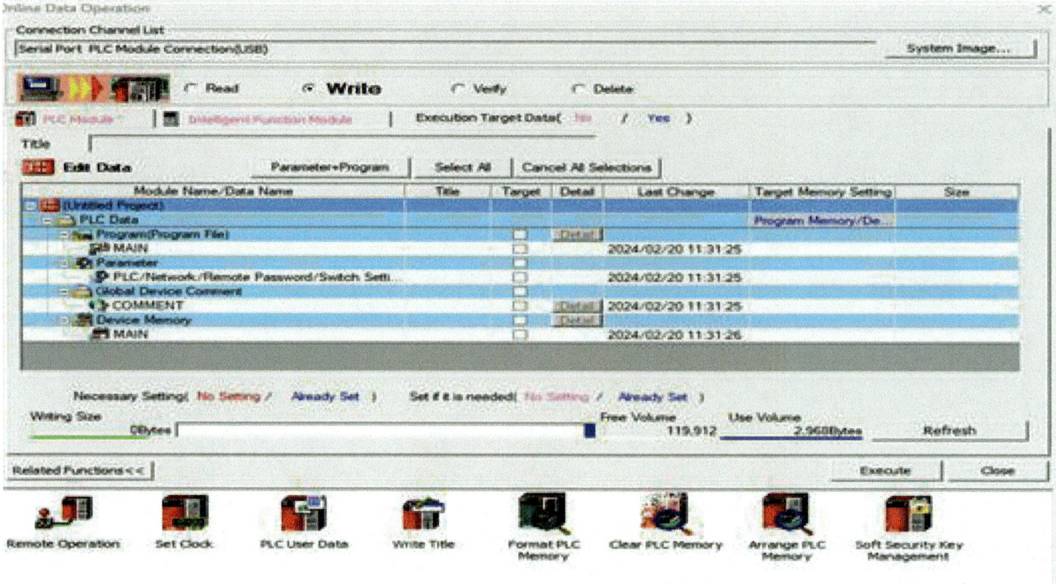

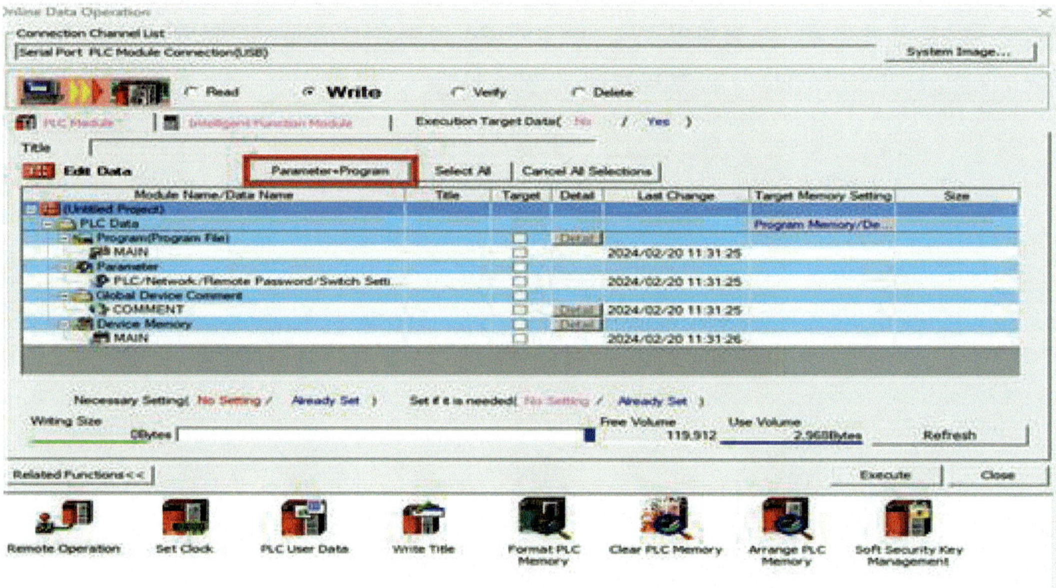

52-1. Parameter+Program을 클릭한다.

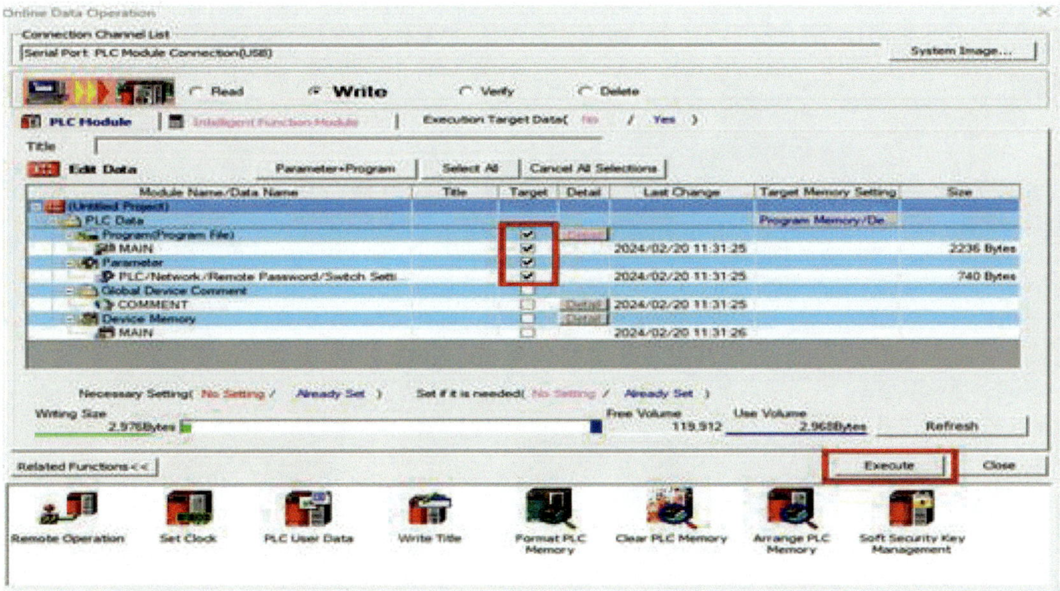

52-2. 2가지항목에 체크 선택 확인 후 아래 Execute버튼을 클릭한다. 전송 완료 후 CPU를 리셋해야 PLC가 RUN상태가 된다.

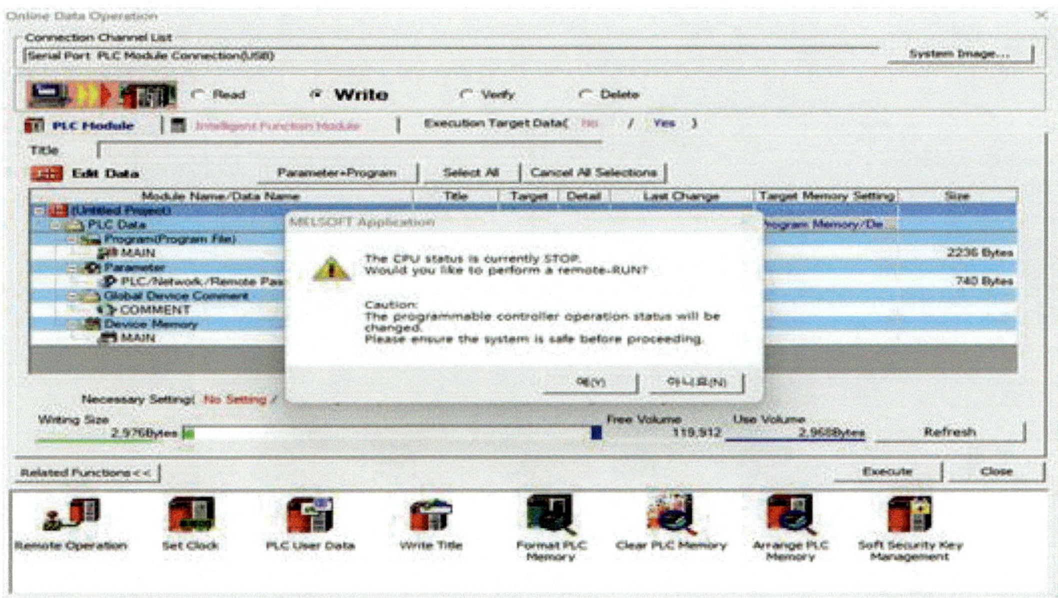

52-3. 쓰기 작업을 수행하려면 CPU 상태가 STOP 이어야 합니다. 쓰기 작업을 수행하시겠습니까? 프로그래밍 가능한 컨트롤러 작동 및 장치 제어가 중단됩니다. 예 클릭한다.

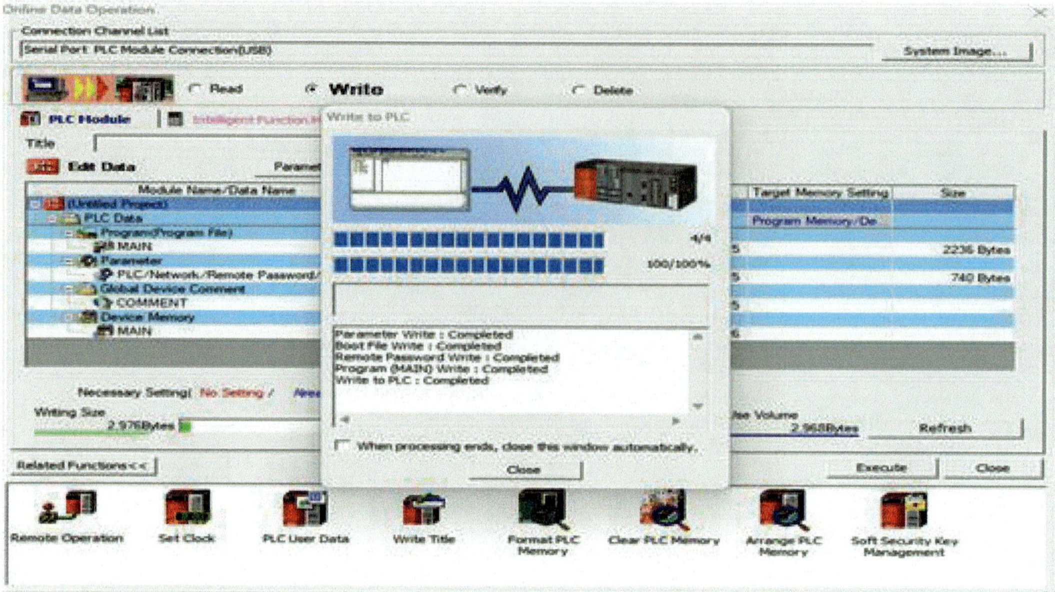

52-4. 매개 변수가 이미 있습니다. 기존파일을 덮어쓰시겠습니까 ? Yes to all 선택 클릭한다.

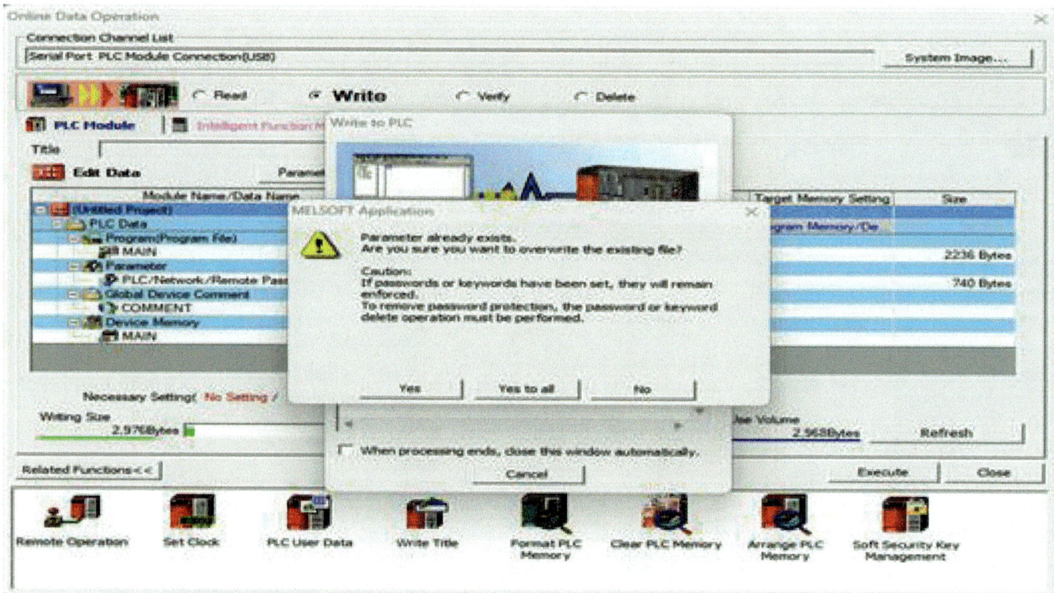

52-5. 전송 완료 후 Close 한다.

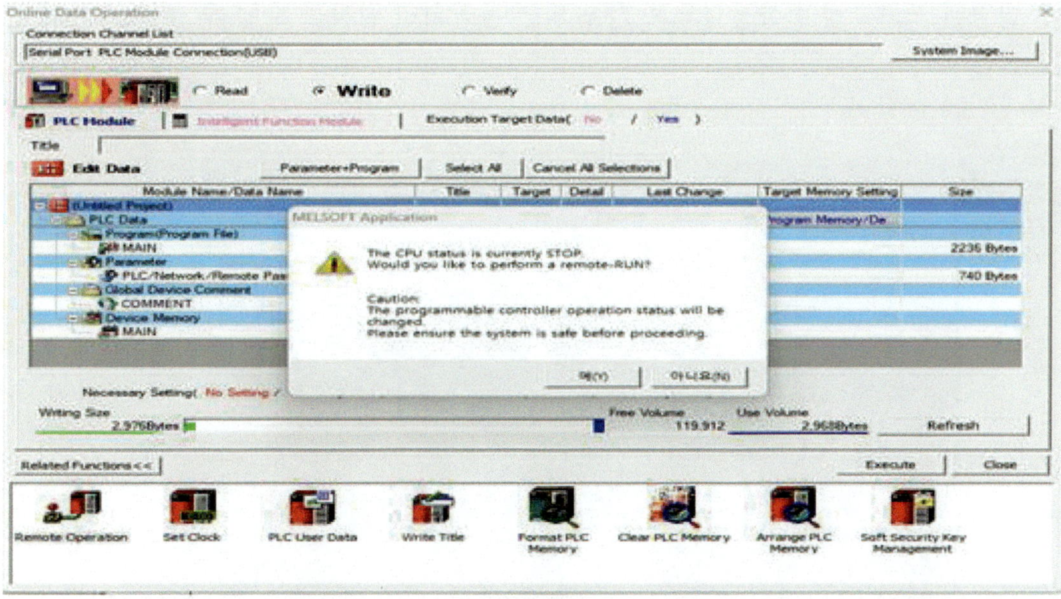

52-6. CPU상태는 현재 STOP입니다. 원격 실행을 수행하시겠습니까? 예[Y] 선택 클릭하면 프로그래밍 가능한 컨트롤러 작동 상태가 RUN상태로 변경됩니다.

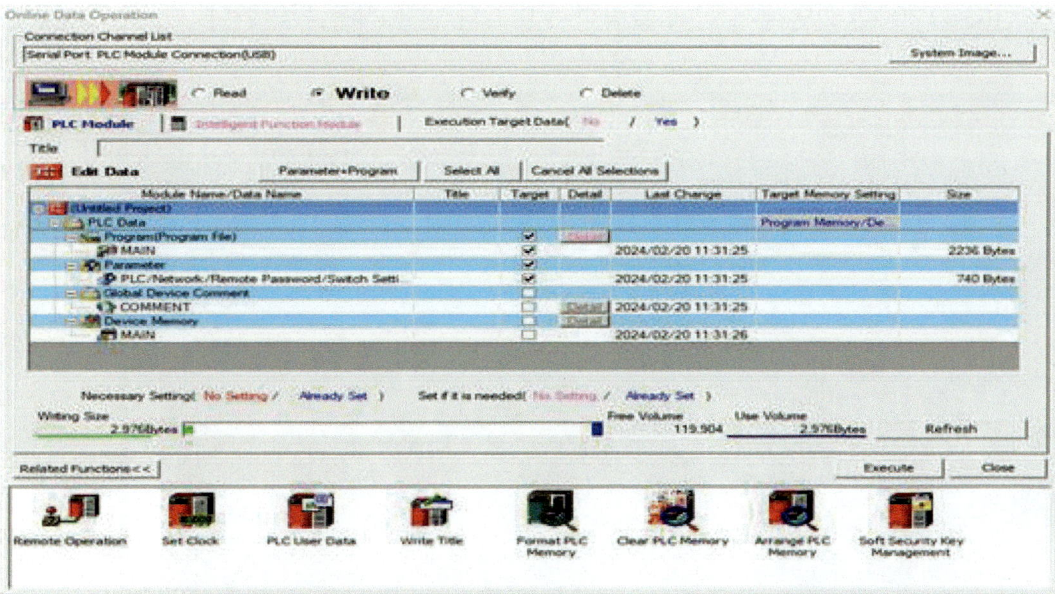

52-7. Close 선택 클릭 한다. 프로그램 화면으로 돌아가면 진행하기 전에 시스템이 안전한지 확인하십시오.

PLC CPU로 변경된 프로그램이 성공적으로 전송 되면 동작확인 절차를 수행 후 터치스린과 연동 하여 시운전한다.

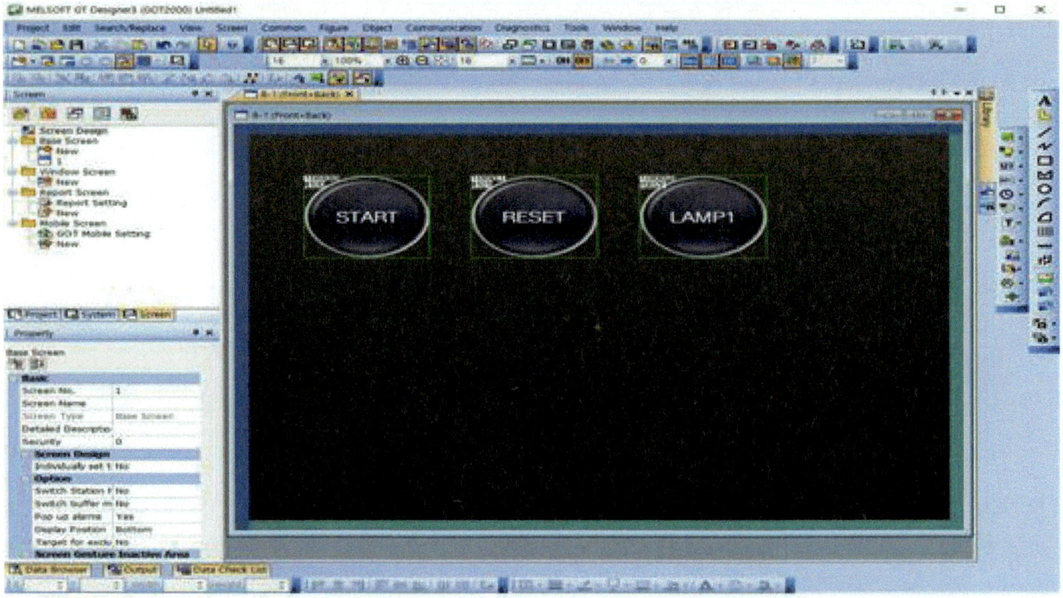

53. 터치스크린(GOT2000) 화면에서 선택 클릭하여 PLC와 연동 작동 확인한다.

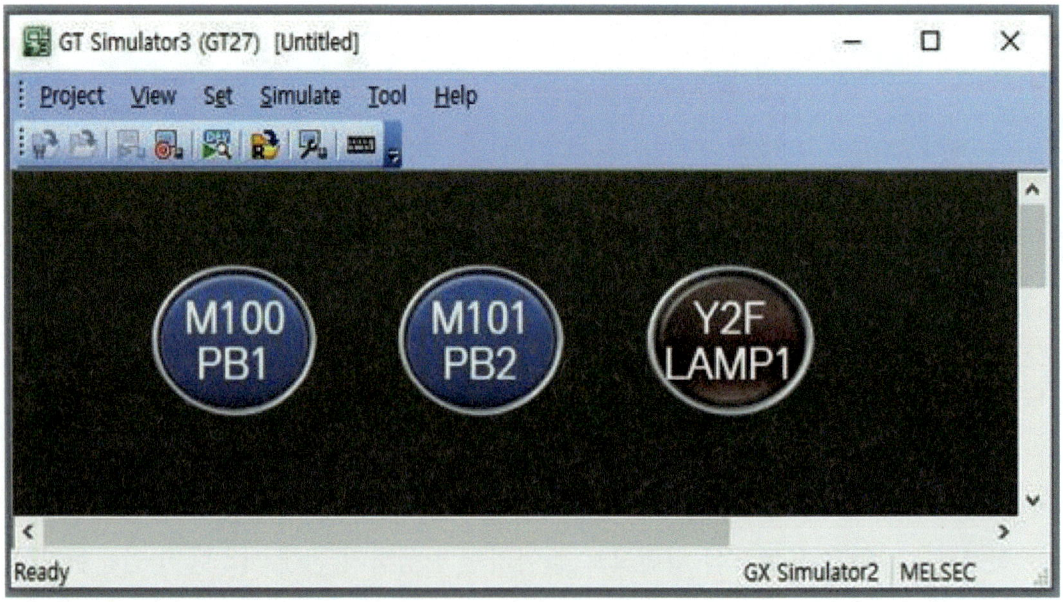

53-1. 터치스크린(GOT2000) 시뮬레이션화면

3.15 PLC 프로그램 프로젝트 저장

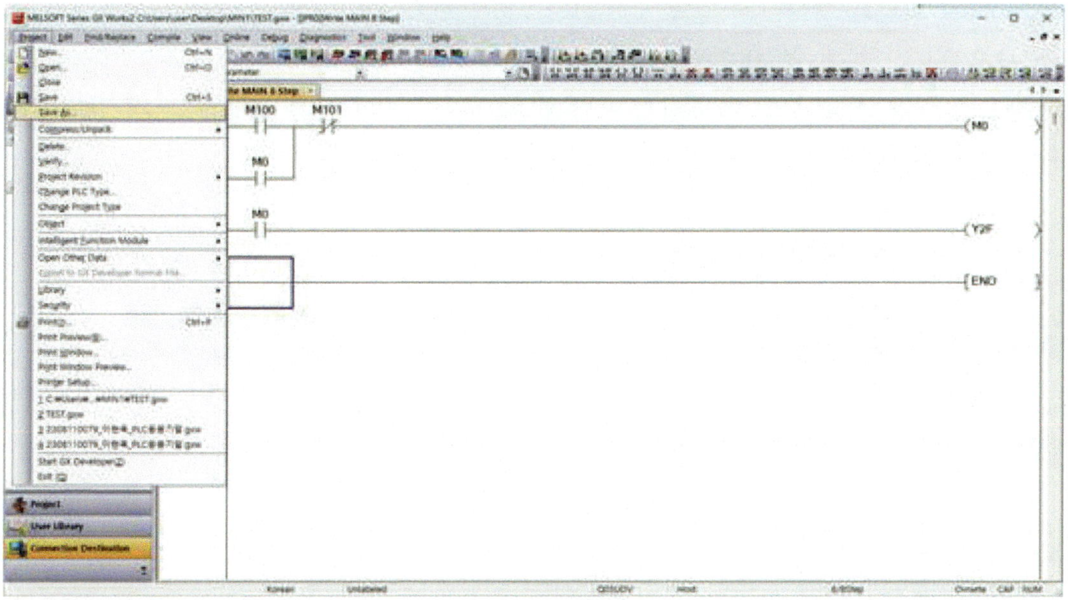

54. 메뉴 바에서 Project → Save As 선택 클릭한다.

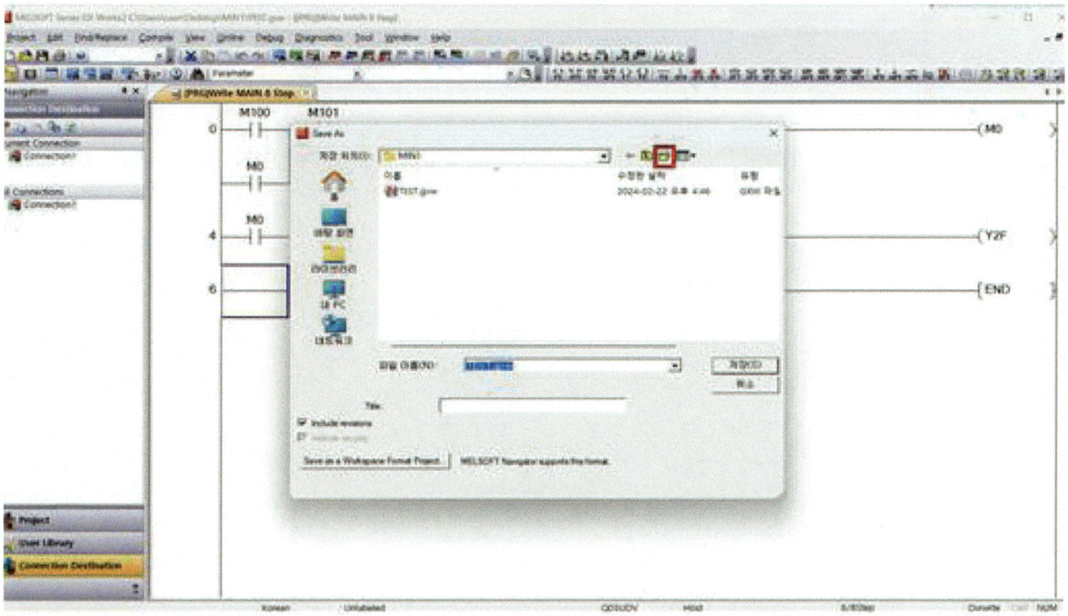

55. 바탕화면에서 새 폴더 만들기 예 → MIN1 폴더 생성 파일이름 TEST1 저장 클릭한다.

3.16 PLC 메모리 포맷하기

PLC CPU를 구매해서 처음 설치하여 프로그램 사용 시 컴퓨터 하드 구매 후 초기작업으로 하드를 포맷하여 사용하듯이 포맷 후 사용하여야 한다. 기존장비에 사용하던 CPU모듈을 새로운 프로그램 프로젝트로 사용 시 PLC의 메모리를 포맷해주는 것이 PLC사용 도중 에러가 발행되는 것을 사전에 예방할 수 있다.

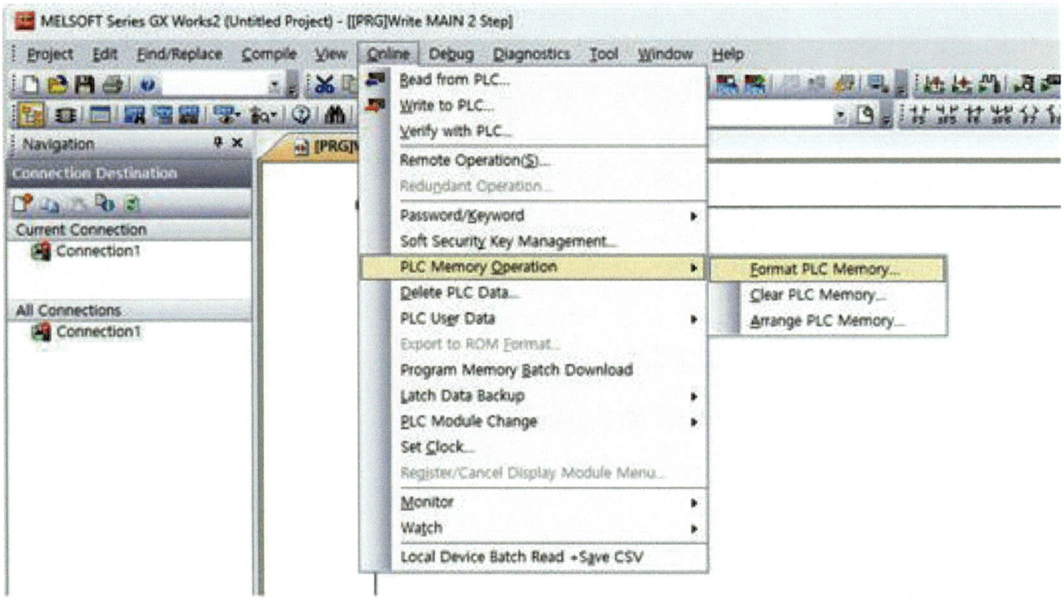

56. Oline[온라인] → PLC Memory Operation → FormatPLC Mmory 선택 클릭

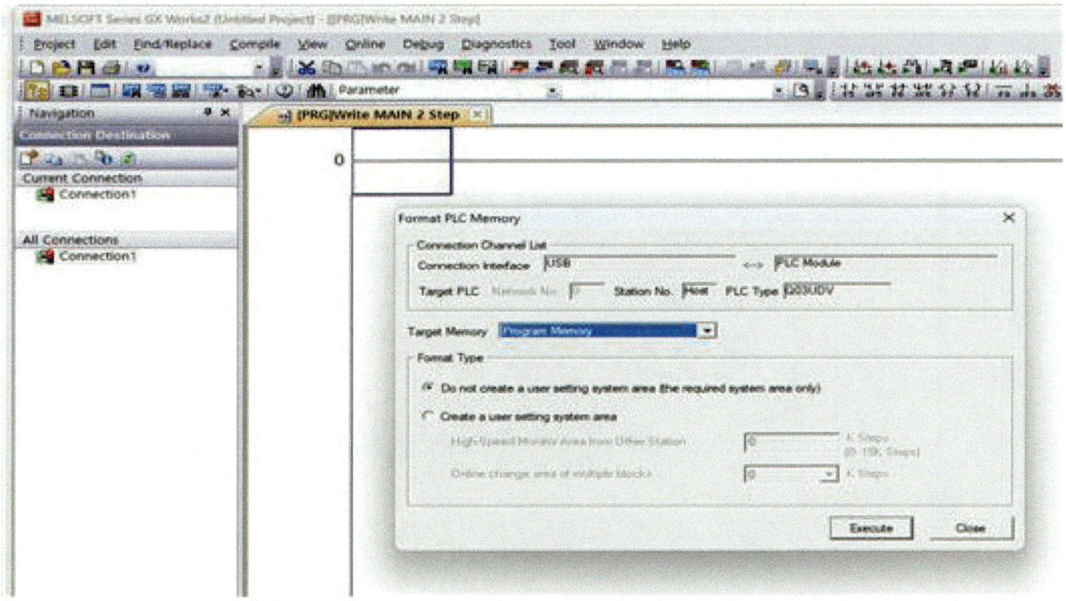

57. 프로그램 메모리 및 Standard[표준] RAM과 ROM을 각각 선택 Execute[수행] 버튼 선택 클릭 포맷한다.

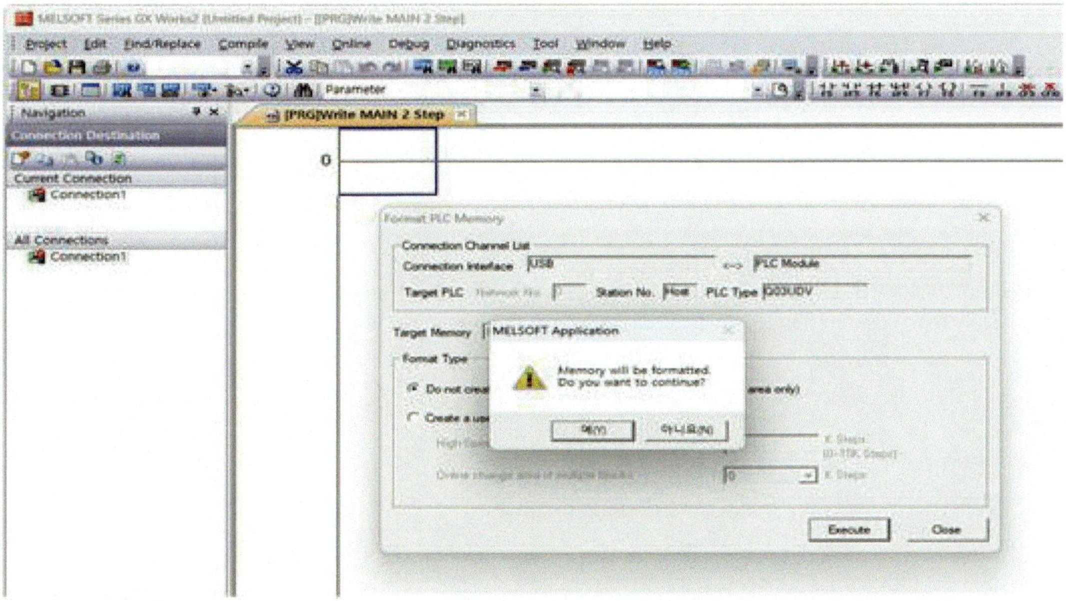

58. 메모리포맷 됩니다. 진행을 계속하시겠습니까? 예(Y) 버튼 선택 클릭한다.

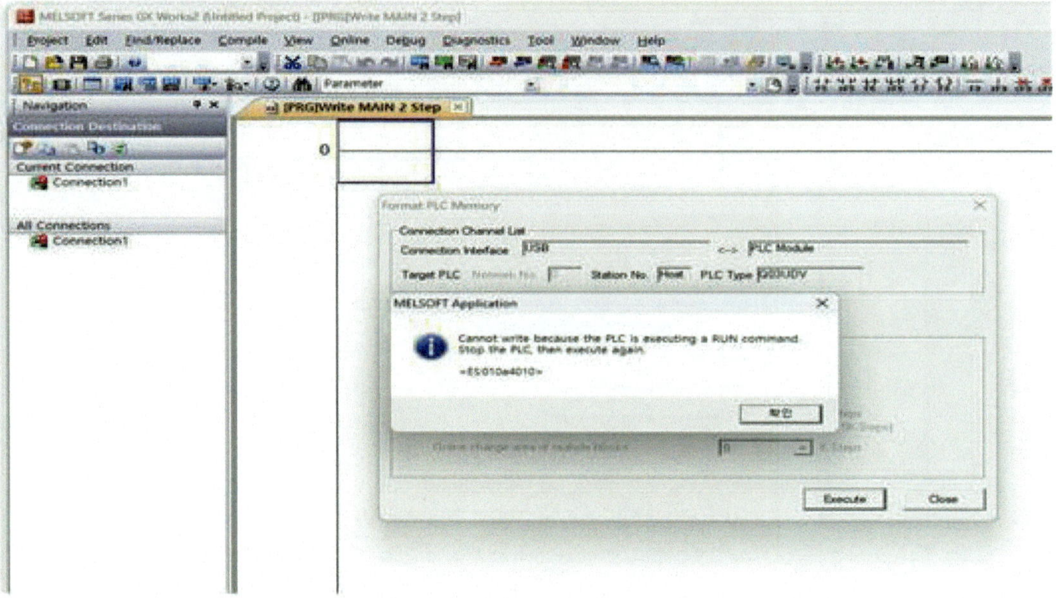

59. PLC에서 RUN명령을 실행 중이므로 실행할 수 없습니다. PLC를 STOP[중지]한 다음 실행합니다.

3.17 PLC 메모리 클리어

PLC의 메모리 포맷 작업이 완료되면, 메모리의 내용을 삭제하는 클리어링 작업을 실행한다.

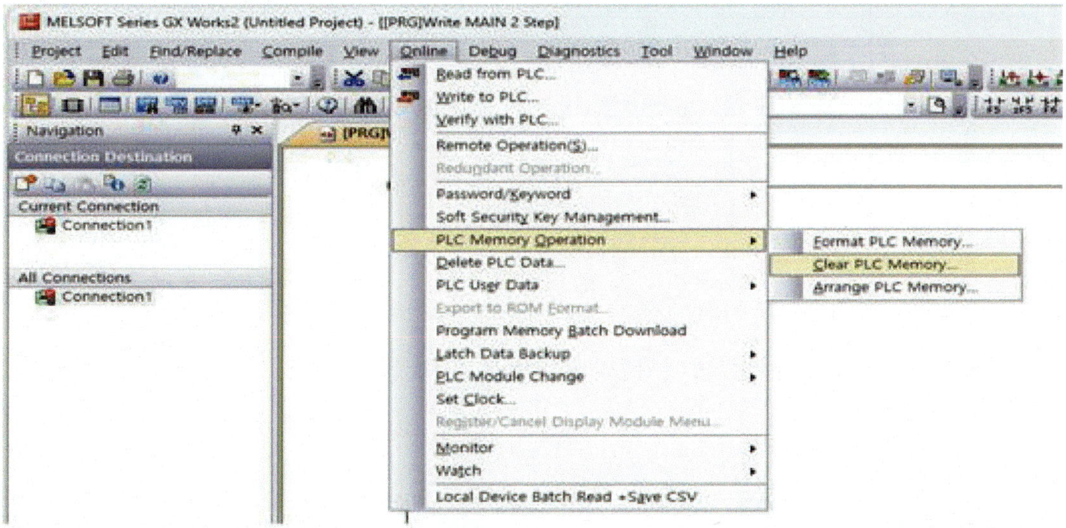

60. Oline[온라인] → PLC Memory Operation → Clear PLC Mmory 선택 클릭

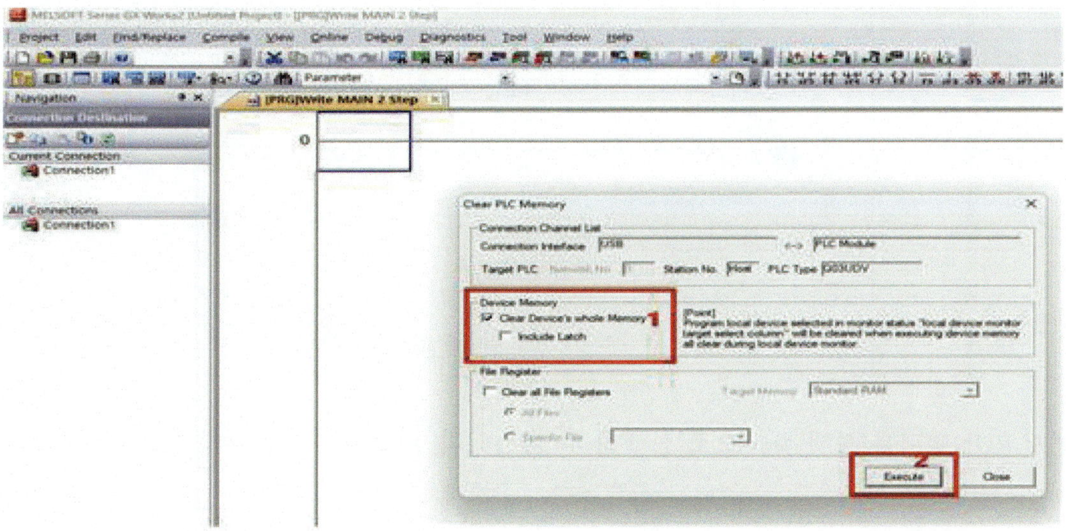

61. 1번 → 2번 Execute[수행]버튼을 선택 클릭한다.

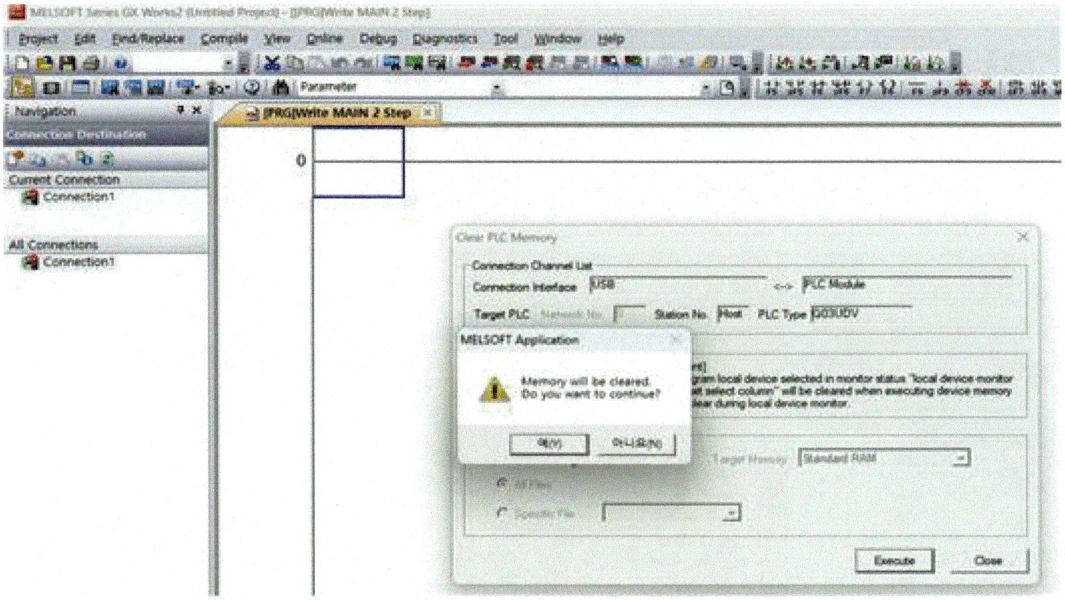

62. 메모리 클리어 진행을 계속하시겠습니까? 예(Y) 버튼 선택 클릭한다.

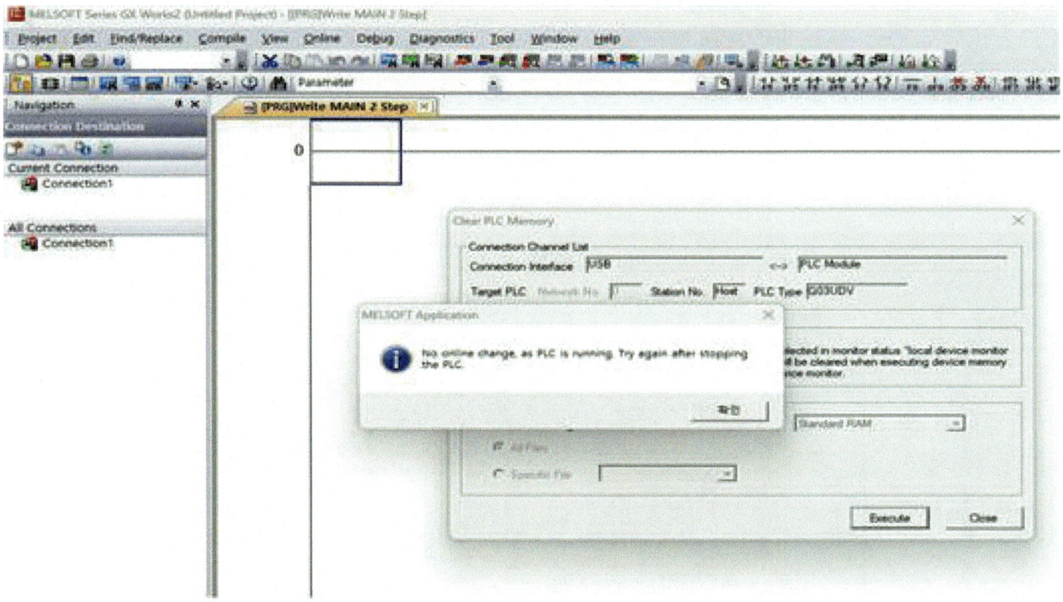

63. PLC에서 RUN명령을 실행 중이므로 실행할 수 없습니다. PLC를 STOP[중지]한 다음 실행한다.

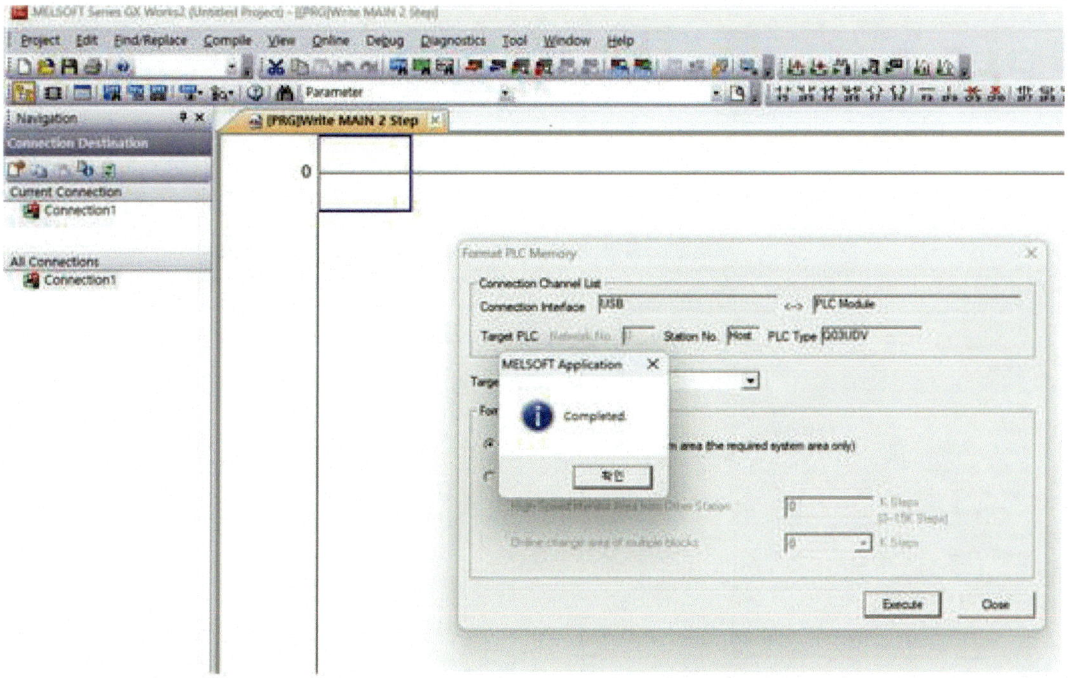

64. CPU모듈의 하드웨어 동작 확인 CPU본체 RESET/STOP/RUN 스위치를 STOP 방향으로 설정하고, Oline[온라인] → PLC Memory Operation → Clear PLC Mmory 선택 클릭하면서 앞장의 내용을 진행하면 된다.

PLC의 Memory[메모리]Format[포맷]과 Clear[클리어] 작업이 완료된 상태에서는 PLC프로그램 메모리에 프로그램과 데이터가 없기 때문에 CPU모듈 스위치를 RUN 모드로 변경하면 에러가 발생한다. 메모리포맷 및 클리어 작업이 완료되면 Parameter[파라미터]와 작성된 프로그램을 PLC에 전송한 후 CPU본체 RESET/STOP/RUN 스위치를 2초이상 RESET[리셋]위치에 있다가 RUN 위치로 동작스위치를 전환하여 사용한다.

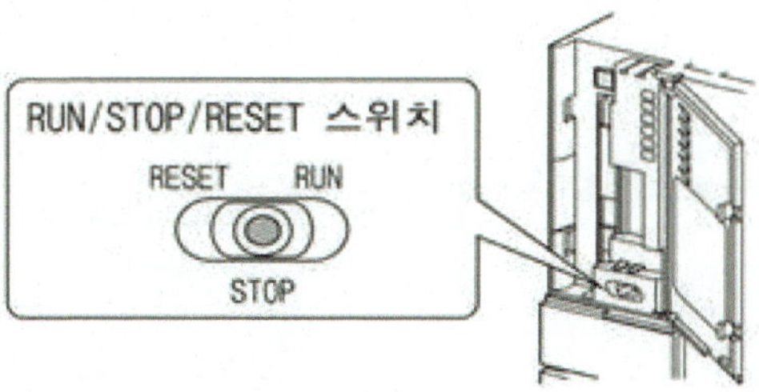

3.18 PLC Comment[주석] 활용

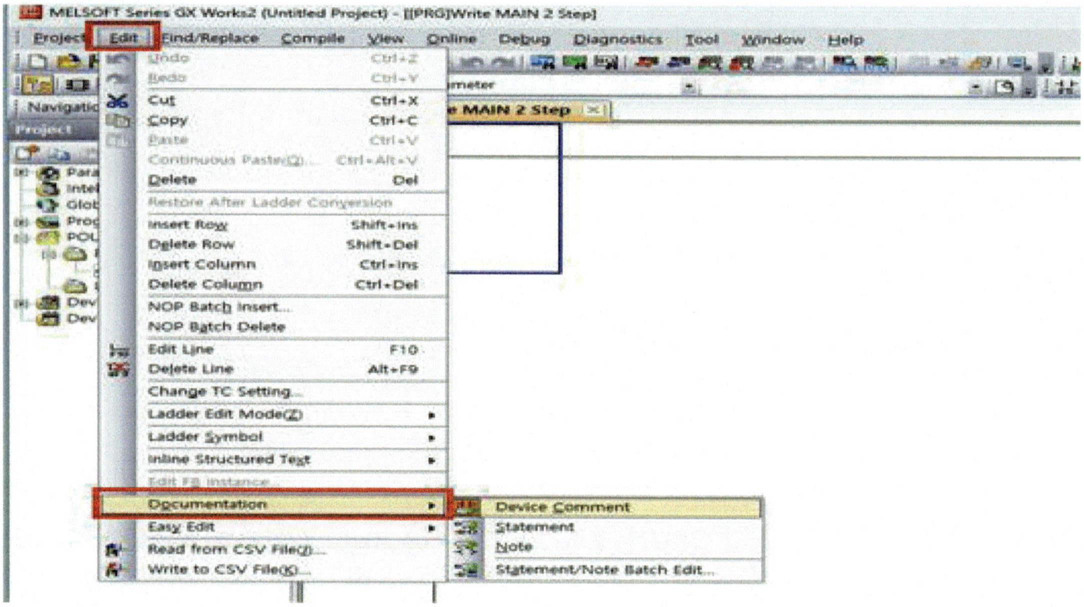

65. 프로그램에 쓰이는 Comment[주석]은 DeviceComment[디바이스 코먼트]와 Statement[스테이트먼트] 그리고 Note[노트]가 있다.

Edit[편집] → Documentation[문서작성] → DeviceComment[디바이스코먼트], Statement[스테이트먼트], Note[노트] 원하는 메뉴를 선택 클릭 사용한다.

DeviceComment[디바이스 코먼트]는 접점을 설명하는 것이고, Statement[스테이트먼트]는 처리 등의 흐름을 파악하기 위한 것이며, Note[노트]는 Coil[코일]을 설명해주는 기능이다.

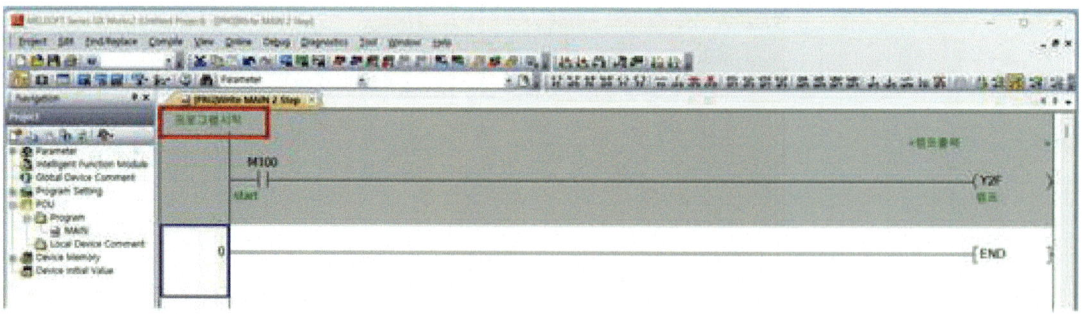

66. Statement[스테이트먼트]를 작성한다.

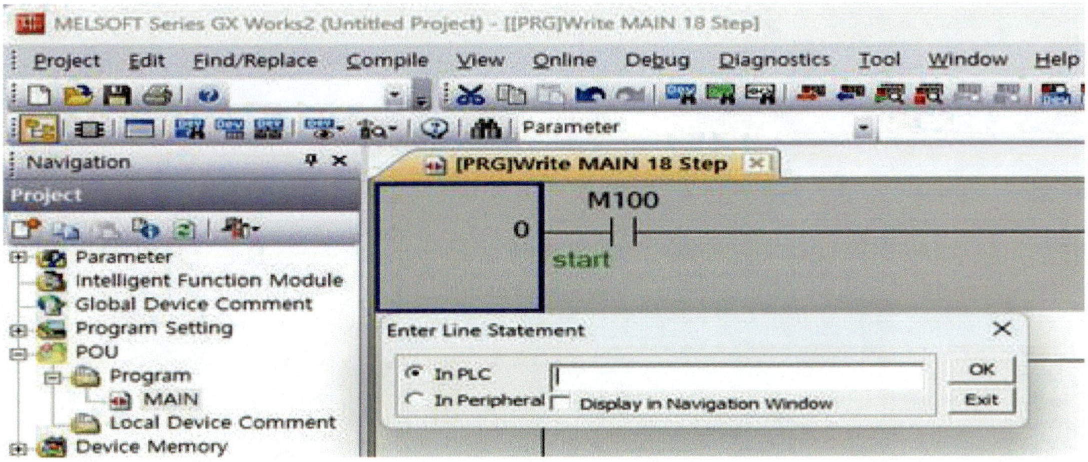

67. 메인 메뉴 Edit[편집] → Documentation[문서작성] → Statement[스테이트먼트]메뉴를 선택 클릭한 후 프로그램 라인을 클릭하면 입력창이 생성된다.

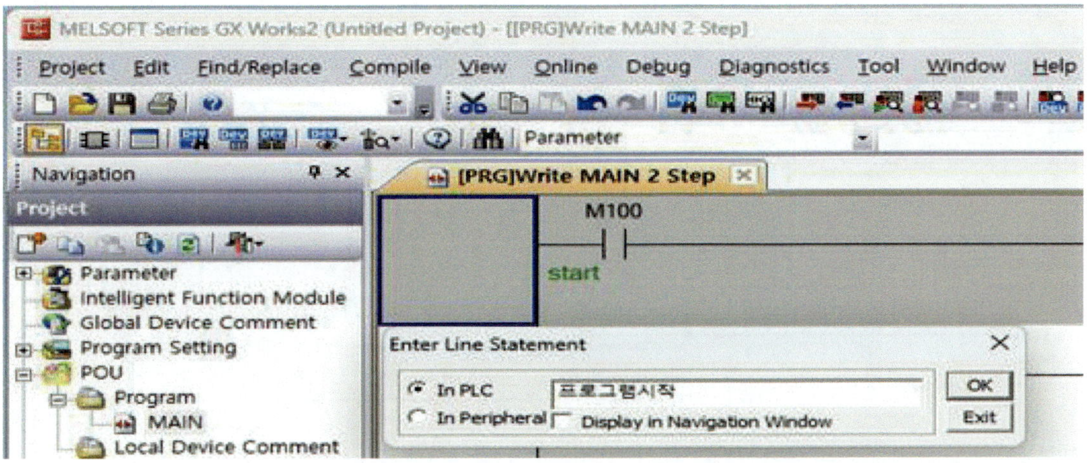

68. Enter Line Statement창에 프로그램 시작 입력 하고 OK 선택 클릭한다.

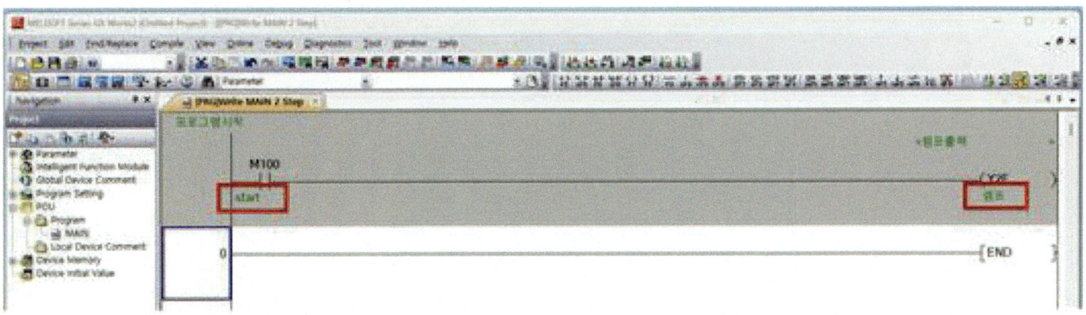

69. Device Comment[디바이스 코먼트]를 작성한다.

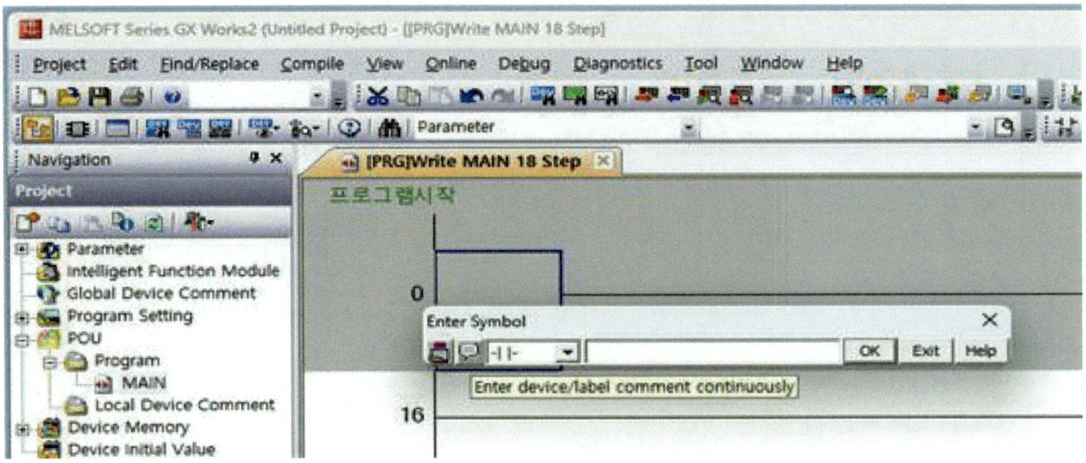

70. Device Comment[디바이스 코멘트] 작성 후 F5클릭하면 입력 a접점 -l l-표시한다.

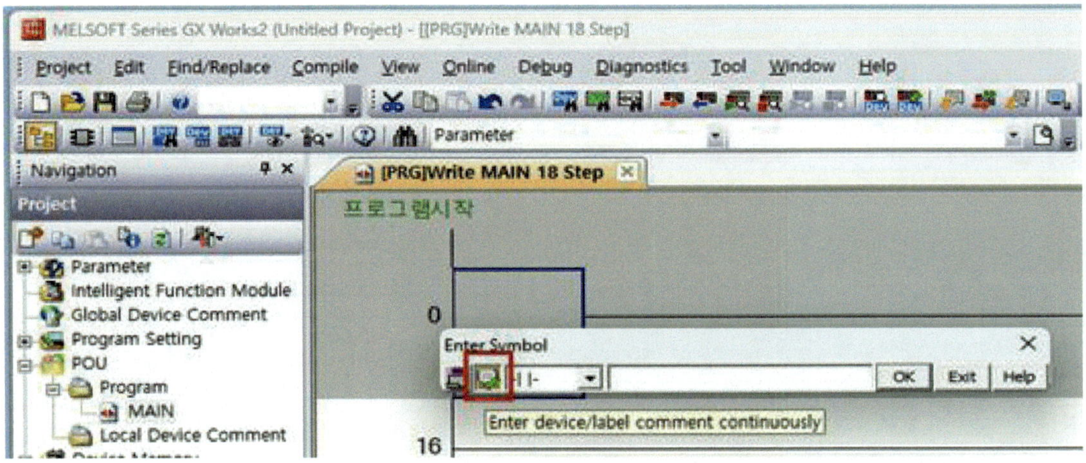

71.  버튼을 클릭하면 다음처럼 기호가 변경 확인 후 내용을 작성한다.

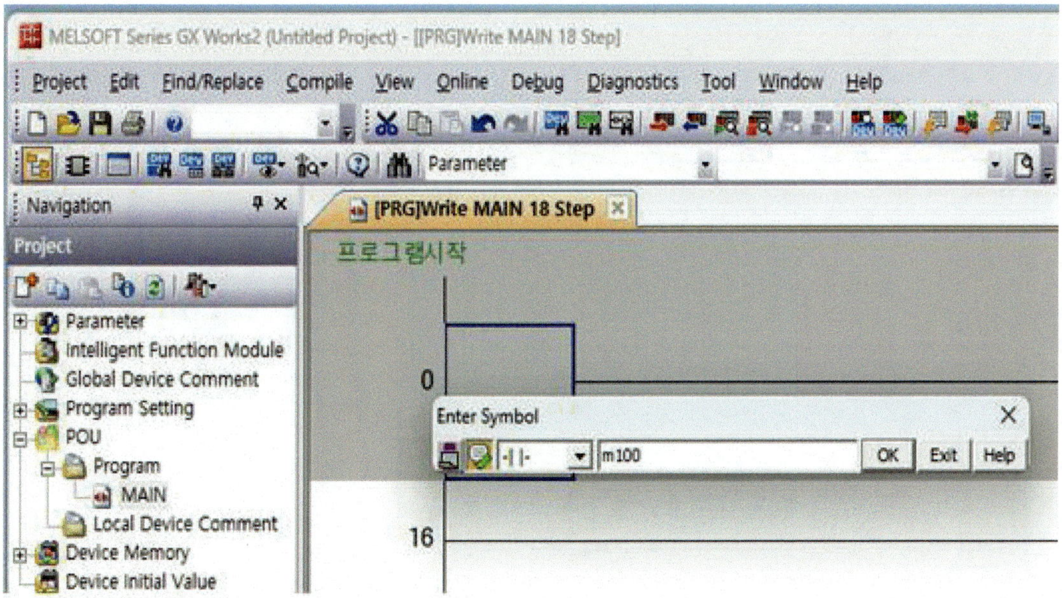

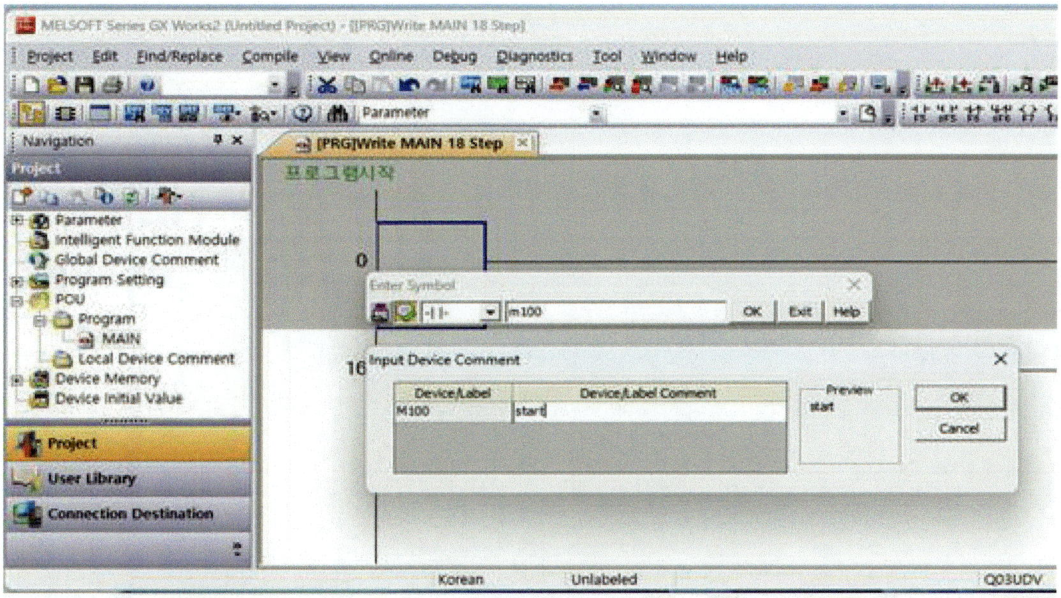

72. Input Device Comment 창에 start 입력 하고 OK 선택 클릭한다.

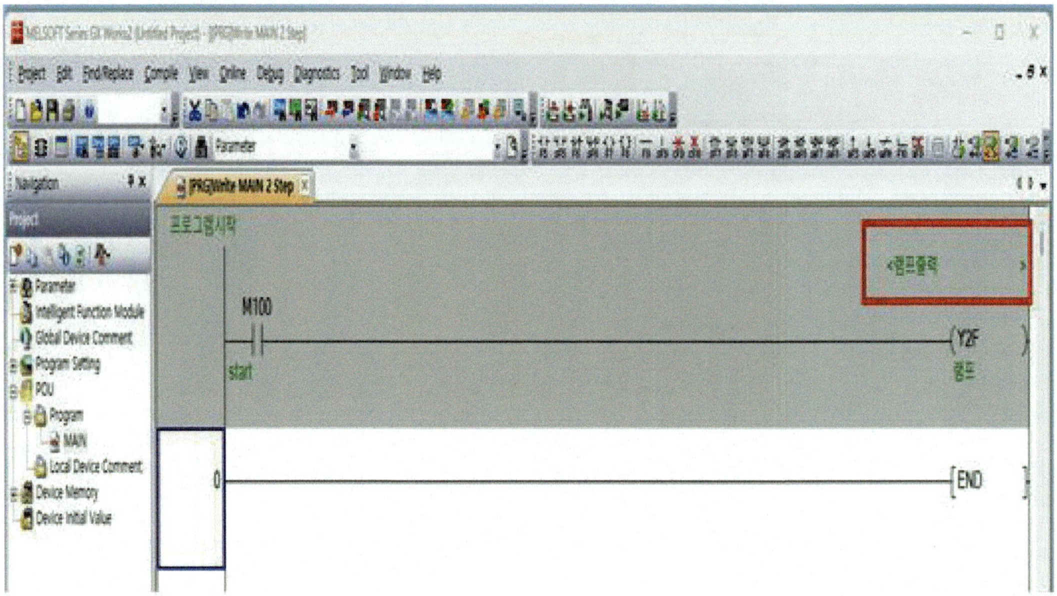

73. Note[노트] 작성

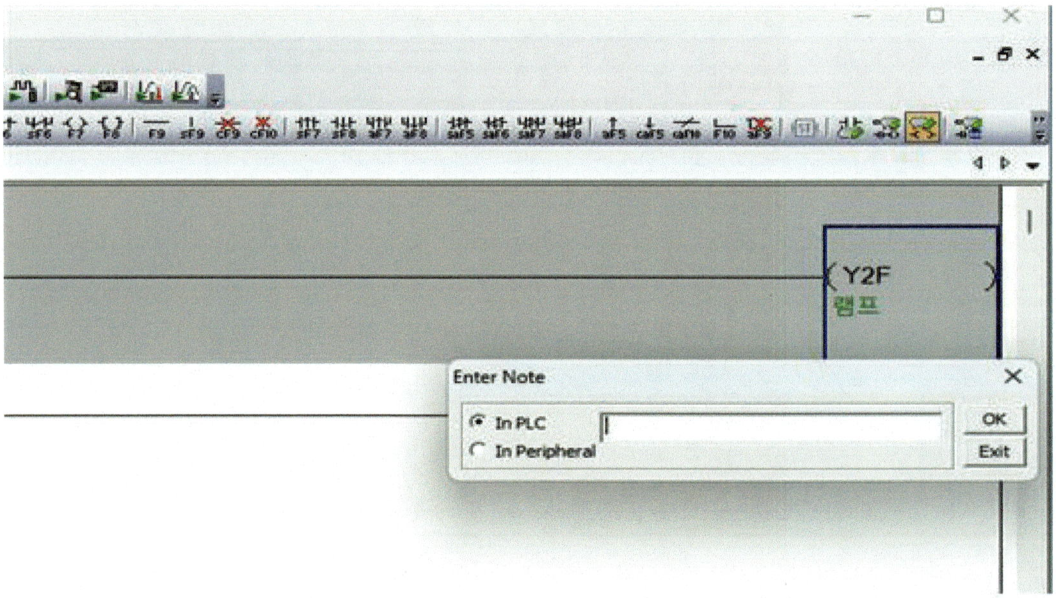

74. 메인 메뉴 Edit[편집] → Documentation[문서작성] → Note[노트] 메뉴를 선택 클릭한 후 출력코일을 클릭하면 입력 창이 생성된다.

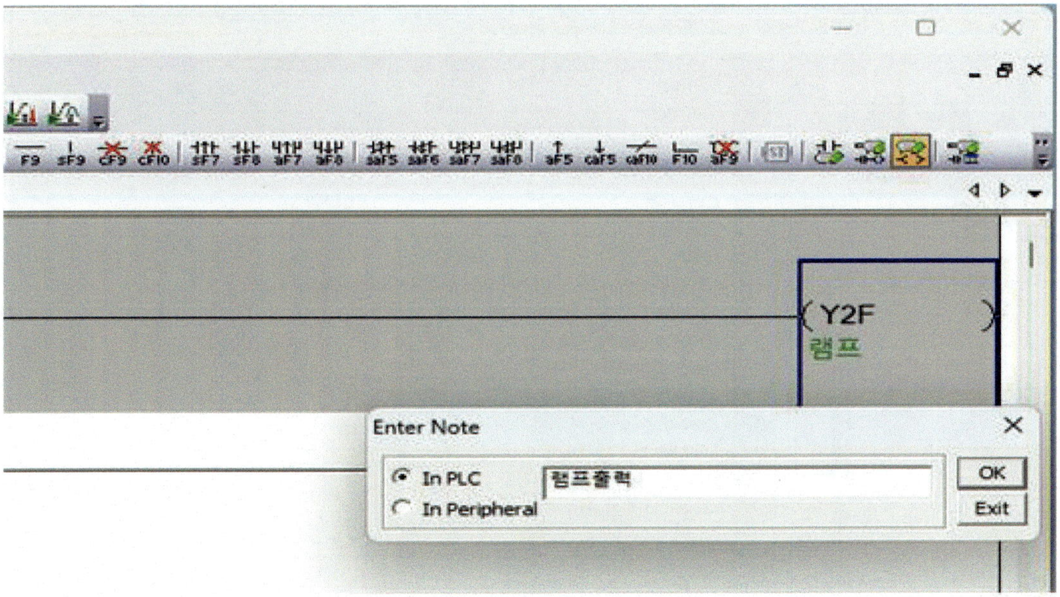

75. 입력 창에 램프출력 입력하고 OK클릭 한다.

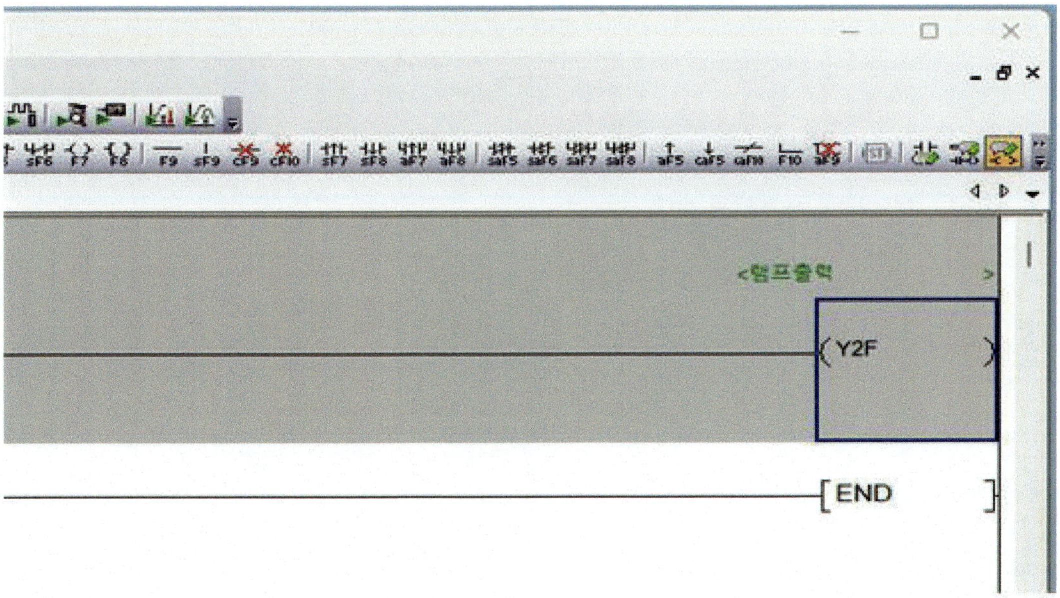

76. 출력코일 상단에 표시 되는 것을 확인 할 수 있다.

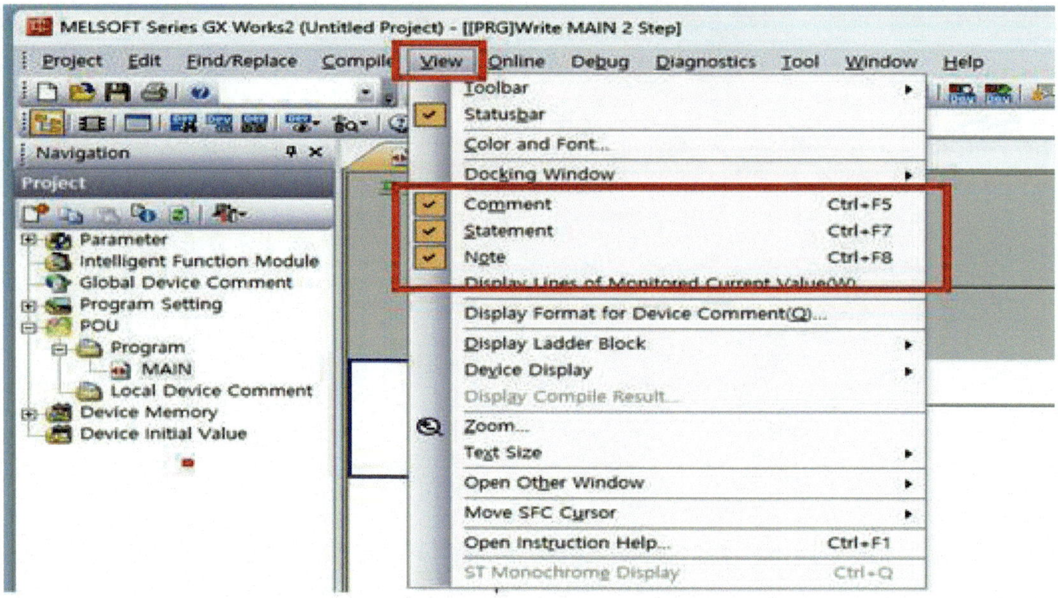

77. Comment[주석] 보이게 하려면 View 메뉴에서 Comment[주석], Statement[스테이트먼트], Note[노트] 선택 클릭 체크 표시하여야 한다.

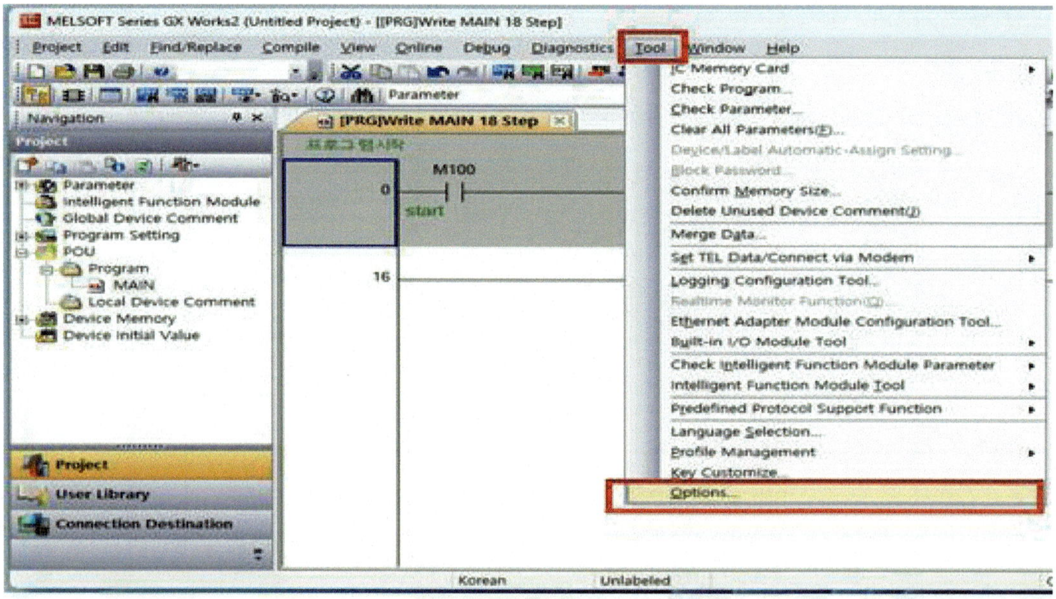

78. 디바이스 코멘트 디스플레이 포맷의 기본 셋업 줄간격 값은 4줄로 표시 된다. TOO1[도구] 메뉴에서 Option[옵션]을 클릭 선택 줄간격을 변경 가능하다.

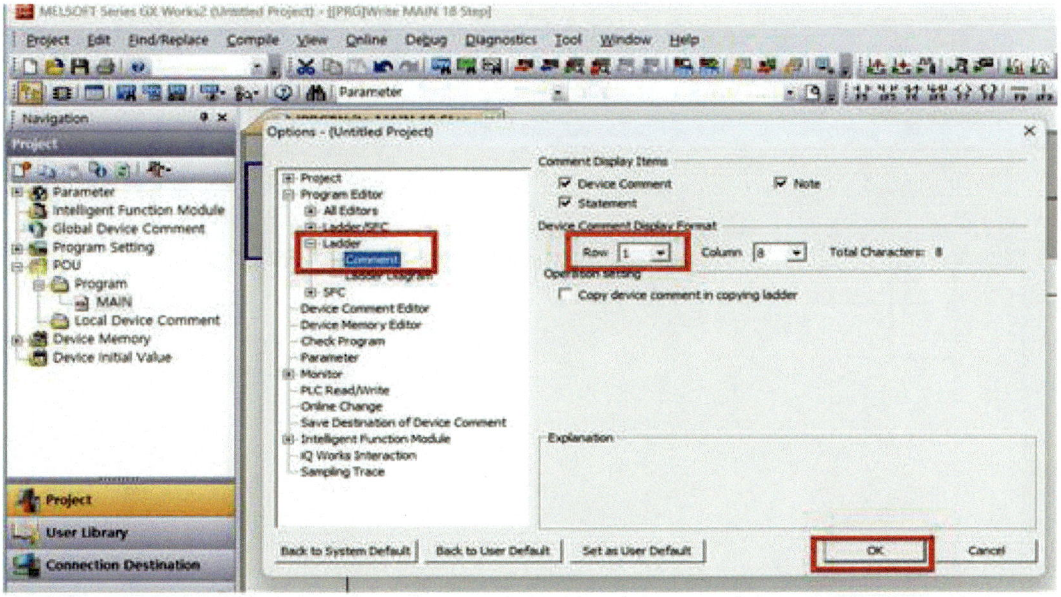

79. Option[옵션] 설정창에서 Ladder → Comment 선택 클릭 줄간격 값인 Row 값을 4줄에서 1줄로 변경하고 OK 클릭한다.

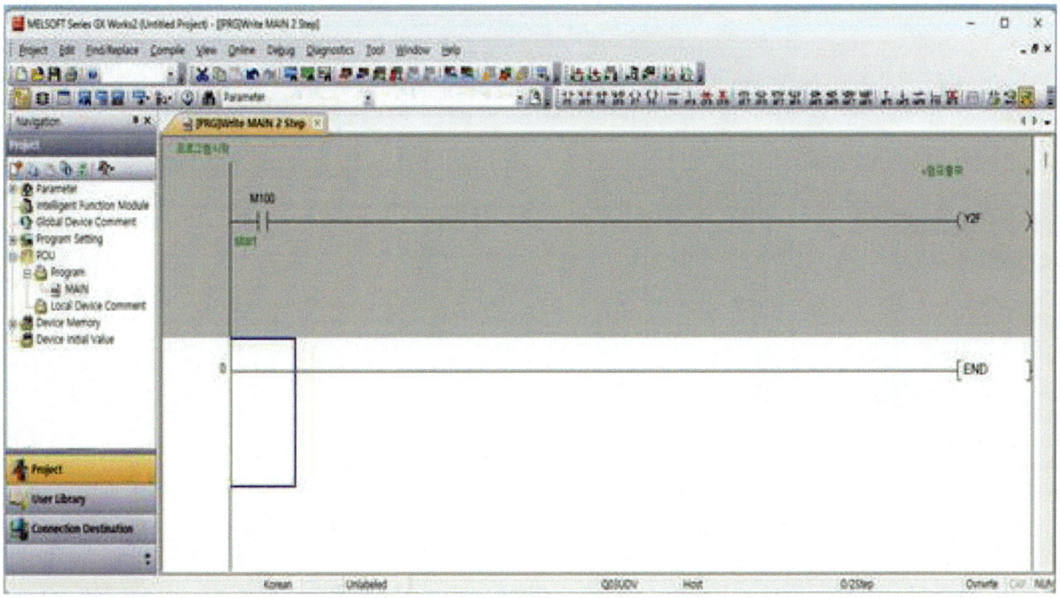

80. 디바이스 코멘트 디스플레이 포맷의 기본 셋업 줄간격값 4줄로 표시한다.

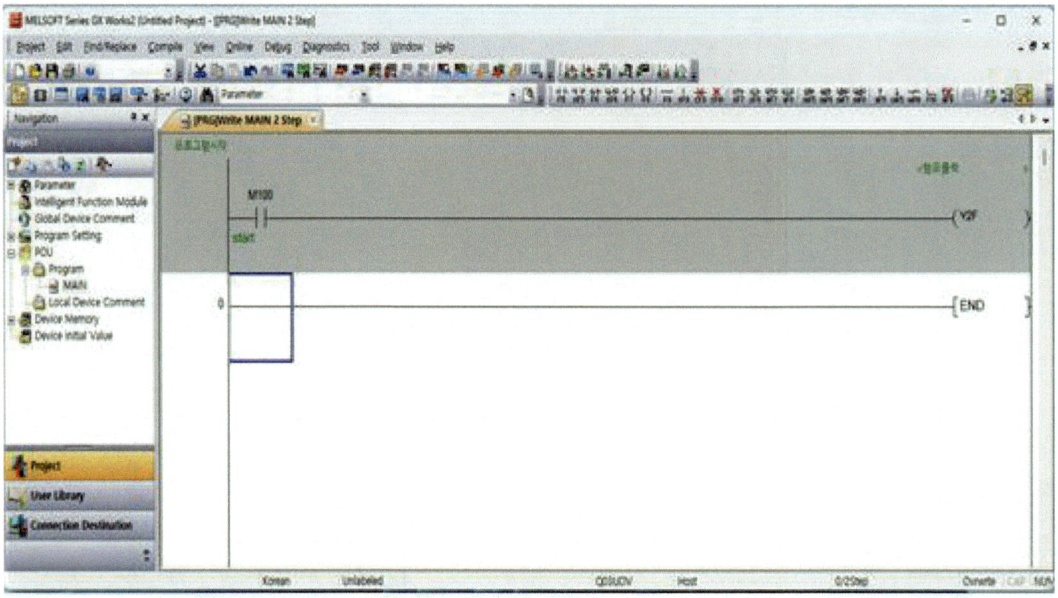

81. Option[옵션] 설정창에서 Ladder → Comment 선택 클릭 줄간격 값인 Row값을 4줄에서 1줄로 변경된 결과값 표시가 상기 화면과 비교해서 줄어든 것을 확인할 수 있다.

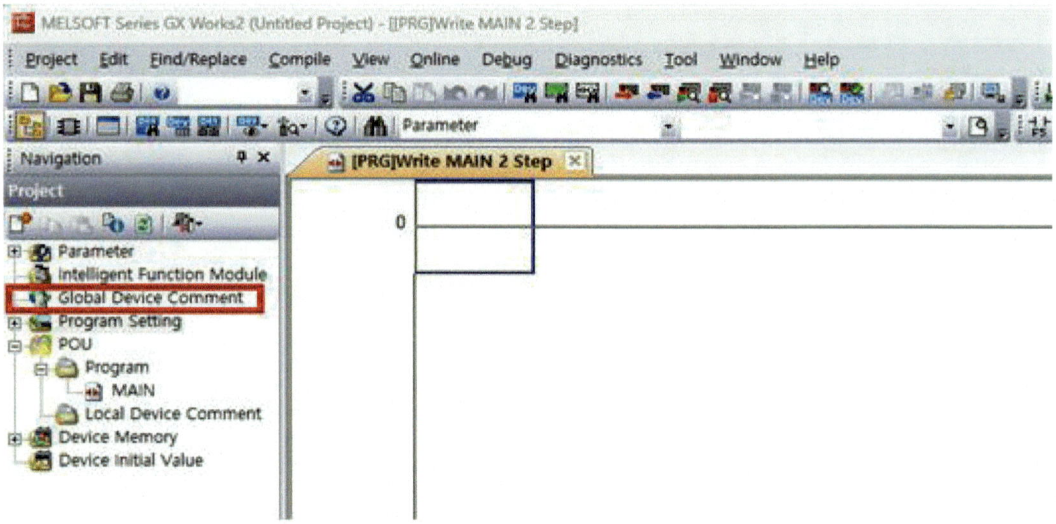

82. Navigation Project 항목에서 Global Device Comment 선택 클릭한다.

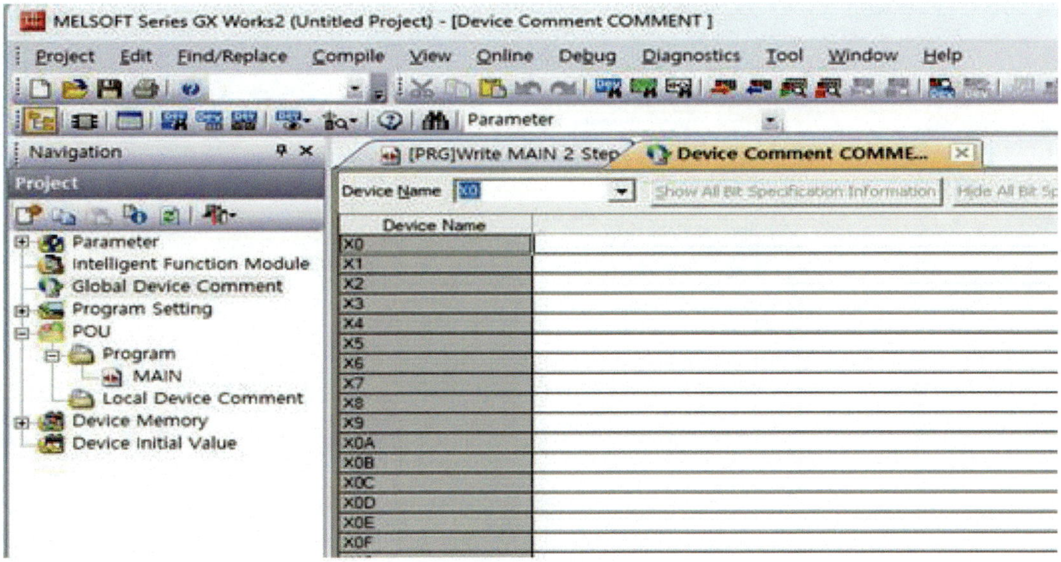

83. Global Device Comment 우측에 뜨는 Device Comment 창에 Device Name별 Comment를 일괄 입력관리 및 불러오기, 복사, 저장 등 가능하며, 엑셀을 활용하여 쉽게 복사 및 붙여넣기를 작업 할 수 있다.

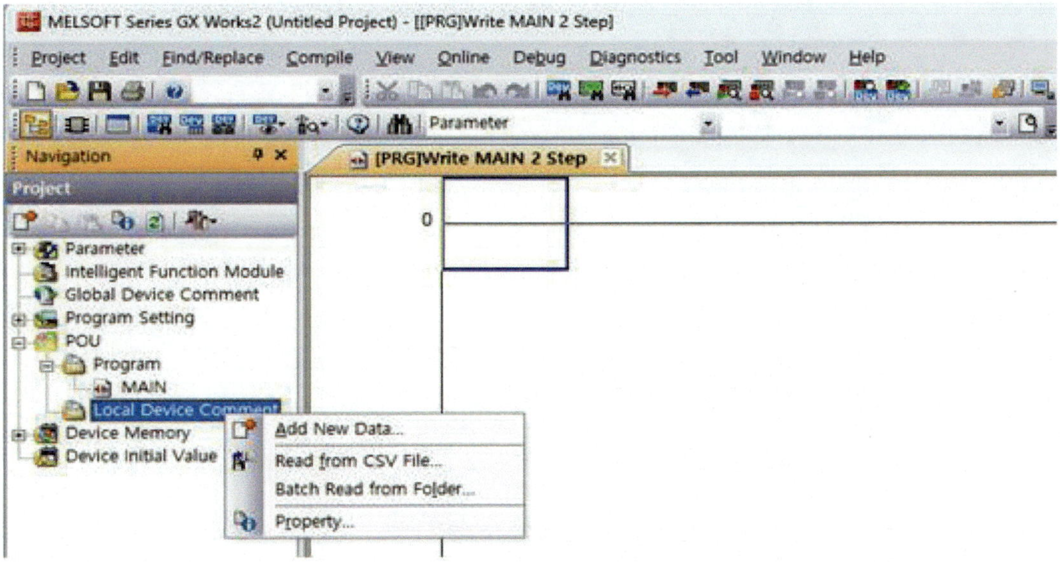

84. Local Device Comment → Add New Data.. 선택 클릭한다.

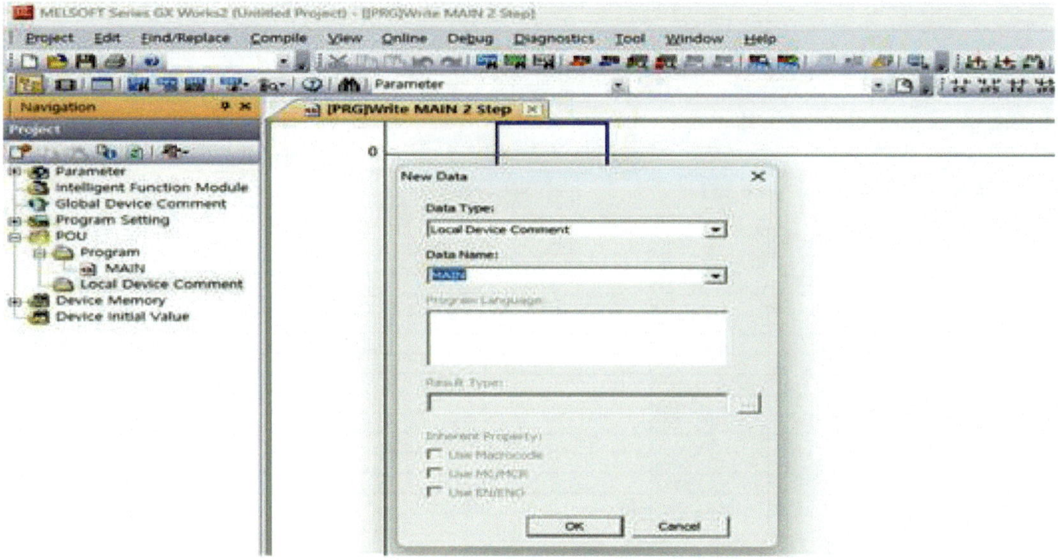

85. 다음과 같은 창이 생성되면 Data Name을 생성해 준다. 편의상 MAIN으로 한다. OK 클릭한다.

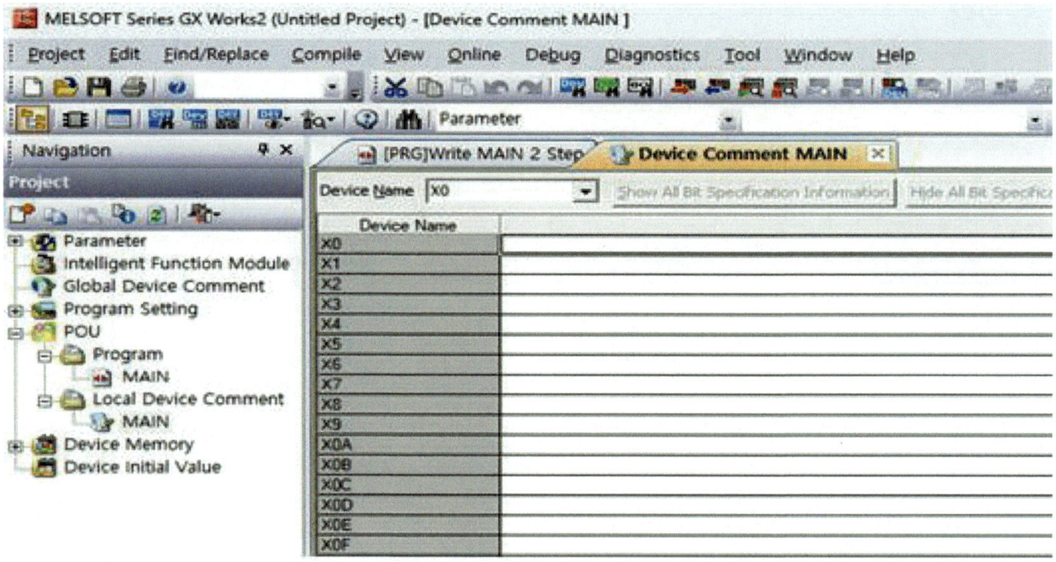

86. 우측에 뜨는 Local Device Comment 창이 우측에 생성한다.

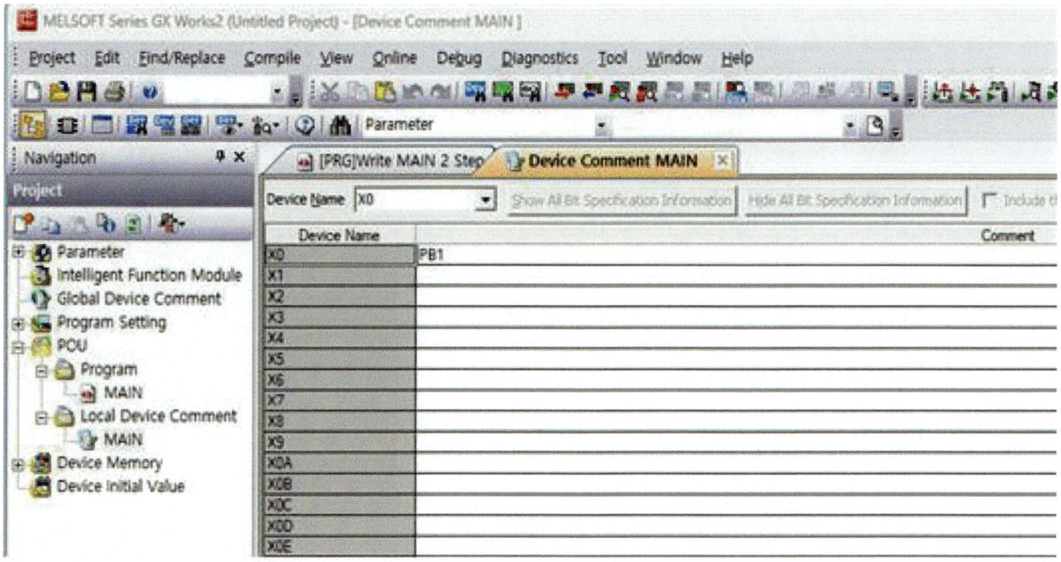

87. 우측에 뜨는 Device Comment MAIN창 Comment 입력칸에 PB1 입력한다. 창을 닫고 프로그램 화면으로 이동한다.

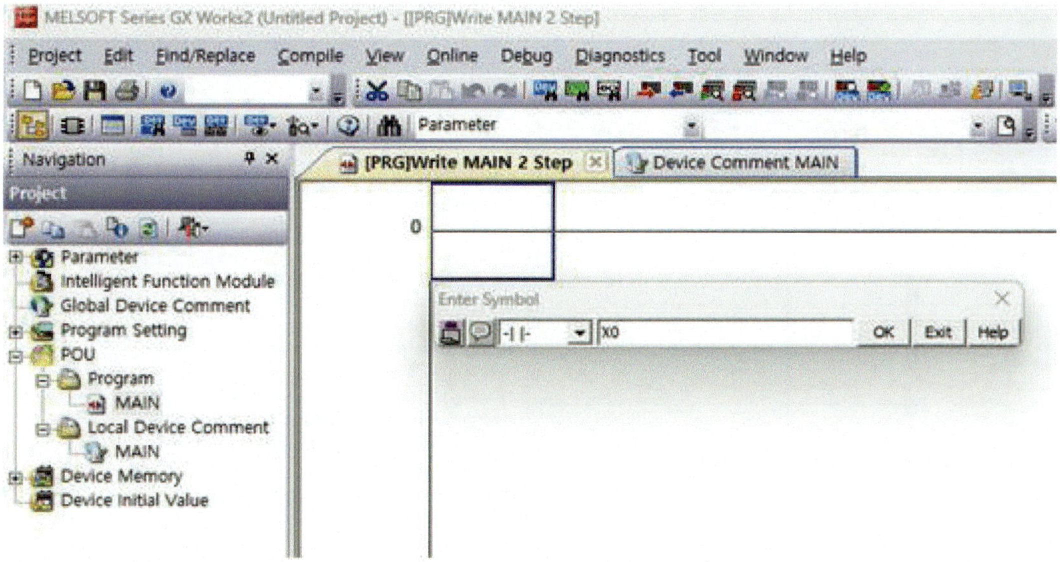

88. 단축키 F5를 클릭 하여 a접점 X0를 할당하고, OK 클릭한다.

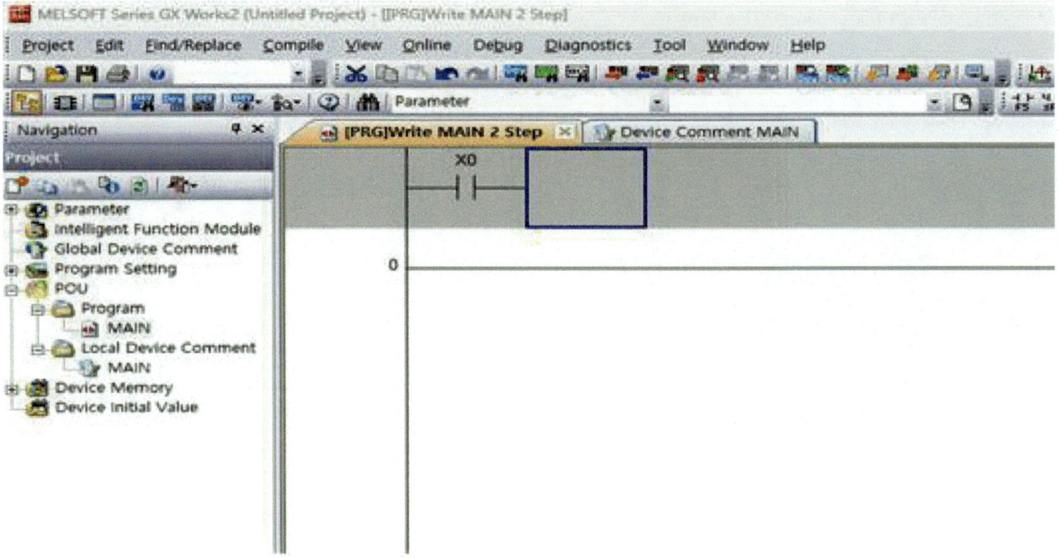

89. X0 할당 접점에 PB1 Local Device Comment가 디스플레이 되게 하려면 아래를 참조하여 진행한다.

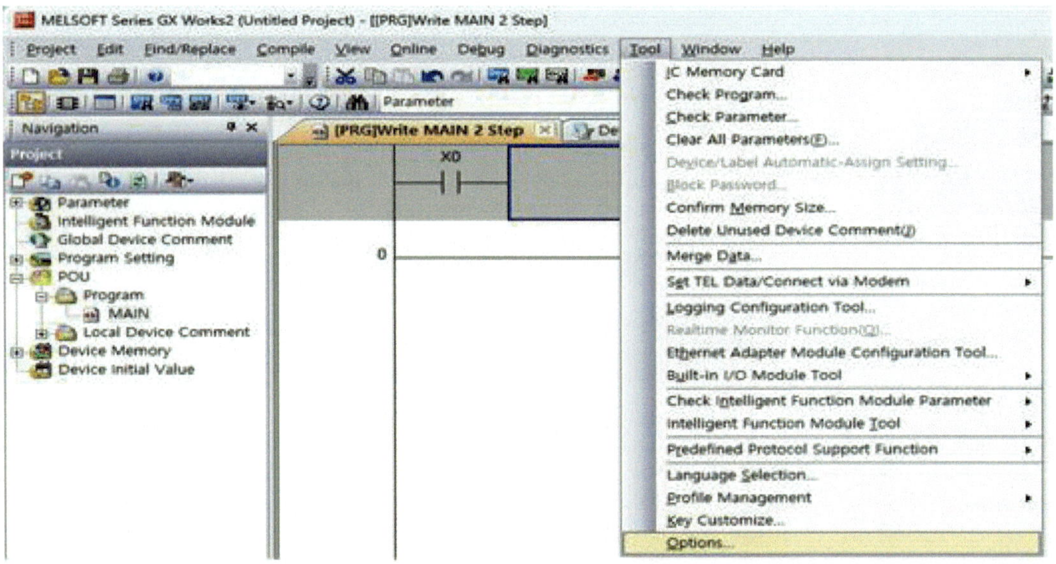

90. 메인메뉴 툴바에서 TOOL → Options 선택 클릭한다.

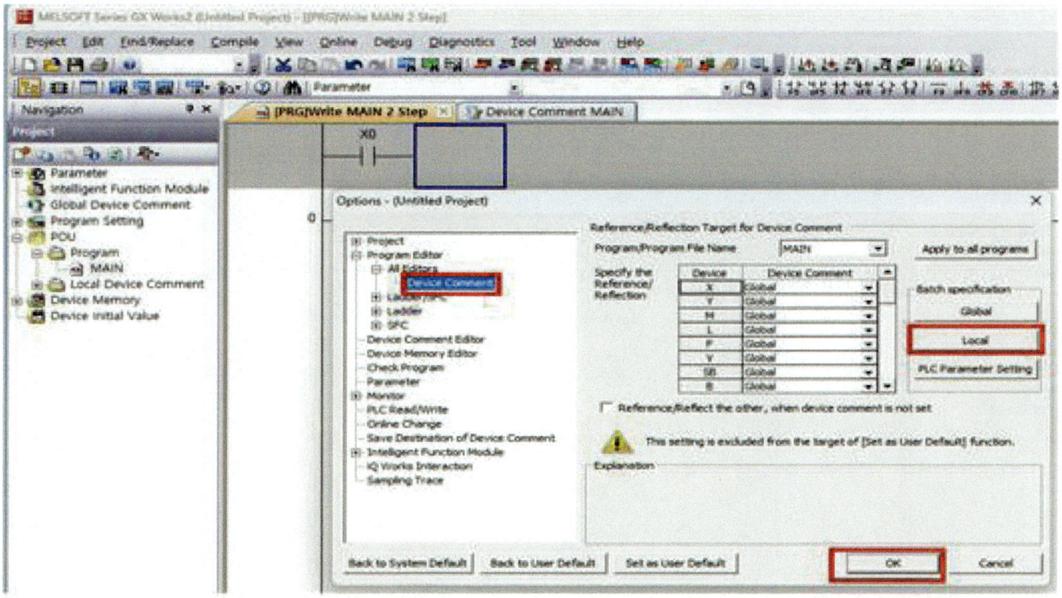

91. Program Editor → All Editions → Device Comment 클릭한다.
Local 선택클릭 → OK 선택 클릭한다.

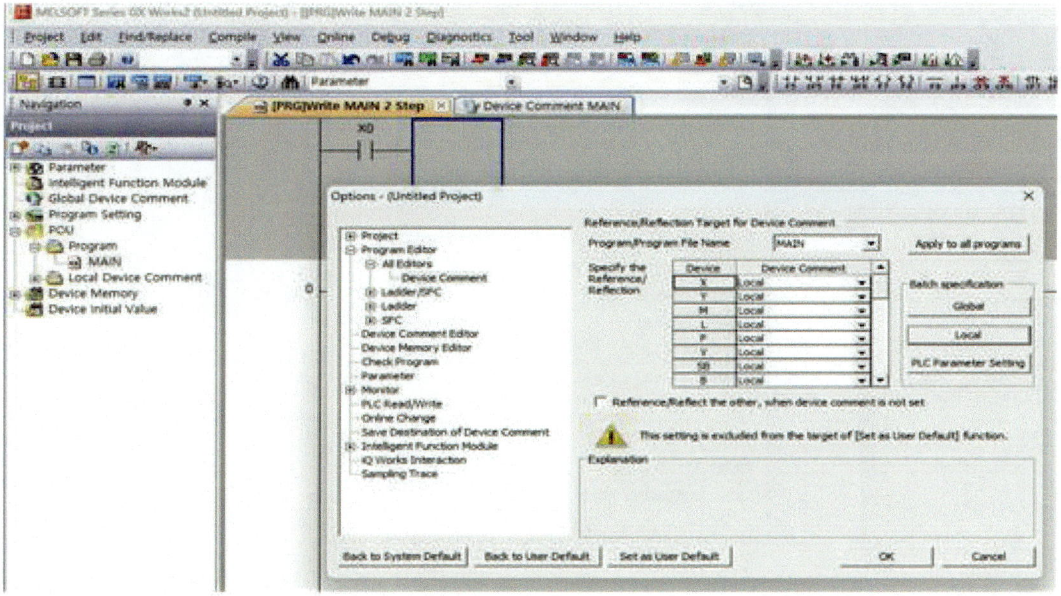

92. Local 선택클릭 → OK 선택 클릭한다.

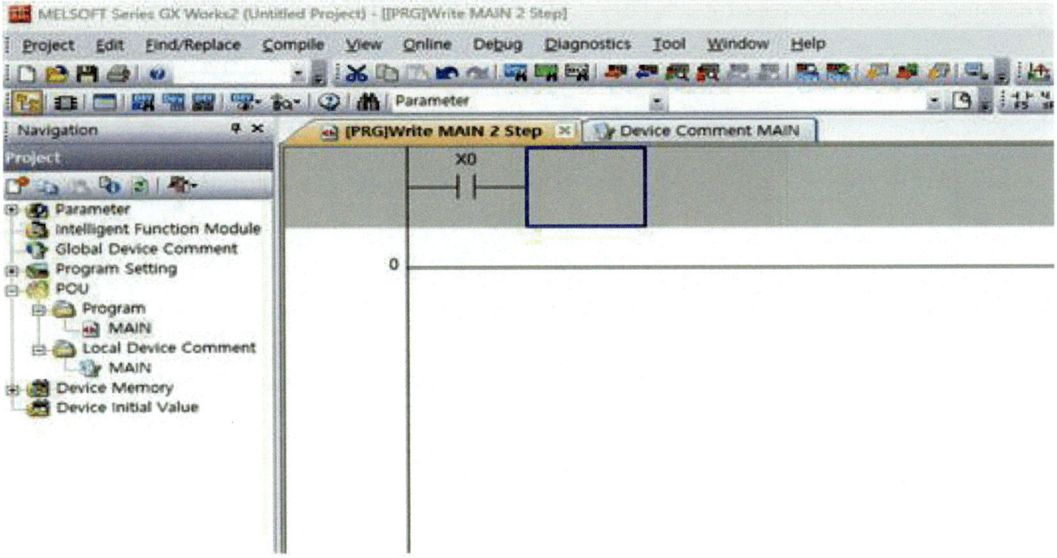

93. X0 할당 접점에 PB1 Local Device Comment가 디스플레이 되게 하려면 한 가지 더 설정해 주어야 한다.

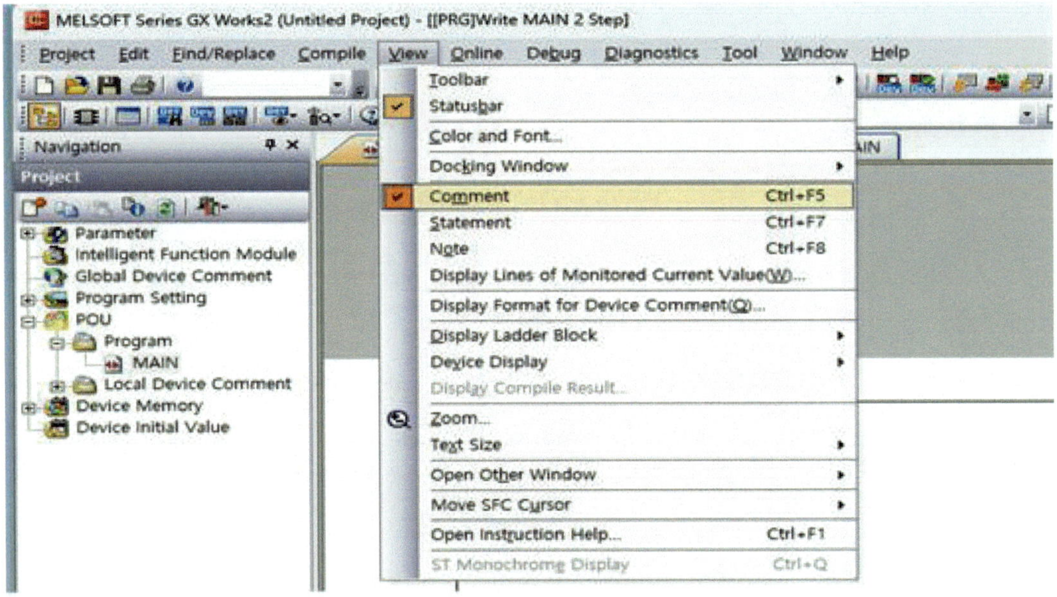

94. View → Comment 선택 클릭한다.

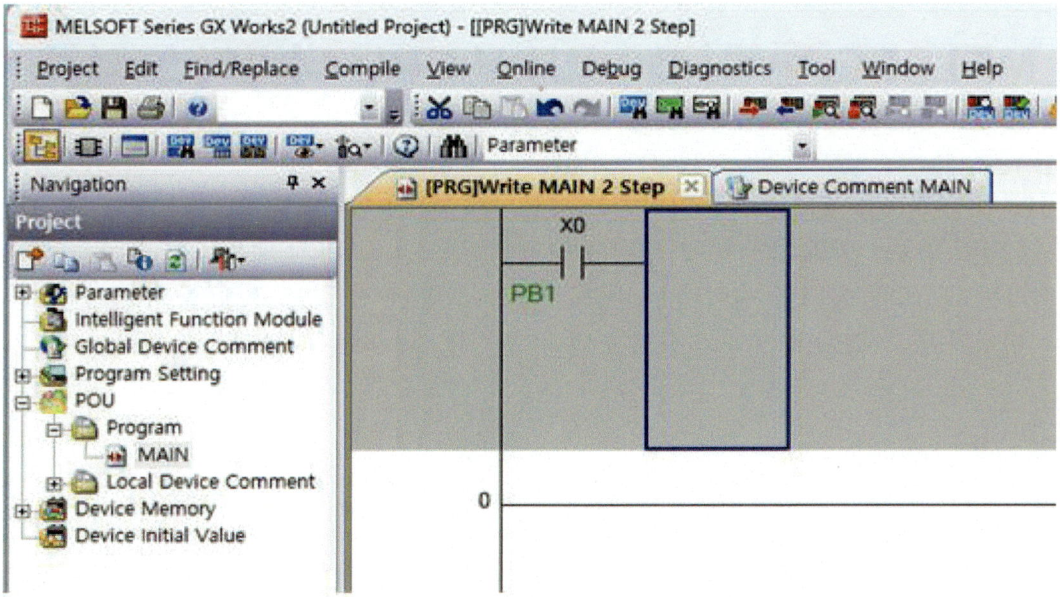

95. X0 할당 접점에 PB1 Local Device Comment가 디스플레이된다. Global Device Comment는 메뉴에서 바로 선택하여 사용하면 되지만 Local Device Comment는 메인메뉴 둘바에서 TOOL → Options 선택 클릭하여 설정과정을 수행 하여 사용하여야 한다.

3.19 MELSEC[멜섹] Q03UDV CPU 디바이스 종류

제조사 CPU에서 제공되는 명령어와 디바이스를 사용하여 GX Works2 소프트웨어에서 명령어를 사용할 때 디바이스를 함께 입력한다. 디바이스[메모리]는 PLC CPU 내부에서만 사용할 수 있는 디바이스는 On/Off 상태를 나타내는 비트 디바이스와 수치 값을 저장 할 수 있는 워드[Word] 디바이스가 있고 CPU 외부에서 신호를 입출력할 때 사용하는 디바이스가 있다.

(1)비트 디바이스

① 입력 디바이스[X]

마그네틱센서(리드센서), 유도형근접센서, 푸시버튼 등과 같은 외부 신호가 입력모듈을 통하여 프로그램에서 사용하기 위한 디바이스이다.

② 출력 디바이스[Y]

프로그램 제어결과를 출력모듈을 통해 외부의 램프, 릴레이, 액추에이터, 솔레노이드 밸브,디지털 표시기 등에 출력하기 위한 디바이스이다.

③ 보조릴레이(M)

내부릴레이는 CPU 모듈내부에서 사용하는 보조릴레이이다. PLC 전원을 Off → On 할 경우, CPU 모듈 리셋할 경우 모두 Off된다.

④ 래치 릴레이(L)

래치(Latch) 릴레이는 CPU 모듈내부에서 제공되는 정전유지[래치]를 할 수 있는 릴레이이다. PLC 정원의 Off시, CPU 모듈 리셋시에도 연산결과(On/Off) 정보가 유지된다. 래치 릴레이는 CPU 모듈본체의 보조 배터리로 유지된다. 래치 릴레이는 래치 클리어인 Reset를 시켜야 Clear된다.

⑤ 에지 릴레이 (V)

서브루틴이나 인터럽트 프로그램 등 반복하여 실행하는 프로그램 중에서 Pulse하여 사용하는 디바이스이다.

⑥ 어넌시에이터(F)

어넌시에이터(Annunciator;알림장치)는 사용자가 작성한 설비의 이상 및 고장 검출용 프로그램에서 사용하면 편리한 내부 릴레이이다.

*MELSEC[멜섹]Q03UDVCPU 디바이스 종류

제어방식	종별	디바이스명	디폴트값		파라미터 설정에 의한 설정범위
			점수	사용범위	
내부 USER 디바이스	비트 디바이스	입력	8192점	X0~X1FFF	
		출력	8192점	Y0~Y1FFF	
		스텝릴레이	8192점	S0~S8191	
		특수릴레이	2048점	SB0~SB2047	
		내부릴레이	8192점	M0~M8191	합계 28.8K워드 이내에서 변경 가능
		래치릴레이	8192점	L0~L8191	
		애넌시애이터	2048점	F0~F2047	
		에지릴레이	8192점	V0~V2047	
		링크릴레이	8192점	B0~B8191	
	워드 디바이스	타이머	2048점	T0~T2047	
		적산타이머	0점	ST0~ST2047	
		카운터	1024점	C0~C1023	
		데이터 레지스터	12288점	D0~D12287	
		링크레지스터	8192점	W0~W8191	
		특수링크 레지스터	2048점	SW0~SW2147	
내부시스템 디바이스	비트 디바이스	펑션입력	16점	FX0~FXF	고정
		펑션출력	16점	FY0~FYF	
		특수릴레이	2048점	SM0~SM2047	
	워드 디바이스	펑션레지스터	5점	FD0~FD4	
		특수레지스터	2048점	SD0~SD2047	
인덱스 레지스터	워드 디바이스	인덱스 레지스터	16점	Z0~Z15	
파일레지스터	워드 디바이스	파일레지스터	0점	-	0~1018K점 (1K점 범위)
네스팅	-	네스팅	15점	N0~N14	고정
포인터	-	포인터	4096점	P0~P4095	
		인터럽트포인터	256점	I0~I255	
기타	비트 디바이스	SFC 블록	320점	BL0~BL319	
		SFC 이행디바이스	512점	TR0~TR511	
	-	네트워크 No.	256점	J1~K255	
		I/O No.	-	U0~UFF	
정수	-	10진정수	K-2147483648~K2147483647		
		16진정수	H0~HFFFFFFFF		
	-	실수정수	E±1.17549-38~E±3.40282+38		
		문자열정수	'ABC', '123'등		

3.20 PC와 PLC 이더넷 통신 연결

1. IP설정

허브를 이용한 이더넷 네트워크를 구성 하기 위해서는 이더넷에 연결되는 PC에 IP와 서브넷 마스크가 설정되어 있어야 한다. 다시 말해서 네트워크 주소와 호스트번호를 설정해야 한다.

2. PC의 IP 확인 방법

윈도우 검색창에서 CMD를 실행 CMD창에서 ipconfig를 입력하고 엔터키를 치면 PC의 랜카드에 할당된 IP 확인

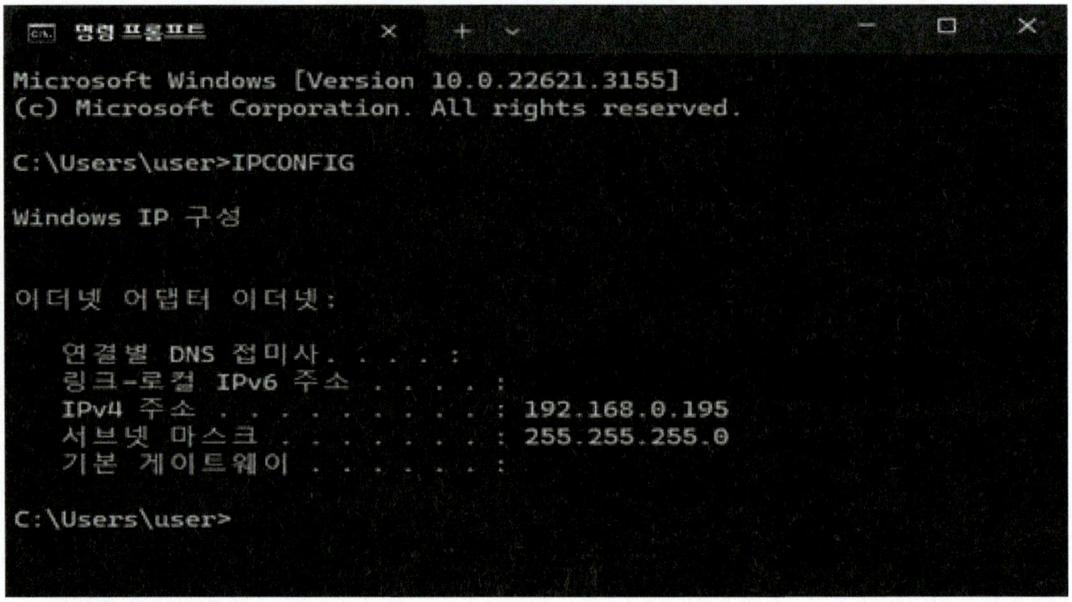

3. PC의 IP 확인 설정하기

윈도우메뉴 → 설정 → 네트워크 및 인터넷 → 네트워크 및 공유 센터(이더넷) → IP 설정편집

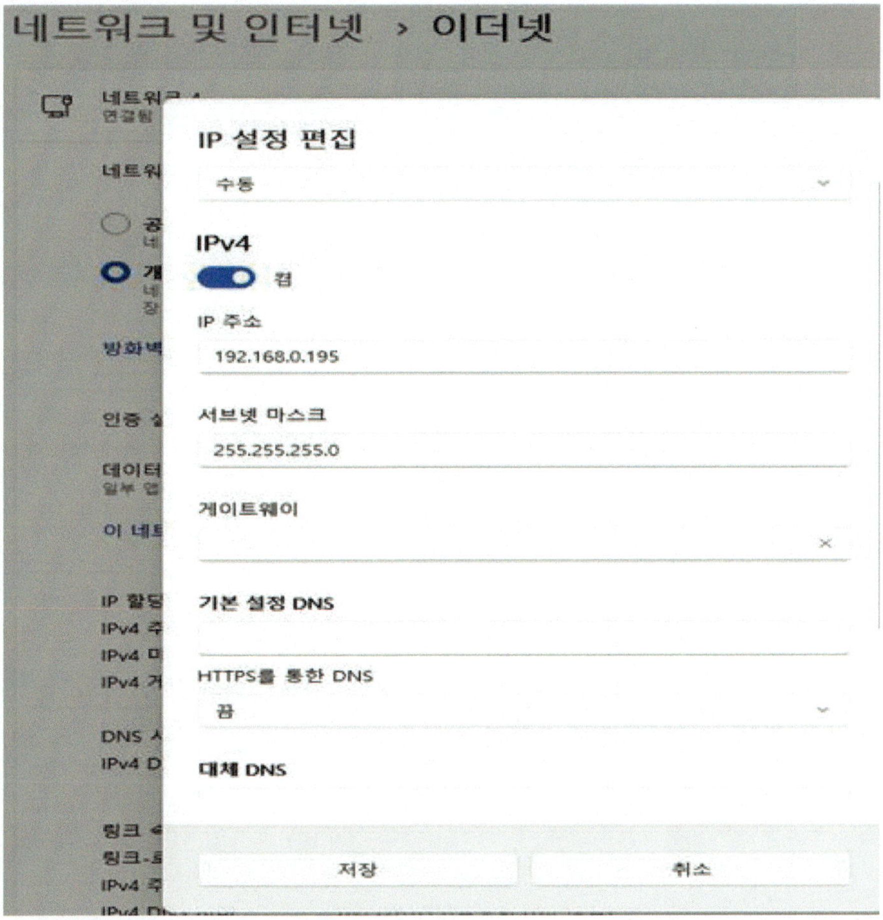

4. 통신 설정 테스트

윈도우 검색창에서 CMD를 실행 후 명령 프롬프트 창에서 "PING 192.168.0.195"를 입력하고 실행한다.

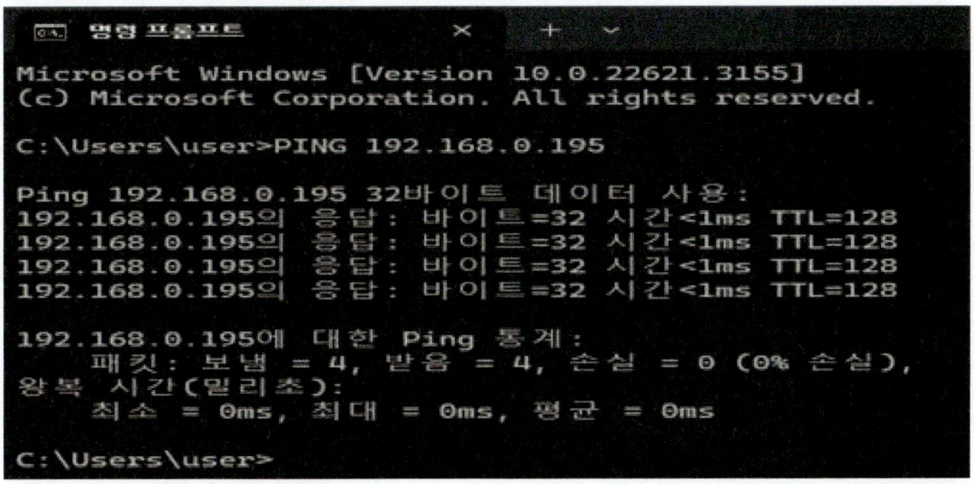

5. 통신 정상 PING 결과

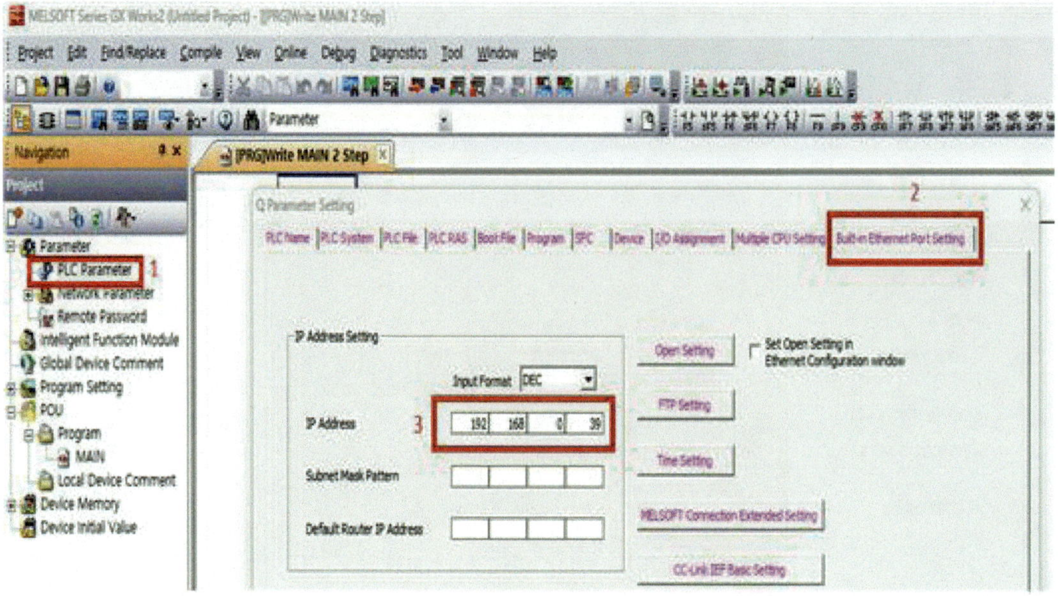

6. PLC의 IP 설정하기

GX Work2 내비게이션창에서 → PLC Parameter 선택 → Parameter 세팅창 → Bulit-in Ethernet Port Setting 메뉴를 선택 → CPU의IP 설정창을 설정한다.

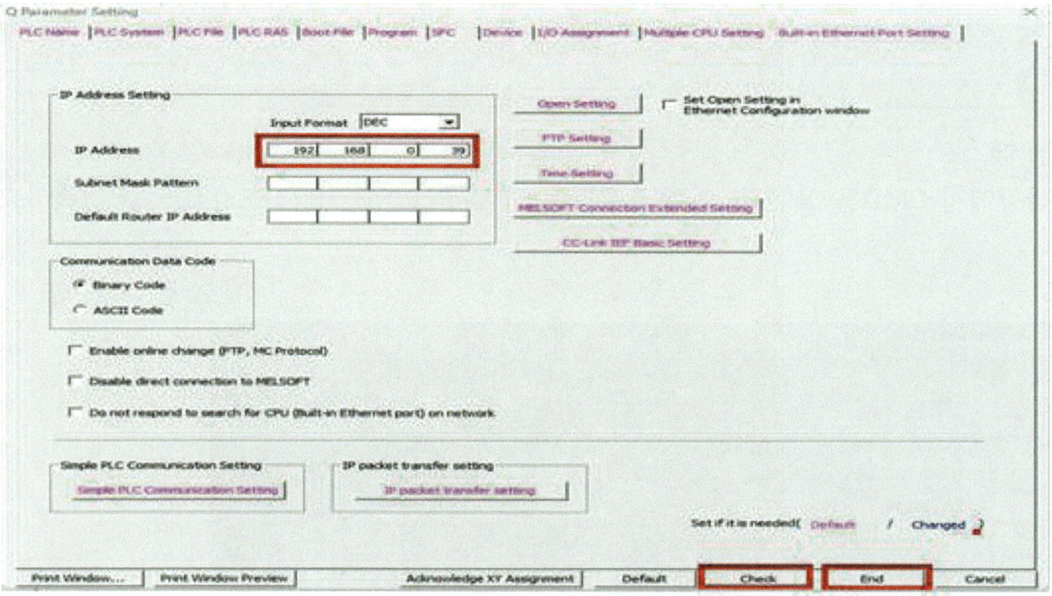

7. CPU의IP 설정창 “192.168.0.39” 입력 → Check 클릭 → End 클릭한다.

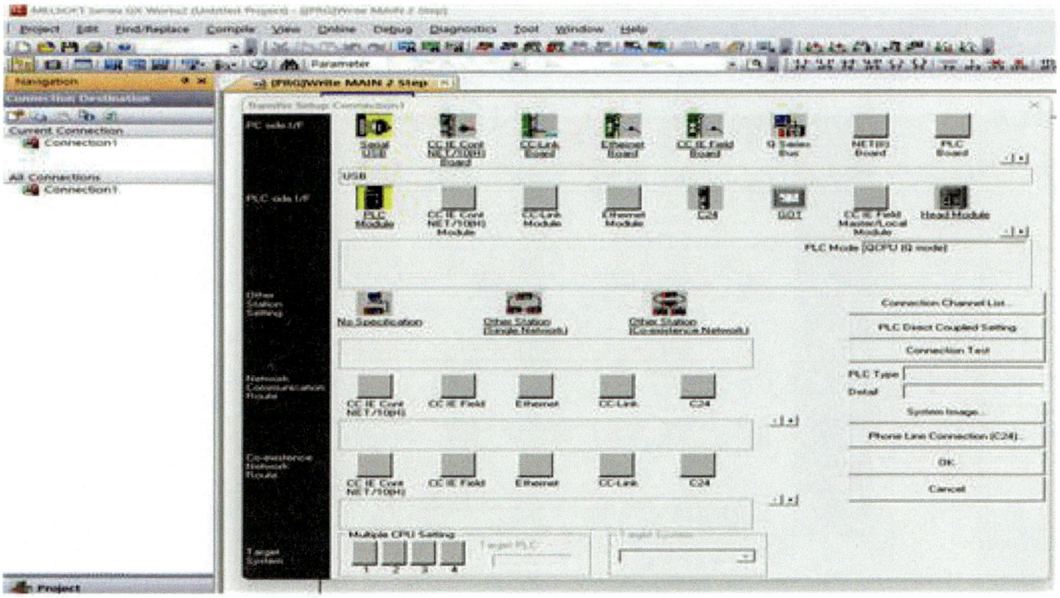

8. USB케이블로 연결 “192.168.0.39” CPU의 IP 설정을 다운로드한다.

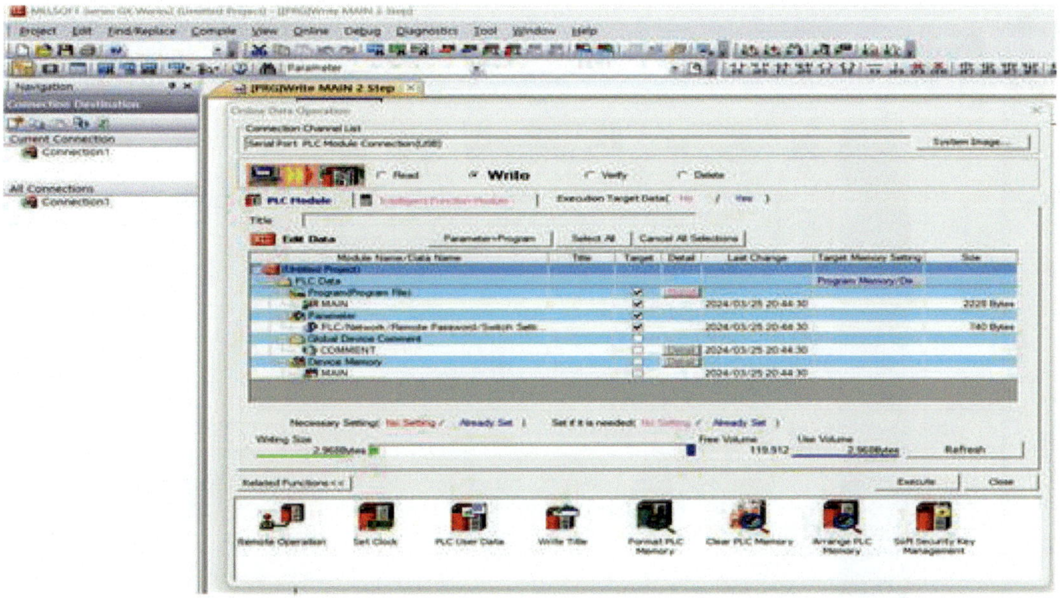

9. “192.168.0.39” CPU의 IP 설정 다운로드(쓰기), 쓰기 후 하드웨어 리셋한다.

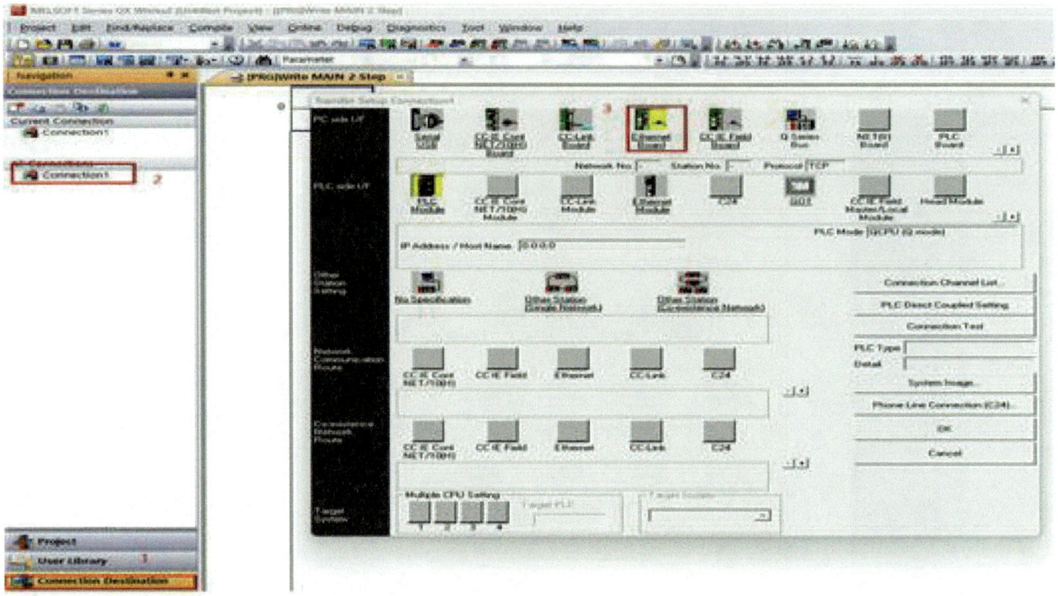

10. 이더넷 케이블 연결하고 PLC의 IP 설정내용 CPU에 다운로드 한다. 1 → 2 → 3

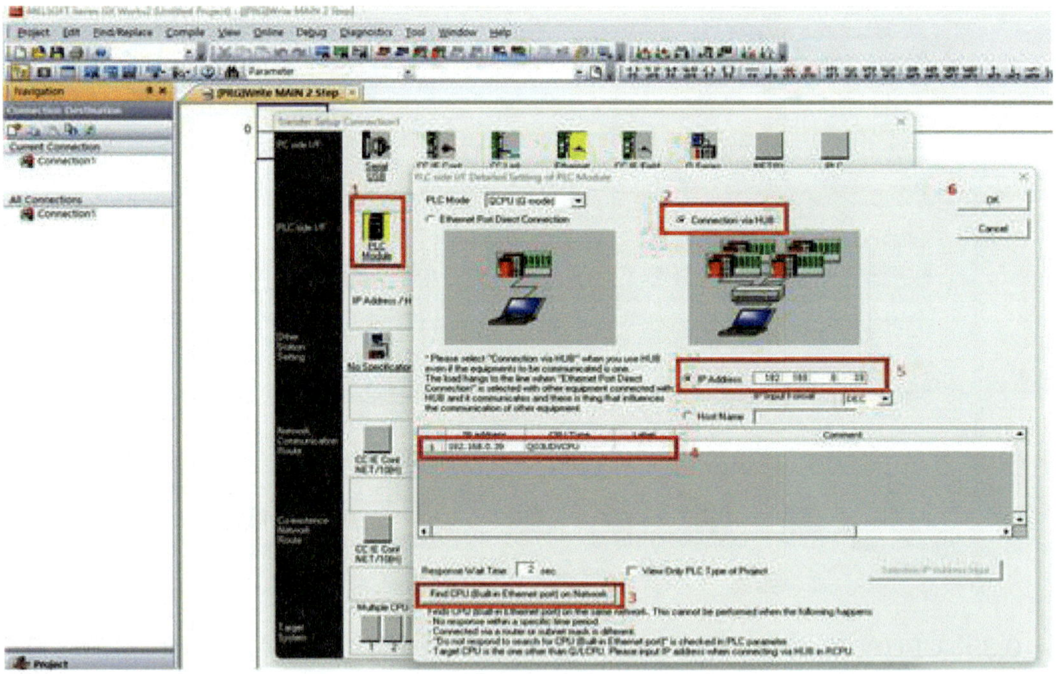

11. PLC 이더넷 설정 1 → 2 → 3 → 4 → 5 → OK 클릭한다.

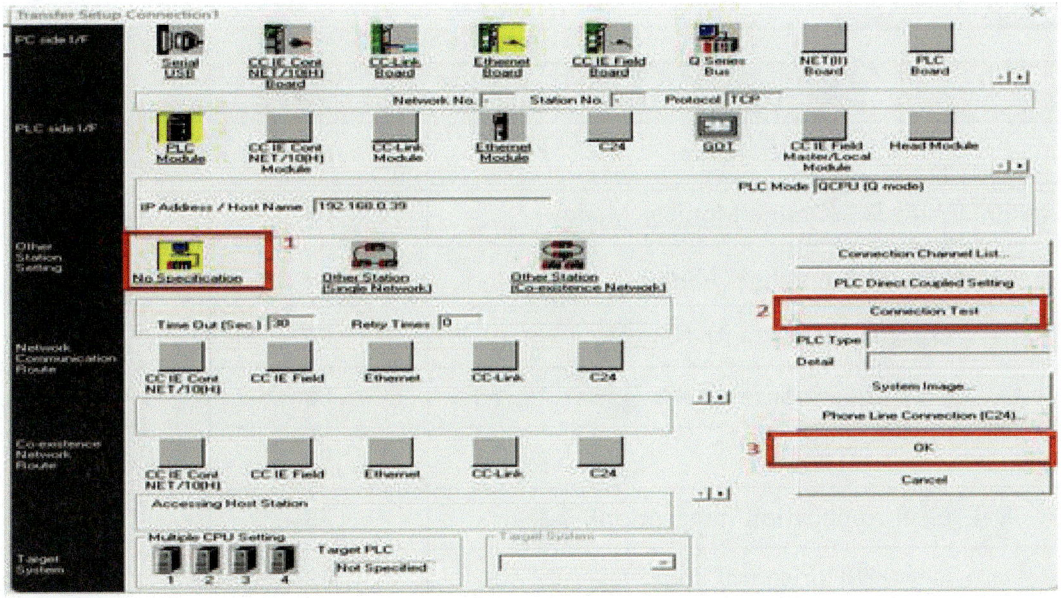

12. PLC 이더넷설정이완료되면 1 → 2 → 3 OK 클릭한다.

*참고_많이 사용되는 단축키

단축키 기능	단축키
쓰기 모드(Write Mode)	F2
온라인 모니터 모드(Online Monitor Mode)	F3
컴파일 모드(Compile Mode)	F4
A접점(Open contact), NO	F5
B접점(Close contact), NC	F6
코일(Coil)	F7
응용명령어(Application instruction)	F8
수평라인(Horizontal line)	F9
수직라인(Vertical line)	Shift+F9
오픈 브랜치(Open branch)	Shift+F5
크로스 브랜치(Ciose branch)	Shift+F6
상승펄스접점(Rising pulse)	Shift+F7
하강펄스접점(falling pulse)	Shift+F8
작동결과 상승펄스(Operafion Result Rising pulse)	Alt+F5
작동결과 하강펄스(Operafion Result falling pulse)	Ctrl+Alt+F5

*참고_많이 사용되는 특수 릴레이

릴레이 번호	명칭
SM400	상시 On
SM401	상시 Off
SM402	한 스캔만 On
SM403	한 스캔만 Off
SM409	0.01초 클록
SM410	0.1초 클록
SM411	0.2초 클록
SM412	1초 클록
SM413	2초 클록

Chapter 4

PLC 시퀀스 기초

4.1 AND 논리 회로

논리 연산과 규칙에 필요한 것들은 영국의 수학자 George Boole(1815~1864년)에 의해 공식화된 불 대수(Boolean algebra)로부터 창시되었다.

※불 대수 기본 법칙

(1)볼대수 공리

① A × 1 = A , ② A + 1 = 1 , ③ A × 0 = 0

④ A + A = A , ⑤ A × A = A

(2)보수성의 법칙

① A + = 1, ② A × = 0, ③ = X

(3)분배 법칙

A · (B + C) = A · B + A · C

A + B · C = (A + B) · (A + C)

(4)결합 법칙

(A + B) + C = A + (B + C)

(A · B) · C = A · (B · C)

(5)교환 법칙

A + B = B + A

A · B = B · A

(6)흡수 법칙

A + A · B = A

A · (A + B) = A

이 대수는 “0”또는“1”값 즉 2진 요소를 논리 회로에 응용하여 복잡한 회로를 간단한 논리 회로로 설계 할 수 있게 되었다.

“전등을 켜라(ON)”, 또는 “꺼라(OFF)”는 신호, 명령은 두 가지 동작 상태 뿐이다. 이는 하나의 신호 변수에 1(ON), 0(OFF) 또는 참(YES), 거짓(NO)과 같은 두 가지의 가능한 값만이 있는 신호이다. 이와 같은 신호를 2진 신호라고 하며, 시퀀스 제어의 동작 신호는 전부 이 2진 신호로 이루어진다. 일반적으로 어떤 2진 신호군에서 새로운 2진 신호군을 얻는 것을 논리 연산(logical operation)이라 하고, 기본 논리 연산에는 AND 논리곱, OR 논리합 및 NOT 부정의 3종류의 연산이 정의된 대수이며 이들 3종류의 논리 연산들을 조합하는데 따라 어떤 시점에 대한 다양한 논리 연산이 정의되어 이루어진다.

AND 논리 회로는 [그림 4-1]은 직렬로 접속된 2개의 입력 스위치를 가진 AND 회로이다. 좌측 2개의 신호 A와 B는 각각 입력 측 신호를 의미하고, 우측의 신호 Y는 출력 측 신호를 의미한다. AND 논리 회로는 모든 입력 신호가 존재할 때만 출력 신호가 존재하게 되는 논리이다.

(1) 논리 기호

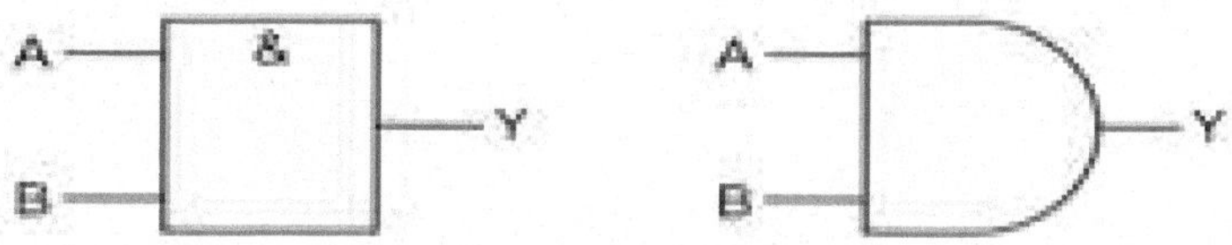

[그림 4-1] AND 논리 기호

(2) 진리표

[표 4-1] AND 회로의 진리표

입력		출력
A	B	Y
0	0	0
1	0	0
0	1	0
1	1	1

(3) 논리 방정식

AND 논리는 논리 방정식에서 "∧"이라는 기호로 표시하거나 "·"로 나타낸다. 2개의 입력 변수 A, B와 출력 Y를 AND 논리로 표시하면 다음과 같게 된다.

Y = A ∧ B 또는 Y = A · B
(직렬연결을 수식으로 표현)

(4) AND 논리 회로의 PLC 프로그램

푸시 버튼 스위치를 직렬로 접속한 경우에는 두 개의 스위치가 모두 눌러졌을 때에만 램프는 점등된다. [그림 4-2]와 같은 회로를 AND 논리라고 한다.

[그림 4-2] AND 논리 회로의 PLC 프로그램

4.2 OR 논리 회로

OR 논리회로는 [그림 4-3]과 같이 병렬의 입력 스위치를 가지는 OR 회로에서 2개의 입력 스위치를 각각 A, B라하고 출력 램프를 Y라 할 때, Y가 1이 되는 것은 A가 1 또는 B가 1일 때이며, Y가 0이 되는 것은 A, B가 모두 0일 때 뿐이다. 따라서, 여러 개의 입력 변수 중에서 하나의 입력 변수만 입력되어도 출력이 존재하게 되는 논리이다.

(1) 논리 기호

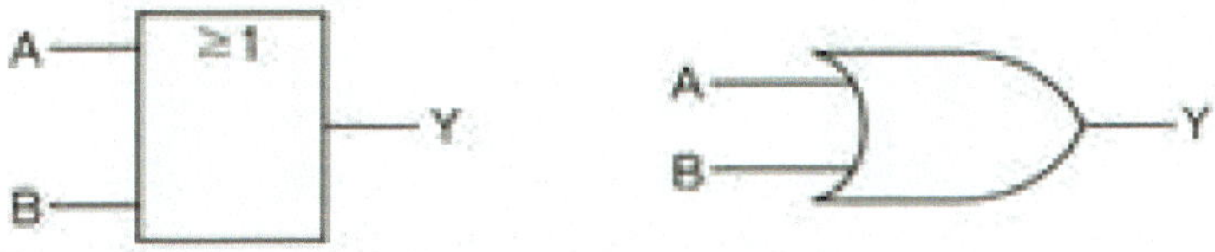

[그림 4-3] OR 논리 기호

(2) 진리표

[표 4-2] OR 회로의 진리표

입력		출력
A	B	Y
0	0	0
1	0	1
0	1	1
1	1	1

(3) 논리 방정식

OR 논리는 논리합이기 때문에 "∨" 또는 "+"로 나타낸다. A 및 B 두 개의 입력 변수가 있을 때의 논리 방정식은 다음과 같다.

$Y = A \vee B$ 또는 $Y = A + B$
(병렬연결을 수식으로 표현)

(4) OR 논리 회로의 PLC 프로그램

[그림 4-4]와 같이 a접점의 푸시 버튼스위치를 병렬로 접속한 경우에는 어느 한쪽의 스위치를 눌러도 램프는 점등된다. 이와 같은 회로를 OR 논리 회로라고 한다.

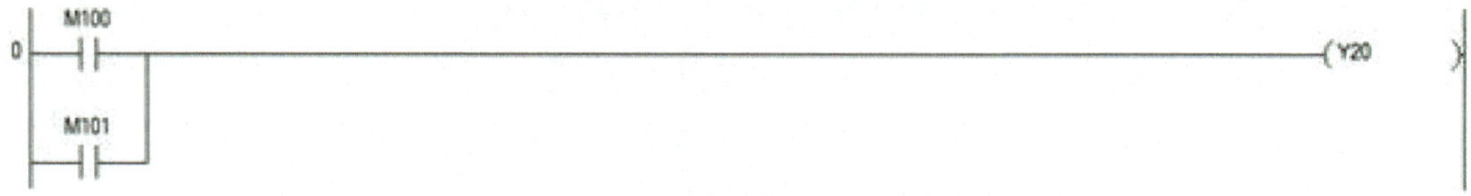

[그림 4-4] OR 논리 회로의 PLC 프로그램

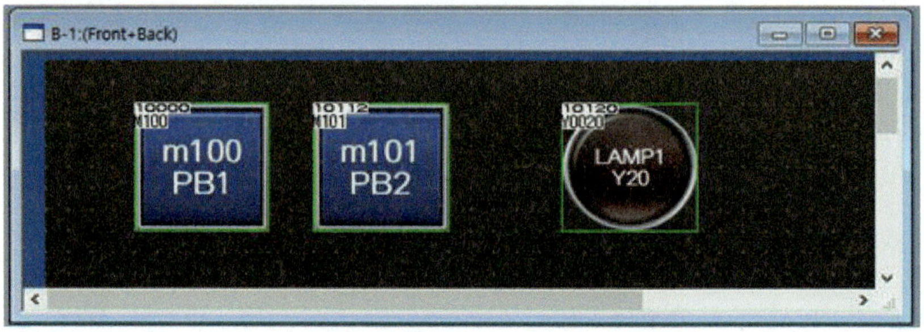

4.3 NOT 논리 회로

NOT 논리 회로는 [그림 4-5]과 같이입력 신호를 A 출력 신호를 Y라 하면, A와 Y의 신호값은 서로 반대의 값이 되고, 이와 같은 작용을 하는 연산을 NOT 연산이라 하며, NOT 연산 작용을 하는 회로를 NOT 논리회로라고 한다.

(1) 논리 기호

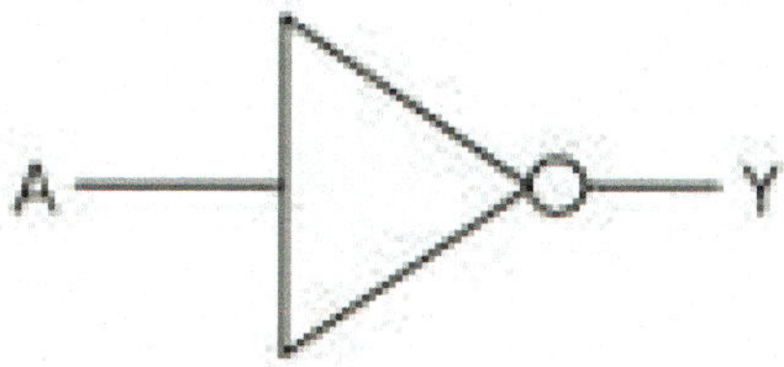

[그림 4-5] NOT 논리 기호

(2) 진리표

[표 4-3] NOT 회로의 진리표

입력	출력
A	Y
0	1
1	0

(3) 논리 방정식

NOT 논리 방정식은 Y = $\overline{A}$ 와 같이 나타낸다.

(4) NOT 논리 회로의 PLC 프로그램

[그림 4-6] NOT 논리 회로의 PLC 프로그램

4.4 NAND 논리 회로

두 개의 입력 신호가 모두 존재할 때는 출력 신호가 존재하지 않는 논리이며, 두 개의 입력 신호 중 어느 하나만 존재하거나 둘 다 존재하지 않을 때는 출력이 존재한다. 즉, AND 논리의 역이다.

(1) 논리 기호

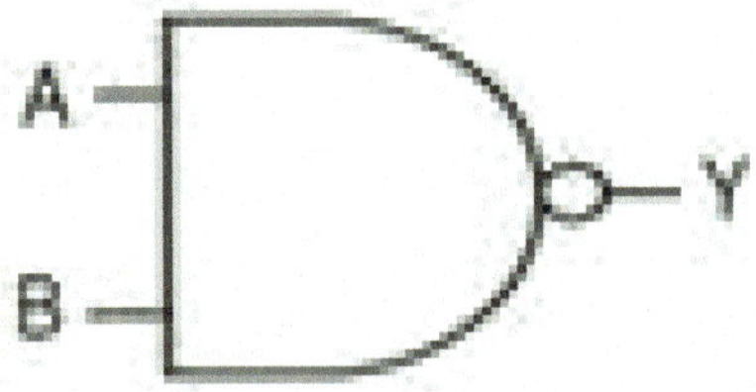

[그림 4-7] NAND 논리 기호

(2) 진리표

[표 4-4] NAND 회로의 진리표

입력		출력
A	B	Y
0	0	1
0	1	1
1	0	1
1	1	0

(3) 논리 방정식

NAND 논리 방정식은 $Y = \overline{A \cdot B}$ 와 같이 나타낸다.

(4) NAND 논리 회로의 PLC 프로그램

[그림 4-8] NAND 논리 회로의 PLC 프로그램

4.5 NOR 논리 회로

두 개의 입력 신호 중 어느 하나 또는 둘 다 존재하면 출력 신호가 존재하지 않는 논리이며, 두 개의 입력 신호 모두 존재하지 않는 경우에만 출력이 존재한다. 즉, OR 논리의 역이다.

(1) 논리 기호

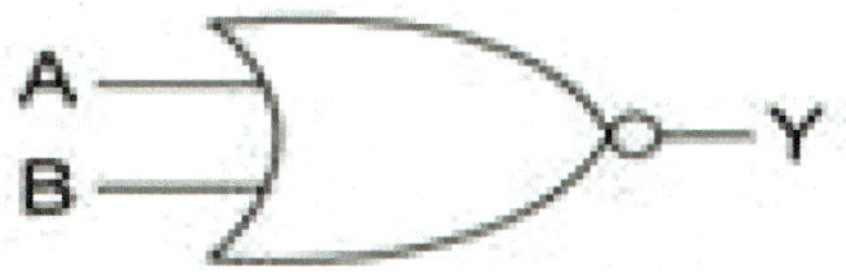

[그림 4-9] NOR 논리 기호

(2) 진리표

[표 4-5] NOR 회로의 진리표

입력		출력
A	B	Y
0	0	1
0	1	0
1	0	0
1	1	0

(3) 논리 방정식

NOR 논리 방정식은 $Y = \overline{A + B}$ 와 같이 나타낸다.

(4) NOR 논리 회로의 PLC 프로그램

[그림 4-10] NAND 논리 회로의 PLC 프로그램

4.6 배타적 논리합(XOR) 회로

두 개의 입력 신호 중 어느 하나 일치하지 않을 때 출력 신호가 존재하는 논리이며, 두 개의 압력 신호 상태가 모두 일치할 때 출력이 존재하지 않는 논리이다. 이것을 배타적 논리합(Exclusive OR) 회로라 한다.

(1) 논리 기호

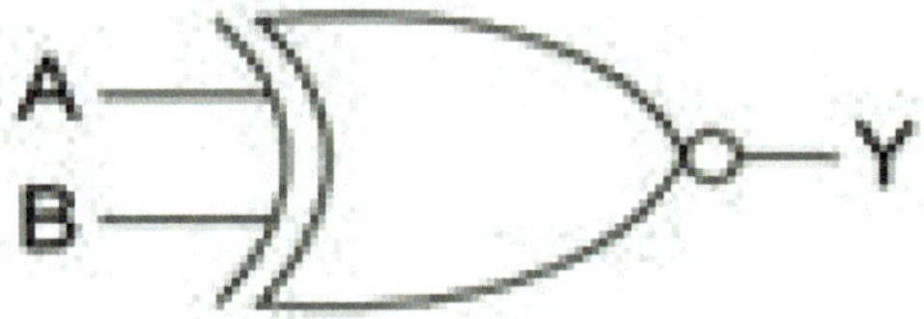

[그림 4-11] XOR 논리 기호

(2) 진리표

[표 4-6] XOR 회로의 진리표

입력		출력
A	B	Y
0	0	0
0	1	1
1	0	1
1	1	0

(3) 논리 방정식

XOR 논리 방정식은 $Y = A\bar{B} + \bar{A}B$ 와 같이 나타낸다.

(4) XOR 논리 회로의 PLC 프로그램

[그림 4-12] XOR 논리 회로의 PLC 프로그램

4.7 자기유지 회로

자기유지회로(self hold circuit)는 푸시 버튼스위치(PBS) 등의 입력 장치를 통하여 순간적으로 발생한 입력 신호가 릴레이에 가해지면 자신의 릴레이에 내장되어 있는 접점을 이용하여 릴레이의 코일 측에 전기를 공급하여 동작을 제어하는 것으로 한번 입력된 신호는 해제하는 신호가 있을 때까지 작동된 상태를 유지한다.

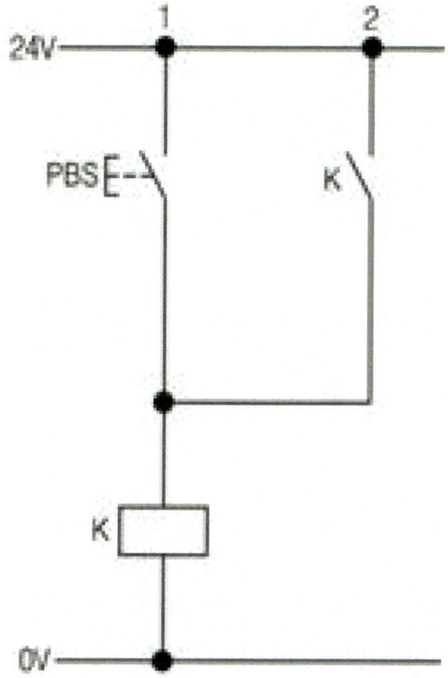

[그림 4-13] IEC 방식 RESET스위치가 없는 자기유지 시퀀스 회로

자기유지회로는 전기 신호의 기억이 필요한 전기 제어 장치에 필요하며 두 가지 형태가 제어 회로에 사용되는데 RESET 역할을 하는 스위치 또는 기계접점 설치 위치에 따라 하나가 'ON(SET) 우선 자기유지회로'이고 다른 하나는 'OFF(RESET) 우선 자기유지회로'로 구별 할 수 있다.

(1) ON(SET) 우선 자기유지회로

릴레이를 작동시키기 위한 전기 신호가 짧은 시간동안 존재하다가 없어져도 그 릴레이가 계속하여 작동된 상태를 유지하기 위해서는 자기 자신의 접점을 이용하여 자기 자신에게 전기를 공급하여 주면 가능해진다. 1번 라인의 ON 푸시 버튼 PBS1을 누르면 릴레이 K가 여자(ON)되고 병렬연결된 2번 라인의 접점 K가 a접점에서 b접점으로 전환(ON)되어 램프(L)이 점등 된다. ON 푸시 버튼을 떼어도 1번 라인의 K1은 여자(ON)된 상태로 남아 램프(L)이 점등된 상태를 유지한다. 2번 라인의 PBS2의 OFF 푸시 버튼을 누르면 b접점에서 a접점으로 전환(ON)되어 자기유지회로가 해제된다. 이러한 회로를 ON 우선 자기유지회로 또는 SET 우선 자기유지회로라 한다. [그림 4-14]의 PBS1은 a접점, PBS2는 b접점 스위치이다.

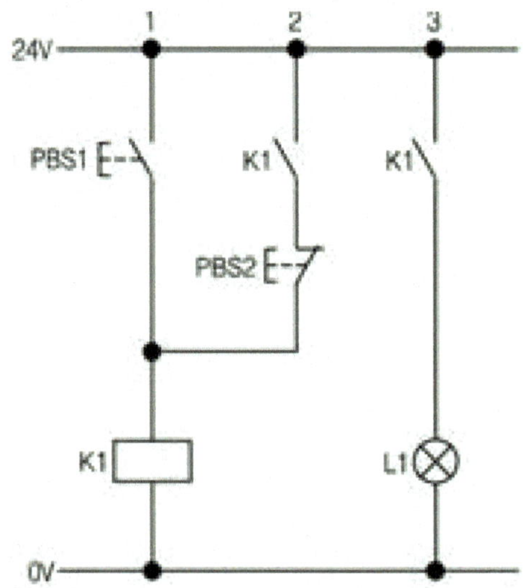

[그림 4-14] IEC 방식 ON(SET) 우선 자기유지 시퀀스 회로

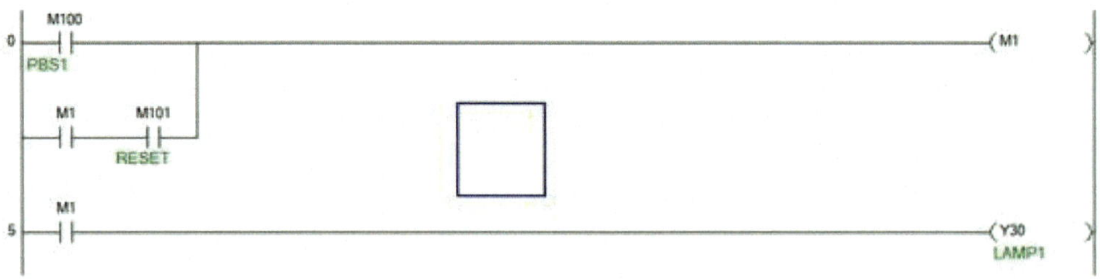

[그림 4-15] ON(SET)우선 자기유지 회로의 PLC 프로그램

(2) OFF(RESET) 우선 자기유지회로

회로의 동작은 ON 우선 자기유지회로처럼 K1의 상시 개방 (a)접점이 병렬로 연결되어 자기유지를 한다. 이 경우에는 OFF 푸시 버튼이 ON 푸시 버튼과 직렬로 연결되어 있어서 OFF 푸시 버튼이 회로의 동작 상태를 좌우한다. 실제의 제어 회로는 OFF신호가 ON신호보다 우선되어야 하므로 이 방식이 이용되고 있다.

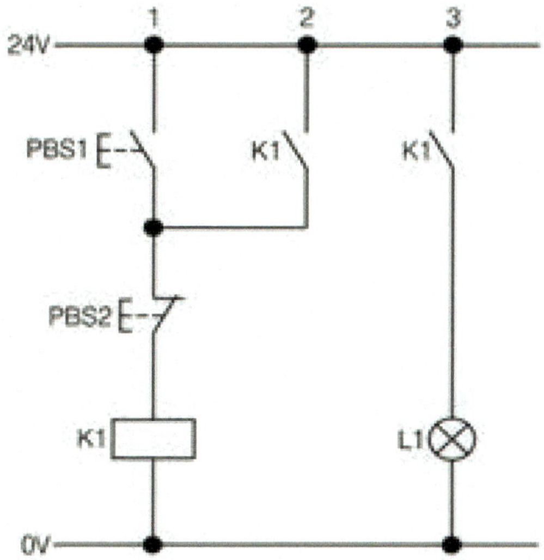

[그림 4-16] IEC 방식 ON(SET) 우선 자기유지회로

[그림 4-17] ON(SET)우선 자기유지 회로의 PLC 프로그램

(3) 후입 우선회로 : ON(SET) 우선 자기유지회로 응용의 예

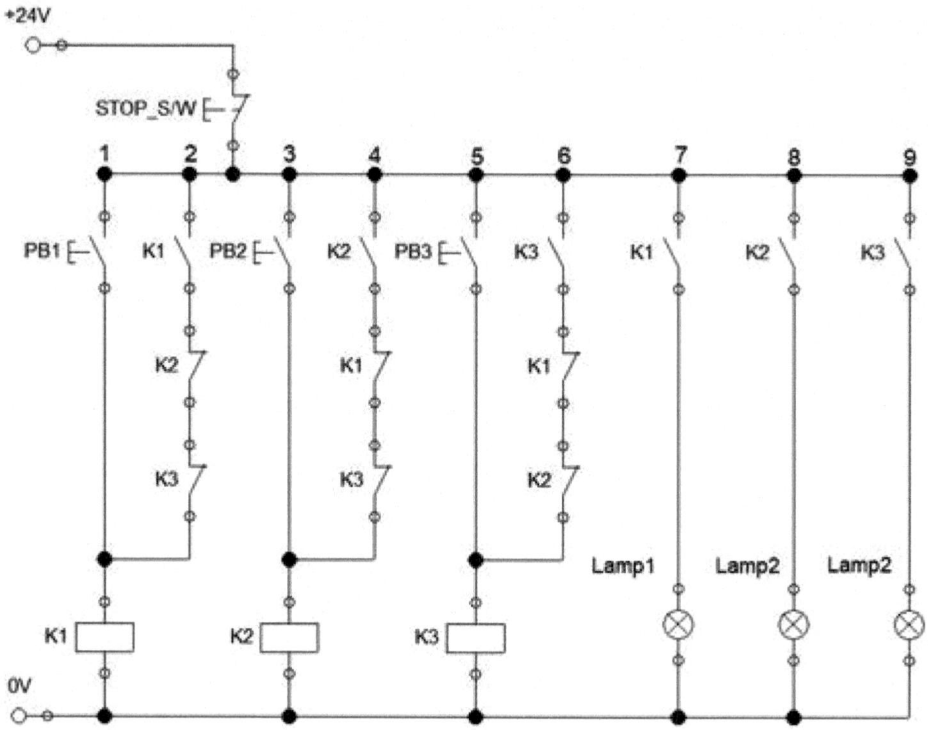

상기 ON(SET) 우선 자기유지회로는 PB(Push Button)1, PB2, PB3 버튼 S/W(swich) 중에 먼저 버튼을 누른 스위치에 해당하는 릴레이(K)가 ON되어 해당 램프(Lamp)를 동작시키고 이후 나중 버튼을 작동시키면 기존 릴레이 신호를 리셋시키고 후입 버튼 입력 신호에 해당하는 릴레이를 동작시켜 입력된 신호의 동작을 진행한다. ON(SET) 우선 자기유지회로는 나중에 입력된 신호가 기존 신호를 초기화(RESET)하고 다음 입력 신호에 의해 해당 회로를 작동시키는 회로이다. ON(SET) 우선 자기유지회로는 후입 우선회로라고도 한다.

만약 PB1 S/W(swich)를 동작시키면 K1릴레이가 동작되어 2번 라인 K1릴레이가 자기 유지되고 4번 라인과 6번 라인 K1 닫혀져 있던 B접점이 열린 접점 A접점으로 전환 되어 K2, K3릴레이의 동작을 초기화(RESET)하고 7번 라인 K1릴레이가 동작되어 열린 접점 A접점을 닫히는 B접점으로 전환되어 램프1(Lamp1)을 작동시킨다. PB2, PB3 버튼 S/W(swich)를 동작시켜도 동일한 방법에 의해 동작된다.

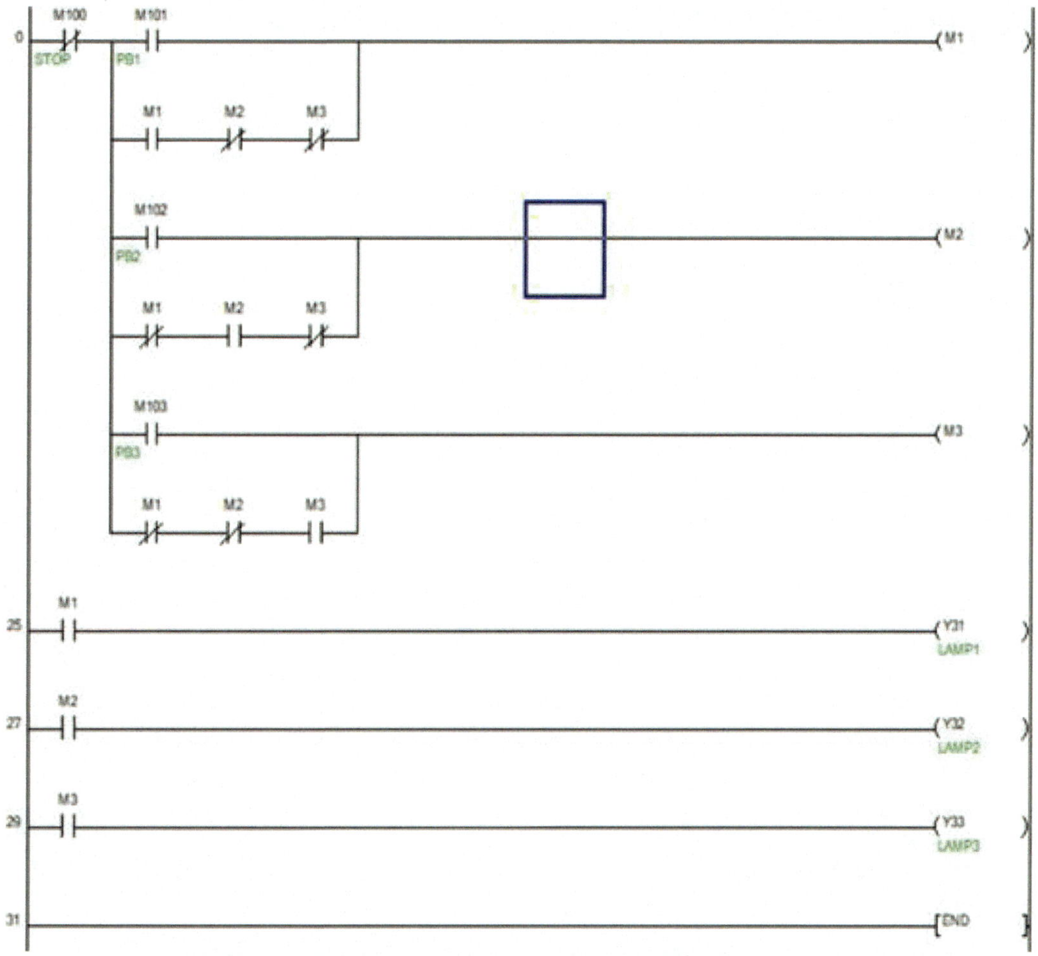

[그림 4-19] ON(SET) 우선 자기유지회로 응용 PLC프로그램

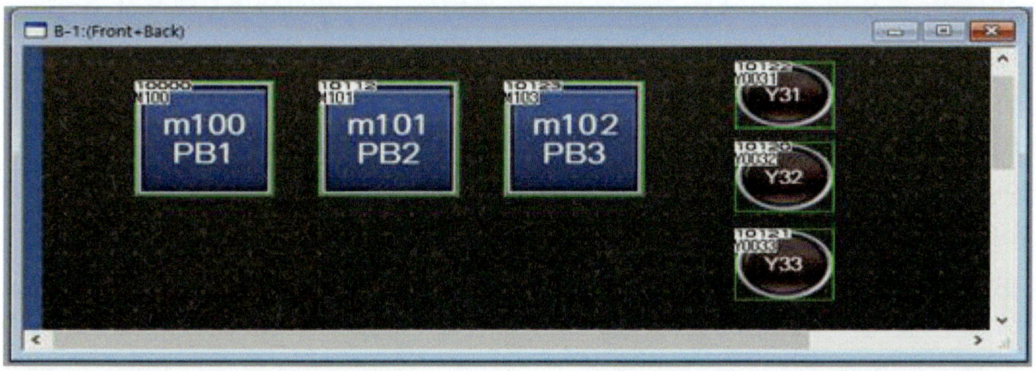

(4) 선입 우선회로 : OFF(RESET) 우선 자기유지회로 응용의 예

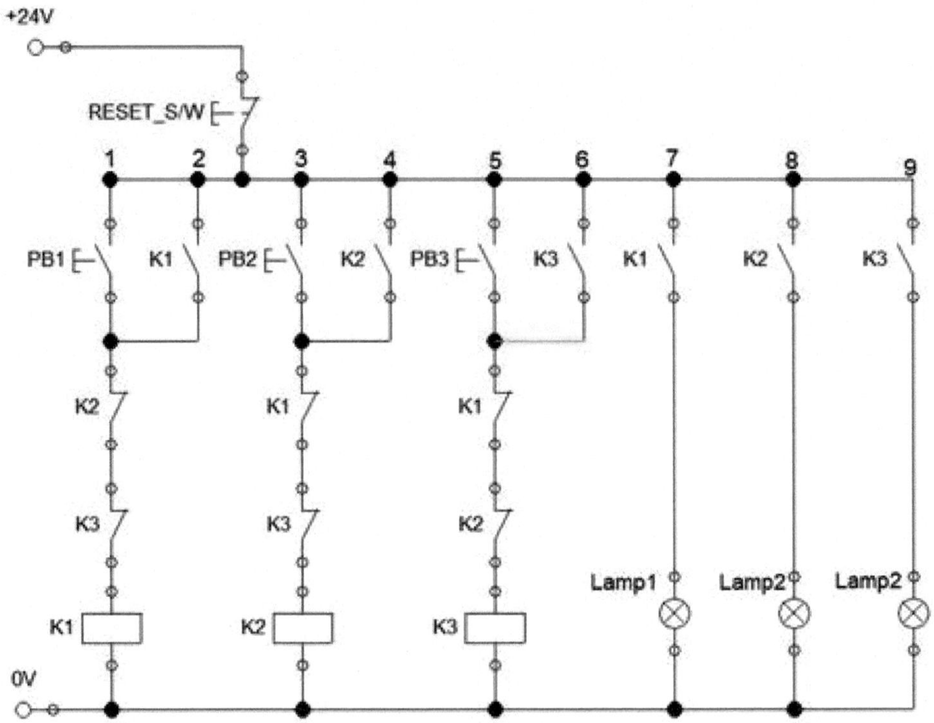

[그림 4-20] OFF(RESET) 우선 자기유지회로 응용 전기 시퀀스 회로도

상기 OFF(RESET) 우선 자기유지회로는 PB(Push Button)1, PB2, PB3 버튼 중에 먼저 버튼을 누른 스위치에 해당하는 릴레이(K)가 ON되어 해당 램프(Lamp)를 동작시키고 RESET_버튼 S/W(swich)를 누르지 않는 한 다른 버튼 스위치를 눌러도 다른 릴레이(K), 램프가 동작되지 않는 회로이다. 이러한 OFF(RESET) 우선 자기유지회로는 선입 우선회로라고도 한다.

만약 PB1 S/W(swich)를 동작시키면 K1릴레이가 동작되어 2번 라인 K1릴레이가 자기유지되고 3번 라인과 5번 라인 K1 닫혀져 있던 B접점이 열린 접점 A접점으로 전환되어 PB2, PB3 버튼을 차단하여 K2, K3릴레이를 동작 차단하고 7번 라인 K1릴레이가 동작되어 열린 접점 A접점을 닫혀지는 B접점으로 전환되어 램프1(Lamp1)을 작동시킨다.

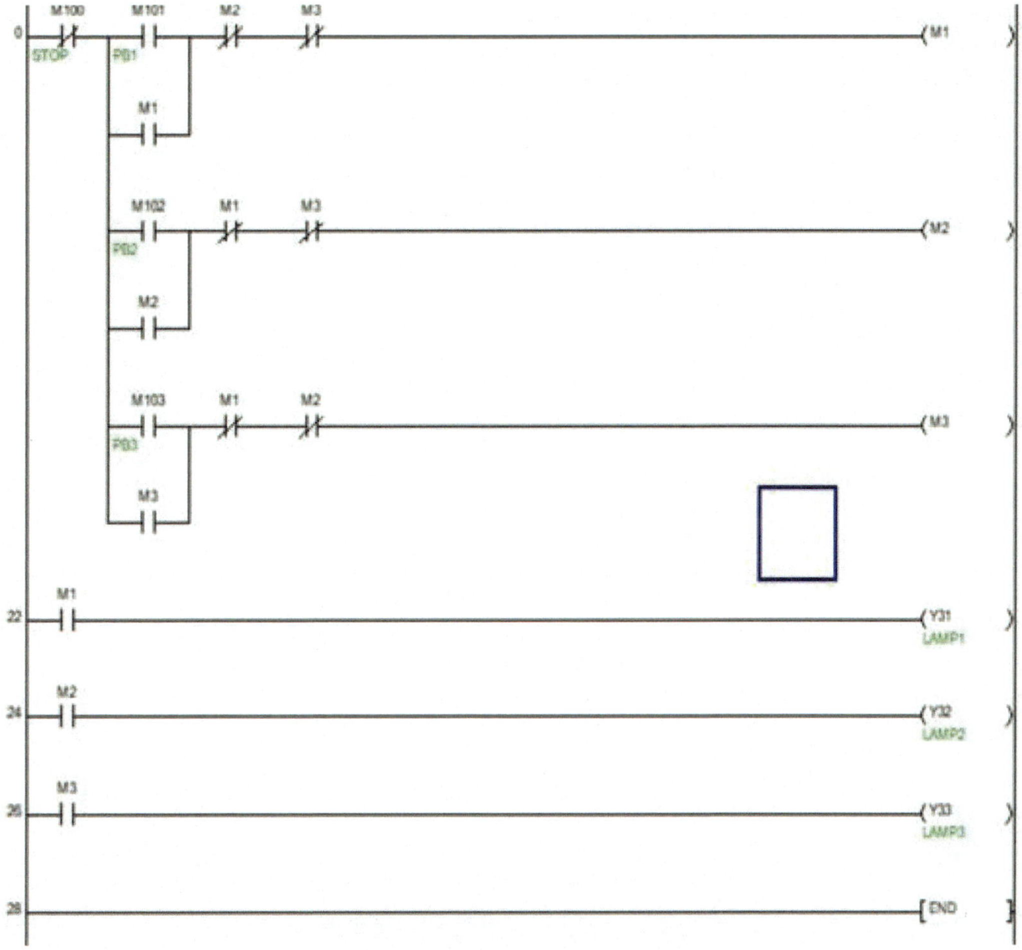

[그림 4-21] ON(SET) 우선 자기유지회로 응용 PLC프로그램

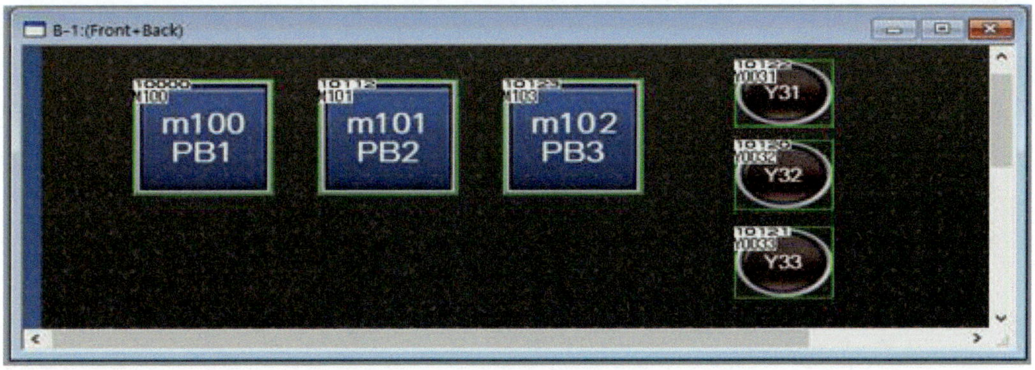

(5) 인터록 회로(interlock circuit)

구동 제어기의 보호와 조작자의 안정을 목적으로 한 것인데 기기의 동작 상태를 나타내는 접점을 사용해서 서로 관련되는 기기의 동작을 구속하는 회로를 말한다. 즉, 2개 이상의 회로에서 한 쪽 회로가 작동하고 있을 때, 나중에 입력 신호를 준 다른 회로가 작동하지 않도록 하는 회로를 인터록 회로라 한다. 아래 회로의 작동 원리를 보며 인터록 회로에 대해 자세히 알아보도록 하자.

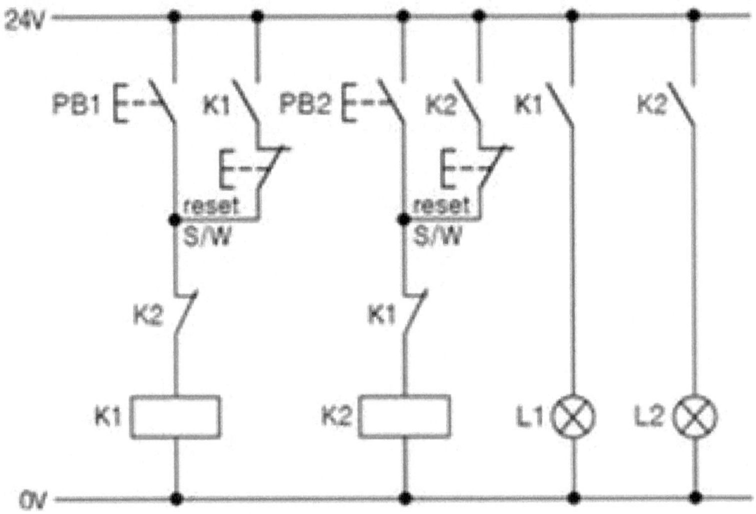

[그림 4-22] IEC 방식 인터록회로

PB1 스위치를 순간터치하면 램프 L1이 ON된다. 이때 PB2 스위치를 ON시켜도 램프 L2가 ON되지 못한다. 마찬가지로 Reset Switch(S/W)를 ON-OFF한 후 PB2를 ON시키면 램프 L2가 ON되며 PB1을 ON시켜도 L1이 ON되지 못한다. 따라서 PB1과 PB2가 서로 interlock된다고 하여 인터록 회로라 하는 것이다. 이러한 회로는 퀴즈에서와 같이 먼저 누르는 쪽의 램프만이 작동 점등되고 나중 누른 참가자 쪽 램프는 미작동되는 경우나 실린더의 순차 동작 시 솔레노이드 밸브 제어 및 전동기의 정·역회전 회로 등에 사용되는 중요한 회로이다.

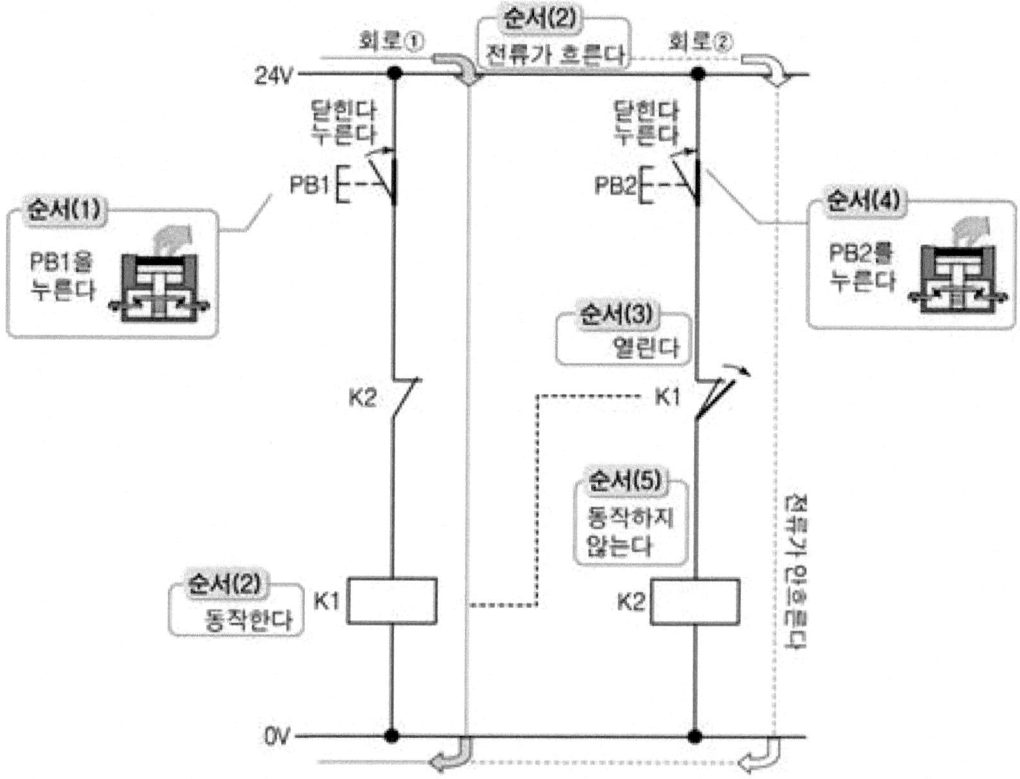

- 순서(1) : [그림 3-4]의 회로 ①에서 푸시 버튼스위치 PB1을 누르면 a접점이 닫힌다.
- 순서(2) : PB1이 닫히면 회로 ①의 코일 K1에 전류가 흘러 릴레이 K1이 동작한다.
- 순서(3) : 릴레이 K1이 동작하면 회로②의 K1 b접점이 열린다.
- 순서(4) : 회로 ②의 푸시 버튼스위치 PB2를 누르면 a접점이 닫힌다.
- 순서(5) : PB2가 닫혀도 회로 ②의 K1 b접점이 열려 있으므로 코일 K2에 전류가 흐르지 않아 릴레이 K2가 동작하지 않는다. 즉, 릴레이 K2의 동작이 금지된 것이다.

[그림 4-23] 릴레이 K1의 동작이 선행하였을 때의 동작

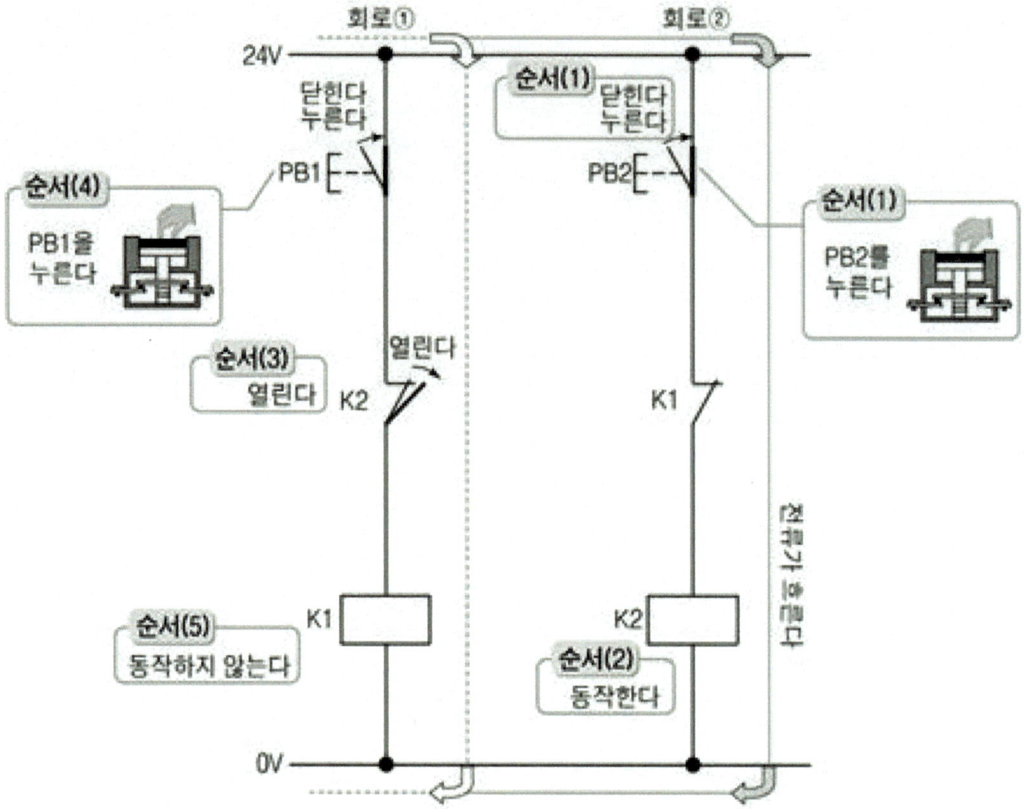

- 순서(1) : [그림 3-5]의 회로②에서 푸시 버튼스위치 PB2를 누르면 a접점이 닫힌다.
- 순서(2) : PB2가 닫히면 회로②의 코일 K2에 전류가 흘러 릴레이 K2가 동작한다.
- 순서(3) : 릴레이 K2가 동작하면 회로①의 K2 b접점이 열린다.
- 순서(4) : 회로 ①의 푸시 버튼스위치 PB1을 누르면 a접점이 닫힌다.
- 순서(5) : PB1이 닫혀도 회로①의 K2 b접점이 열려 있으므로 코일 K1에 전류가 흐르지 않아 릴레이 K1이 동작하지 않는다. 즉, 릴레이 K1의 동작이 금지된 것이다.

[그림 4-24] 릴레이 K2의 동작이 선행하였을 때의 동작

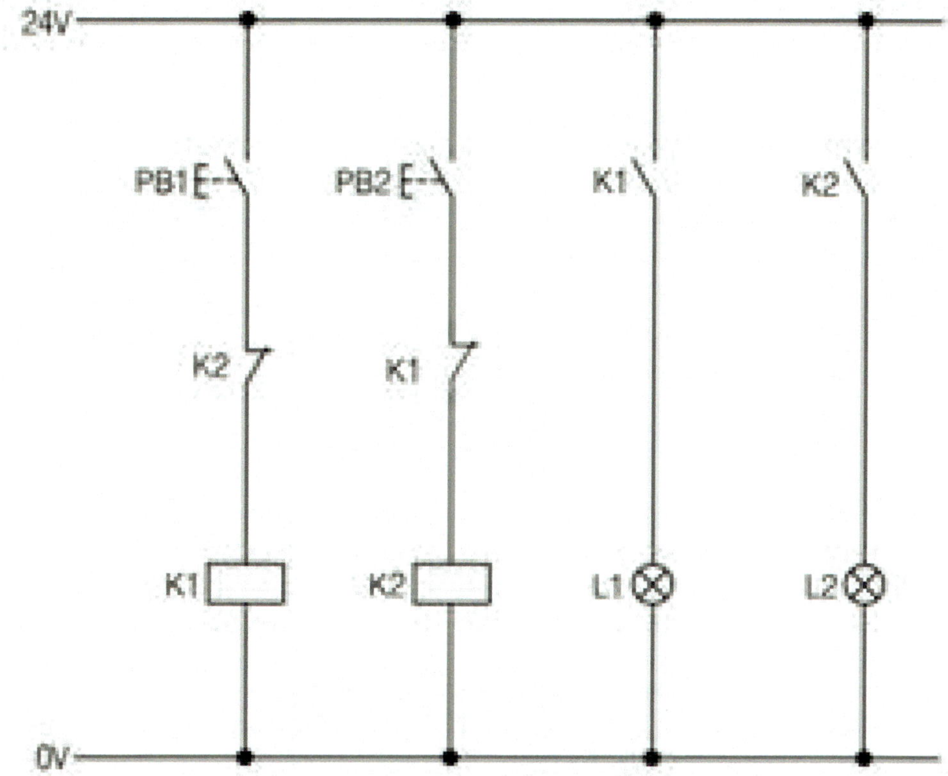

[그림 4-25] IEC 방식 인터록 전기시퀀스회로

[그림 4-26] 인터록회로 응용 PLC프로그램

※ 인터록응용회로

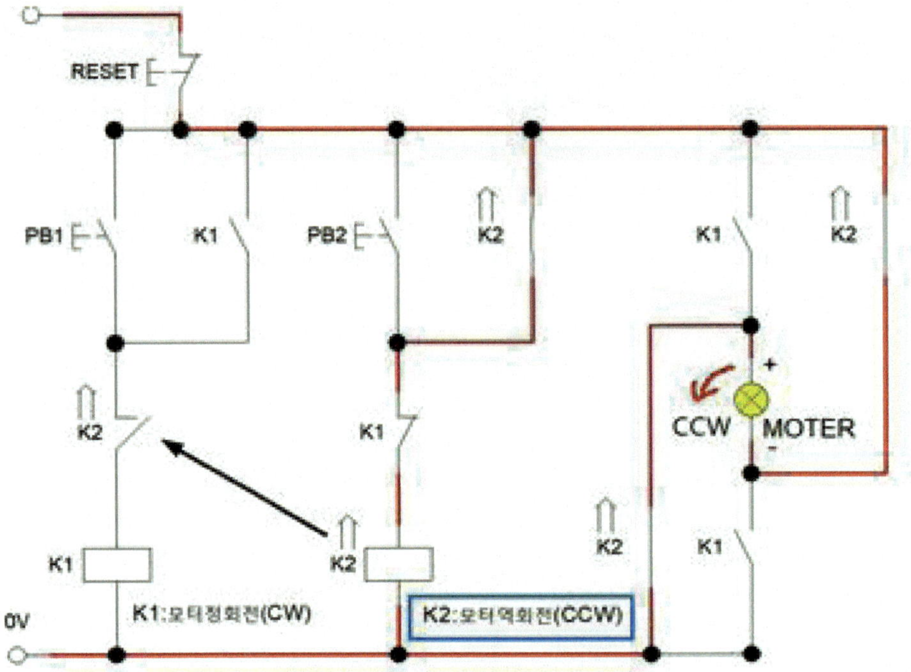

IEC OFF우선자기유지회로 응용한 인터록회로

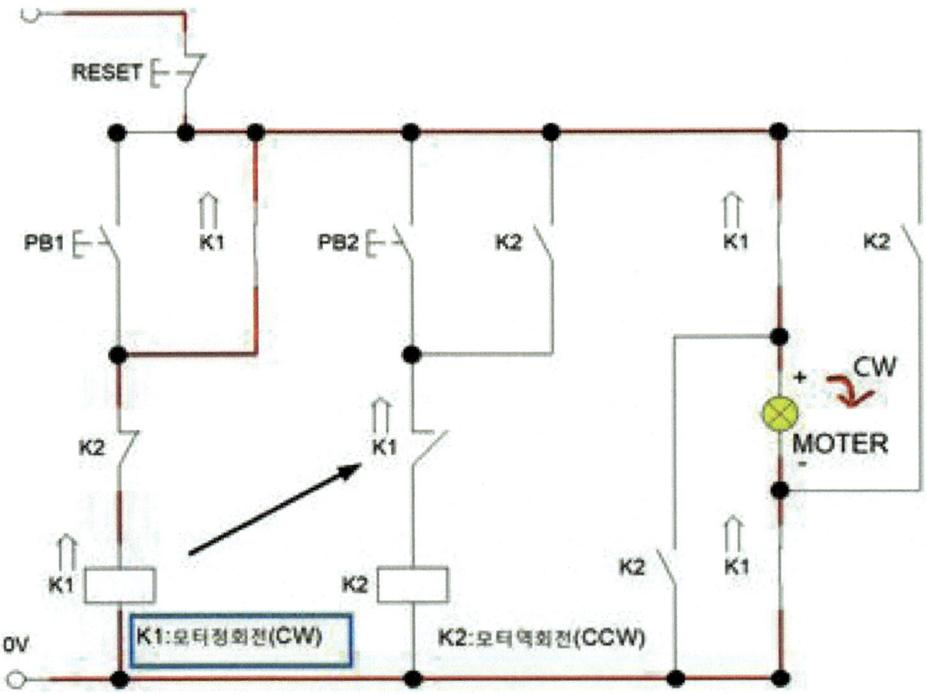

IEC OFF우선자기유지회로 응용한 인터록회로

[그림 4-27] IEC OFF 우선자기유지회로 응용한 전기시퀀스인터록회로

M108
M100
M2
RESET
PB1
M1
M101
M1
PB2
M2
M1
M2
M1
M2
Y30
CW
Y31
CCW
END
0
19

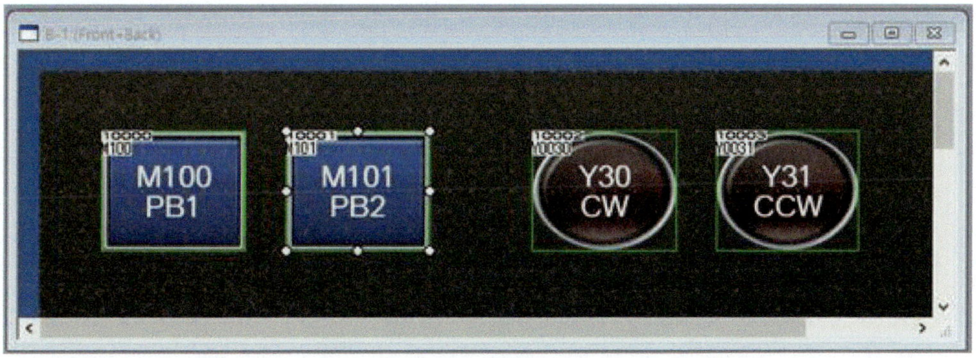
M100
PB1
M101
PB2
Y30
CW
Y31
CCW

4.8 타이머 회로

시간 지연 회로(time delay circuit)란 푸시 버튼스위치를 누르는 등의 입력 신호가 들어오고 나서 일정한 시간이 경과한 후에 출력이 나오는 회로로 타이머를 사용하여 회로를 구성하므로 타이머 회로라고도 한다.

타이머(timer)란 어떠한 시간 차를 만들어서 접점의 개폐 동작을 할 수 있는 것으로 시간 지연 릴레이라 한다.

타이머에는 동작 형식에 따라 전원을 공급하면 일정한 시간이 지난 다음에 접점이 작동되는 여자 지연 타임릴레이(On delay time relay)와 입력 신호를 제거하면 일정시간이 지난 다음에 접점이 작동되는 소자 지연 타임릴레이(OFF delay time relay)가 있으며 각각 a접점과 b접점을 가지고 있다. 미쓰비시 멜섹Q시리즈 PLC(Q03UDV)는 워드 디바이스인 타이머 접점은 (T0~T2047)2048점 사용가능하다.

4.8.1 온 타임릴레이(OFF delay time relay) 회로

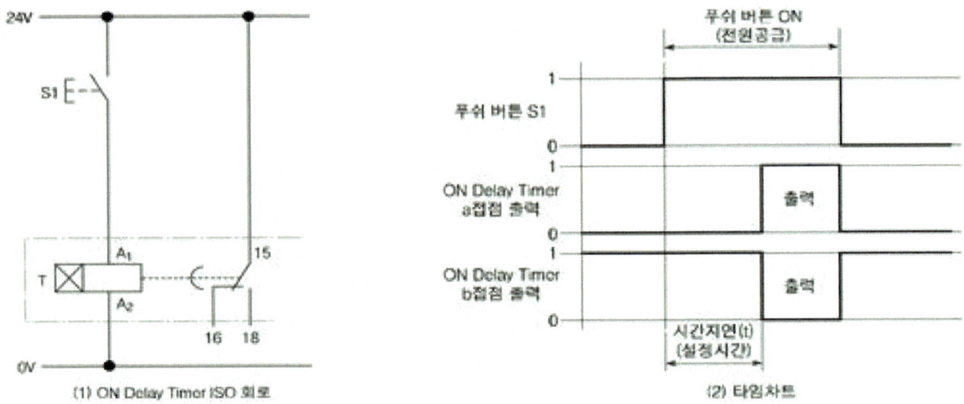

[그림 4-28] ON delay timer 회로와 타임차트

(1) 온 지연 타임릴레이(On delay time relay)를 이용한 램프 제어

푸시 버튼스위치 S1을 ON시키면 한시동작 순시복귀형 타이머 T가 작동하고 미리 설정한 시간이 경과한 후에 T의 접점이 닫혀 램프 L이 점등되는 회로이다.

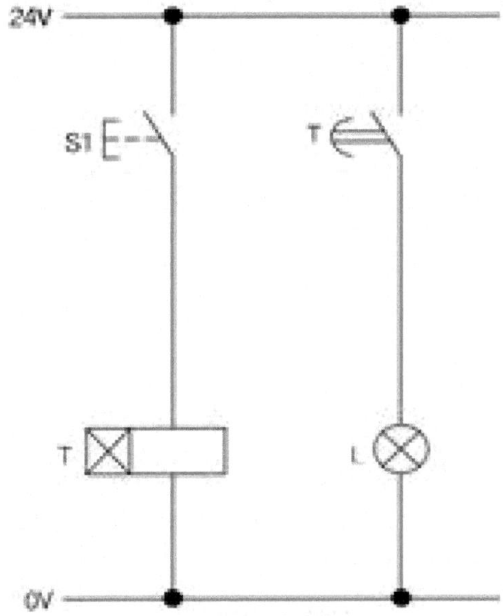

(1) ISO 방식

[그림 4-29] ON delay timer 램프 제어 시퀀스회로

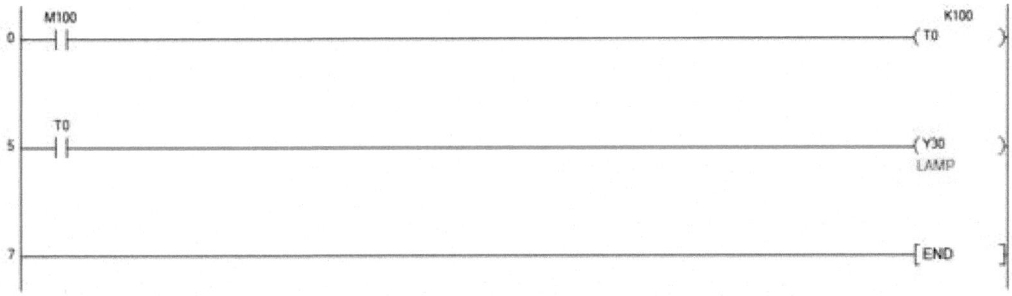

[그림 4-30] ON delay timer 램프 제어 PLC프로그램

미쓰비시 멜섹Q시리즈 PLC출하시 초기 저속 타이머 파라미터 기본 설정 시간값은 100ms(디폴트:default))이다. 저속 타이머는 100ms~1000ms 사이가 설정범위이며, 1000ms는 1초(sec)이다. 다시말해서 100ms는 01초이다. 단축키F7 클릭하여 코일이 만들어지면 작성 형식에 따라 (T0 K100) 작성하면 T0는 ON타이머기능을 하는 워드 디바이스 이고, K는 상수를 의미하고 100은 PLC출하시 초기타이머 파라미터 기본설정시간값 0.1s × 100(상수)=10초를 의미한다. 다시 정리하면 100ms × 상수100= 10초(s) 이다. PB1(M100)을 누르고 있으면 10초후에 램프(Y30)출력이 되는 것을 확인 할 수 있다.

(2) 온 지연 타임릴레이(On delay time relay)를 이용한 실린더 제어

푸시 버튼스위치 S1을 누르면 복동 실린더 A가 전진하며 리미트 스위치 LS1을 터치하면 일정시간 머무르게 된다. 일정시간이 경과하면 복동 실린더 A가 후진하는 회로이다.

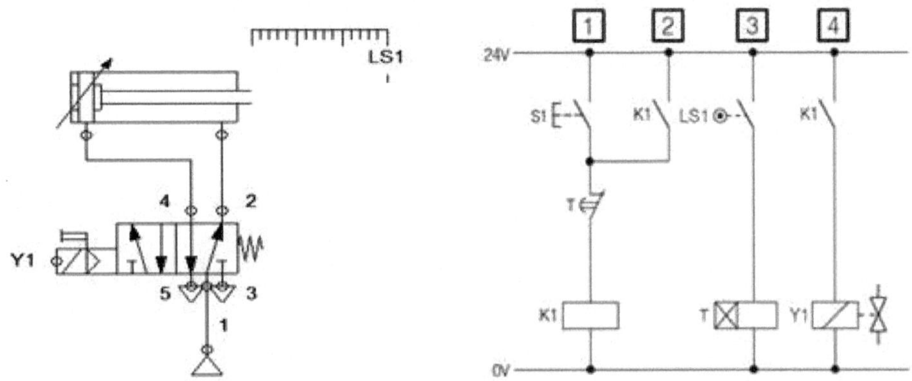

[그림 4-31] ON delay timer를 활용한 b접점 출력 실린더 제어 회로

1번 라인 S1 스위치를 ON하면 K1 릴레이 코일이 작동되어 2번 라인의 릴레이 K1이 자기유지되고 4번 라인의 릴레이 K1이 ON되어 솔레노이드 Y1이 여자ON되므로 실린더 A가 전진한다.

전진 완료 후 리밋스위치 LS1이 ON되면 ON delay timer T가 T설정시간 후 ON되어 1번 라인 T b접점이 a접점으로 반전되고 K1 자기유지가 해지되어 K1 릴레이 코일이 OFF된다. 4번 라인에 K1 접점이 OFF되면 솔레노이드 Y1이 OFF되므로 실린더 A가 후진된다.

[그림 4-32] ON delay timer를 활용한 b접점 출력 PLC프로그램

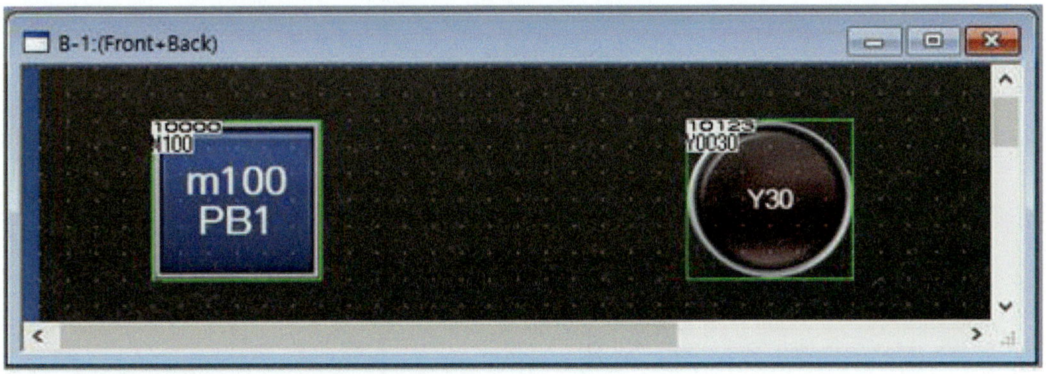

4.8.2 오프 지연 타임릴레이(OFF delay time relay) 회로

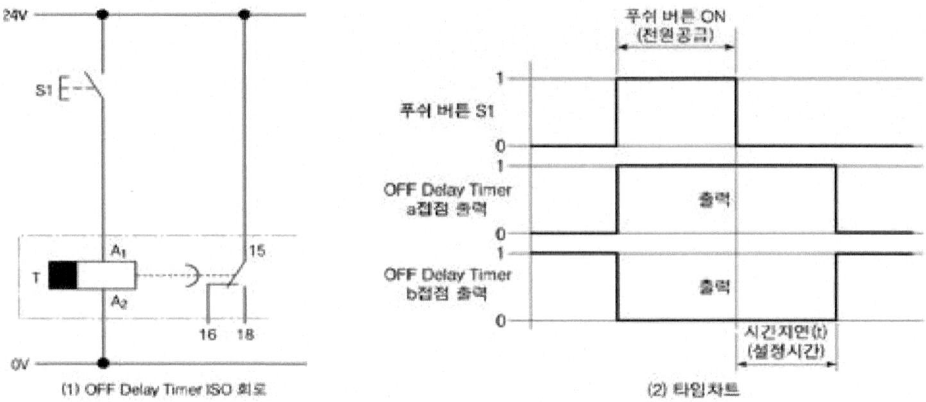

[그림 4-33] OFF delay timer 회로와 타임차트

(1) 오프 지연 타임릴레이(OFF delay time relay)를 이용한 램프 제어

푸시 버튼스위치 S1을 ON시키면 소자지연 타이머 T가 작동하고 a접점 T도 연결되므로 램프가 점등되며, S1을 OFF시키면 설정시간이 경과한 후 T의 접점이 열려 램프 L이 소등되는 회로이다.

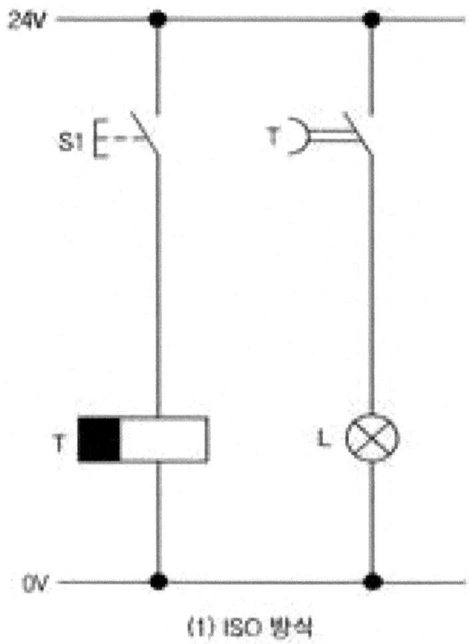

[그림 4-34] OFF delay timer 램프 제어 전기 시퀀스회로

미쓰비시 멜섹Q시리즈 PLC에서는 오프 딜레이 타이머 전용 명령어를 제공하지 않기 때문에 오프 딜레이 타이머가 필요한 경우 자기유지회로와 온 딜레이 타이머를 조합 만들어 사용하여야 한다.

[그림 4-35] OFF delay timer 램프 제어 PLC프로그램

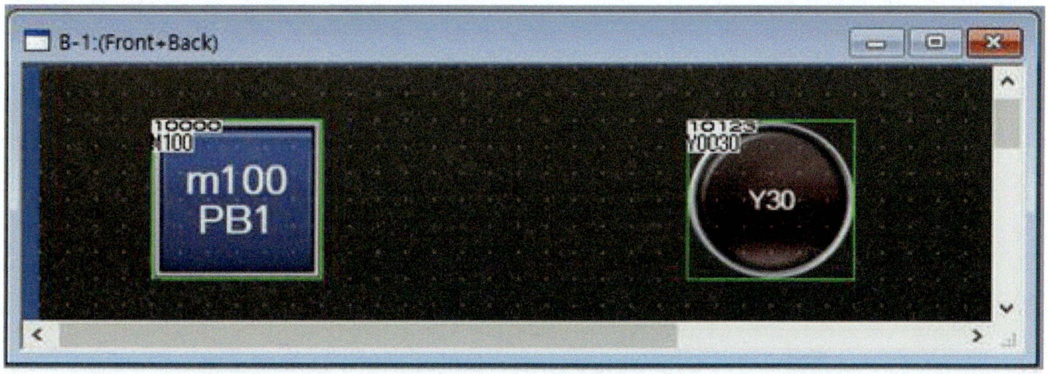

(2)오프 지연 타임릴레이(OFF delay time relay)를 이용한 실린더 제어

푸시 버튼스위치 S1을 누르면 복동 실린더 A가 전진한다. 일정 시간이 경과하면 실린더가 후진한다.

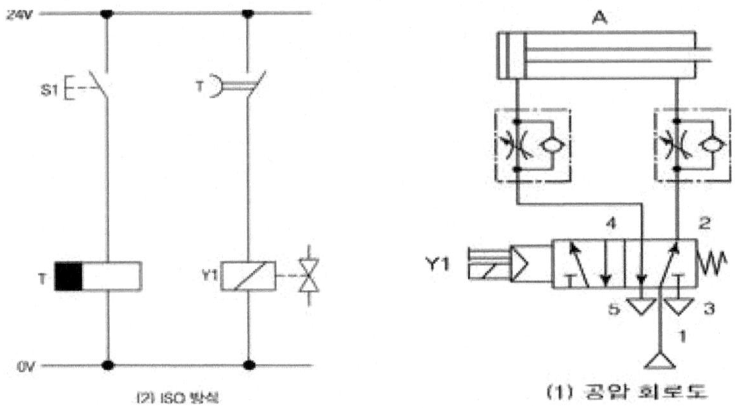

[그림 4-36] OFF delay timer A접점 실린더 제어 회로

[그림 4-37] OFF delay timer 실린더 제어 PLC프로그램

4.8.3 플리커 회로(flicker circuit)

플리커 회로(flicker circuit)란 타이머 릴레이를 이용하여 스위치를 ON하면 램프는 몇 초간 점등하고 몇 초간 소등되는 동작을 반복하여 펄스를 발생하는 회로라 하며, 또는 주기 동작 회로라고 한다. 이 회로는 램프 점멸 시간 및 점멸 횟수를 통하여 펄스 발생 속도와 주기 동작을 제어할 수 있다.

(1) 온 지연 타임릴레이(ON delay time relay) 2개를 이용한 플리커 회로 구성

푸시 버튼스위치 S1을 누르면 복동 실린더 A가 전진한다. 일정 시간이 경과하면 실린더가 후진한다.

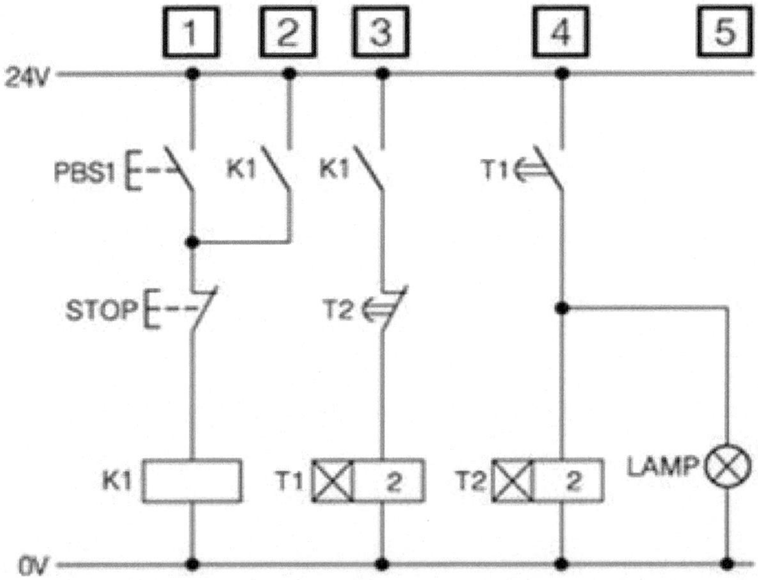

[그림 4-38] 플리커 IEC 회로도

1번 라인의 누름 버튼스위치(PBS1)를 ON하면 릴레이 K1이 동작되어 2번 라인의 릴레이 K1이 자기유지되므로 3번 라인의 릴레이 K1이 ON을 유지하게 된다. 3번 라인의 T1 타임 릴레이를 동작시키면 설정값 2초 후에 4번 라인의 T1 타임 릴레이 a접점을 b접점으로 전환(ON)시켜 4번 라인의 T2 타임 릴레이를 여자(ON)시키고 병렬로 연결되어 있는 5번 라인의 램프가 켜지면 동시에 4번 라인 T2 타임 릴레이가 여자(ON)되어 2초 후에 3번 라인의 T2 b접점이 a접점으로 전환(OFF)되고 T1 타임 릴레이가 소자(OFF)되어 정지하게 된다.

4번 라인의 T1 b접점에서 a접점으로 전환(OFF)되어 램프 및 T2 타임 릴레이를 소자(OFF)시키고, T2 타임 릴레이가 동작을 소자(OFF)시켜 정지하게 되면 3번 라인의 T2 접점이 a접점에서 b접점으로 전환(ON)된다.

다시 T1 타임 릴레이를 여자(ON)시켜 4번 라인의 T1 a접점에서 b접점으로 전환(ON)되어 램프 및 T2 타이머를 여자(ON)시킨다. 이런 동작이 STOP Switch(S/W)를 동작시키기전까지 반복하여 램프를 점멸한다. 상기내용을 이해하고 PLC프로그램을 작성해보자.

[그림 4-39] 플리커 PLC프로그램 작성 예

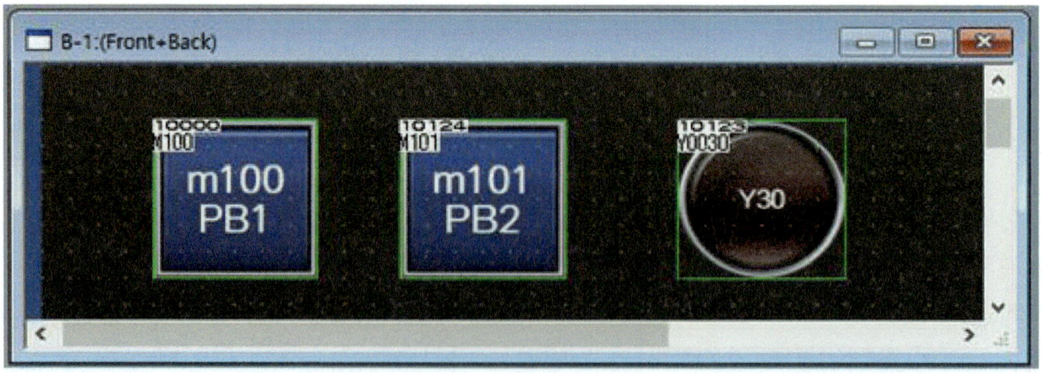

(2) 온 지연 타임릴레이(ON delay time relay) 1개와 소자지연(OFF delay time relay) 1개를 이용한 플리커 회로 구성

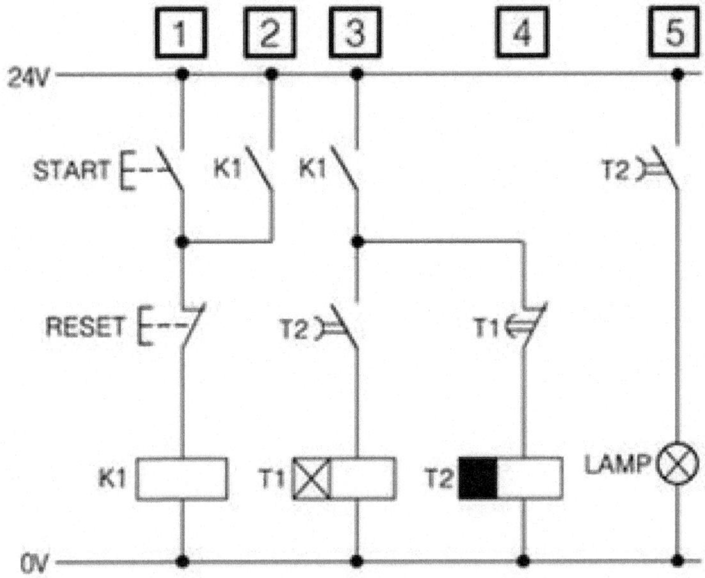

1번 라인의 START 스위치를 ON-OFF하면 2번 라인의 K1 릴레이는 자기유지를 통해 3번 라인의 K1 a접점이 b접점으로 전환(ON)되며 4번 라인의 OFF delay timer T2 코일이 바로 ON되어 T2의 a접점에서 b접점으로 전환(ON)되므로 램프가 켜지게 되며, 3번 라인의 ON delay timer T1 코일과 OFF delay timer T2 코일에서 설정한 시간의 합만큼 램프가 꺼지며, 다시 사이클이 시작되어 램프가 ON/OFF를 반복한다.

시퀀스 제어(sequence control)란 주어진 조건이 충족되면 미리 프로그램에 의하여 결정된 순서대로 제어 신호가 출력되어 순차적으로 작업이 수행되는 제어 방법으로서 실제 공장자동화에 가장 많이 이용되고 있는 방법이다.

시퀀스 제어는 시간에 따른 제어 방법과 위치에 따른 제어 방법이 있으며, 전자는 타이머를 이용하여 일정한 시간이 경과하면 그 다음 단계의 작업이 수행되는 제어 방법이며, 후자는 전 단계 작업의 완료 여부를 리미트스위치나 센서 등으로 확인하여 다음 단계의 작업을 수행하는 제어 방법이다.

4.8.4 고속타이머

미쓰비시 멜섹Q 시리즈 PLC에서는 고속 타이머 따로 있는 것이 아니라, 동일한 타이머 접점을 저속 및 고속 타이머로 지정해서 사용할 수 있다. 저속 타이머 지정은 단축키F7을 클릭하여 코일이 만들어지면 작성 형식에 따라 (T0 K100)작성하면 되고 고속 타이머는 단축키F7을 클릭하여 코일이 만들어지면 T0 디바이스 앞에 H 식별자를 추가하여 (H T0 K100)의 명령어 형태로 고속타이머를 작성하면 된다.

저속 및 고속 타이머의 기본설정시간값은 PLC 파라미터(Parameter)에서 변경할 수 있다. 고속타이머 본설정시간값은 10ms(디폴트:default))이다. 고속 타이머는 0.01ms~100ms 사이가 설정범위이며, 1000ms는 1초(sec)이다. 다시말해서 10ms는 0.01초이다.

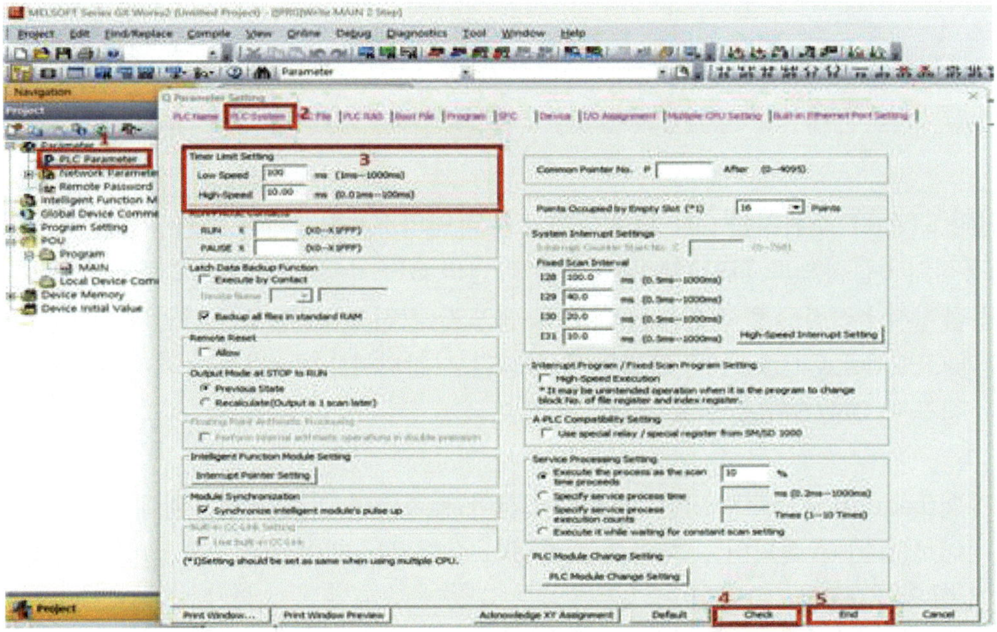

1 → 2 → 3 → 4 → 5 순서로 실행한다. 변경된 파라미터를 PLC CPU에 쓰기한 후에 CPU 리셋을 한다.

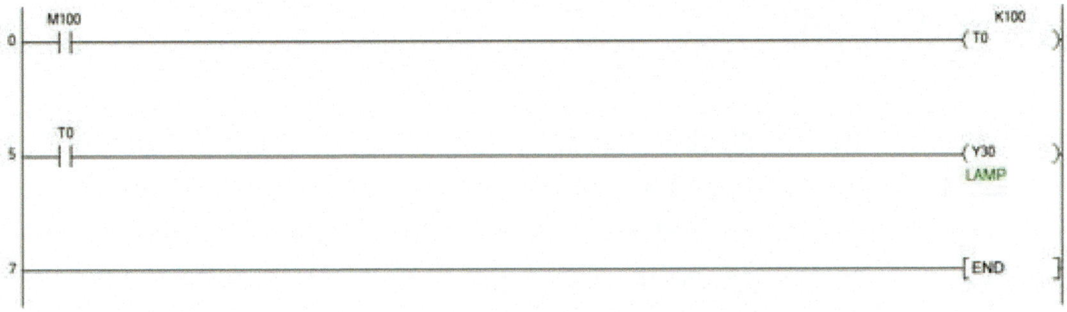

[그림 4-41] 저속타이머 PLC프로그램

[그림 4-42] 저속타이머 PLC프로그램

[그림 4-43] 고속타이머를 활용한 PLC프로그램

4.8.5 적산 타이머

적산의 뜻은 측정하거나 계산한 값을 순서대로 더해가는 동작을 의미한다. 적산타이머는 적산하는 기능을 가지고 있는 타이머를 말하며 적산된 시간을 리셋하기 전까지 그 시간을 누적 유지한다. 미쓰비시 멜섹Q시리즈 PLC초기 출하시 디바이스포인트 메모리 할당은 0이다. 적산 타이머를 사용하려면 디바이스포인트 메모리 할당 작업이 먼저 이루어져야 한다.

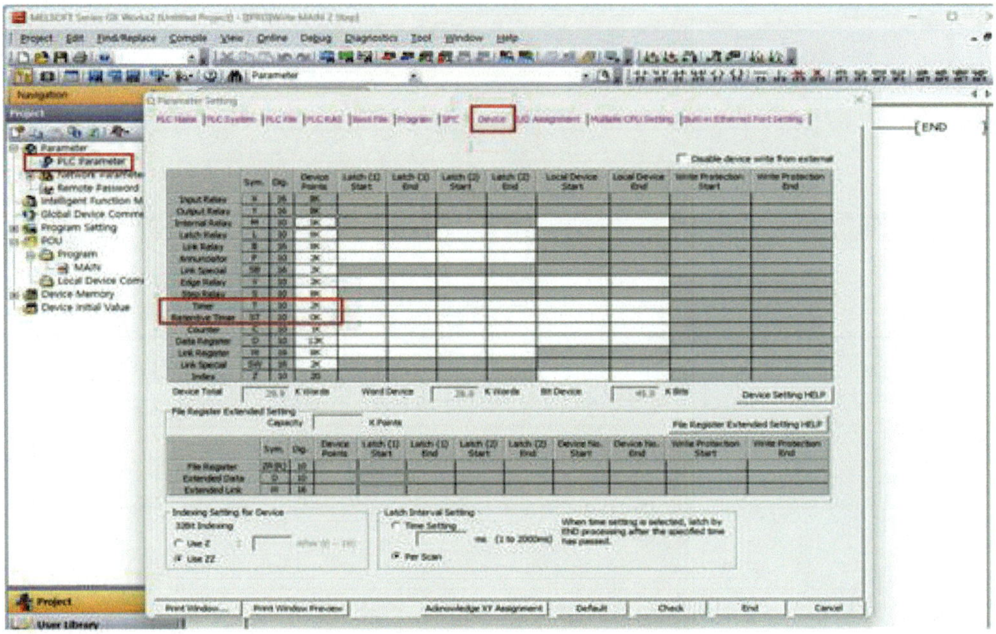

1. Project → PLCParameter → Devic 순서로 실행한다.

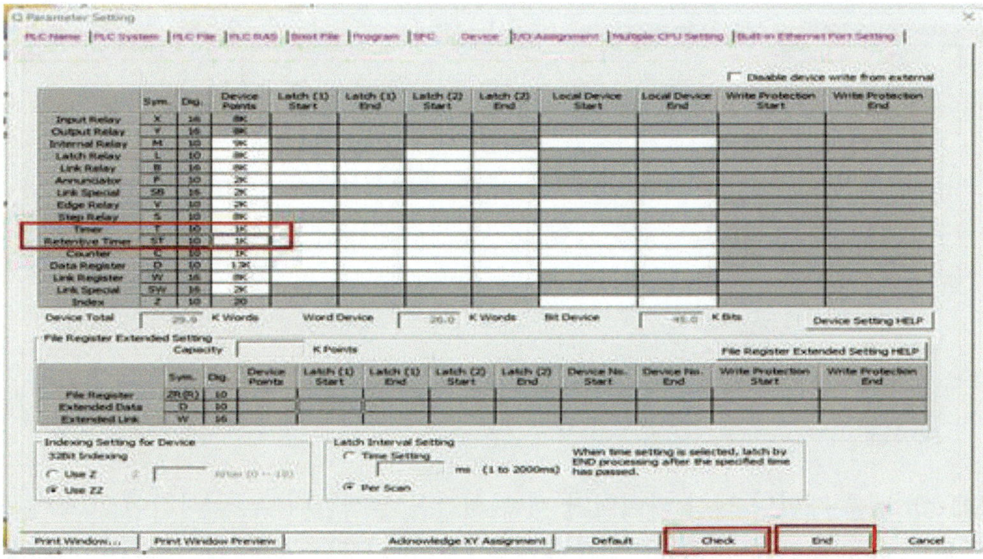

2. Timer 2K값을 1K로 줄여서 변경하고 Retentive Timer 0K에서 1K로 디바이스포인트 메모리 할당을 설정하고 Check 버튼을 클릭 이상없으면 End를 클릭한다.

3. Parameter+Program, Local Device Comment을 선택하고 프로그램 쓰기를 수행 한다. PLC CPU를 리셋을 수행한다.

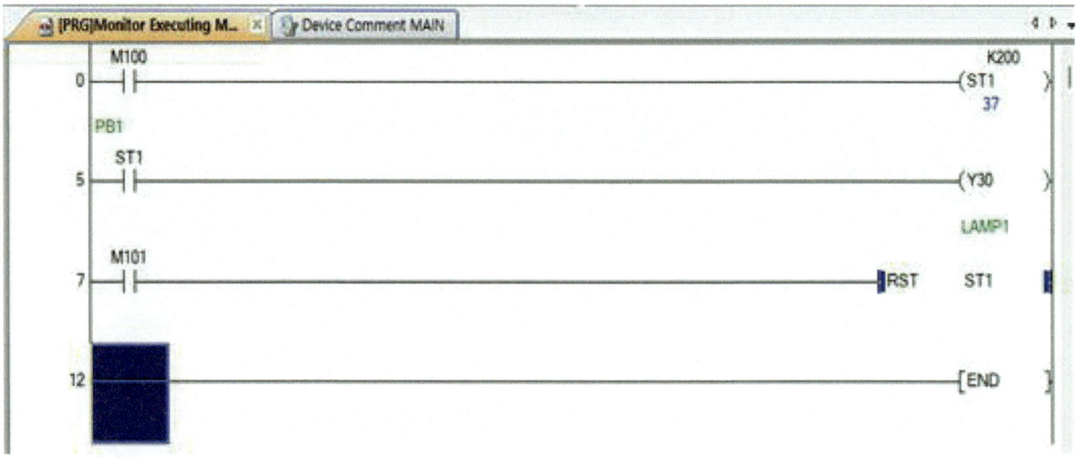

4. PB1(M100) 누를 때마다 적산 타이머가 계속 시간을 누적한다. 누적 시간이 20초에 도달하면 출력 램프1(Y30)가 출력된다. 램프(Y30) 출력을 OFF하기 위해서는 적산타이머 시간을 리셋해야 한다. 적산 타이머를 초기화하기위해 리셋 응용명령어 RST(RESET) 명령어를 사용한다. 입력 신호 M101을 온(ON-OFF)하면 적산 타이머가 초기화되고, 출력(Y30) 램프1이 소등(OFF)된다.

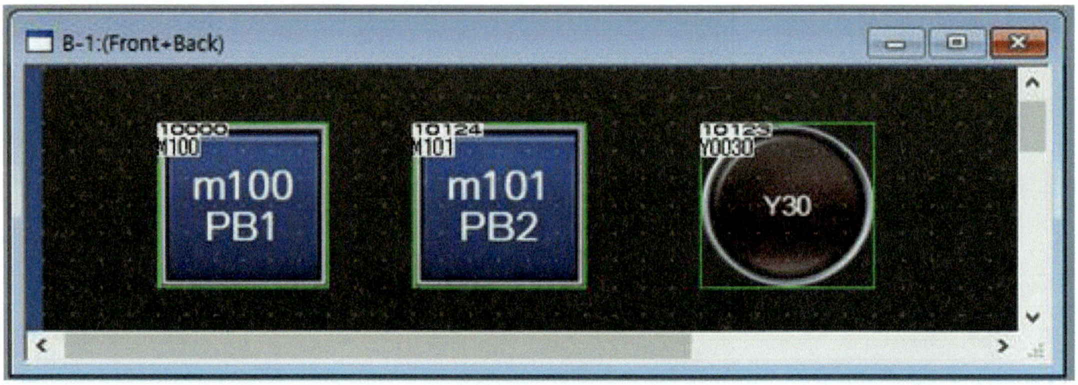

4.9 카운터 회로

카운터라는 의미는 일반적으로 "계산대","수를세다"는 의미로 사용된다. 자동화 시퀀스, PLC 프로그램에서 사용되는 카운터(Counter) 의미는 전기 회로에서 전기신호 즉 스위치,접점등의 ON-OFF횟수를 세거나, 센서의 감지신호(ON-OFF)를 계수하는 역할을 하는 디바이스이다.

카운터는 동작기능에 따라 업(가산)카운터 명령어와 다운(감산)카운터, 가감산(UP/DOWN)카운터로 구분된다.

미쓰비시 멜섹Q 시리즈 PLC에서는가산카운터 명령어와 가감산카운터 명령어를 사용 할 수 있다.

4.9.1 업(가산)카운터 명령어

업(UP) 카운터 또는 가산 카운터라 불리는 카운터명령어는 단축키 F7을 사용하여 (C1 K3)작성한다. PB1(M100)입력신호가 ON-OFF 될 때마다 현재값에 1을 더하여 증가시키고, K3 설정값과 비교하여 같거나 크면 C1카운터 접점이 작동하여 출력(Y30)이 온(ON)된다.

온(ON)된 카운터의 현재 진행된 카운터횟수를 초기화 시키기 위해서는 리셋 응용명령어 F8를 활용해 [RST C1]를 작성해서 현재카운터 값을 강제로 "0'으로 초기화 한다. 이때 전기시퀀스 전기 카운터처럼 프로그램적으로 워드디바이스 메모리로 C1카운터를 사용한다. 미쓰비시 멜섹Q 시리즈 PLC(Q03UDV)는 워드 디바이스인 카운터 접점은 (C0~C1023)1024점 사용 가능하다.

[그림 4-44] 업(UP)카운터를 활용한 PLC프로그램

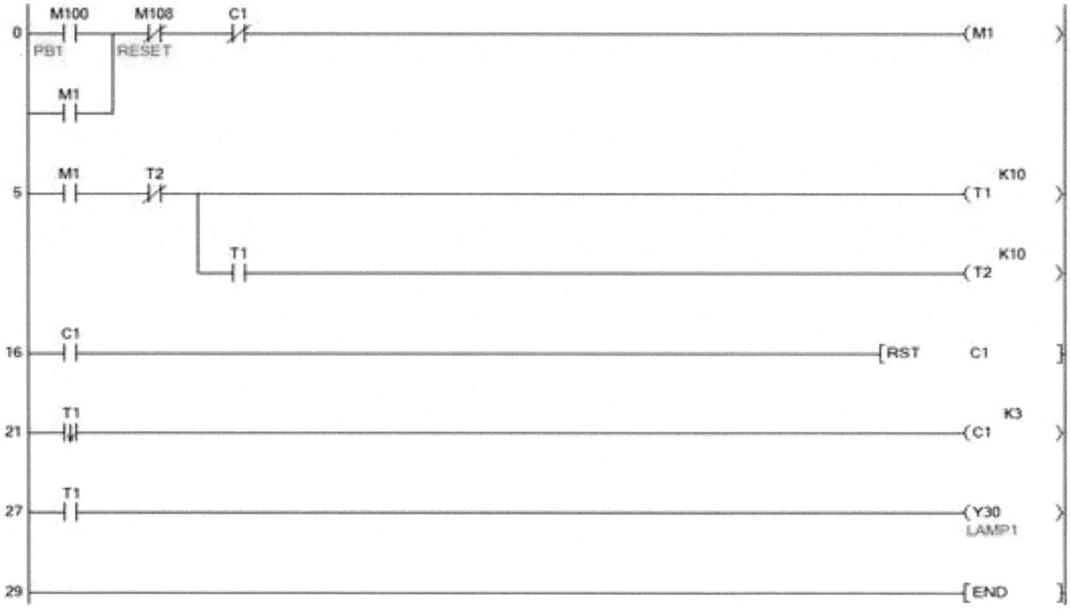

[그림 4-45] 업(UP)카운터 사용상 주의할점 PLC프로그램

상기회로는 자기유지회로와 온타이머를 활용한 플리커회로를 구성하여 램프의 점멸(펄스신호)을 3회연속 출력하고 정지하는 회로이다. 플리커회로가 연속 적인 펄스점멸(점등-소등)출력 가능하도록 M1을 자기유지회로를 구성하여 계속적인 M1신호를 공급한다, 플리커 타이머 접점 T1을 카운터가 리셋될때 발생하는 문제점을 해결 하기위해 하강펄스 접점을 사용하여 업(UP)카운터 C1에 신호을 전달 한다.

업카운터는 T1입력신호의 하강펄스신호를 체크하여 카운터의 현재값을 1씩 증가 시킨다. 결과적으로 램프1출력(Y30)은 T1상승펄스시 출력 되므로 정확히 출력되는 것을 확인 할 수 있고 카운터 리셋신호는 T1 하강펄스 신호를 카운터의 입력신호로 사용하여 정확한 출력 프로그램을 작성 한다.

그러나 이 회로는 카운터 사용시 주의 해야할 부분이있다. 카운터 리셋신호로 T1 상승펄스 또는 일반접점펄스에서는 카운터 입력신호를 ON되었을때 상승펄스신호가 카운터의 증가값 1씩 누적 되므로 3회 증가 누적과 동시에 램프가 3회 출력 동작 되기도 전에 리셋이 동시작동되어 카운터가 초기화 된다. 카운터의 상승펄스 신호에 의한 램프 점멸 동작은 2회만 확인 할수 있다. 결과적으로 카운터 입력신호로 상승펄스 또는 하강펄스 신호를 조건에 맞게 잘 선택하여 사용하여야 한다.

4.9.2 가감산(UP/DOWN)카운터

[그림 4-47] 가감산카운터를 사용한 PLC프로그램

가감산(UP/DOWN) 카운터 응용명령어 UDCNT1은 입력 PB1(M100)버튼 비트 입력이 온(ON)되면 명령어가 실행된다. 입력 X1버튼은 카운터 입력을 위한 펄스신호, 입력 X2버튼은 가산/감산동작 선택버튼이다. X2버튼 온(ON)하면 입력버튼X1을 온(ON)할 때마다 카운터값 감소하고, 오프(OFF)하면 입력버튼X1를 온(ON)할때마다 카운터값 증가한다. PB1(M100)은 유지형(Alternate)스위치, X1은 푸쉬버튼스위치(Momentary), X2은 유지형(Alternate)스위치를 사용한다.

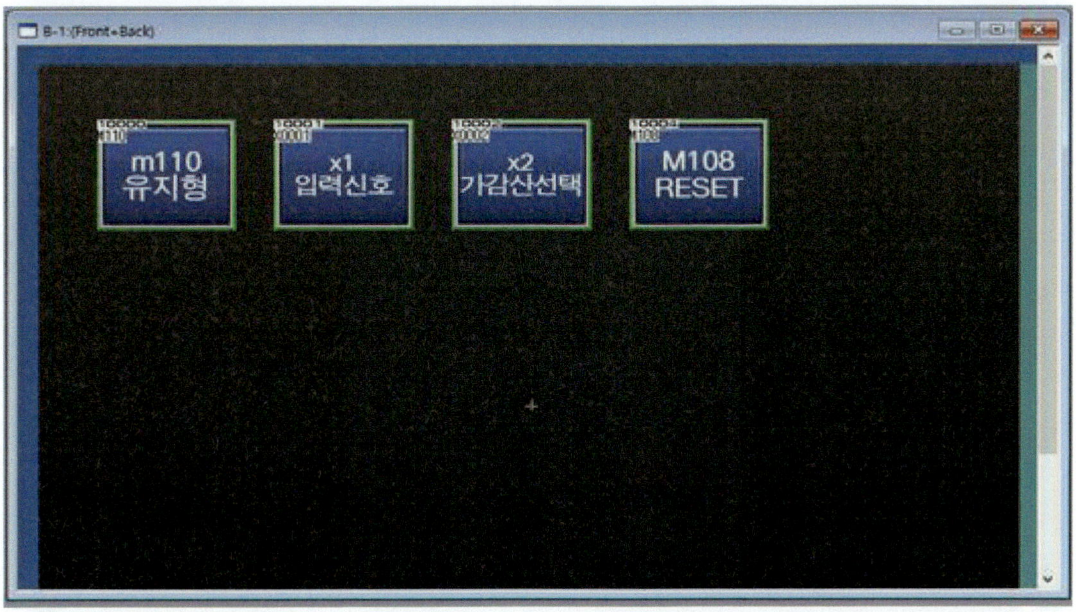

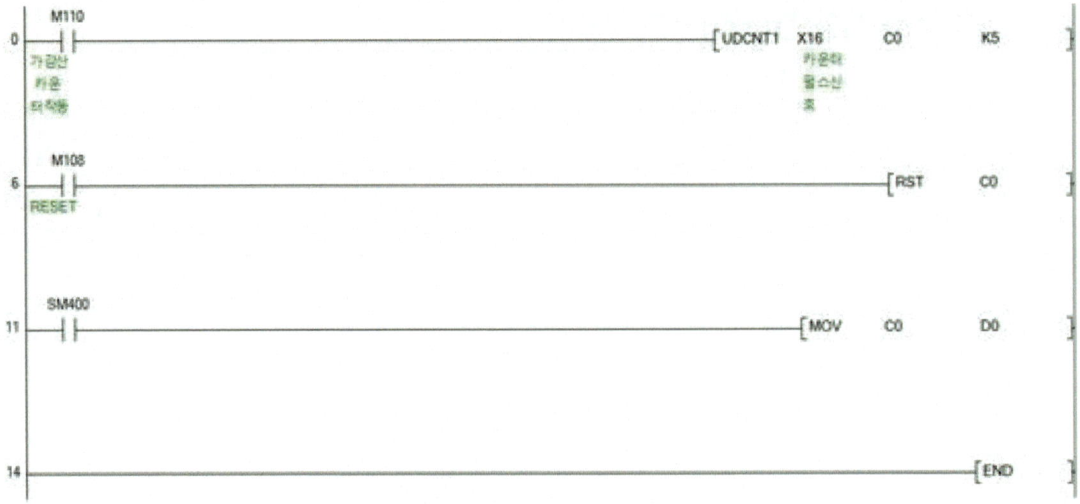

[그림 4-48] 가감산카운터를 응용한 PLC프로그램

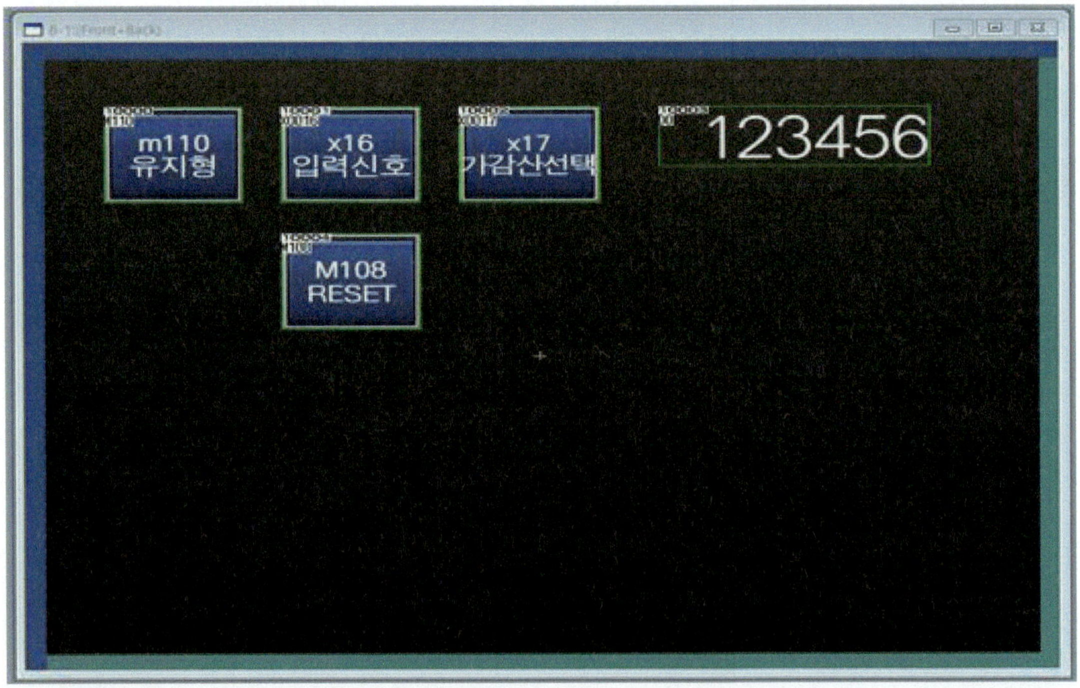

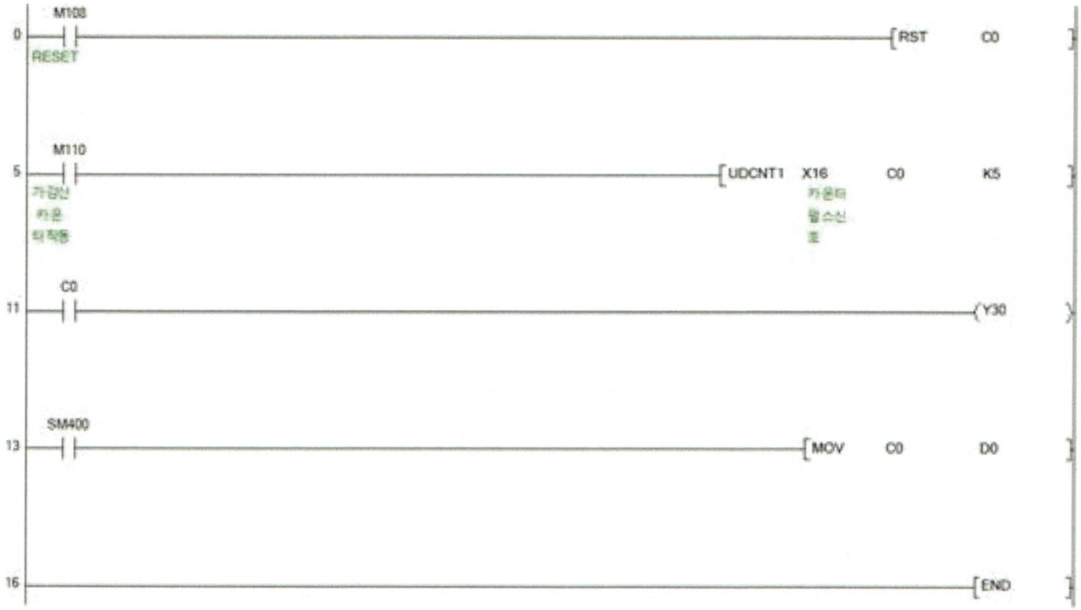

[그림 4-49] 가감산카운터를 응용한 PLC프로그램

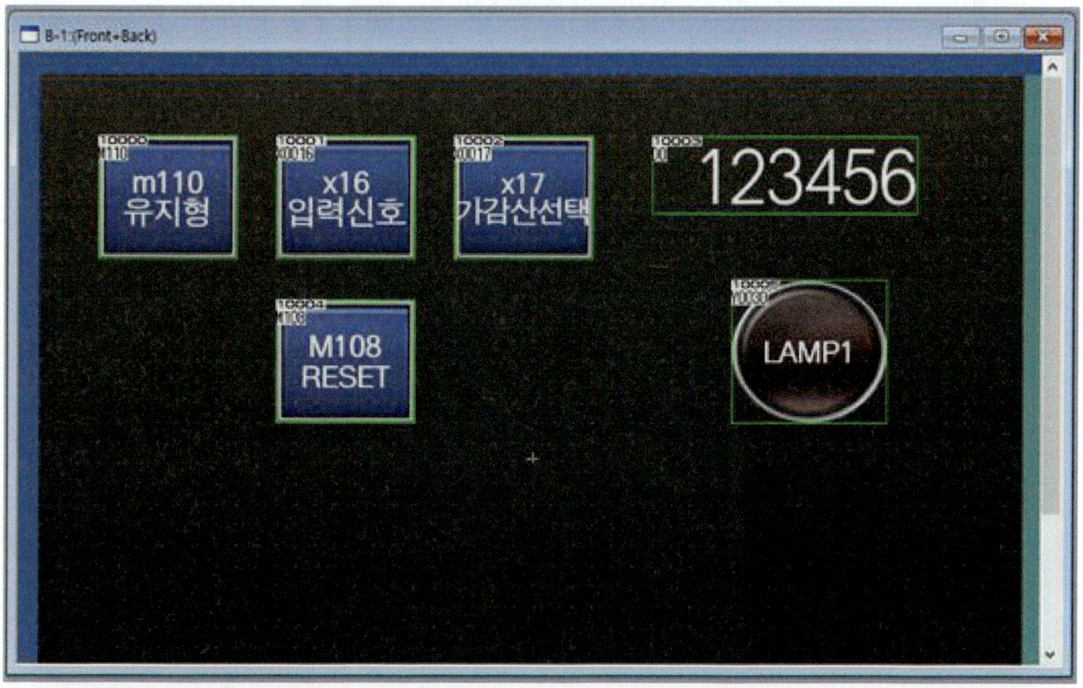

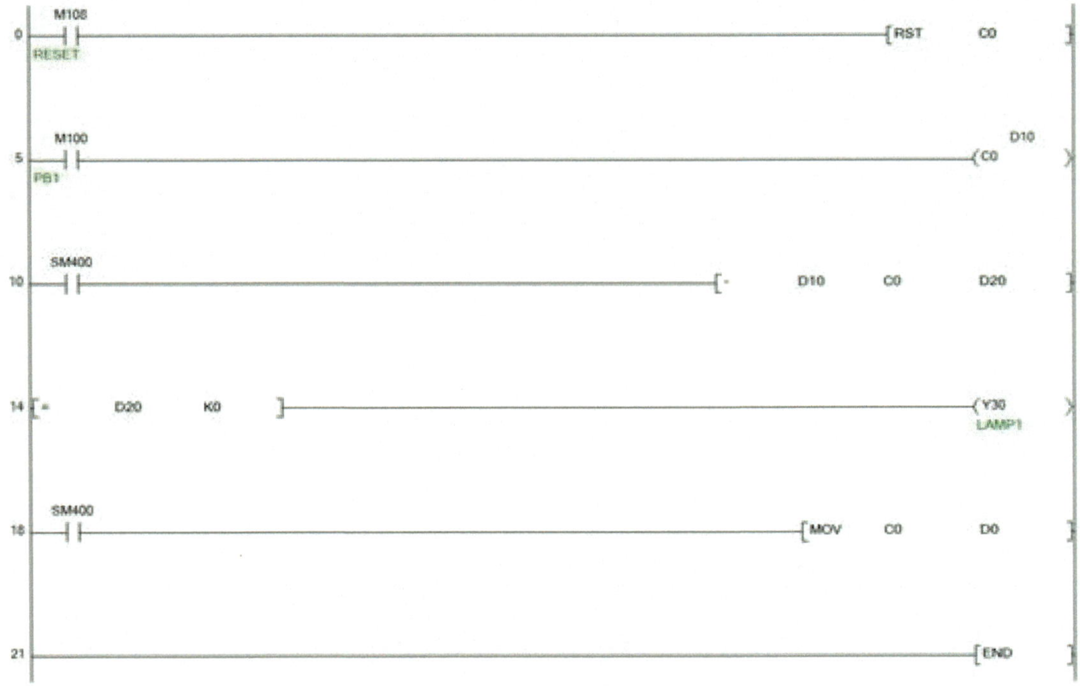

[그림 4-50] 카운터를 응용한 PLC프로그램

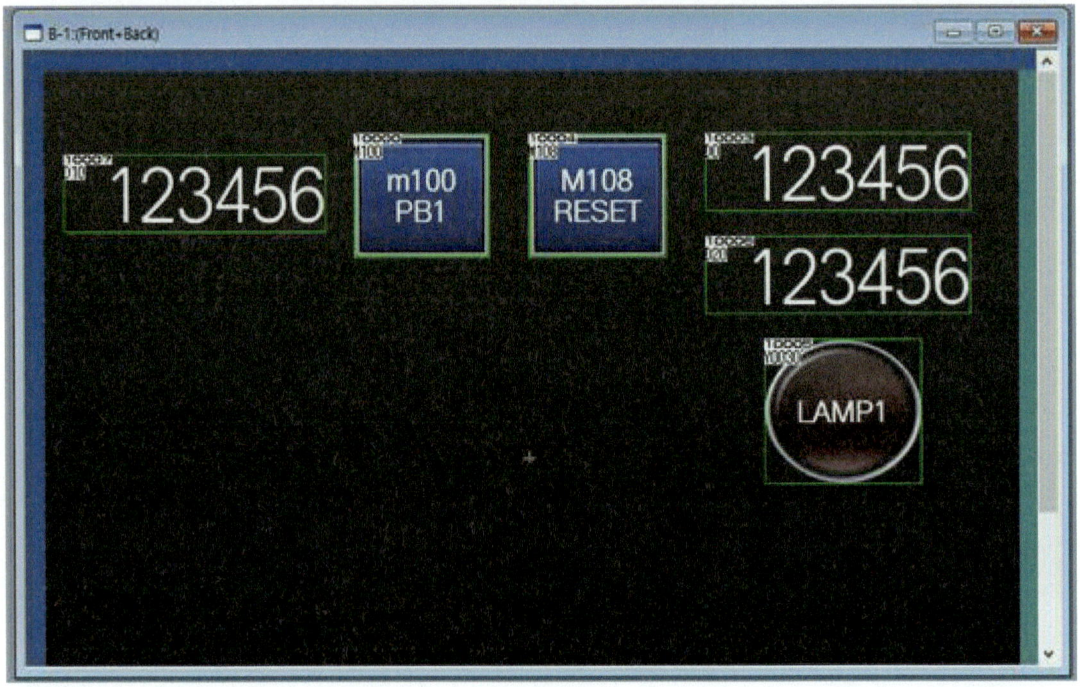

※ 응용회로(자기유지회로 + 플리커 회로 + 카운터 회로)

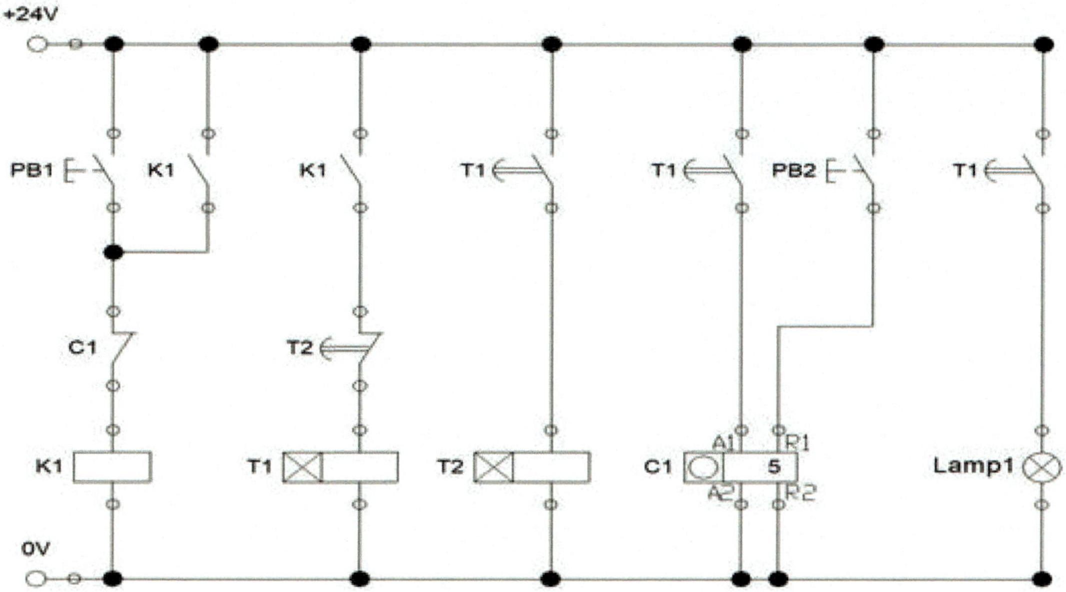

↓ 전기시퀀스회로 PLC프로그램 변환 ↓

4.10 세트와 리셋

SET 출력(OUT)명령이 실행(ON)되면 비트 디바이스 내부릴레이M1은 온(ON) 된다. 온(ON)된 디바이스 내부릴레이 M1은 실행 신호접점이 오프(OFF)되어도 온(ON) 상태를 유지한다. SET 명령으로 온(ON)된 디바이스는 RST(RESET)명령으로만 오프(OFF)할 수 있다.

[그림 4-51] 세트와리셋를 활용한 PLC프로그램

단축키 F8 사용하여 응용 명령어 [SET M1], [RST M1]을 작성 한다.PB1(M100)버튼을 온(ON)하면 비트 디바이스 내부릴레이 M1은 온(ON)된다. RESET버튼(M108) 온(ON-OFF)하면 비트 디바이스 내부릴레이 M1은 리셋된다.

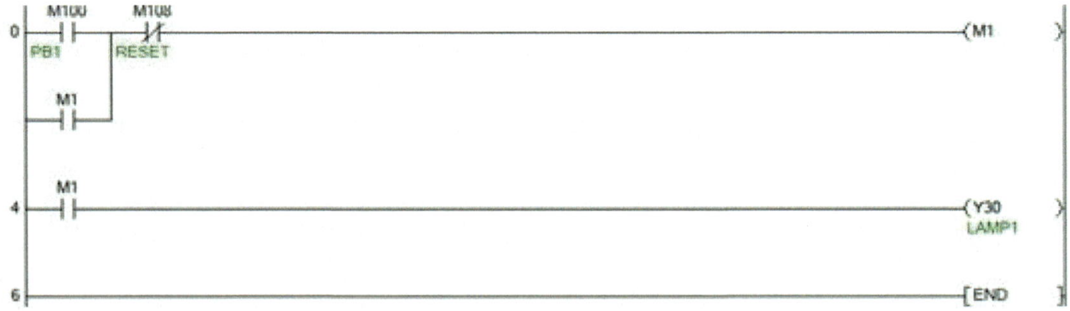

[그림 4-52] 세트와리셋 프로그램과 동일한 오프우선자기유지회로 PLC프로그램

디지털 회로에서 신호의 기억 기능을 갖는 회로를 플립플롭(Flip-Flop) 논리회로라 한다. 즉, A 또는 PB1에 신호가 입력되면 출력이 전환되고, 그 A또는 PB1에 신호가 없어져도 리셋 신호가 입력 될 때까지는 그 출력 상태가 유지되는 회로를 말하며, 기억회로라고도 한다.

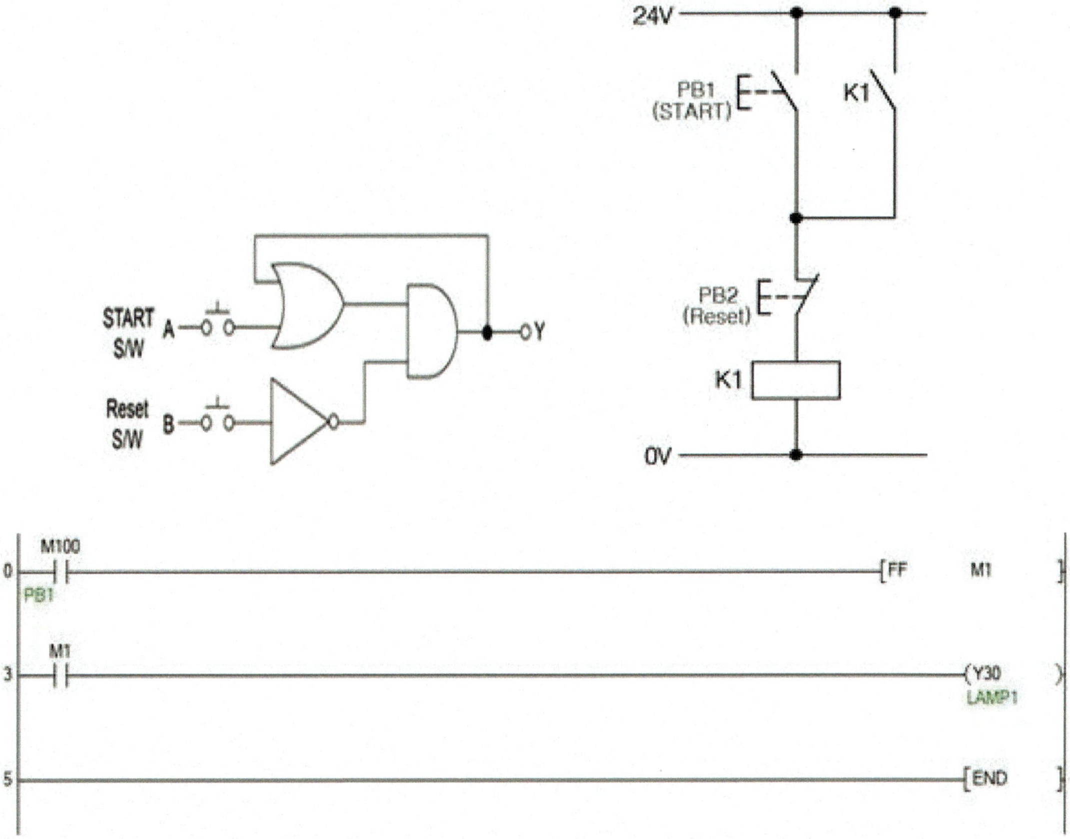

[그림 4-53] 세트와리셋 프로그램과 유사한 플립플롭 PLC프로그램

4.11 비교연산

두 데이터 사이의 크기 비교를 수행하는 다음과 같은 비교연산자가 있다.

[표 4-1] 비교연산자

비교연산자기호	기능의미
>	크다
<	작다
>=	크거나 같다
<=	작거나 같다
=	같다
<>	같지 않다

[그림 4-54] 비교연산자 기초 PLC프로그램

INCP 응용명령어는 입력 PB1(M100)이 온(ON-OFF) 상승펄스 신호입력 시마다 Scan 시간 단위로 1씩 증가하는 명령어이다. 상기 프로그램은 비교 연산자 기능에 따라 출력된다.

INC는 입력측이 온(ON)되면 Scan 시간단위로 1씩 증가하는 명령어이다. DEC는 입력측이 온(ON)되면 Scan 시간단위로 1씩 감소하는 명령어이다.

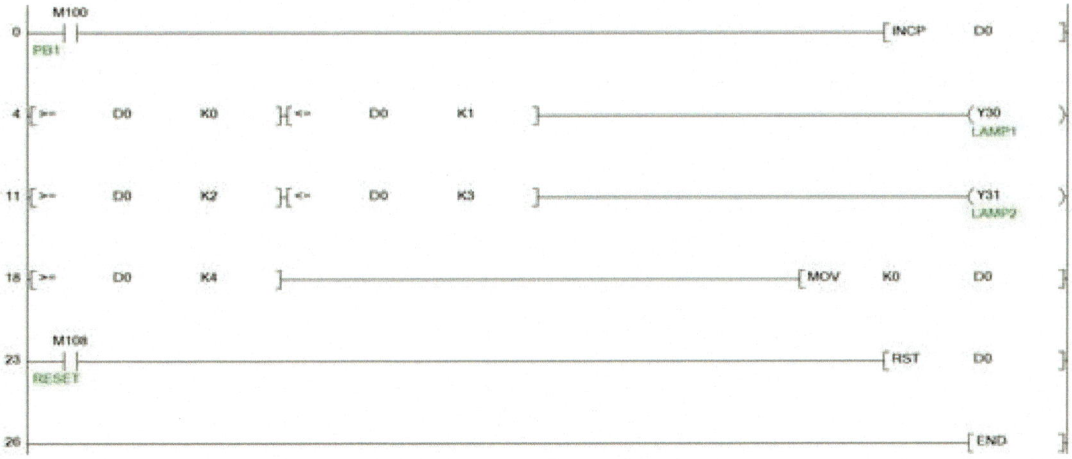

[그림 4-55] 비교연산자 응용1 PLC프로그램

INCP 응용명령어는 입력 PB1(M100)이 온(ON-OFF) 상승펄스 신호입력시 마다 Scan 시간단위로 1씩 증가하여 워드 디바이스 데이터 레지스터 D0에 저장되어 비교문에 적용하여 출력램프를 확인 할 수 있다. 워드 디바이스 데이터 레지스터 D0에 저장된 값이 0,또는 1이면 출력램프1(Y30) 출력, 2또는 3이면 출력램프2(Y31) 출력된다. D0값이 4이면 D0는 전송 명령어 MOV가 상수 "0"값을 D0에 전송하여 초기화한다. 다른 방법은 리셋입력(M108)을 온(ON-OFF)하여 D0을 "0"리셋 초기화 할 수 있다.

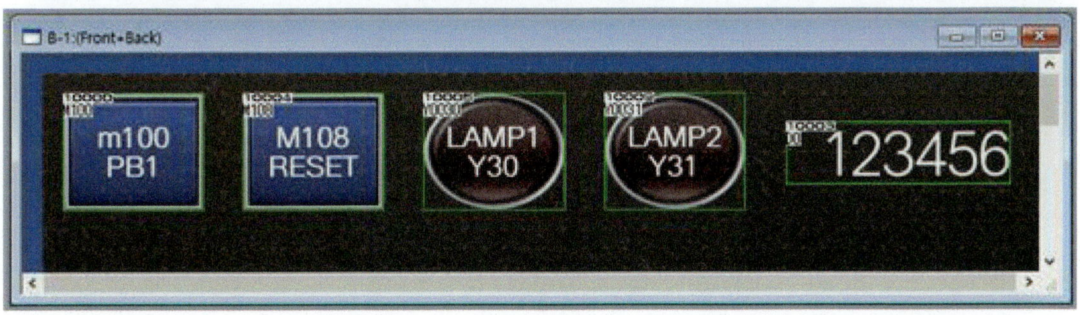

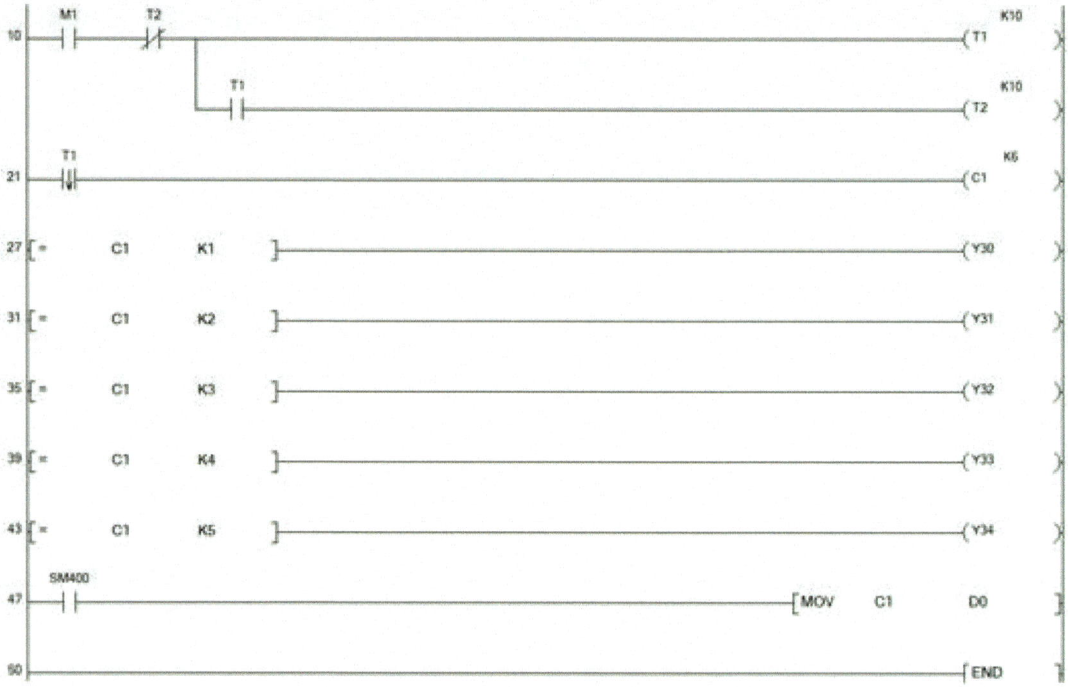

[그림 4-56] 비교연산자 응용2 PLC프로그램

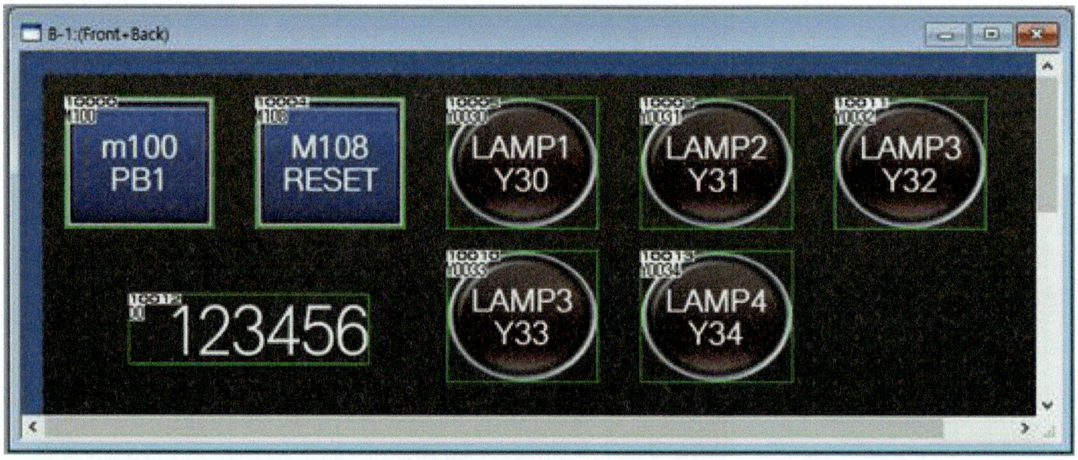

4.12 데이터 전송

데이터를 사용 용도에 따라 데이터 레제스터에 저장 하거나 옮길 때 사용하는 명령어가 데이터 전송 명령어이다. 데이터 전송 명령어는 MOV, BMOV, FMOV가 있다. 우선 MOV 명령 [MOV K0 D0]은 상수는 앞에 K를 붙인다. 상수"0"을 워드 디바이스 데이터 레지스터 D0(16비트크기로 구성되어 있는 디바이스 값은 -32768 ~ 32767로 지정 가능하며 최상의 비트가 부호 비트이다)에 전송 저장 하거나 데이터를 읽을 수 있는 명령어이다. BMOV 명령 [BMOV D0 D10 K2]은 D0에"0", D1 "2"가 저장 되어 있다면, D10에 "0", D11에 "2"를 복사하라는 명령어이다. FMOV 명령 [FMOV K10 D10 K2] K10을 워드 디바이스 데이터 레지스터 D10,D11에 전송 저장하는 명령어이다.

※ MOV 16비트/32비트 테이터 전송 명령어

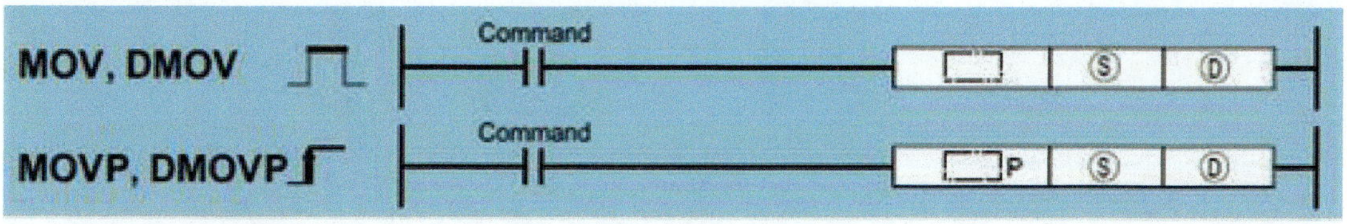

ⓢ전송소스(Source) 데이터 또는 데이터가 저장되어 있는 디바이스 번호(BIN16/32비트)
ⓓ 전송대상(Designation:데스티네이션) 디바이스번호(BIN16/32비트)

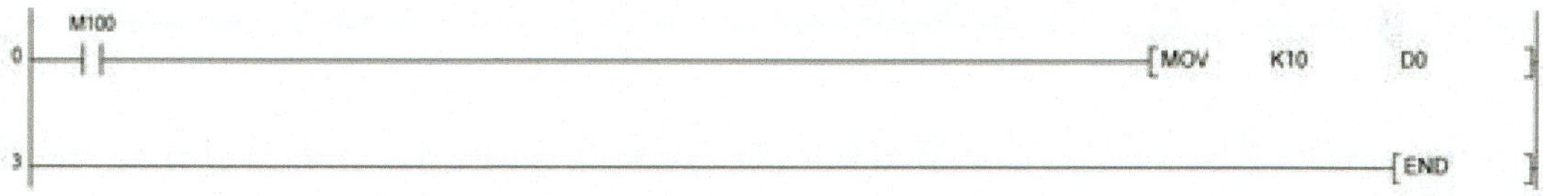

[그림 4-57] 데이터전송 기본1 PLC프로그램

워드 디바이스 데이터 레지스터 D0에 정수 10을 전송하는 프로그램이다. 데이터 전송 명령어 MOV는 기본적으로 16비트 데이터를 전송하는 명령어이다. 2진수로 16비트의 최대값은 1111 1111 1111 1111로 전송할 수 있는 최대값은 Signed BIN16 부호(+ ,-)있는 16비트로 전송할 수 있는 10진수 값은 - 32768 ~ + 32767, 부호가 없는 UnSigned BIN16, UnSigned의 개념은 음의 정수를 표현하지 않고 0을 포함한 양의 정수만 사용할 수 있는 10진수값 65535이다.

[그림 4-58] 데이터전송 기본2 PLC프로그램

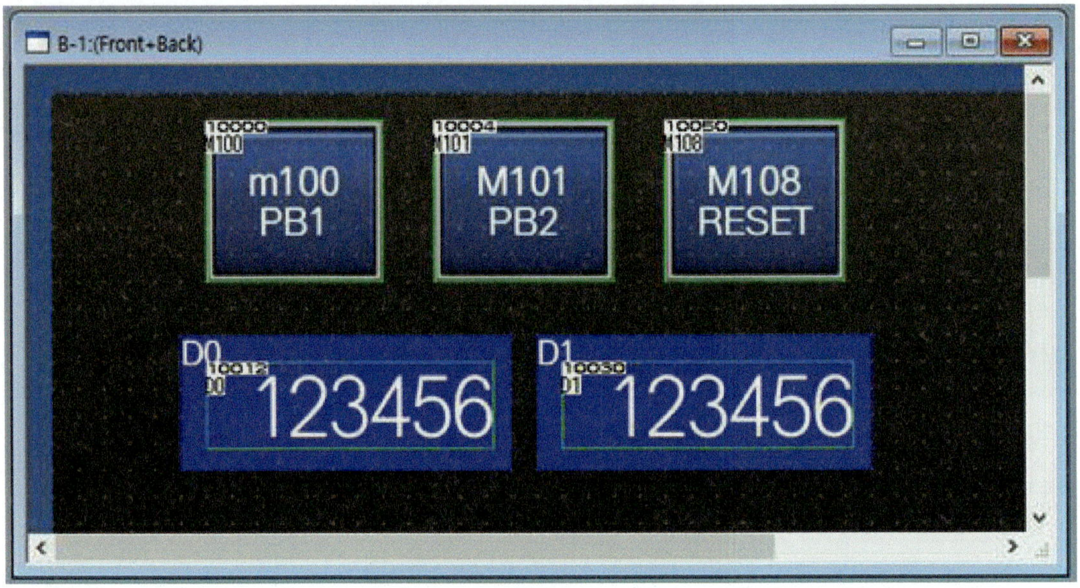

입력 PB1(M100)이 온(ON-OFF)하면 양의정수(K) 32767이 워드 디바이스 데이터 레지스터 D0 디바이스에 전송 저장된다.

입력 PB2(M101)이 온(ON-OFF)하면 음의정수(K) -32768이 워드 디바이스 데이터 레지스터 D1 디바이스에 전송 저장된다.

RESET(M108) 온(ON-OFF)하면 "0"가 워드 디바이스 데이터 레지스터 D0,D1 디바이스에 전송 저장된다.

[그림 4-59] 데이터전송 기본3 PLC프로그램

워드 디바이스는 16비트를 단위로 구성되어 있다.

데이터 전송 명령어 MOV는 기본적으로 16비트 데이터를 전송하는 명령어이다. 2진수로 16비트의 최대값은 1111 1111 1111 1111로 전송할 수 있는 최대값은 Signed 16비트(bit)는 부호(+ ,-)있는 16비트로 전송할 수 있는 10진수값은 - 32768 ~ + 32767이며, 부호가 없는 UnSigned 16비트는 10진수로 전송할 수 있는 최대값65535이다. 0 ~ 32767 + -1 ~ -32768 = 65536(16비트 데이터 레지터의 지정가능한 수치의 범위)이다.

정수80000을 전송하기 위해서는 전송 명령어 MOV에 더블워드 데이터 처리 명령 “D” 를 기준 명령어 앞에 추가 DMOV를 사용하여 전송 할 수 있다.

DMOV는 32비트 데이터를 전송하는 명령어이다.

Signed 16bit 부호(+ ,-)있는 32비트 데이터로 전송할수 있는 10진수 최대값은 -2147483648 ~ 2147483647, 부호가 없는 UnSigned 32비트 10진수 최대값은 4294967295이다. 헥사(Hexadecimal)값은 HFFFFFFFF이다.

프로그램작성시 32비트 명령으로 데이터 레지스터를 사용시 지정 워드 디바이스 데이터 레지스터 D(지정번호)와 D(지정번호+1)를 사용한다.

[그림 4-60] 데이터전송 기본4 PLC프로그램

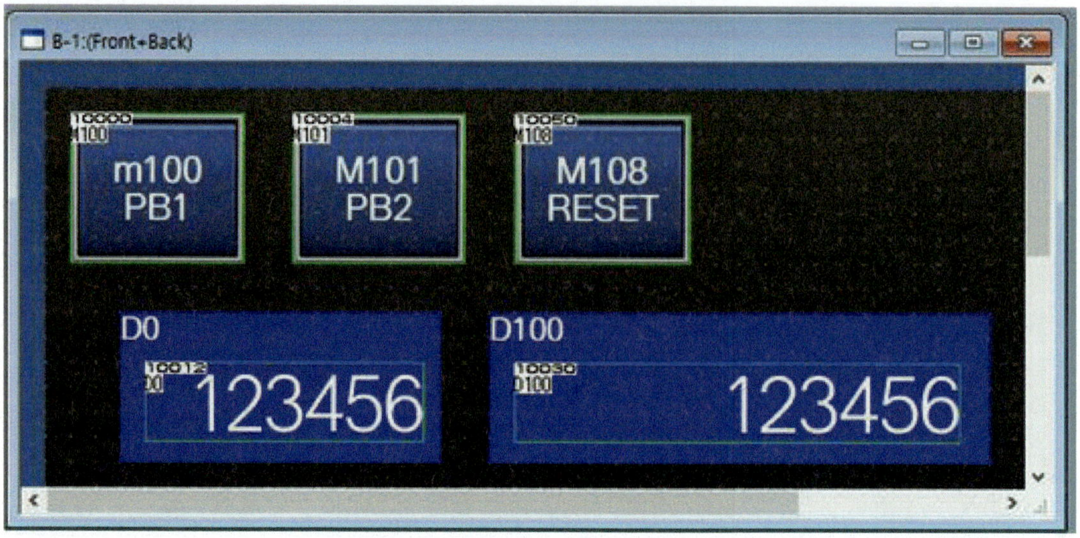

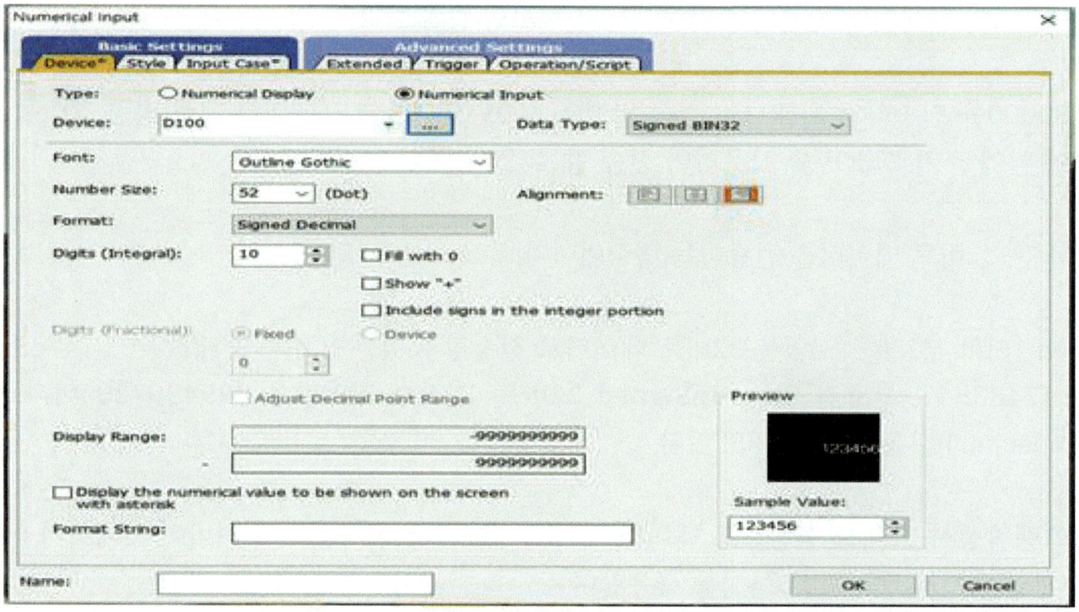

[DMOV D100 K4Y20] 명령어 형식은 워드 디바이스 데이터 레지스터 D100을 숫자 설정창 입력으로 사용하여 설정 값을 터치스크린 입력장치에서 터치자판기로 입력하도록 작성한다. 우선 숫자창의 타입을 Numerrical Input으로 선택 → 디바이스(Device)명 D100을 입력 → 데이터 타입(Data Type)설정 Signed BIN32 → 표시할폰트(Font)설정 → 넘버크기(Number Size) 설정 → 표시할 형식(Format)설정 Signed Decimal:부호가 있는 10진수, UnSigned Decimal:부호가 없는 10진수, Hexadecimal: 16진수, Binary:이진수, Real:실수선택입력 → 디스플레이할 최대크기 숫자의 자리수(Digits) 설정 → OK클릭 마무리한다.

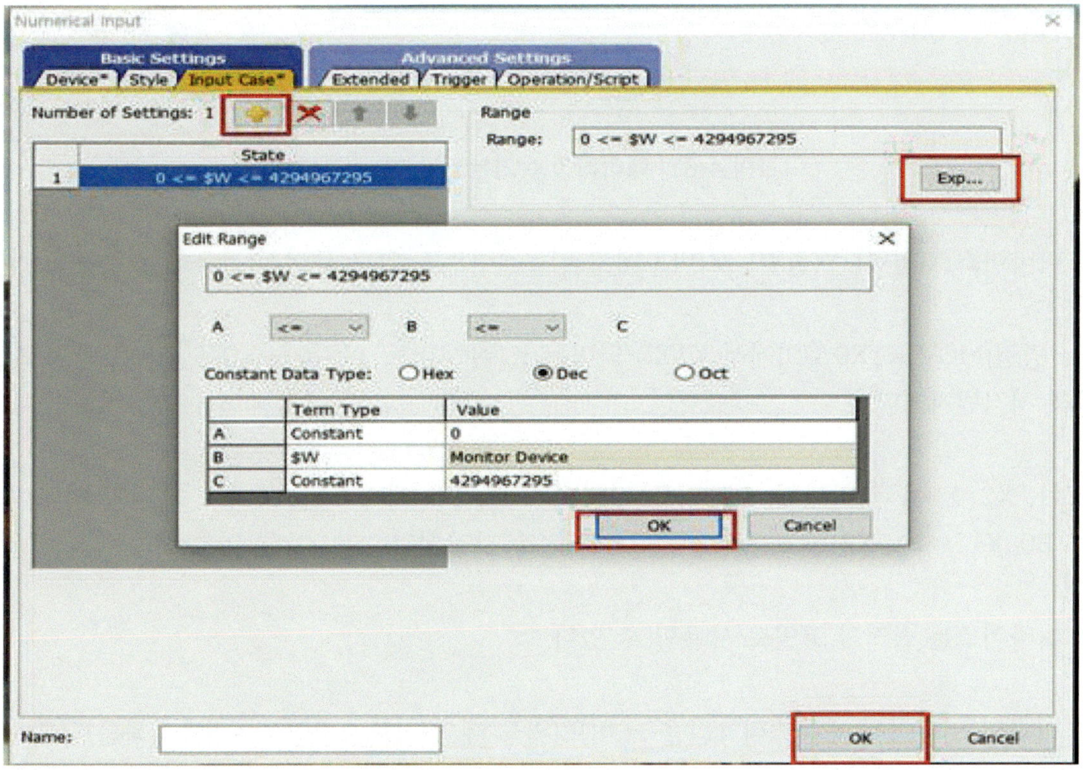

Basic Setting에 Input Case 탭이 추가된다. InputCase 탭을 클릭→ + 버튼을 클릭 → Exp...버튼을 클릭 → Edit Range A와 B값을 각각 입력 → OK클릭 → 전체 OK클릭 마무리한다.

32비트로 설정할 수 있는 10진수 최대값은 4294967295 이고, 헥사(Hexadecimal)최대값은 HFFFFFFFF로 입력한다.

Signed 32bit 부호(+ ,-)있는 데이터로 전송할수 있는 10진수 최대값은 -2147483648 ~ 2147483647, 부호가 없는 UnSigned 32비트 10진수 최대값은 4294967295이다. 헥사(Hexadecimal)값은 HFFFFFFFF이다.

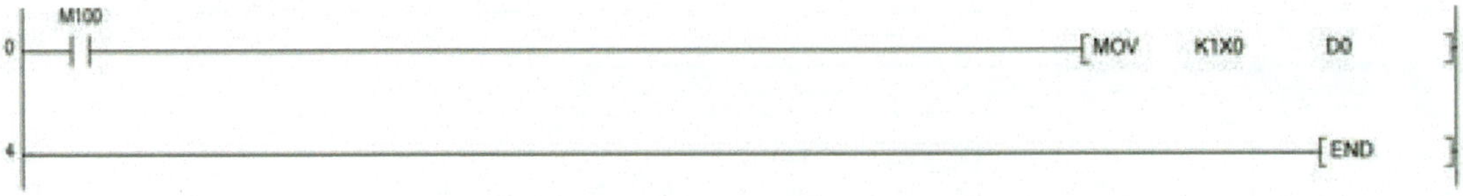

[그림 4-61] 데이터전송 기본5 PLC프로그램

비트 디바이스 X(입력), Y(출력), M(비트메모리)을 4비트 단위로 묶어서 전송하는 기능도 있다.

MOV 명령[MOV K1X0 D0]에서 K1X0 의미는 K1은 4비트 1묶음을 X0은 4비트 단위로 묶는 비트의 시작번지이다.

X0, X1, X2 ,X3을 의미한다. D0 워드 디바이스 데이터 레지스터 16비트 크기의 디바이스에 X0→ B0, X1 → B1, X2 → B2, X3 → B3으로 전송 저장된다.

비트 디바이스는 접점과 코일로 사용할 수 있다.

워드 디바이스 데이터 레지스터 1점을 16비트(워드 데이터)로 4포인트(4비트 1묶음)단위로 K1, K2 ,K3, K4 까지 지정할 수 있다. K1Y20 의미는 Y20(출력) 비트 데이터 자리는 4비트(Y20, Y21, Y22, Y23) 단위로 묶는 비트의 시작번지이다.

- K1X0 의미는 X0, X1, X2 ,X3 (4비트 1묶음)을 의미한다.
- K2X0 의미는 X0, X1, X2 ,X3, X4, X5, X6, X7 (8비트 1묶음)을 의미한다.
- K3X0 의미는 X0, X1, X2 ,X3 X4, X5, X6, X7, X8, X9, XA, XB (12비트 1묶음)을 의미한다.
- K4X0 의미는 X0, X1, X2 ,X3 X4, X5, X6, X7, X8, X9, XA, XB, XC, XD, XE, XF (16비트 1묶음)을 의미한다.
- K1Y20 의미는 Y20, Y21, Y22 ,Y23 (4비트 1묶음)을 의미한다.
- K2Y20 의미는 Y20,Y21, Y22 ,Y23, Y24, Y25, Y26, Y27 (8비트 1묶음)을 의미한다.

정리 하면 다음과 같다.

K1X0 → X0 ∽ X3(4Bit)	K1Y20 → Y20 ∽ Y23(4Bit)
K2X0 → X0 ∽ X7(8Bit)	K2Y20 → Y20 ∽ Y27(8Bit)
K3X0 → X0 ∽ XB(12Bit)	K3Y20 → Y20 ∽ Y2B(12Bit)
K4X0 → X0 ∽ XF(16Bit)	K4Y20 → Y20 ∽ X2F(16Bit)

[그림 4-62] 데이터전송 기본6 PLC프로그램

16비트로 전송 할 수 있는 10진수 값은(-32768 ~ 32767) 65535이다. 헥사(Hexadecimal) 값, 즉 16진법 FFFF을 다시 표현 하면 H0FFFF이다.

16진수 H0F는 Y20.Y21,Y22,Y23자리를 출력한다.
H0FF는 Y24.Y25,Y26,Y27한묶음 Y20.Y21,Y22,Y23한묶음 총 두묶음을 의미한다.
H0FFF는 (Y28.Y29,Y2A,Y2B),(Y24.Y25,Y26,Y27),(Y20.Y21,Y22,Y23)을 의미한다.
H0FFFF(④:X2C,X2D,X2E,X2F)F(③:Y28.Y29,Y2A,Y2B)F,(②:Y24.Y25,Y26,Y27)F(①:Y20.Y21,Y22,Y23)을 의미한다.
HFFFF의 순서는 H④F → ③F → ②F → ①F 이다.

입력 PB1(M100)이 온(ON-OFF)하면 헥사(Hexadecimal)값, 즉 16진수 HFFF를 K4Y20의미는 K4은 4비트 1묶음을 4개 즉 4×4=16비트이다. Y20은 4비트 단위로 묶는 비트의 시작번지이다. Y20 ~ Y2F로 출력을 내보낸다. 출력을 ON한다.
입력 PB2(M108)이 온(ON-OFF)하면 K0000(K0)를 K4Y20로 전송하여 값을 “0”로 하여 출력을 OFF한다.

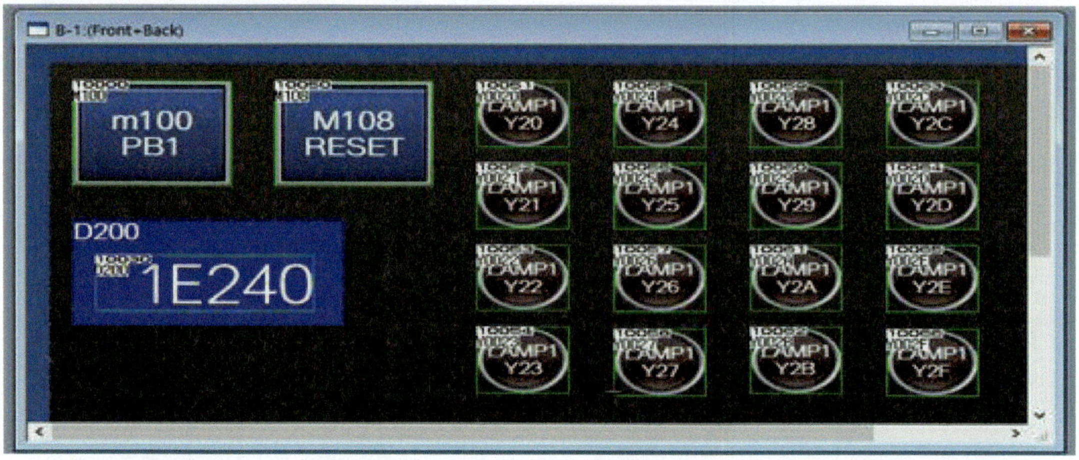

[MOV D200 K4Y20] 명령어 형식은 워드 디바이스 데이터 레지스터 D200을 숫자 설정창 입력으로 사용하여 설정 값을 터치스크린 입력장치에서 터치자판기로 입력하도록 구성 작성 한다.

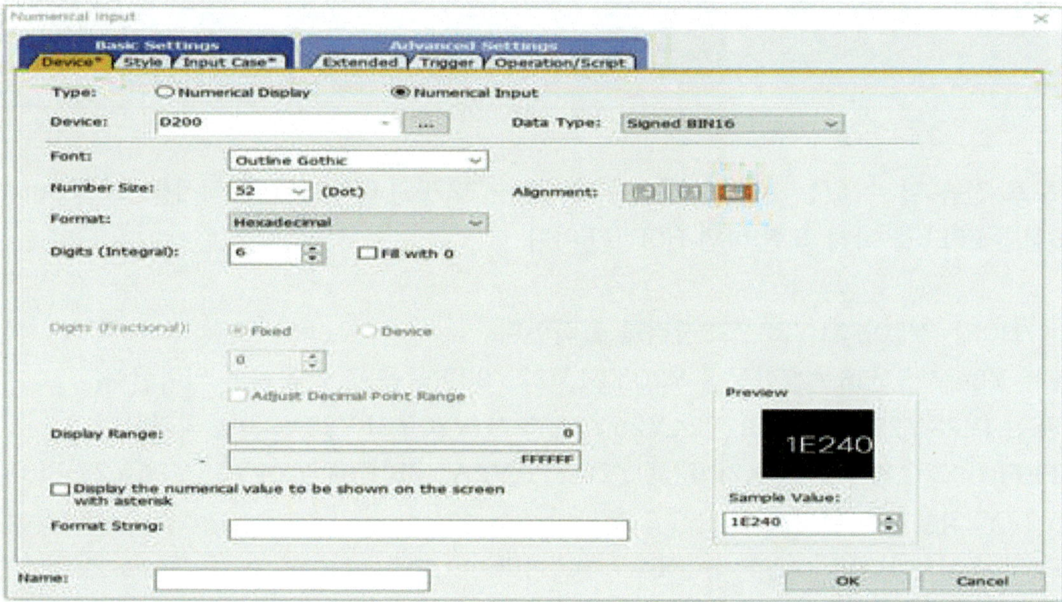

우선 숫자창의 타입을 Numerrical Input으로 선택 → 디바이스(Device)명 D100을 입력 → 데이터 타입(Data Type) 설정 Signed BIN32 → 표시할 폰트(Font) 설정 → 넘버크기(Number Size) 설정 → 표시할 형식(Format) 설정 Signed Decimal:부호가 있는 10진수, UnSigned Decimal:부호가 없는 10진수, Hexadecimal: 16진수, Binary:이진수, Real:실수선택입력 → 디스플레이할 최대 크기 숫자의 자리수 설정 → OK클릭 마무리한다.

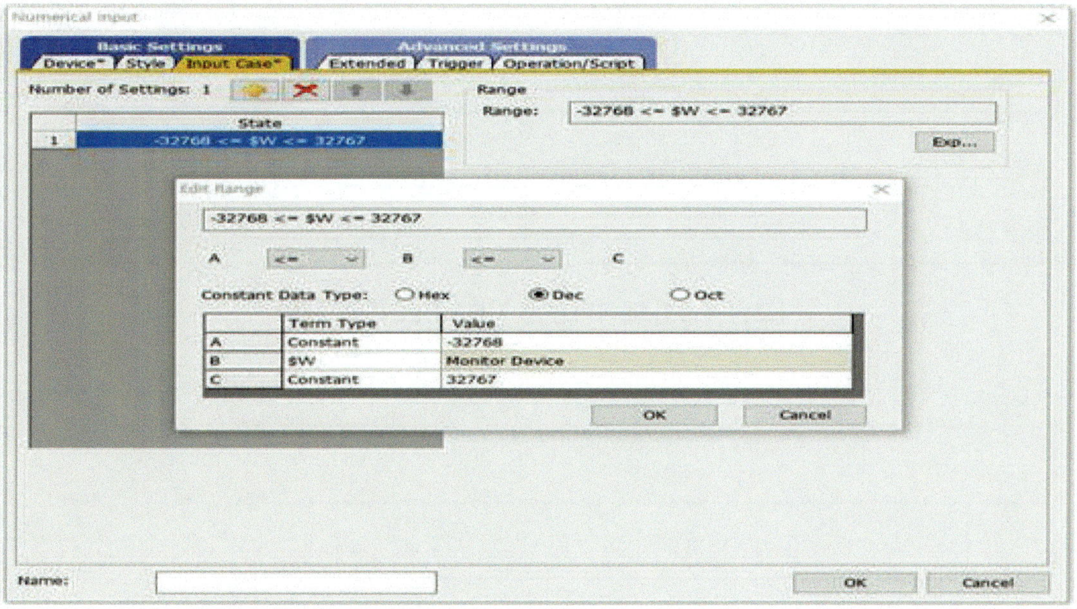

숫자창의 타입을 Numerrical Input으로 선택하면 Basic Setting에 Input Case 탭이 추가된다. InputCase 탭을 클릭 → +버튼을 클릭 → Exp...버튼을 클릭 → Edit Range A와 B값을 각각 입력 → OK클릭 → 전체OK클릭Signed BIN16로설정할 수 있는 값은(-32768 ~ 32767)이다. A값은-32768, B값은 +32767로 입력한다.

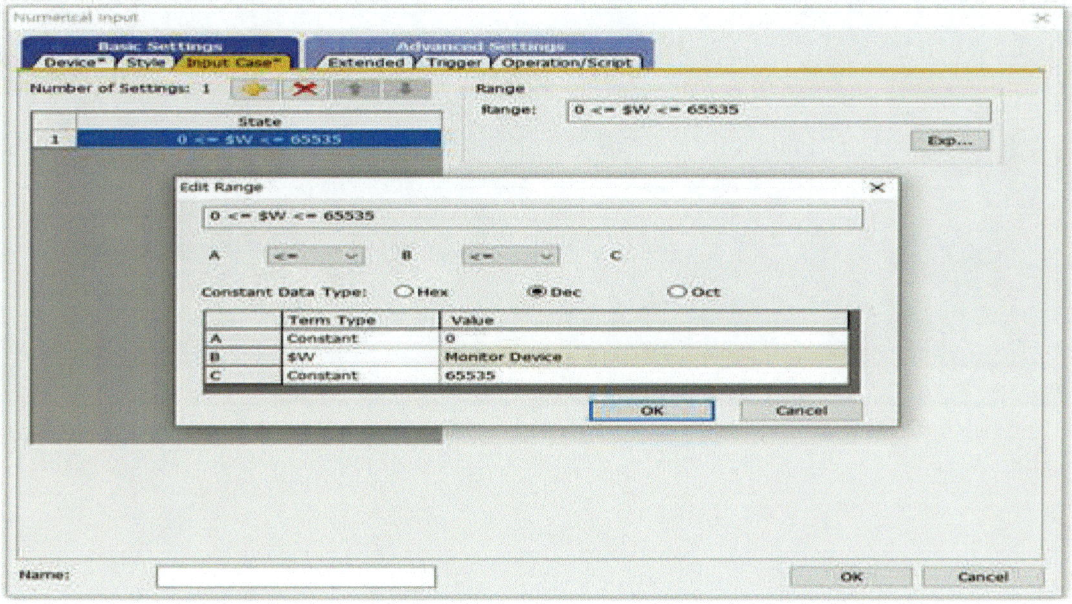

UnsignedBIN16 16비트로 전송할 수 있는 부호 없는 값은 10진수로 65535이다.
Hex 선택 시 헥사(Hexadecimal)값 HFFFF 입력한다.

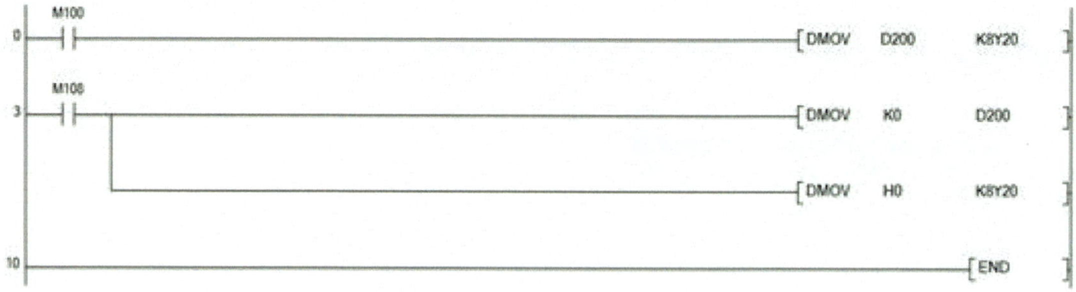

[그림 4-63] 데이터전송 기본8 PLC프로그램

[그림 4-64] 데이터전송 기본7 PLC프로그램

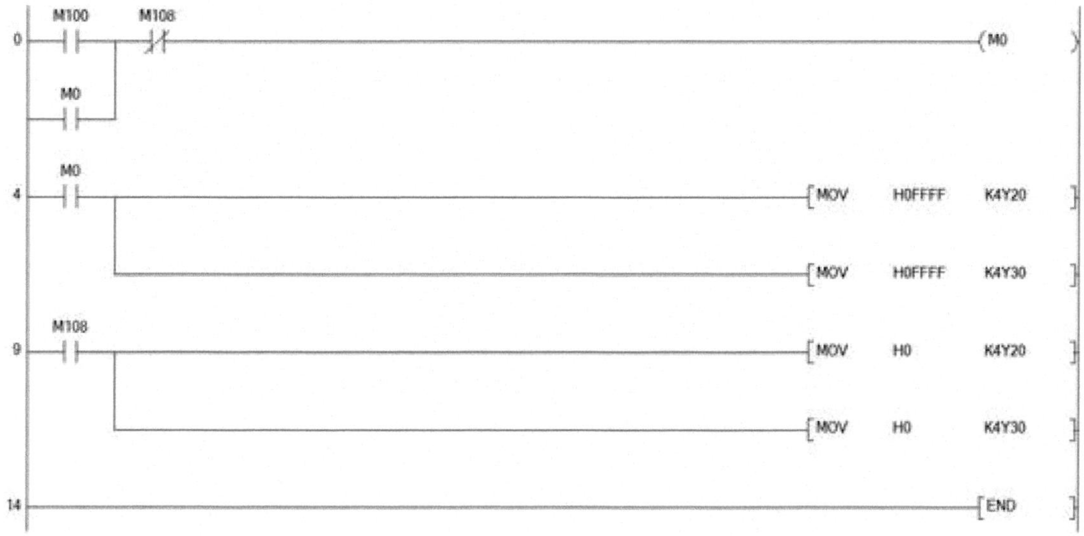

[그림 4-65] 데이터전송 응용1 PLC프로그램

입력 PB1(M100)의 신호가 입력되면 M0비트디바이스를 ON시킨다. M0는 자기유지되어 ON 상태 신호를 유지시킨다. M0가 ON 되면 MOV명령어를 이용하여 16진수(Hexadecimal)값 HFFFFF를 K4Y20 → Y20 ∽ X2F(16Bit), K4Y30 → Y30 ∽ X3F(16Bit)에 출력을 ON시킨다.

16진수 헥사(Hexadecimal)값 F는 4비트를 제어할 수 있기 때문에 니블단위(4bit)의조합으로 출력포트제어를 하게된다. K4Y20형식에서 Y20앞의 K4는 니블단위로 4개를 의미하고, 1니블은 4bit이므로 16비트 즉, 16개의 접점을 제어한다는 의미이다.

[MOV H0FFFF K4Y20] 명령어 형식은 위와같이 K4Y20 → Y20 ∽ X2F(16Bit)에 출력을 ON 시키게 된다.

[MOV H0FFFF K4Y30] 명령어 형식은 위와같이 K4Y30 → Y30 ∽ X3F(16Bit)에 출력을 ON 시키게 된다.

입력 PB2(M108)의신호가 입력되면 M0의 자가유지를 OFF시키고, [MOV H0 K4Y20], [MOV H0 K4Y30] H0를 전송 출력신호를 모두 OFF시킨다.

여기서 H는16진수 즉, 헥사(Hexadecimal)값을 의미한다. 다른 형식으로 [MOV K0 K4Y20], [MOV K0 K4Y30] K0를 전송하여 출력 신호를 모두 OFF시킬 수도 있다.

GT Simulator 결과

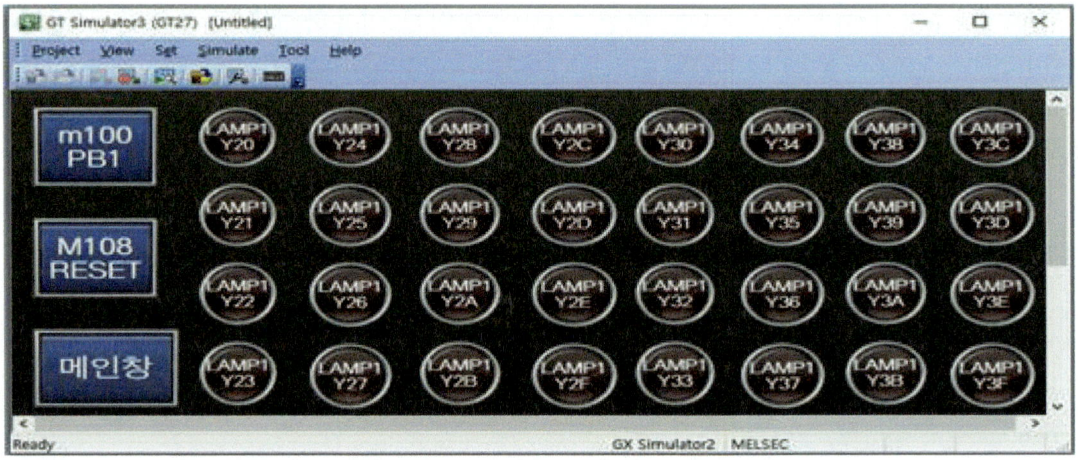

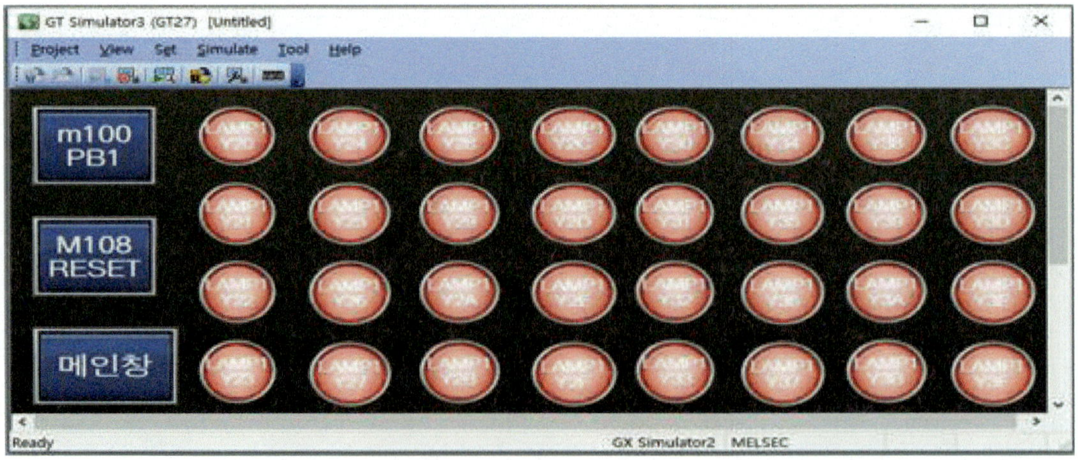

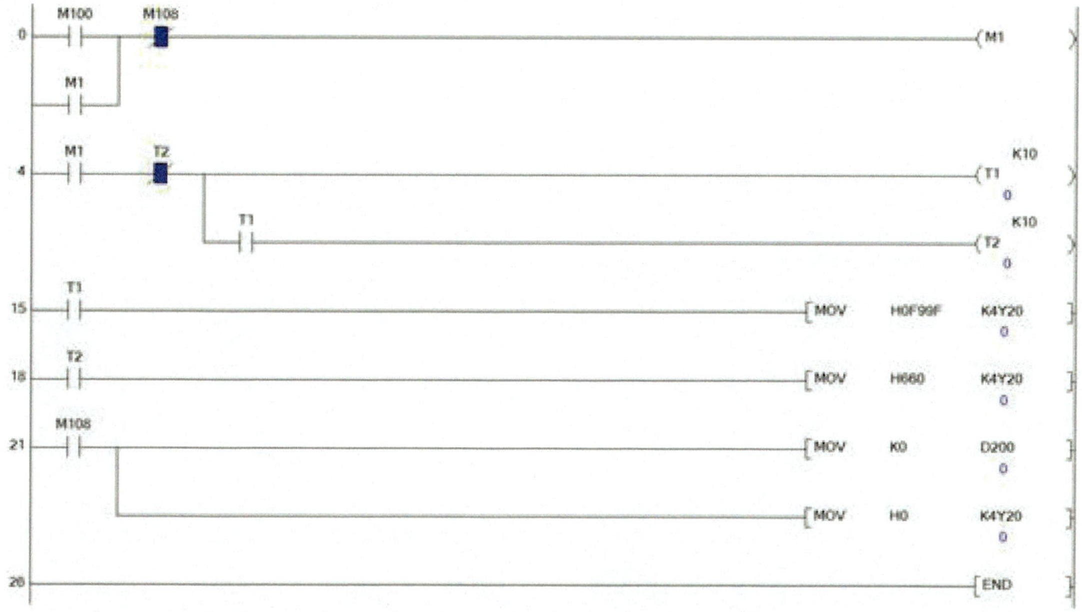

[그림 4-66] 데이터전송 응용2 PLC프로그램

GT Simulator 결과

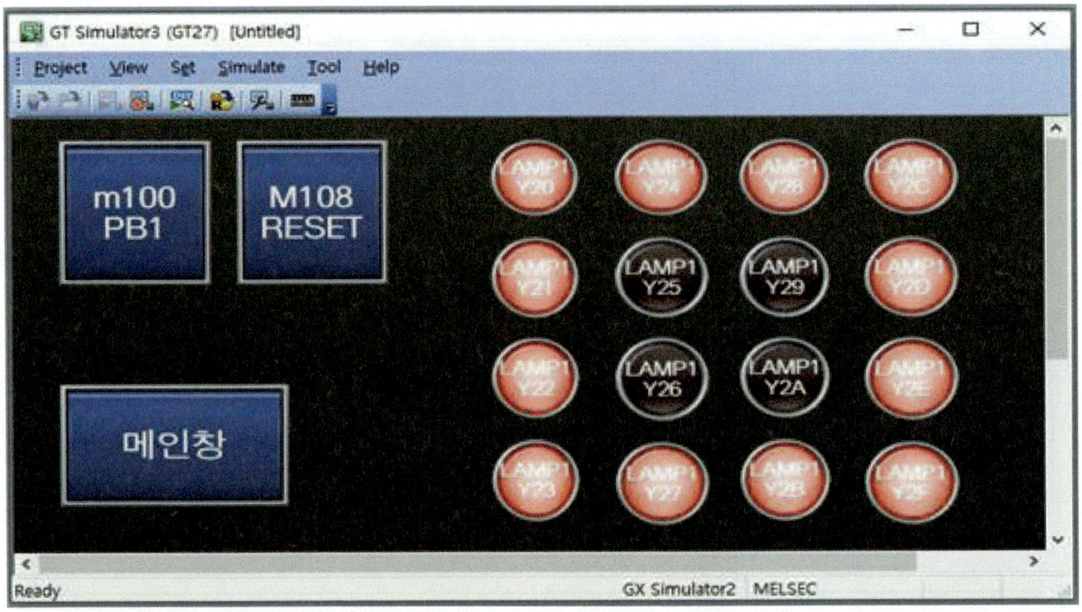

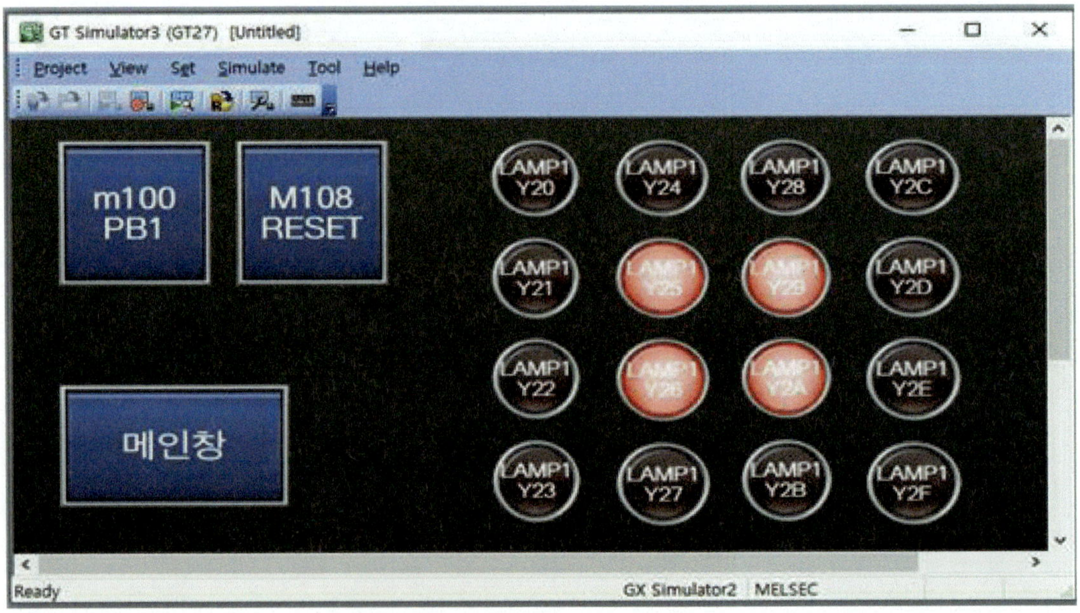

[그림 4-67] 데이터전송 응용3 PLC프로그램

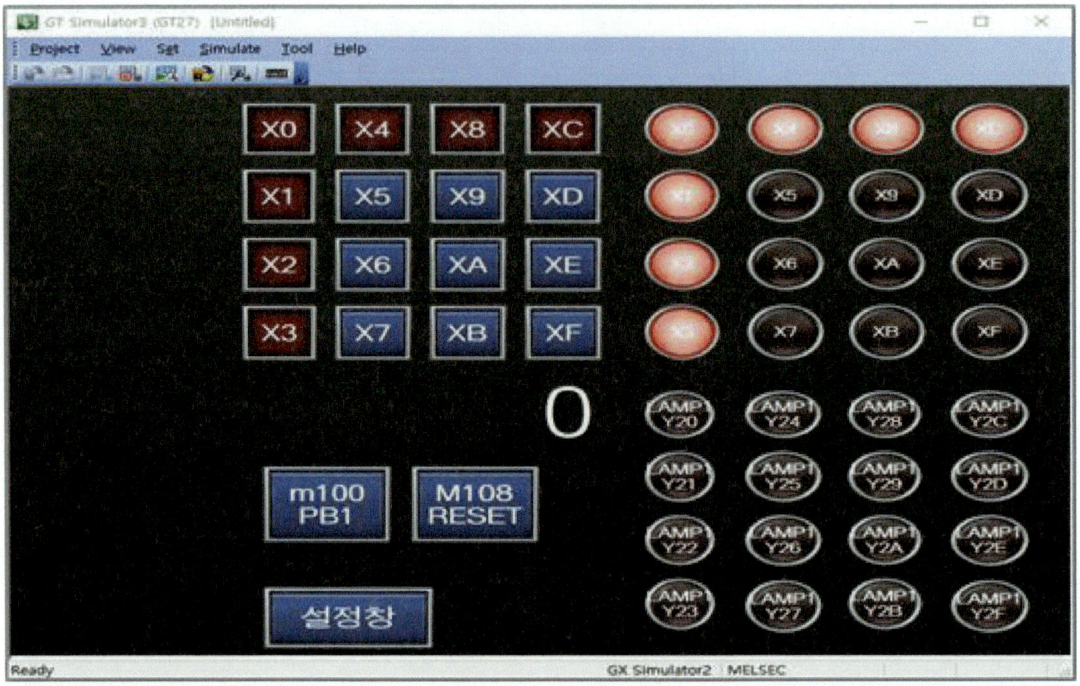

터치버튼 X0,X1,X2,X3,X4,X8,XC 고정형 락타입 스위치를 터치 한다.

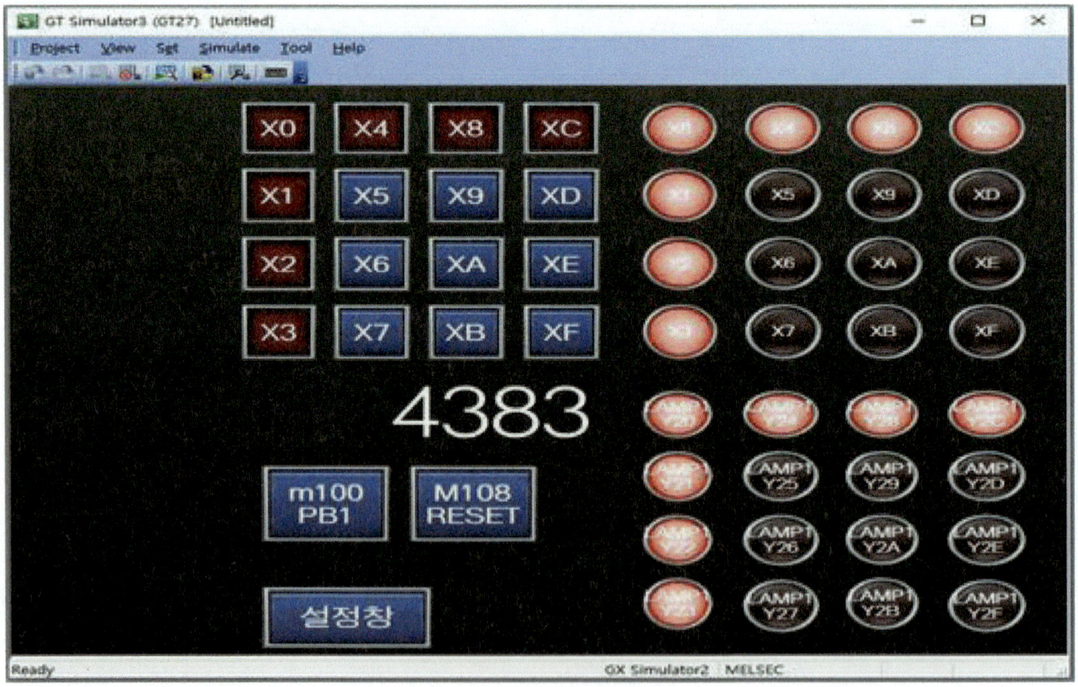

입력 PB1(M100)의 신호가 입력되면 램프 출력 K4Y20 → Y20 ∽ X2F(16Bit)에 해당하는 출력을 ON 시키게 된다.

※ EMOV(P)는32비트 부동소수점타입 실수 데이터를 전송하는 명령어이다.

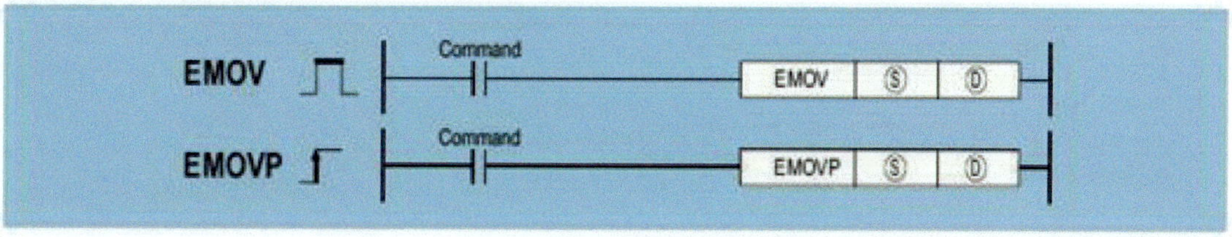

ⓢ 전송할 데이터 또는 전송할 데이터가 저장되어있는 데이터레제스터 장치의 번호
ⓓ 데이터를 전송 저장할 데이터레제스터 장치의 번호

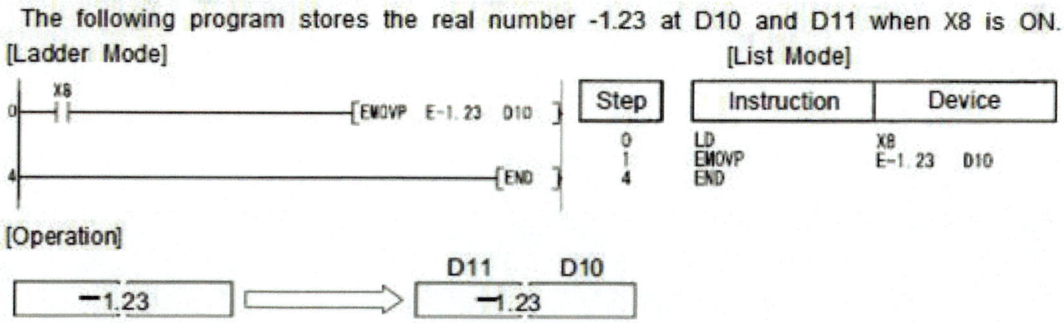

상기 프로그램은 X8이 ON하면 실수 -1.23을 D10과 D11에 저장한다. 이때 데이터타입은 32비트가 사용된다.

실수 -1.15를 전송하는 프로그램 예제이다.

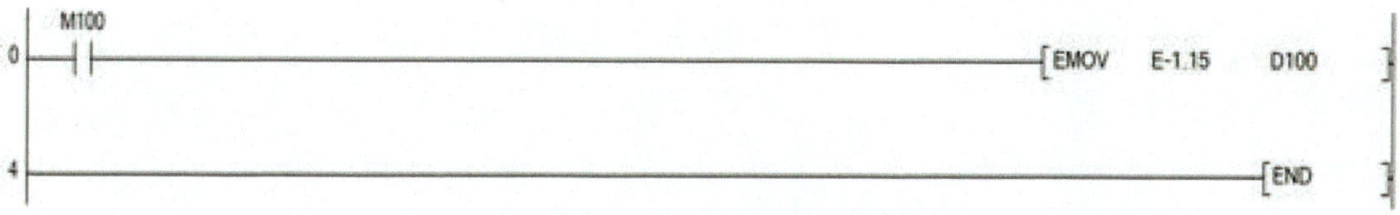

[그림 4-68] EMOV(P) PLC프로그램

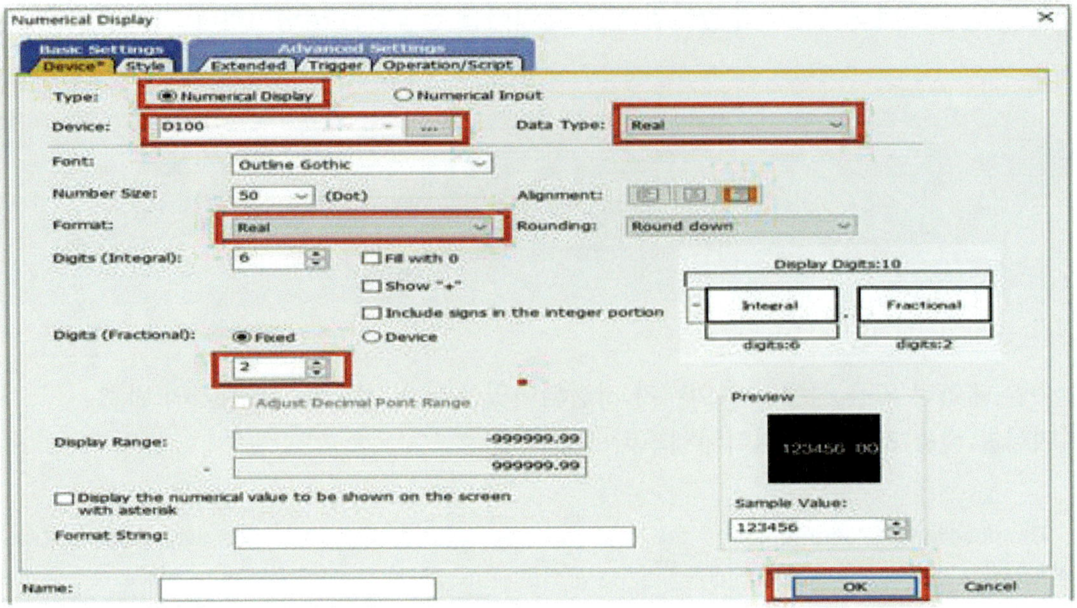

Numerical Display
Basic Settings
Device
Style
Advanced Settings
Extended
Trigger
Operation/Script
Type:
Numerical Display
Numerical Input
Device:
D100
Data Type:
Real
Font:
Outline Gothic
Number Size:
50
(Dot)
Alignment:
Format:
Real
Rounding:
Round down
Digits (Integral):
6
Fill with 0
Show "+"
Include signs in the integer portion
Display Digits:10
Integral
Fractional
digits:6
digits:2
Digits (Fractional):
Fixed
Device
2
Adjust Decimal Point Range
Preview
Display Range:
-999999.99
999999.99
Display the numerical value to be shown on the screen with asterisk
Sample Value:
123456
Format String:
Name:
OK
Cancel

B-1:(Front+Back)
m100
PB1
123456.00

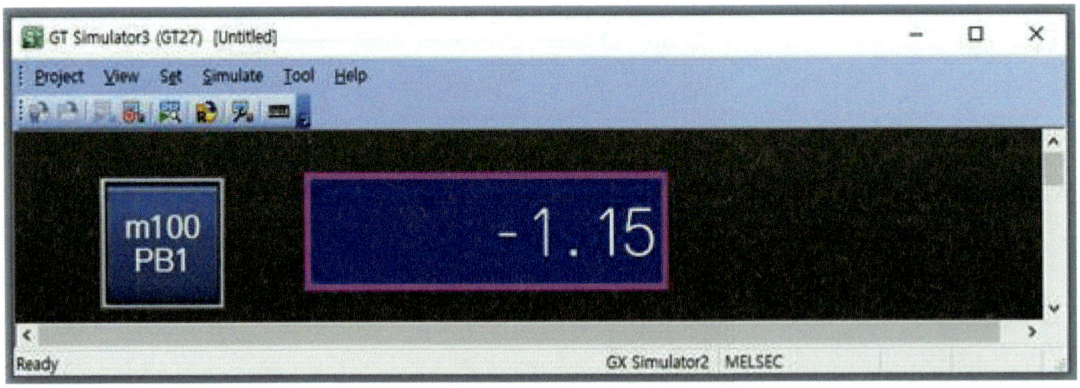

GT Simulator3 (GT27) [Untitled]
Project
View
Set
Simulate
Tool
Help
m100
PB1
-1.15
Ready
GX Simulator2
MELSEC

4.13 마스터 컨트롤

마스터 컨트롤 명령은 프로그램에서 특정한 구간의 모선에 접점을 ON 또는 OFF 하면서 필요한 범위의 프로그램을 효과적으로 제어하는 프로그램 명령어이다. MC는 마스터 컨트롤 시작명령으로, 명령 실행 지령이 ON되면 MC 명령과 MCR 명령 사이의 래더 프로그램을 실행 유지한다. 마스터 컨트롤 명령어 구조는 네스팅(중첩)구조이다. 다시말해 여러 겹의 중첩(Nesting) 관계인 것이다. 안쪽 원을 다른원이 감싸는 중첩 구조인 것이다. MC-MCR 프로그램 안쪽에 MC-MCR 프로그램을 추가 할 수 있다. 추가시 MC의 N 번호는 작은 번호부터 사용, MCR의 N 번호는 MC에서 사용중인 번호 중 제일 큰 번호부터 사용한다. 각각의 마스터 컨트롤 구간은 네스팅(N)으로 구별된다. 해당 PLC 기종은 네스팅은 N0 ~ N14 총15개를 사용할 수 있다.

[그림 4-69] MC MCR PLC프로그램

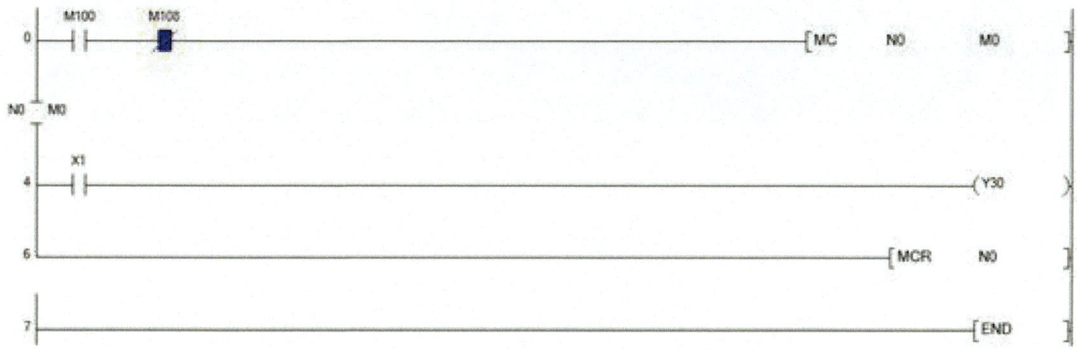

[그림 4-70] MC MCR 모니터링 PLC프로그램 화면

모니터링 단축키 F3눌러 모니터링 전환시 상기 화면 구조를 확인 할 수 있다.

MC-MCR가 OFF시 디바이스상태는 OUT명령 모두 OFF, SET, RST, SFT, 카운터 값, 적산카운터 이전상태유지, 타이머 상태는 "0"이 된다.

[그림 4-71] MC MCR 응용1 PLC프로그램

상기 프로그램은 마스터 컨트롤 명령을 사용하여 프로그램의 실행 조건을 순차적으로 진행하는 프로그램이다.

[그림 4-72] MC MCR 모니터링 응용1 PLC프로그램 화면

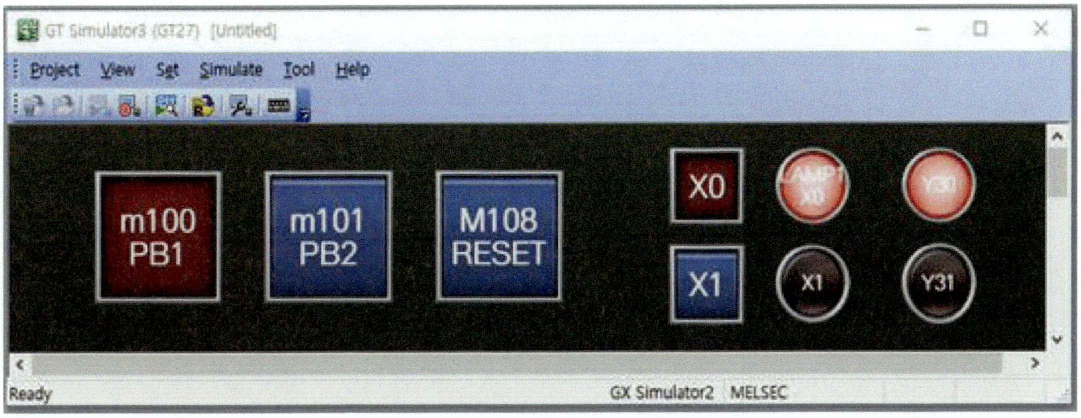

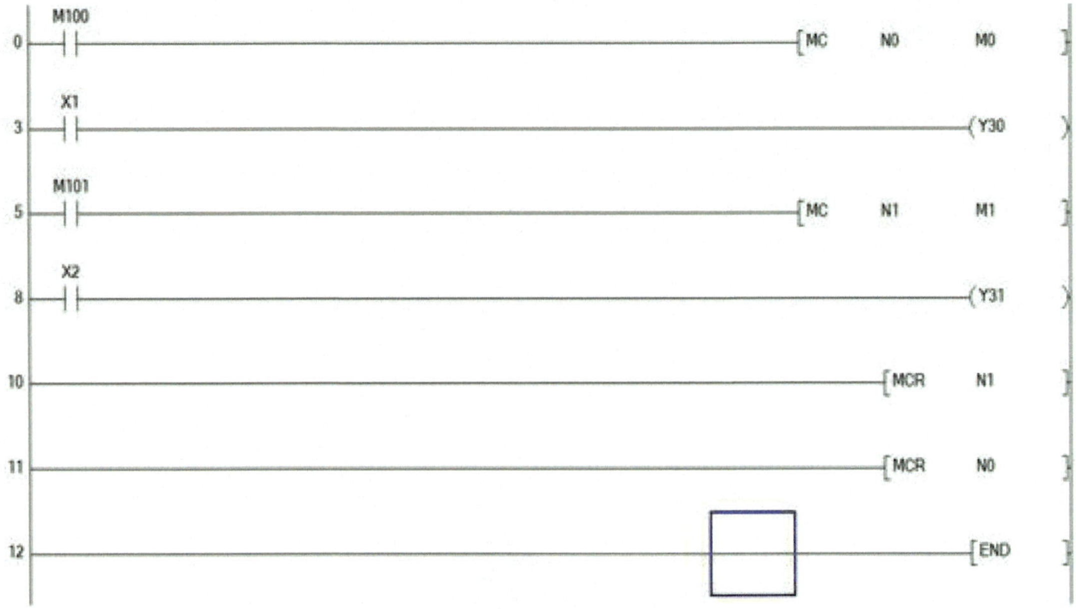

[그림 4-73] MC MCR 응용2 PLC프로그램

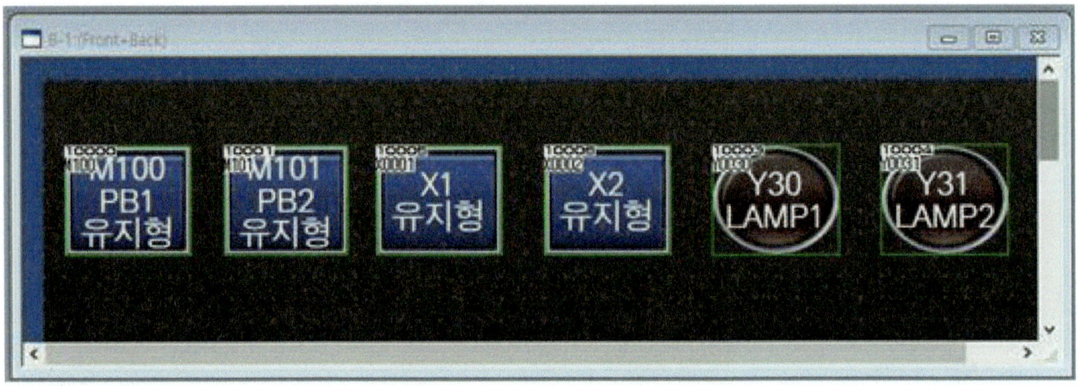

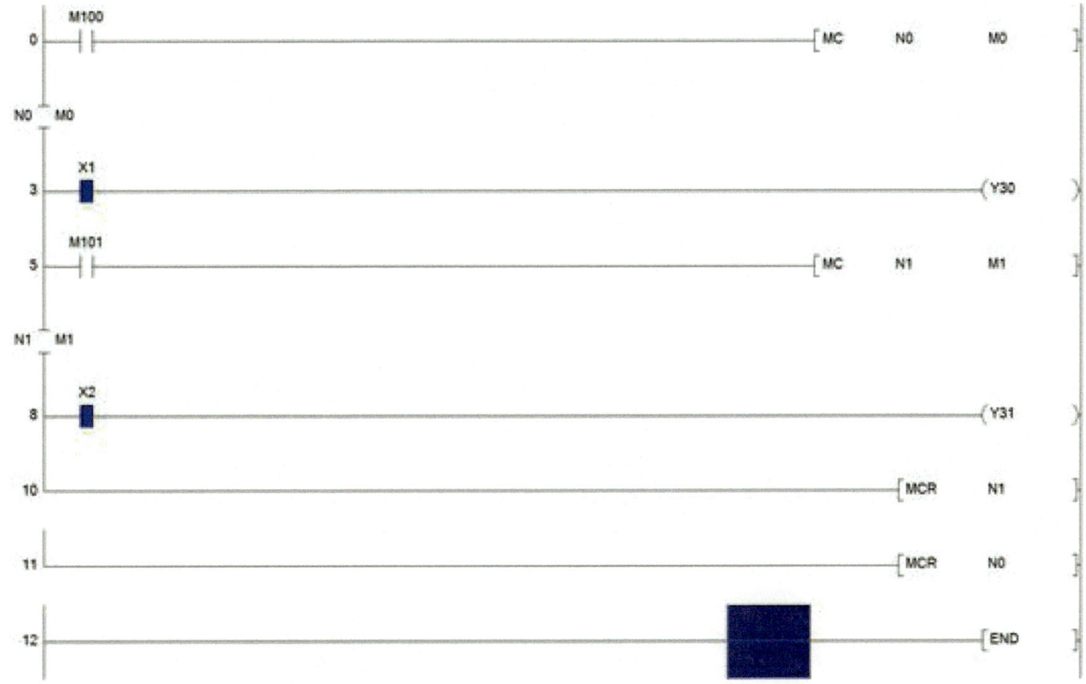

[그림 4-74] MC MCR 모니터링 응용2-1 PLC프로그램 동작시뮬레이션 화면

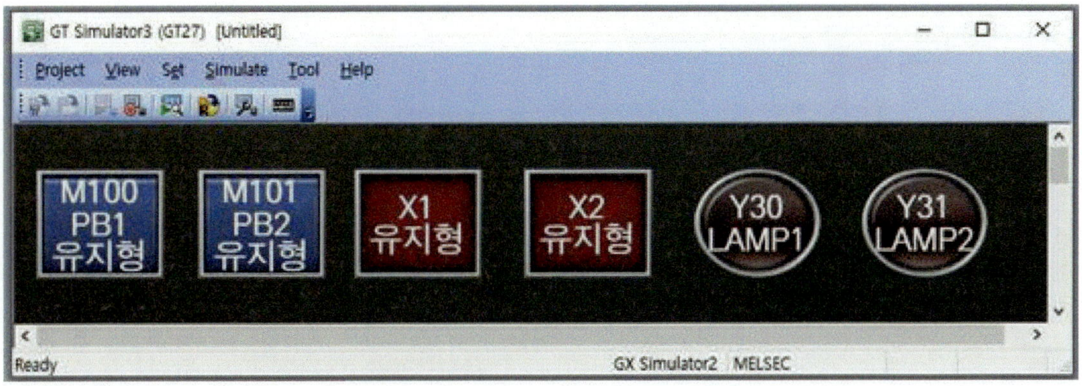

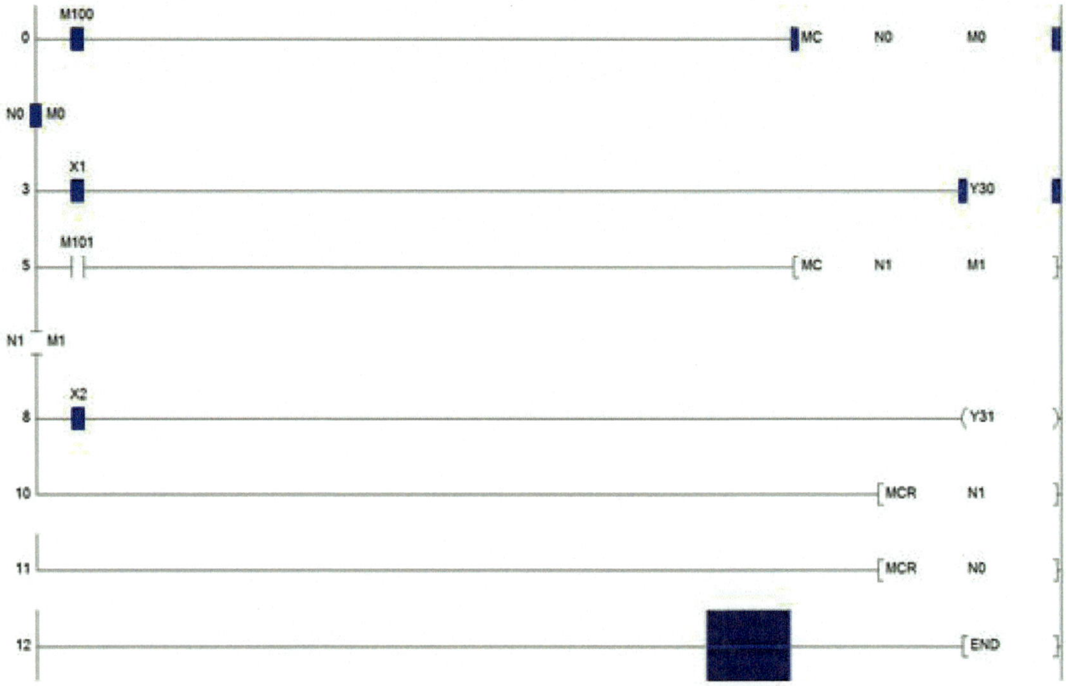

[그림 4-75] MC MCR 모니터링 응용2-2 PLC프로그램 동작시뮬레이션 화면

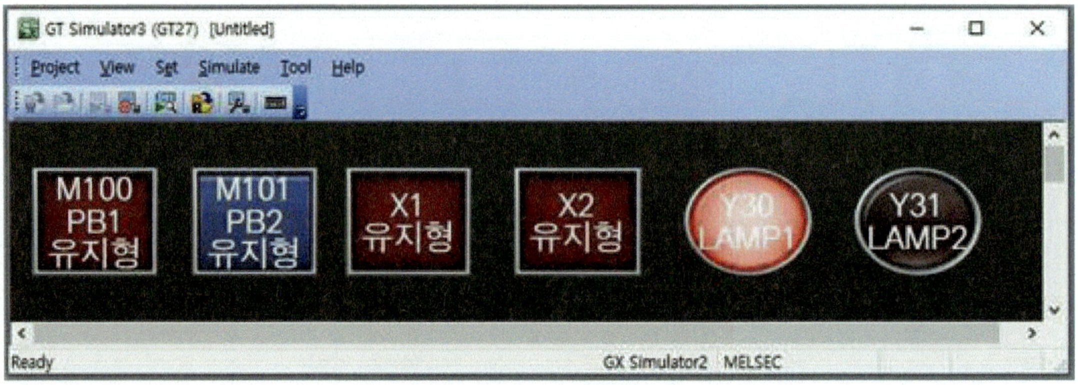

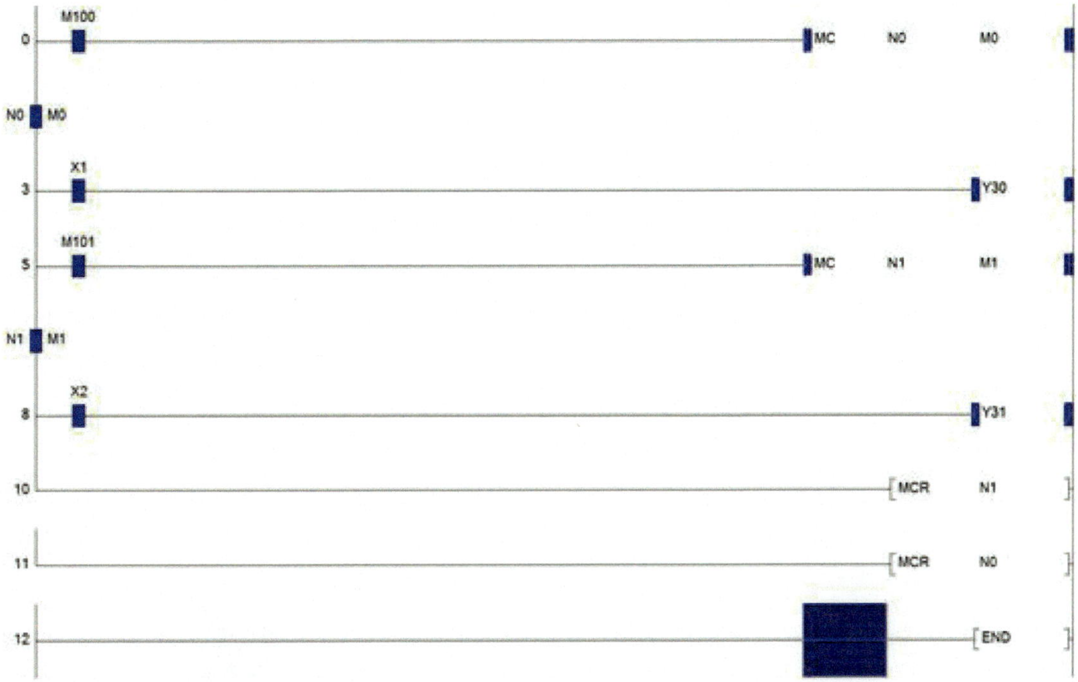

[그림 4-76] MC MCR 모니터링 응용2-3 PLC프로그램 동작시뮬레이션 화면

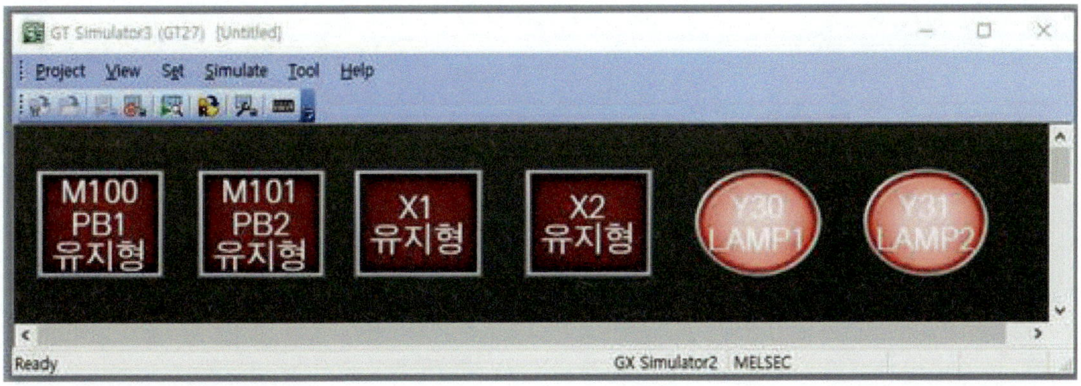

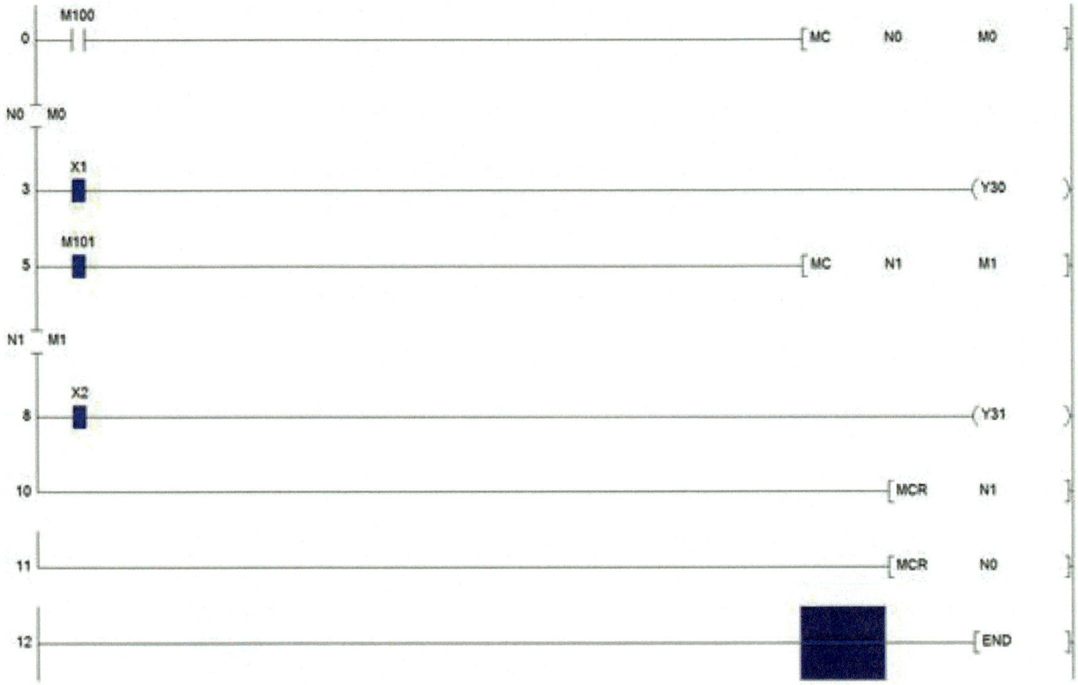

[그림 4-77] MC MCR 모니터링 응용2-4 PLC프로그램 동작시뮬레이션 화면

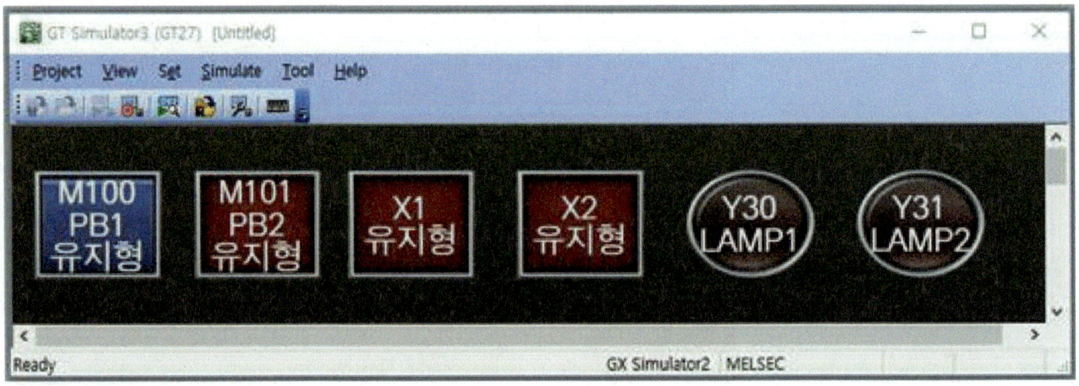

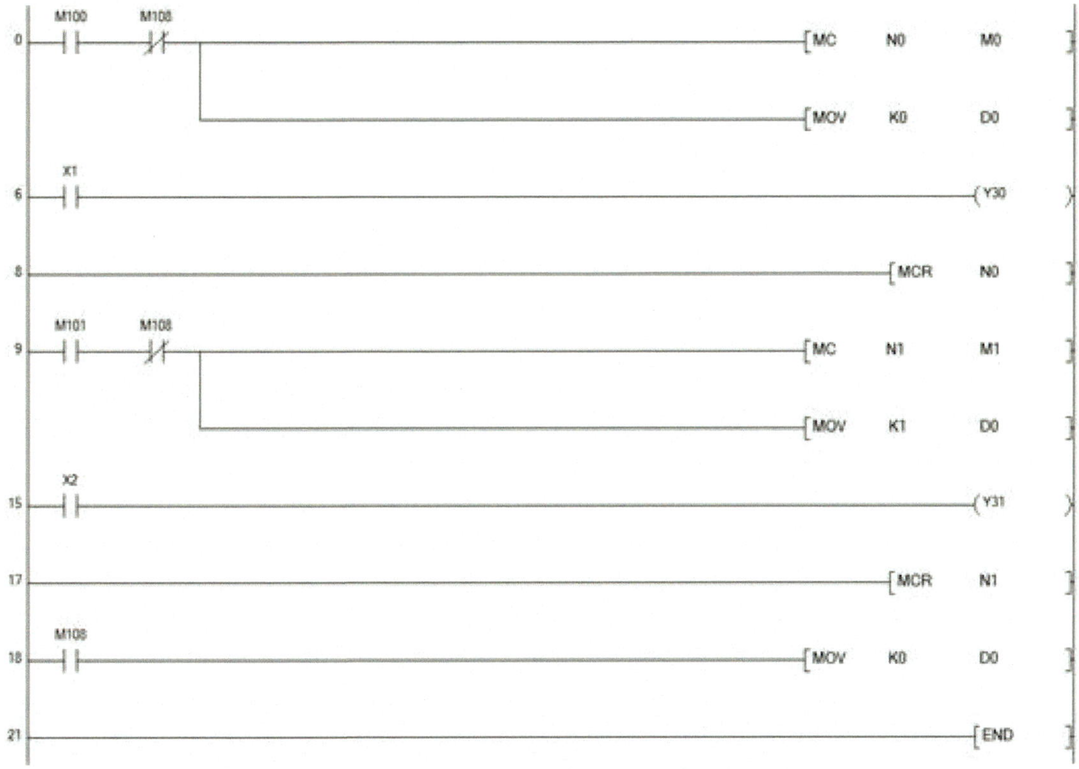

[그림 4-78] MC MCR 응용3 PLC프로그램

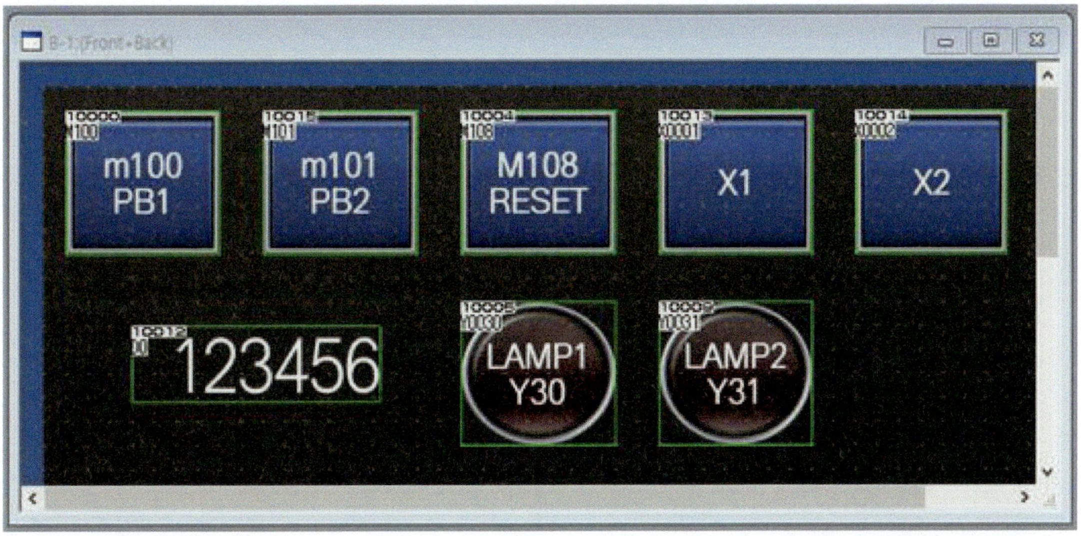

[그림 4-79] MC MCR PLC프로그램

아래 프로그램은 상기 프로그램과 동일한 동작을 하는 프로그램이다. 두 개의 프로그램을 비교하면 의미를 이해하는데 도움이 될 것이다.

[그림 4-80] MC MCR 다른 표현의 해석 PLC프로그램

4.14 점프명령어 CJ/SCJ/JMP

CJ/SCJ/JMP명령어

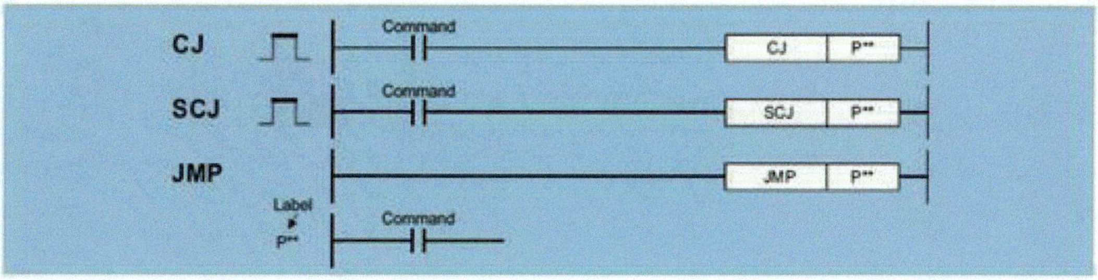

CJ명령어

1. 실행 명령이 ON되면 동일한 프로그램 파일 내에서 포인터 번호로 점프하여 지정된 프로그램을 실행한다. → 현재 본인 라인 스텝 및 다음 스텝은 연산처리 스캔을 실행하지 않고 지정된 포인터 번호로 위치로 이동한다.
2. 실행 명령이 OFF되면 다음 스텝의 프로그램이 실행된다.

SCJ명령어

1. 실행 명령이 ON되면 스캔부터 동일한 프로그램 파일 내에서 포인터 번호로 지정된 프로그램을 실행한다. → 현재 본인 라인 스텝만 스캔 실행하고 지정된 포인터 번호로 이동한다.
2. 실행 명령이 OFF 또는 ON OFF 되면 다음 스텝의 프로그램이 실행된다.

JMP명령어

1. 동일한 프로그램 파일 내에서 지정된 포인터 번호의 프로그램을 무조건 실행한다.

① 타이머 코일이 ON된 후, CJ, SCJ, JMP 명령을 사용하여 ON된 코일의 타이머를 점프하려고 하면 정확한 측정을 할 수 없다.

② CJ, SCJ, JMP 명령을 사용하여 OUT 명령으로 강제 점프하면 스캔 시간 단축된다.

③ CJ, SCJ, JMP 명령을 사용하여 강제로 뒤쪽으로 점프하는 경우 스캔 시간 단축된다.

④ CJ, SCJ, JMP 명령을 사용하여 현재 실행 중인 단계 이전 단계로 점프가 가능하나, 감시 타이머가 프로세스 중에 타임아웃되지 않도록 루프를 벗어나는 방법을 고려해야 한다.

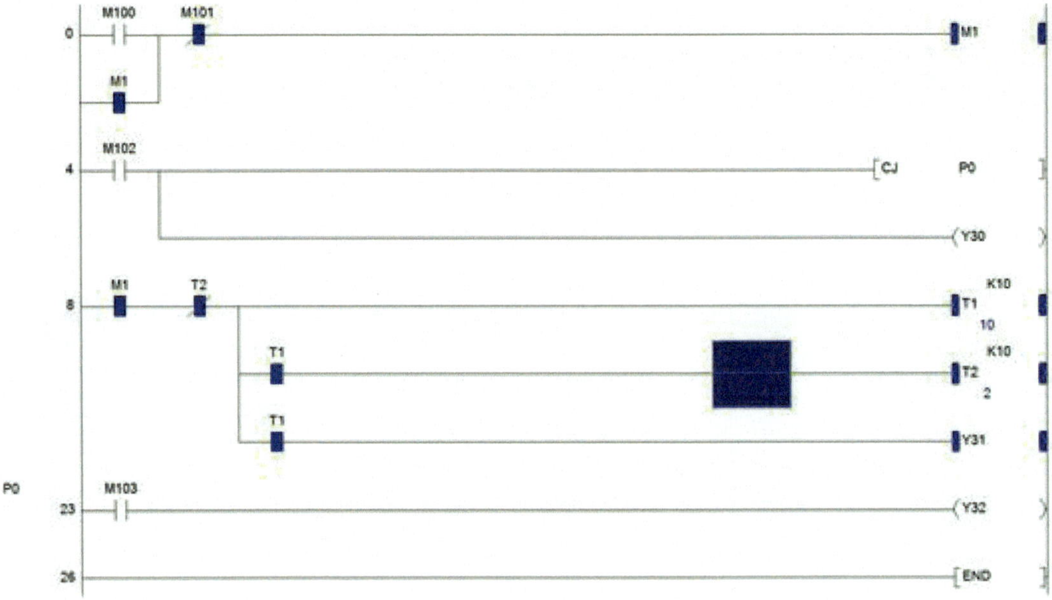

[그림 4-81] CJ PLC프로그램

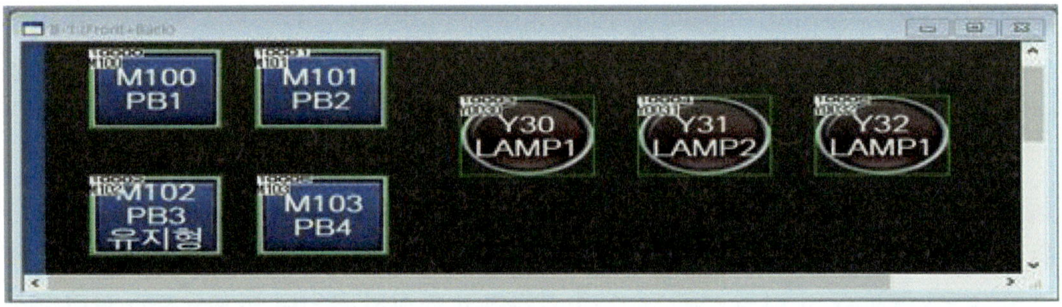

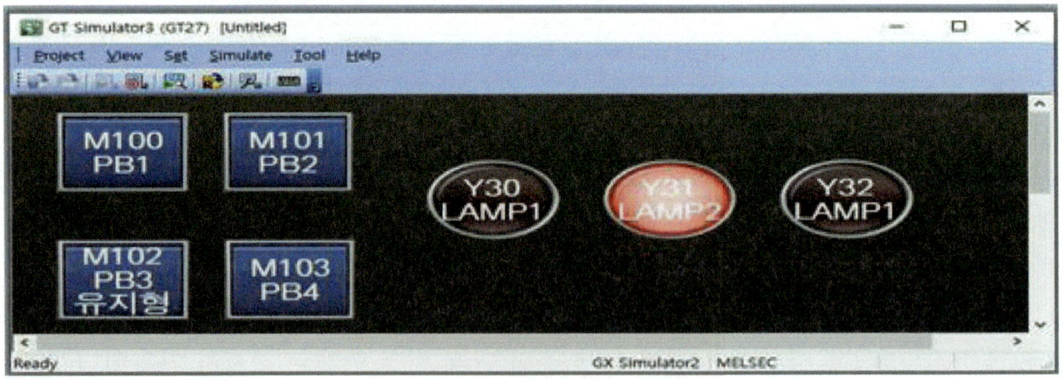

M101(PB1)을 ON하면 플리커회로 작동하여 출력코일 Y31을 실행, LAMP2을 1초간격으로 전멸한다.

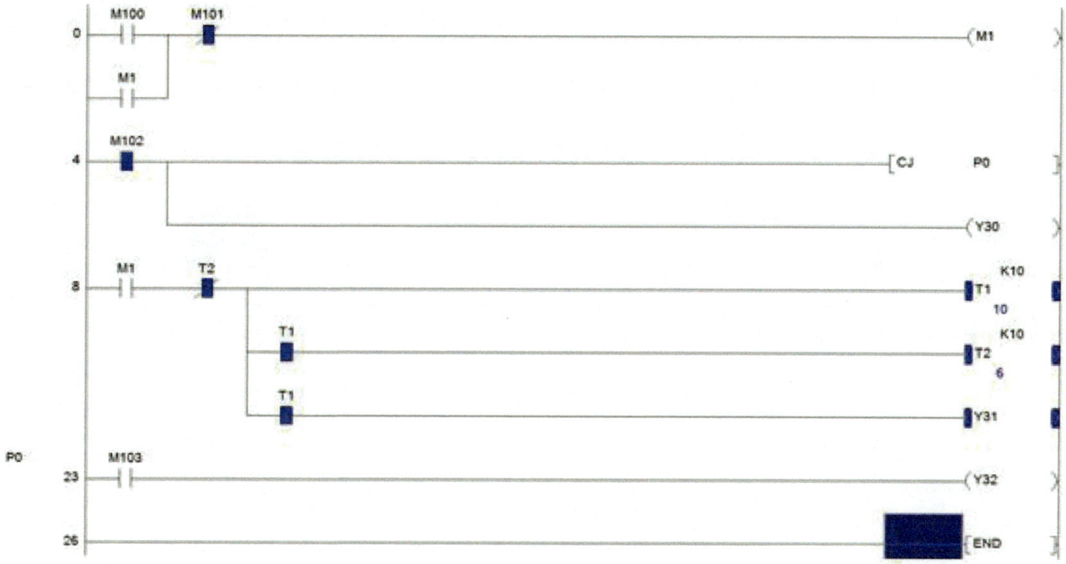

[그림 4-82] CJ PLC프로그램

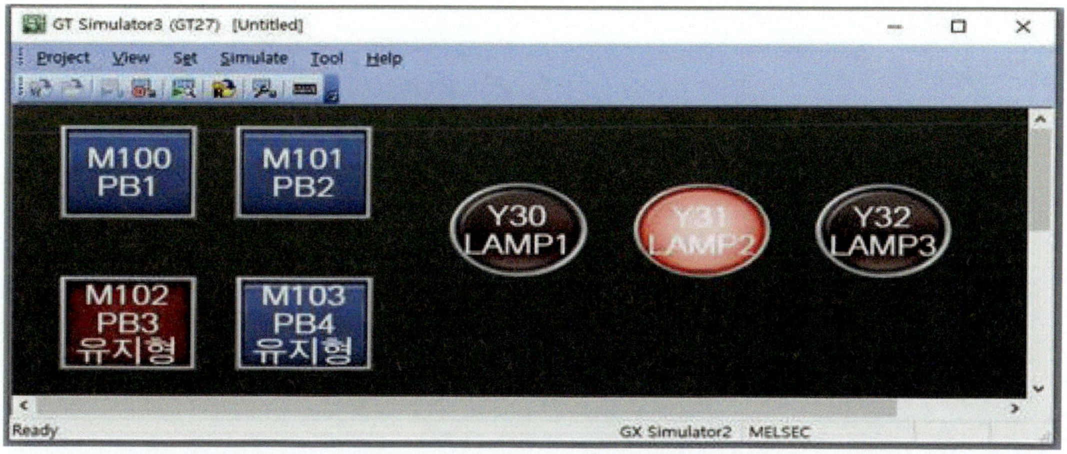

M101(PB1)을 ON 한 이후 M102(PB3)유지형버튼을 ON하면 CJ점프명령이 실행되어 포인터 P0위치로 점프한다. M102 본인 라인스텝 출력코일 Y30 및 다음 스텝은 스캔 실행하지 않고 지정된 포인터 번호 위치로 이동한다. 자기유지 되어있는 비트내부릴레이 M1을 M101(RESET)푸시버튼을 ON-OFF하여 M1자기유지를 해제 하더라도 타이머 연산은 진행되던 그대로 유지 정지한다.

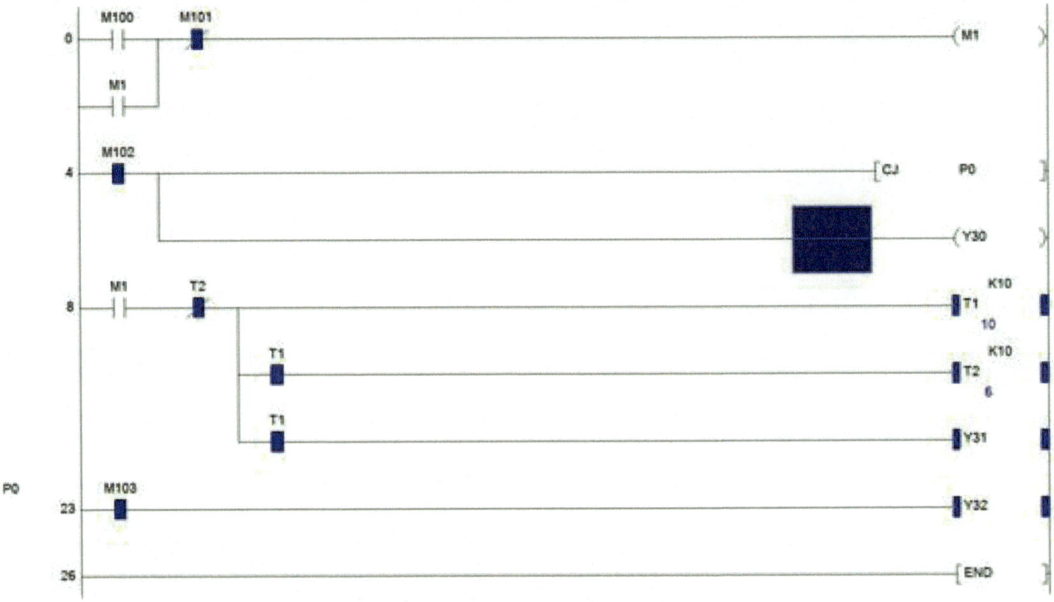

[그림 4-83] CJ PLC프로그램

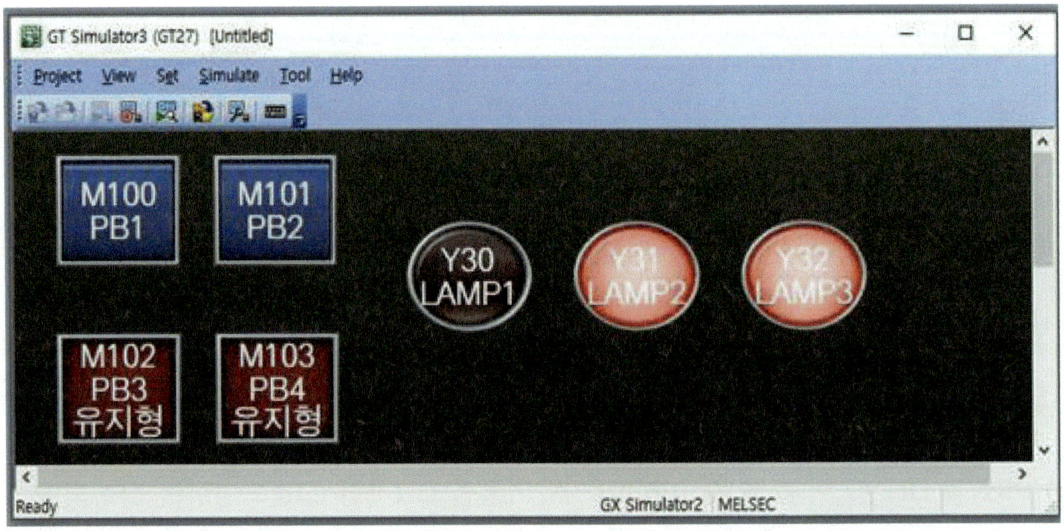

M102(PB3)유지형버튼을 ON CJ점프명령이 실행되어 포인터 P0위치로 점프되어있는상태에서 M103(PB4)유지형버튼을 ON하면 현재 본인 라인 스텝을 스캔 실행하여 출력코일(Y32)을 출력한다. 즉 LAMP3를 ON한다.

[그림 4-84] CJ/SCj PLC프로그램

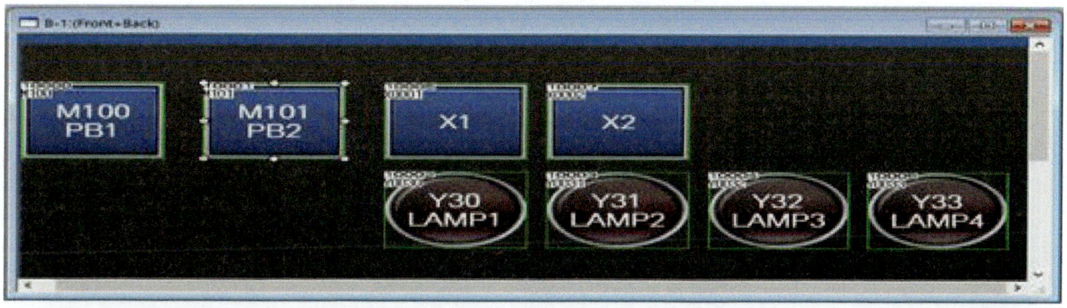

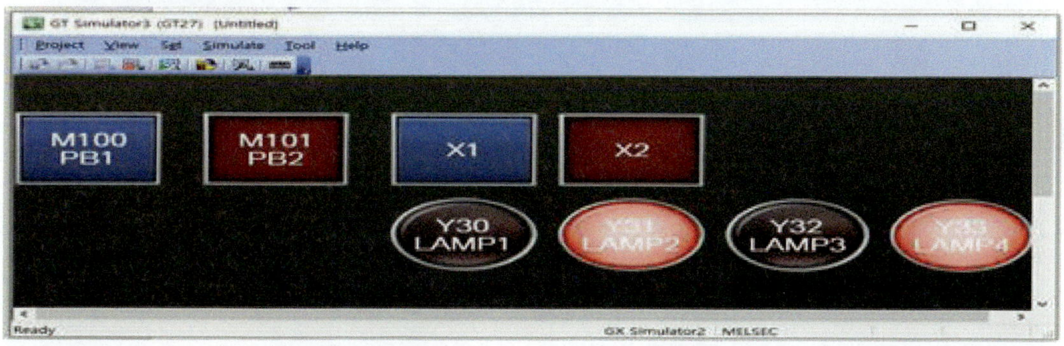

M100(PB1)을 ON하면 출력코일 Y30을 실행하지 않고 지정 포인터 P0로 이동하여 지정된 프로그램을 실행한다. M101(PB2)을 ON하면 출력코일 Y31을 실행하고 지정한 포인터 P1으로 점프하여 스캔 실행한다. 시뮬레이션 실행시 M100을 ON한상태에서 M101을 ON하면 M101 신호는 실행되지 않는다. X1을 ON 출력코일Y32 동작중 M101(PB2)을 ON하면, P0을 스캔 실행하지않고 P1부터 스캔실행하므로 X1을 OFF상태로 만들어도 Y32는 OFF되지 않는다.

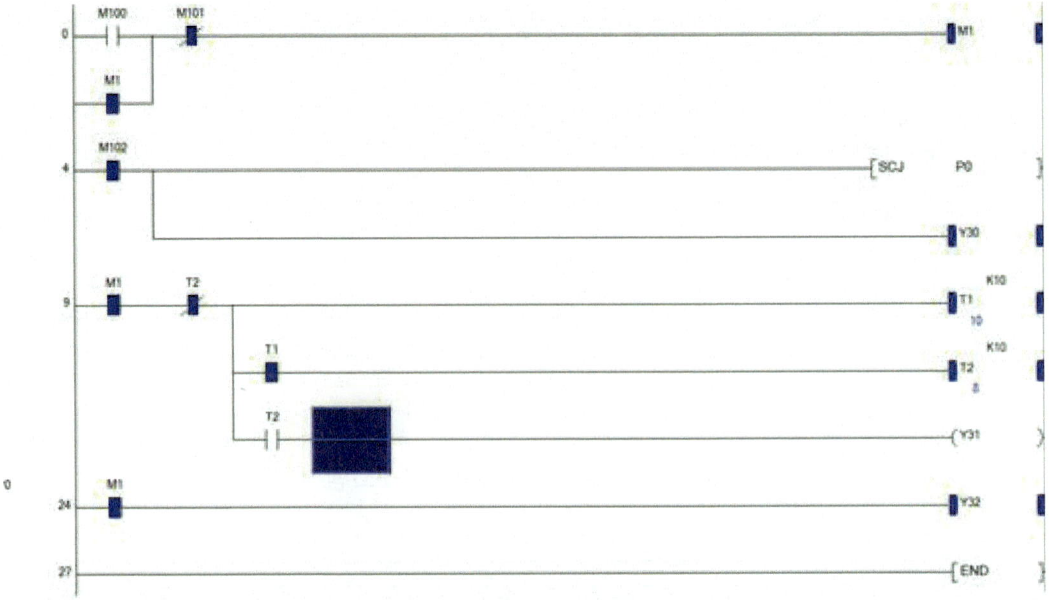

[그림 4-85] SCj PLC프로그램

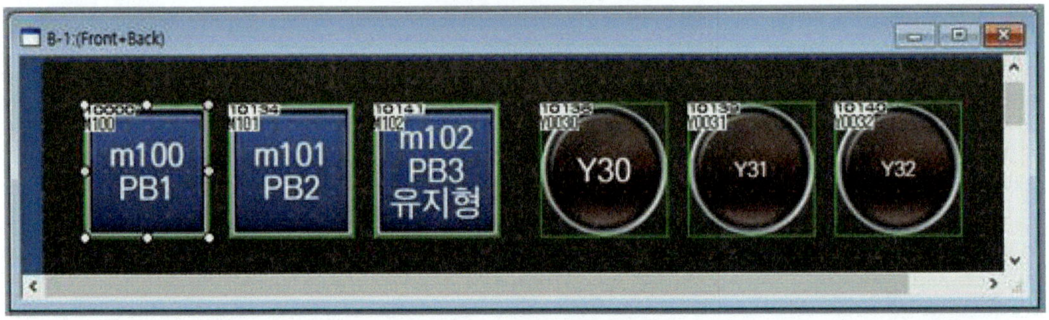

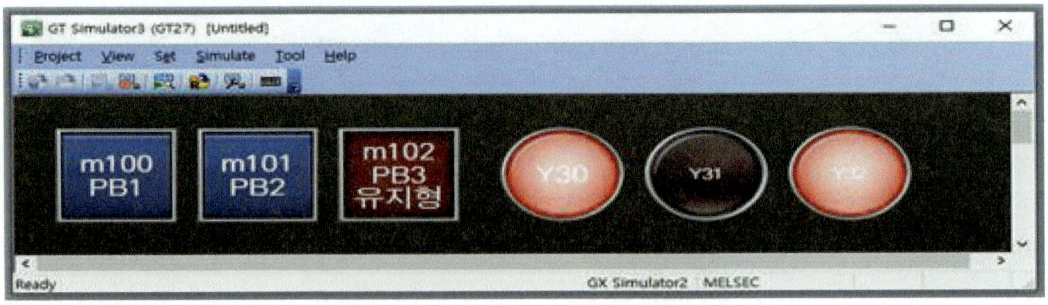

4.15 시프트

시프트(Shift)는 옮기다, 이동하다란 의미로 PLC프로그램 시프트 명령어 SFT, SFTP가 있다. SFT명령어 사용법은 시프트할 선두의 비트 디바이스는 SET 명령으로 ON하여야 한다. 연속으로 시프트 할 경우 번호가 큰 디바이스부터 프로그램을 작성한다.

시프트 명령어 SFT, SFTP

ⓓ 시프트할 디바이스 번호(비트)

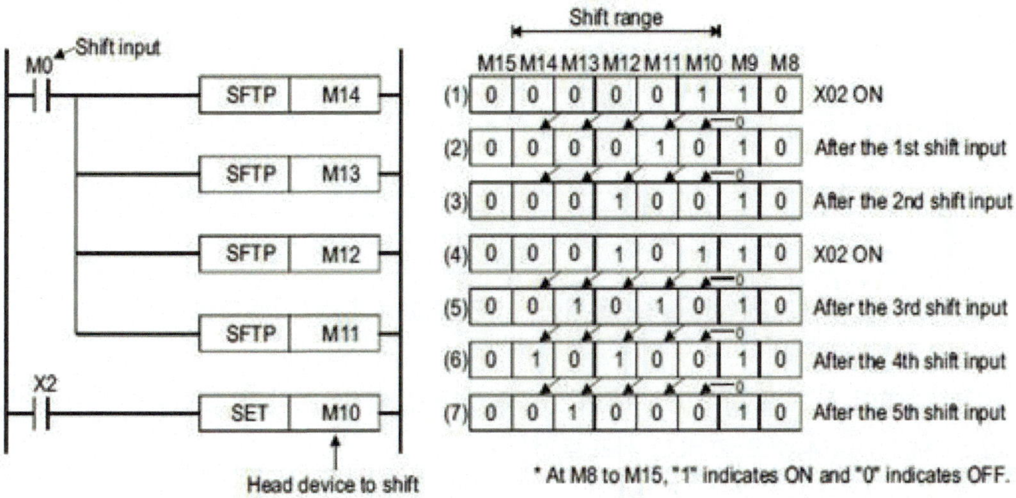

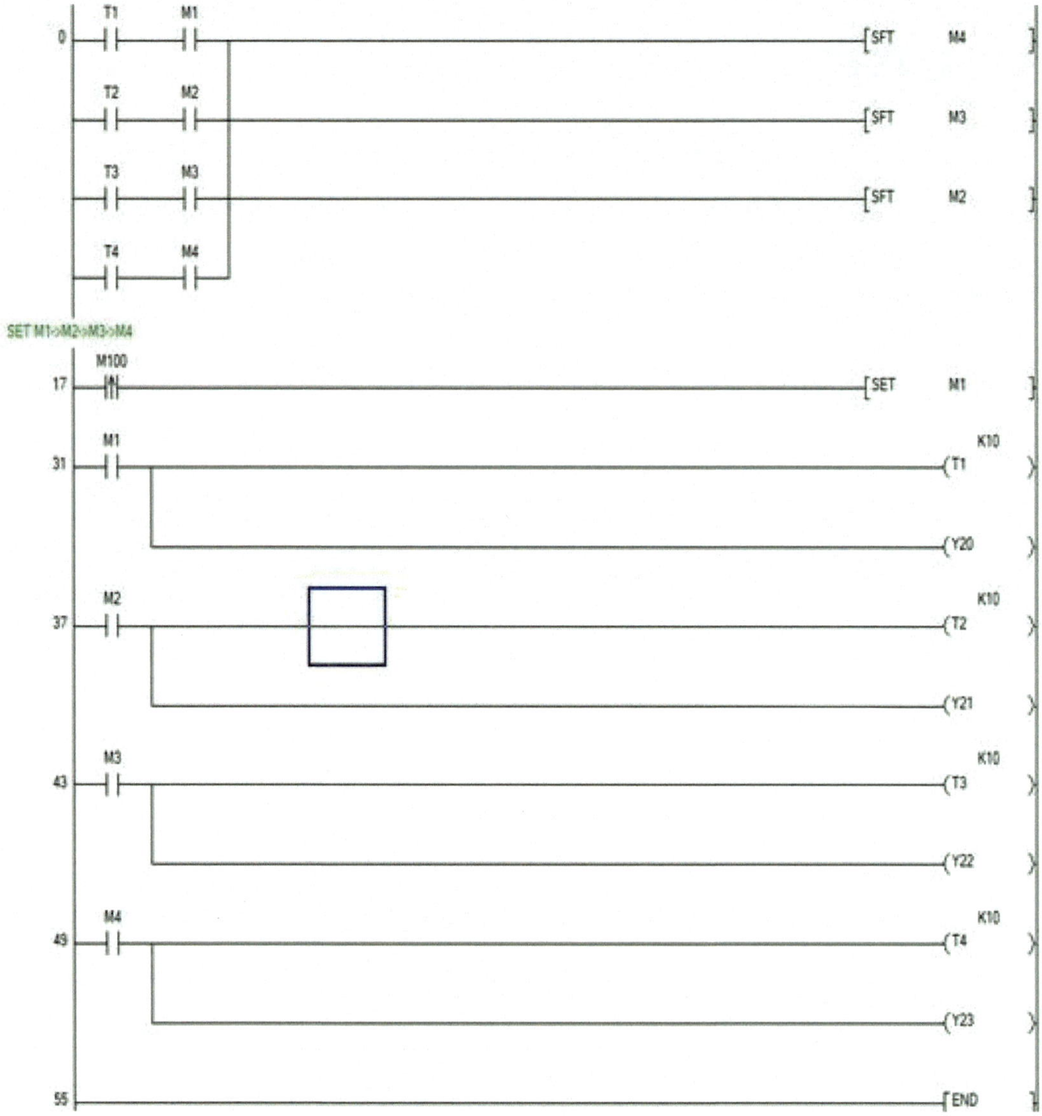

[그림 4-86] 시프트 명령어 SFT을 활용한 PLC프로그램

입력 PB1(M100)의 신호를 입력(ON)하면 SET명령어로 M1비트디바이스를 ON을 시작으로 차례로 M2 → M3 → M4 순으로 비트 시프트한다.

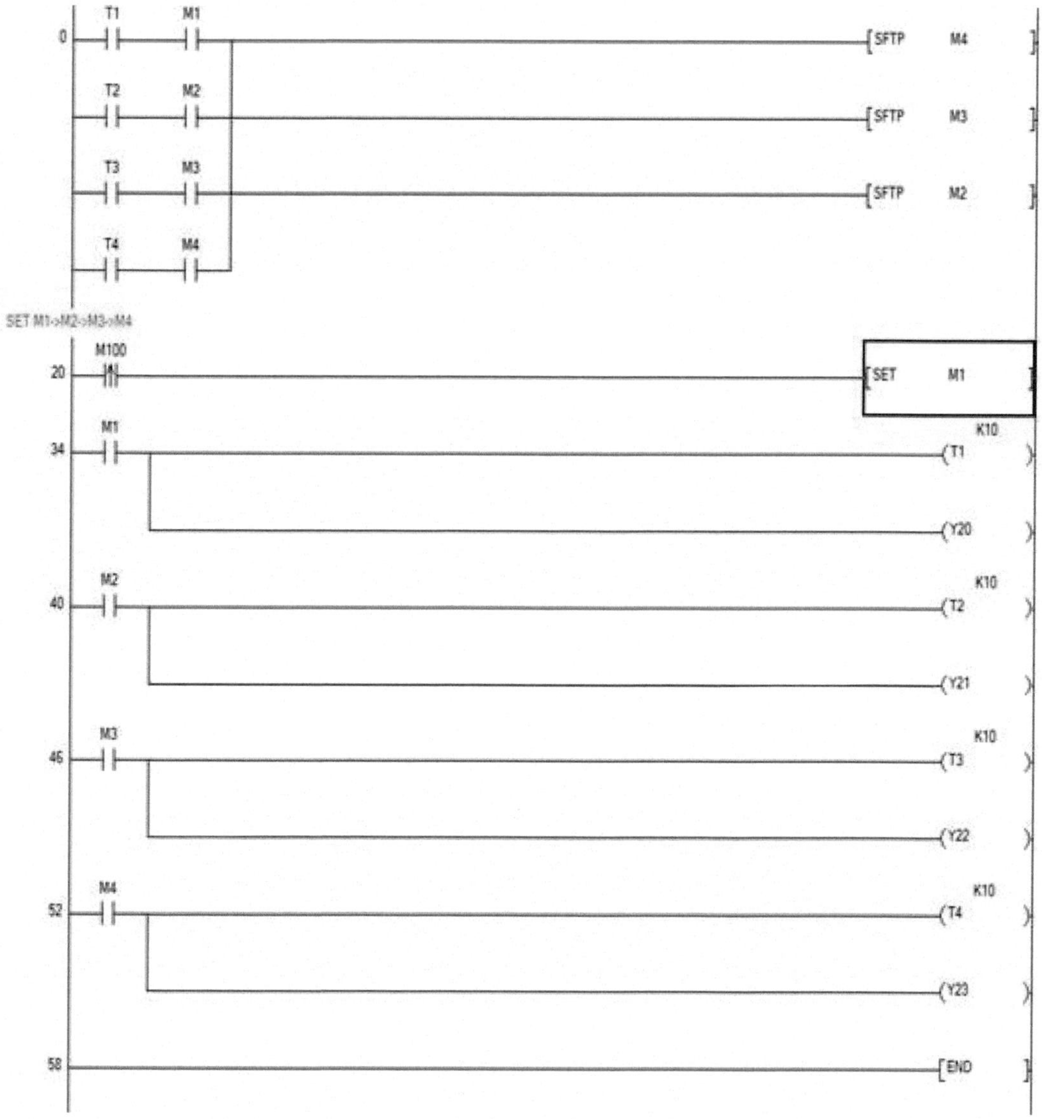

[그림 4-87] 시프트 명령어 SFTP를 활용한 PLC프로그램

SFTP 명령어를 사용하여 작성된 프로그램이다. 앞의 SFT명령어 프로그램과의 차이는 신호가 상승펄스에서 한 스캔마다 ON된다는 것이다.

GT Simulator3 (GT27) [Untitled]
Project View Set Simulate Tool Help
m100
PB1
LAMP1
Y21
LAMP1
Y22
LAMP1
Y23
Ready
GX Simulator2 MELSEC

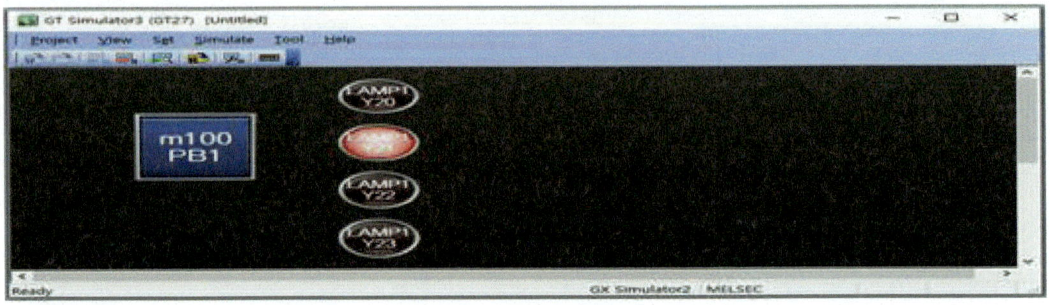
GT Simulator3 (GT27) [Untitled]
Project View Set Simulate Tool Help
LAMP1
Y20
m100
PB1
LAMP1
Y22
LAMP1
Y23
Ready
GX Simulator2 MELSEC

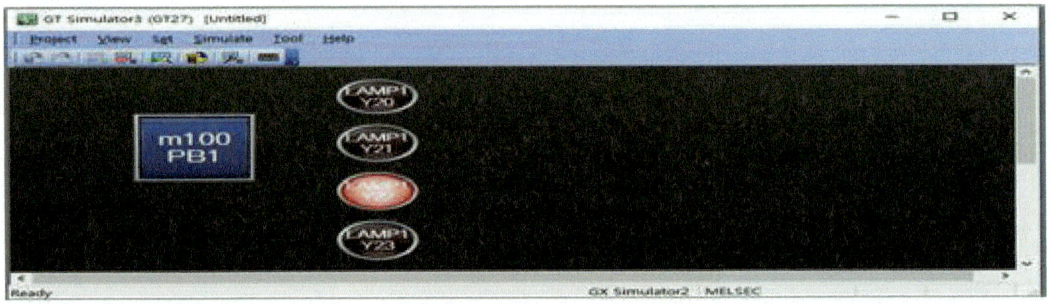
GT Simulator3 (GT27) [Untitled]
Project View Set Simulate Tool Help
LAMP1
Y20
m100
PB1
LAMP1
Y21
LAMP1
Y23
Ready
GX Simulator2 MELSEC

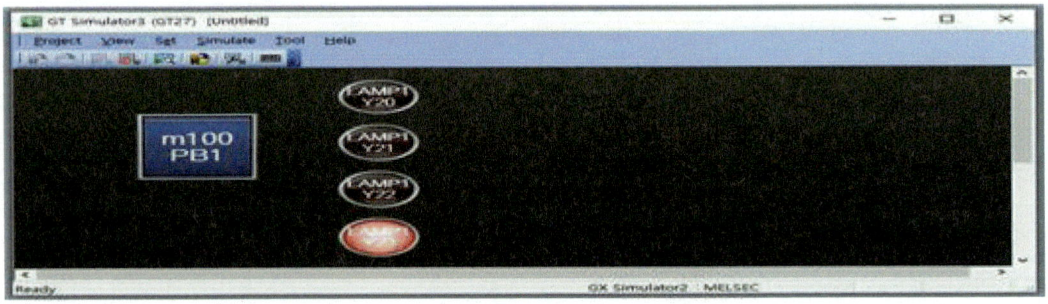
GT Simulator3 (GT27) [Untitled]
Project View Set Simulate Tool Help
LAMP1
Y20
m100
PB1
LAMP1
Y21
LAMP1
Y22
Ready
GX Simulator2 MELSEC

※ 시프트 명령어 BSFR, BSFRP, BSFL, BSFLP

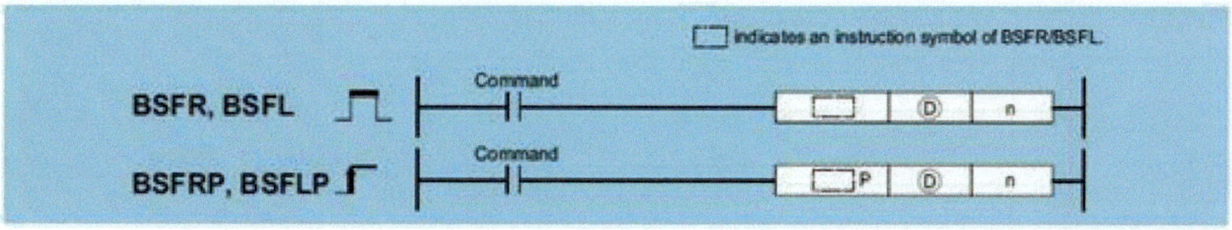

ⓓ : 시프트할 선두 디바이스 번호(비트)
n : 시프트를 실행하는 디바이스 개수 (16비트)

BSFR, BSFL명령어는 SFT 명령어를 좀 더 쉽게 사용할 수 있도록 만든 명령어이다.

BSFR 명령어는 실행할 때마다 비트 디바이스가 정면으로 보는 방향을 기준으로 오른쪽으로 1비트씩 시프트한다. 시프트되는 최상의 비트는 캐리플래그에 전송된다.

BSFL명령어는 실행할때마다 비트 디바이스가 정면으로 보는 방향을 기준으로 왼쪽으로 1비트씩 시프트한다. 시프트되는 최상의 비트는 캐리플래그에 전송된다.

BSFR

(1) Shifts the data in n points from the device designated by Ⓓ to the right by one bit.

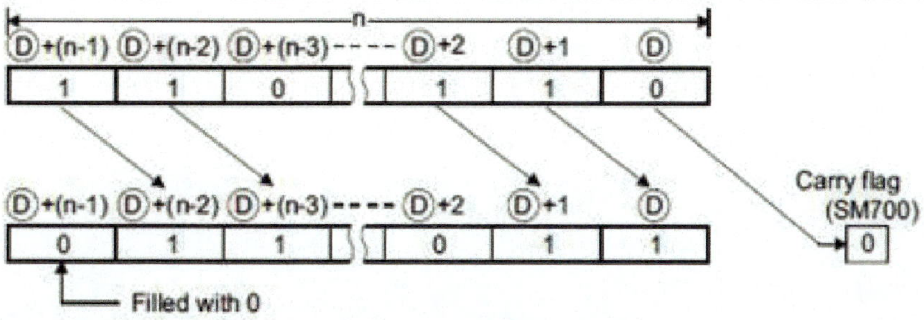

(2) The device designated by Ⓓ + (n-1) is filled with 0.

BSFL

(1) Shifts the data in n points from the device designated by Ⓓ to the left by one bit.

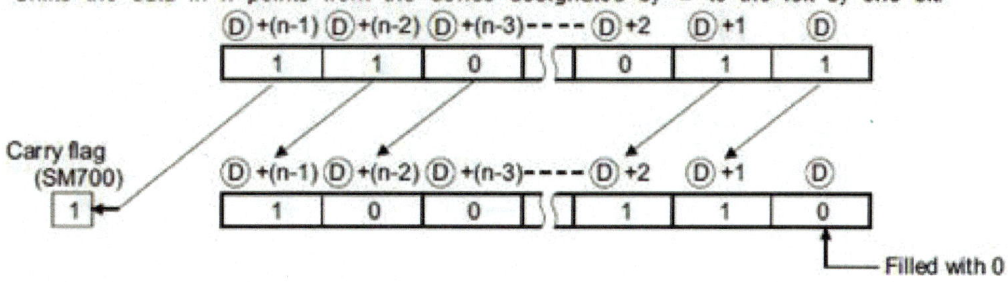

(2) The device designated by Ⓓ is filled with 0.

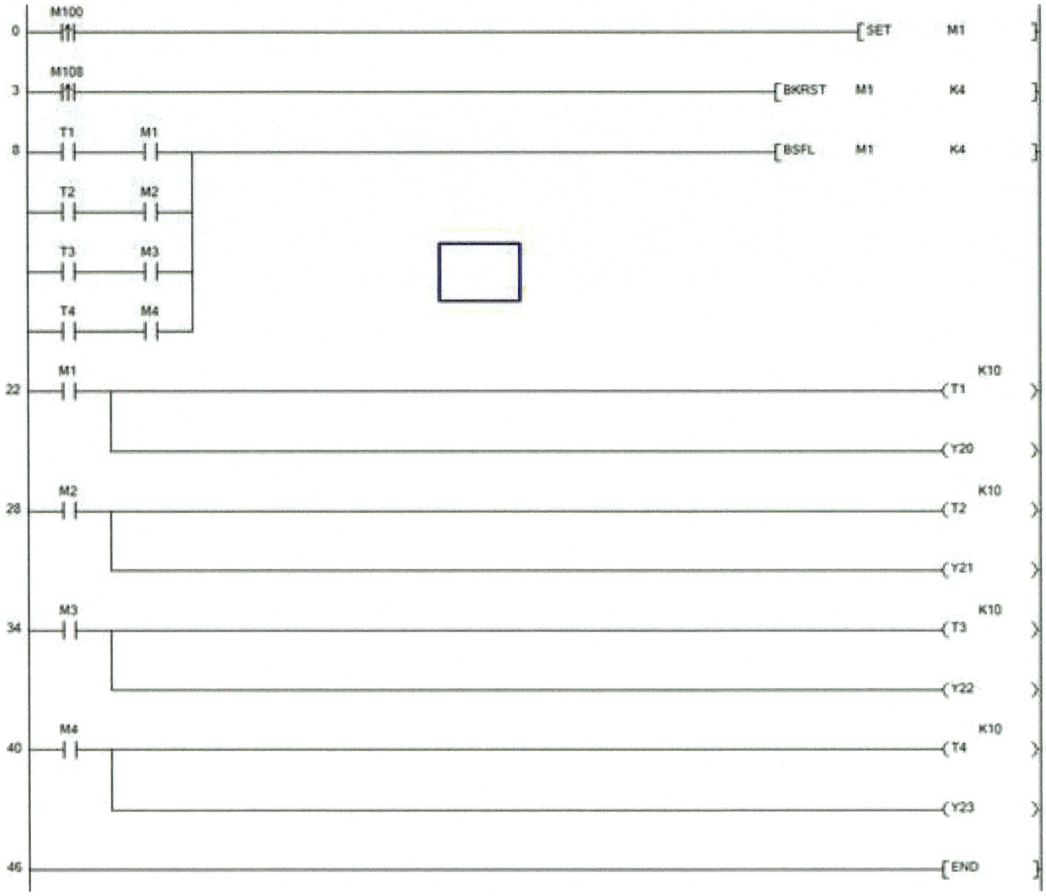

[그림 4-88] 시프트 명령어 BSFL를 활용한 PLC프로그램

리셋 명령어 BKRST, BKRSTP

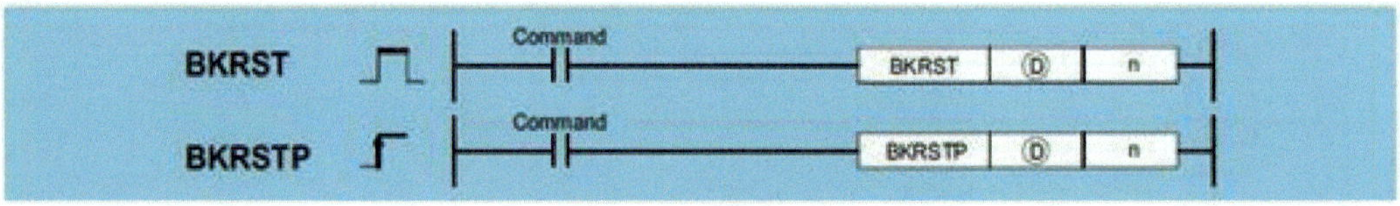

ⓓ : 리셋할 선두 디바이스 번호(비트)
n : 리셋할 디바이스 개수 (16비트)

지정한 비트 디바이스를 한번에 리셋하는 명령어이다.

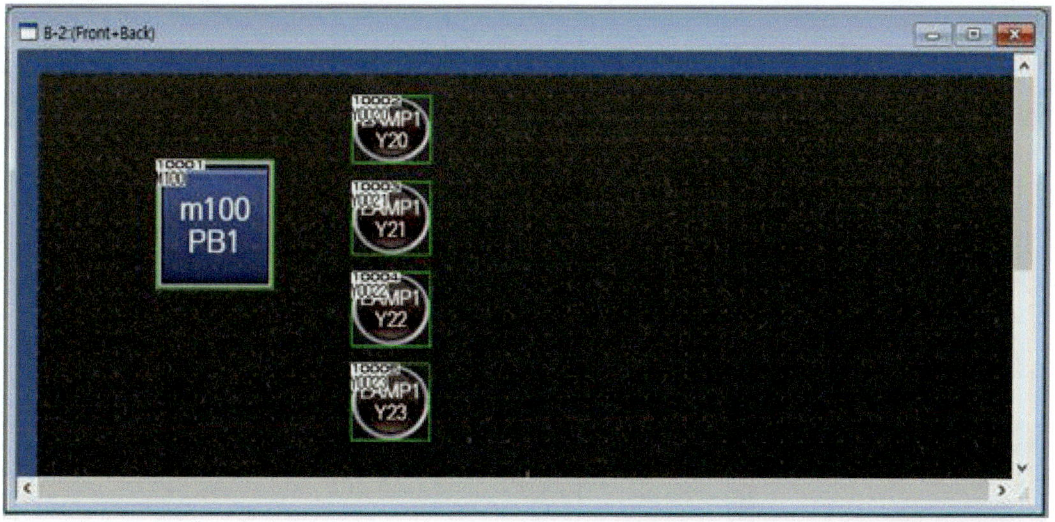
B-2:(Front+Back)
m100
PB1
LAMP1
Y20
LAMP1
Y21
LAMP1
Y22
LAMP1
Y23

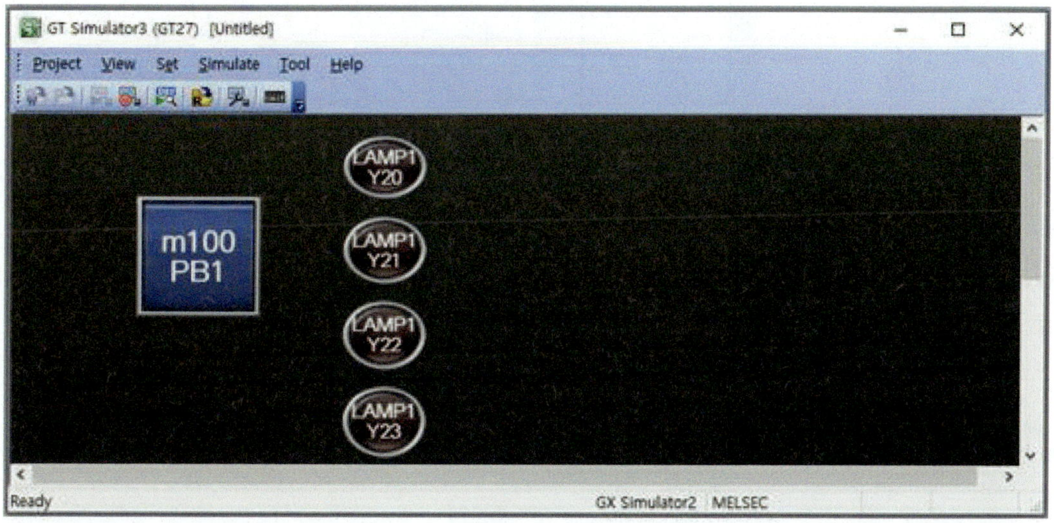
GT Simulator3 (GT27) [Untitled]
Project View Set Simulate Tool Help
m100
PB1
LAMP1
Y20
LAMP1
Y21
LAMP1
Y22
LAMP1
Y23
Ready
GX Simulator2
MELSEC

4.16 시뮬레이션

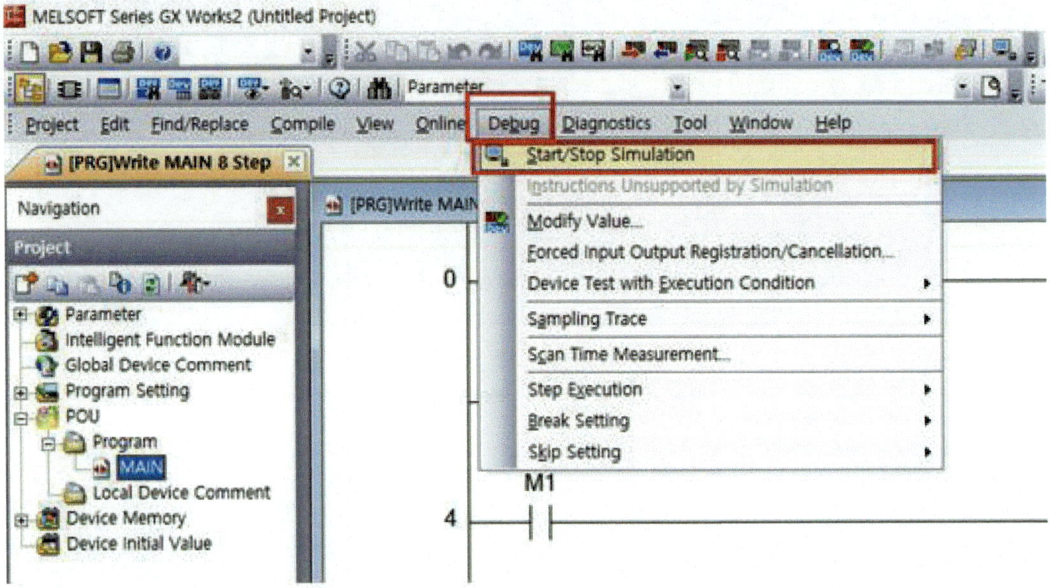

GX Work2에서는 PLC프로그램 시뮬레이션할 수 있다. 메인메뉴 Debug메뉴에서 시뮬레이션 스타트 버튼항목을 클릭한다. 한번더 클릭하면 시뮬레이션이 정지한다.

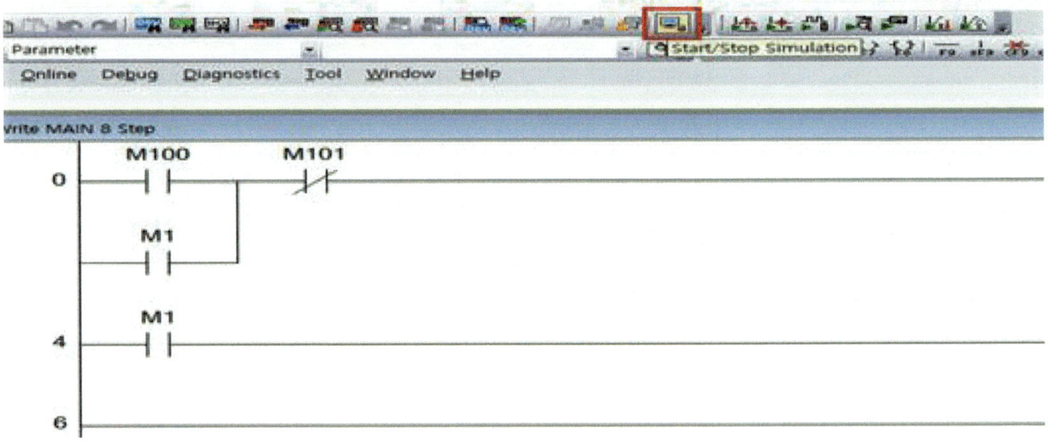

 메인메뉴 상단 아이콘을 클릭하여도 시뮬레이션 스타트가 되고, 한번 더 클릭하면 시뮬레이션이 정지한다.

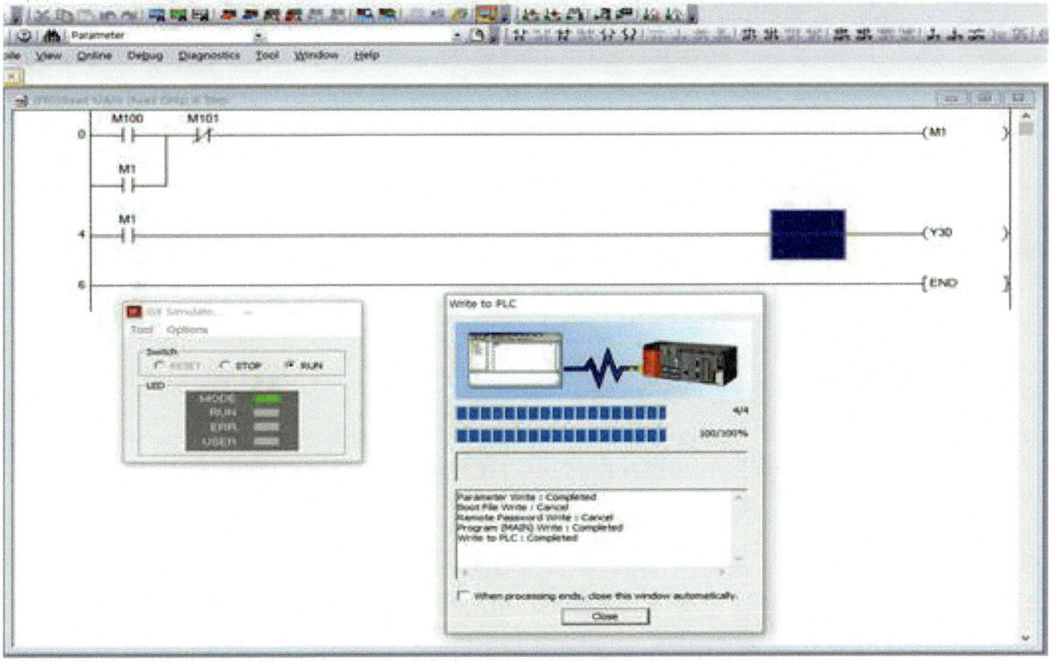

Debug메뉴에서 시뮬레이션 스타트버튼 항목을 클릭하면 가상시뮬레이션 PLC프로그램쓰기를 실행한다. 쓰기 완료 후 닫기(Close) 버튼을 클릭하면 가상의 GX SimManager가 RUN 상태가 된다. 시뮬레이션을 종료하려면 메인메뉴 Debug메뉴에서 시뮬레이션 스타트 버튼항목을 한번 더 클릭하던가 아니면  메인메뉴 상단 아이콘을 한번 더 클릭하면 시뮬레이션이 정지한다.

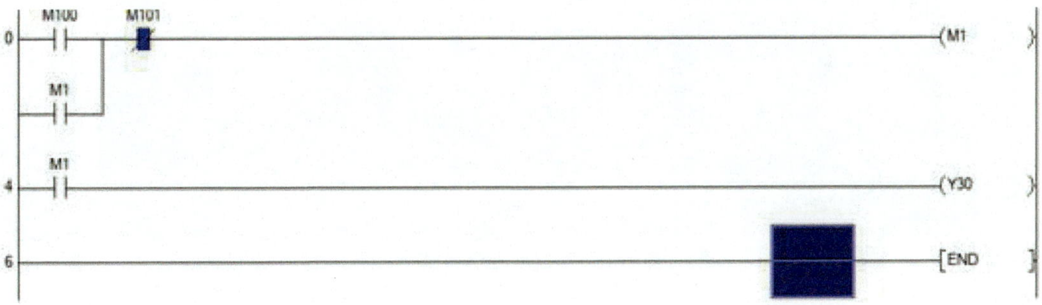

[그림 4-89] OFF우선자기유지회로 PLC프로그램1

[그림 4-90] OFF우선자기유지회로 PLC프로그램2

시뮬레이션이 동작되면 PLC프로그램은 모니터링모드로 된다. 이때 접점을 강제 ON, OFF 작동 가능하다. 마우스 커서를 해당접점에 클릭한후 Shift+ Enter를 클릭하면 강제로 접점이 ON 또는 OFF된다. 프로그램을 수정하려면 시뮬레이션을 종료 후 F2(Write Mode)단축키를 작동시켜 프로그램을 중지한 후 수정한다.

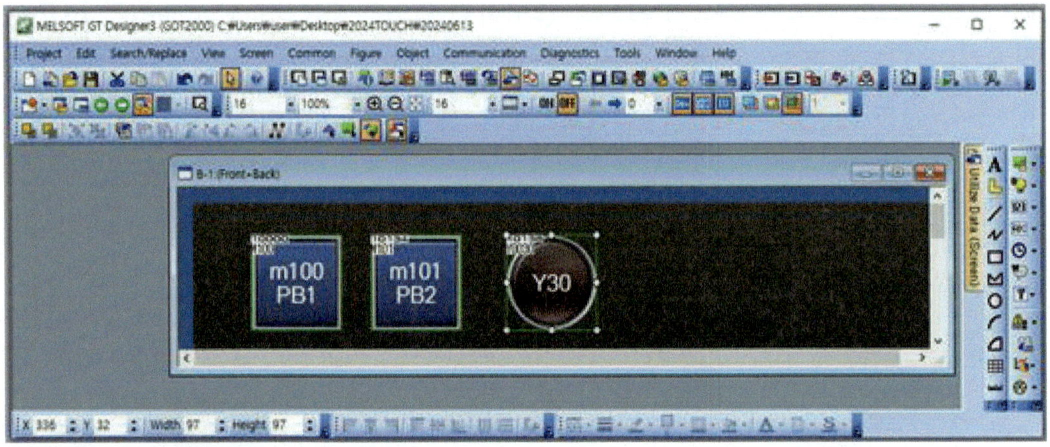

미쓰비시 터치스크린 GOT2000장치 작화 프로그램인 GT Designer3 프로그램툴이 설치된 PC에서 GOT에서 사용할 화면을 작성하고 작성된 내용을 GX Work2 PLC프로그램 시뮬레이션과 연동하여 사용할 수 있다.

 메인메뉴 상단 아이콘을 클릭하여도 시뮬레이션 스타트가 되고, 한번 더 클릭하면 시뮬레이션이 정지한다.

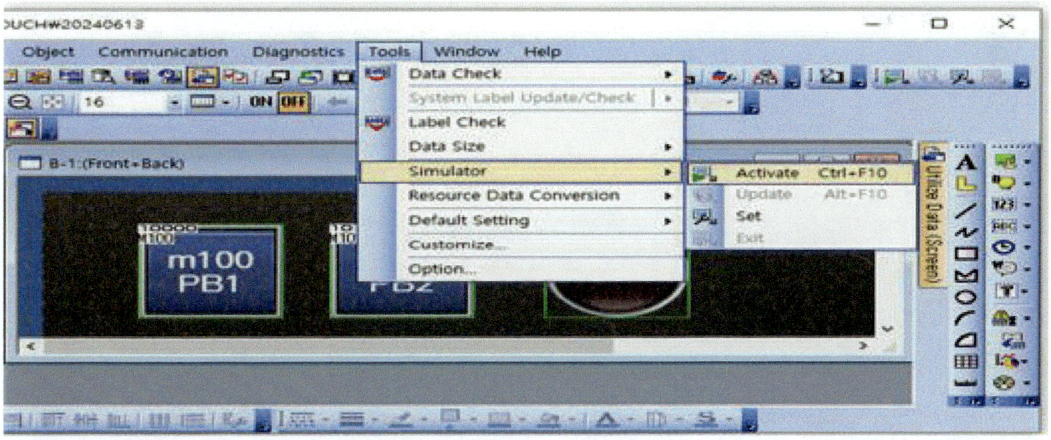

Tool → Simulator → Activate 클릭한다.

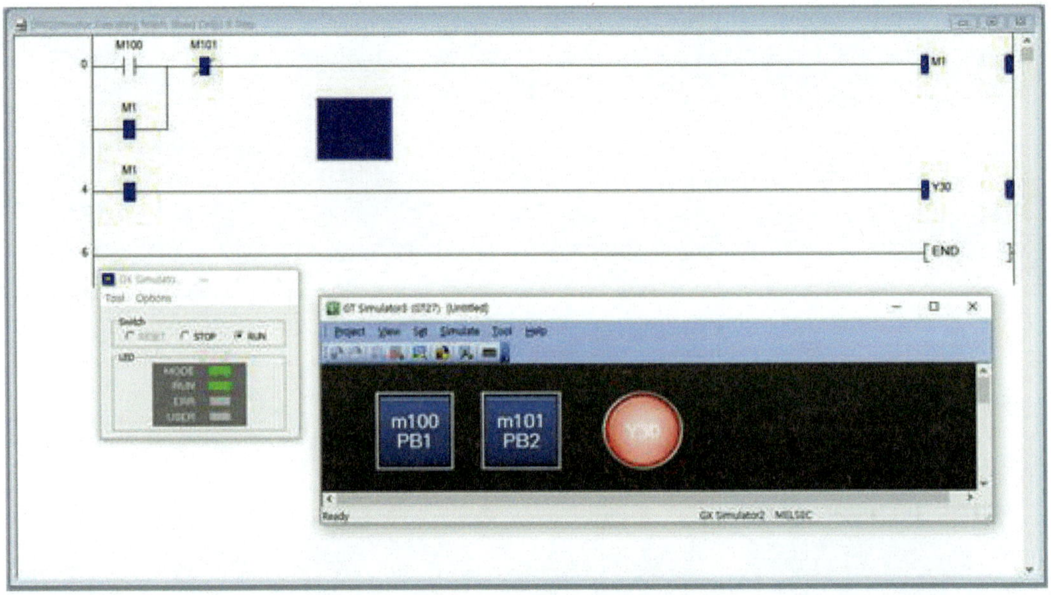

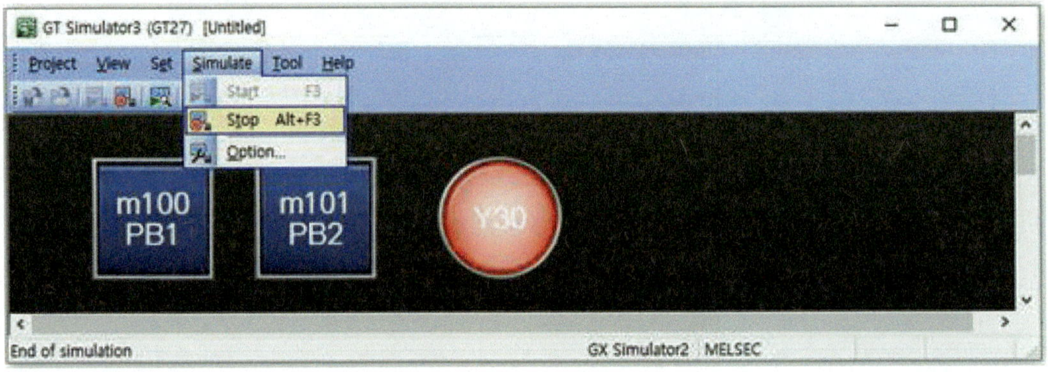

Simulator → Stop

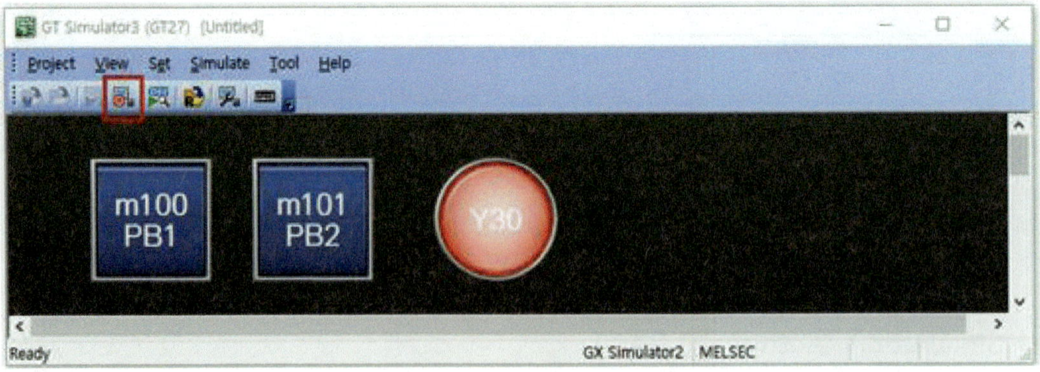

4.17 변위단계선도와 제어선도

다수의 액추에이터인 실린더들을 순차적으로 제어하는 회로는 복잡하므로 설계를 용이하게 하기 위해서 변위 단계선도(displacement step diagram), 시간선도, 제어선도(control diagram) 등을 작성하여 그 순서를 명확히 파악하고 신호 중복 등을 확인하여 대책을 강구해야한다.

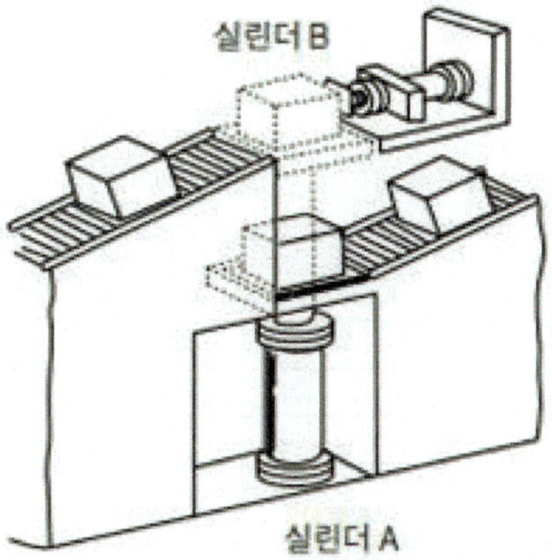

[그림 4-91] M상자 이송장치

[그림 4-91]은 아래쪽 컨베이어에 의해 이동 된 상자를 위쪽 컨베이어로 이송시키는 장치이다. 이 장치를 예제로 변위 단계선도와 제어선도의 작성방법을 알아본다.

(1) 작동의 서술적 표현

① 아래쪽 컨베이어에의해 상자가 도착하면 실린더 A가 전진하여 밀어 올린다.
② 실린더 B가 전진하여 상자를 위쪽 컨베이어로 밀어 넣는다.
③ 실린더 A가 후진하여 복귀한다.
④ 실린더 B가 후진하여 복귀한다.

이 방법은 장치가 복잡한 경우에 작동 단계가 많아지면 작동 순서를 기억할 수 없으므로 설계할 때 혼동의 우려가 있다.

(2) 약술 기호의 표현

각 실린더의 운동에서 전진운동의 경우는 (+)기호, 후진운동의 경우는 (-)기호를 실린더 기호 뒤에 붙여 순서에 따라 나타내어 작동 순서를 간단명료하게 나타낼 수 있다. 위의 예의 경우는 다음과 같이 표현된다.

A+B+A-B-

(3) 단계별 표현

작동의 각 단계를 순서대로 나열하고 실린더의 전진·후진을 표현하여 작동하지 않는 단계는 "-"로 표시한다.

[표4-2] 작동 단계별 표현

작동 단계	실린더 A	실린더 B
1단계	전진	-
2단계	-	전진
3단계	후진	-
4단계	-	후진

(4) 변위 단계선도와 제어선도의 작성 방법

(4)-1. 변위 단계선도

변위 단계선도(displacement step diagram)는 다수의 실린더가 동작을 시작하여 끝날 때까지 변위를 각 실린더별, 단계별로 도표화한 것으로서 일반적으로 모션스텝다이아그램(Motion-step diagram) 시퀀스차트(sequence chart)라 하기도 한다 .이 선도는 작동 단계에 따라 실린더(피스톤)의 변위를 다음 규칙에 따라 작성한다. 선도를 정확히 작성하면 회로를 설계할 때 편리하다.

① 각 실린더별로 일정한 간격의 두 평형선을 그리고, 실린더 사이의 간격은 그 간격의 약 1/2 간격으로 띄운다.

② 전 시스템의 "단계 수 +1"만큼의 단계선(스텝선 : 수직선)을 실린더의 작동시간과 관계없이 동일 간격으로 그린다.

③ 실린더의 동작은 스텝 번호선에서 변화시켜 그린다.

④ 작동 상태의 표시는 전진의 경우는 상향 대각선, 후진의 경우는 하향 대각선, 정지 상태는 수평선으로 표시하며, 후진 상태는 0, 전진 상태는 1로 표시한다.

⑤ 리밋 밸브나 센서 등이 작동하는 위치는 단계선상이며, 그 작동에 뒤따르는 실린더의 작동 개시점까지 화살표로 연결한다.

⑥ 최종 스텝선은 바로 최초 스텝선과 일치함을 의미한다.

이 방법에 따라 작성된 변위 단계선도는 [그림 4-92]다. 즉, 초기에 실린더 A, B가 후진 상태에서 공정의 마지막 감지센서인 리밋 스위치 LS3가 감지되어 있는 것을 확인하고 START 스위치를 ON시키면 실린더 A가 전진하고, 실린더 A의 전진 끝단의 리밋 스위치 LS2가 동작하여 실린더 B를 전진시킨다. (실린더 A는 전진 상태 유지) 전진이 완료되면 실린더 B의 전진 끝단의 리미트 스위치 LS4가 작동하여 실린더 A가 후진하고(실린더 B는 전진 상태 유지) 후진이 완료되면 실린더 A의 후진 끝단의 리밋 스위치 LS1이 작동하여 실린더 B가 후진함으로써 1사이클이 종료된다.

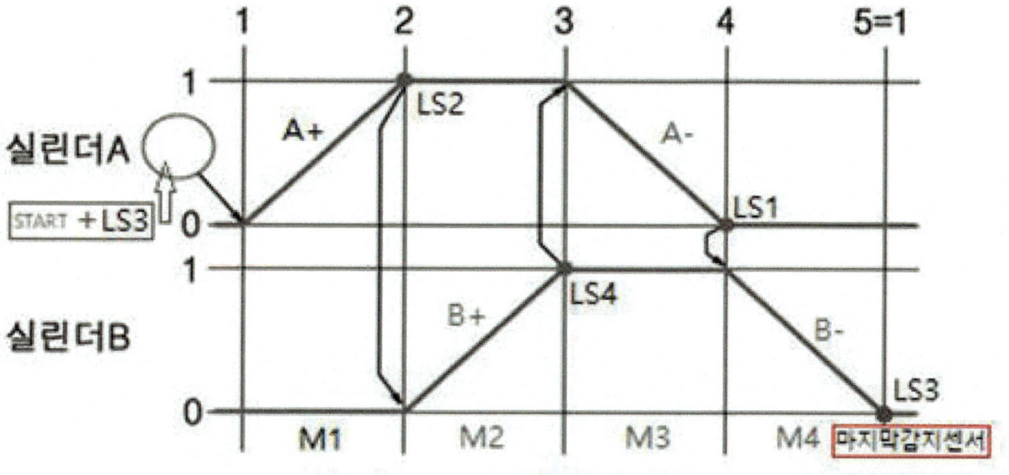

[그림 4-92] 변위단계선도

(4)-2. 제어선도

제어선도(control diagram)는 실린더의 작동 변화에 따라 리밋 밸브나 센서 등의 작동 상태를 나타내는 선도이다. 이 선도는 후술하는 신호 중복의 여부를 확인하는 데 유효한다. 제어선도는 각 리밋 밸브별로 가로축은 작동 스텝, 세로축은 그 밸브의 ON(1로 표시), OFF(0으로 표시) 상태를 펄스 형태로 나타내며(일반적으로 이 선도는 변위 단계선도의 아래쪽에 나타낸다). [그림 4-93]은 위의 예에 대한 제어선도를 변위 단계선도와 함께 나타내었다.

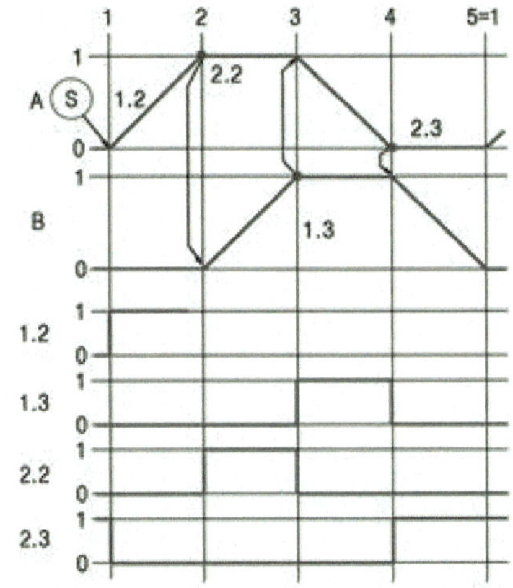

[그림 4-93] 변위단계선도 및 제어선도

(5) 변위단계선도 작성 예제 1

다음의 시스템을 이용하여 변위 단계선도를 작성하는 방법에 대하여 알아보자.

(5)-1. 구성도

<table>
<tr>
<td>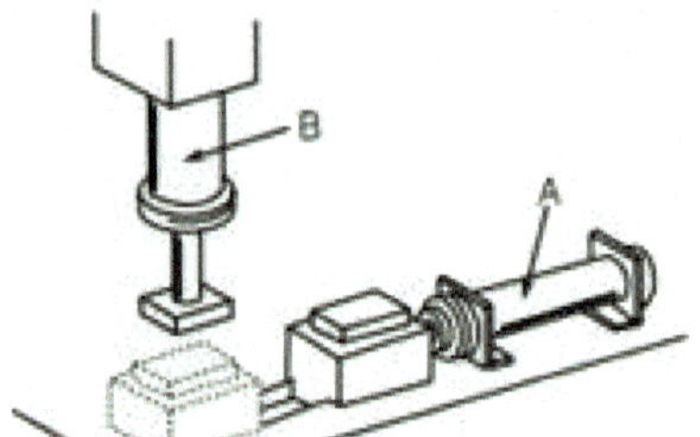
</td>
<td>※ 동작 제어
좌측의 그림은 엠보싱 장치의 구성도를 나타낸 것이다. 재료를 수동으로 삽입하면 실린더 A의 전진 동작으로 엠보싱 위치까지 재료를 이송하며 실린더 B의 전·후진 동작으로 엠보싱 작업을 하면 실린더 A가 후진한다.</td>
</tr>
</table>

(5)-2. 공압 회로도

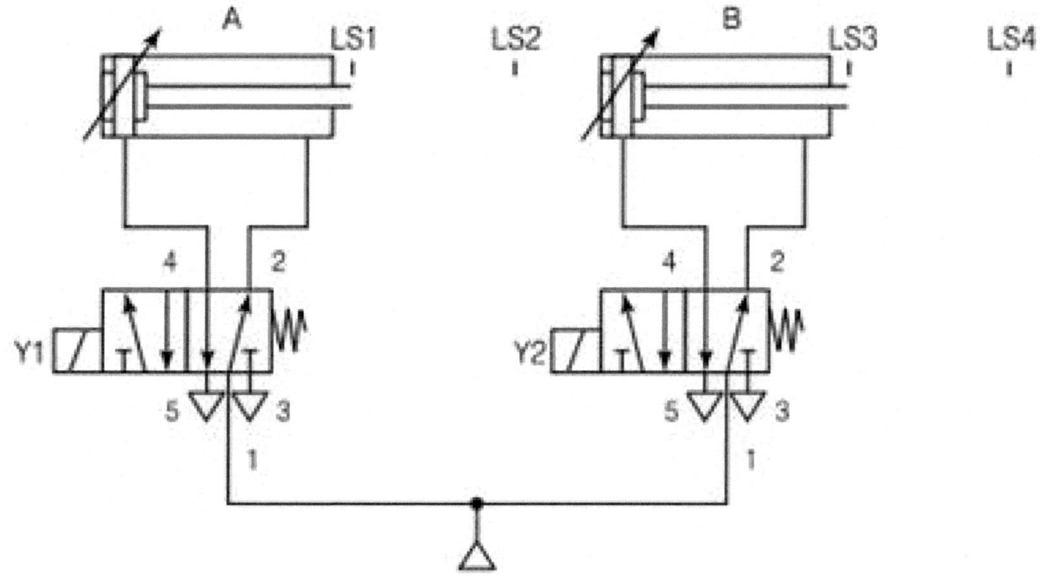

[그림 4-94] 공압회로도

각 실린더의 운동에서 전진운동의 경우는 + 기호, 후진하는 운동의 경우는 - 기호를 실린더의 기호뒤에 붙여 순서에 따라 나타내어 작동순서를 간단명료하게 나타낼 수 있다.

위의 구성도와 공압 회로도를 보면 실린더의 동작 순서가 A + , B + , B - , A - 로 동작하는 것을 알 수 있다. 또한 실린더의 사용 개수는 2개이고 위치 확인 센서는 각각의 실린더에 전·후진으로 총 4개가 사용되는 것을 확인할 수 있다. 이러한 동작 조건을 확인하여 변위 단계선도를 다음과 같은 방법으로 작성해보도록 한다.

START S/W
×(리미트 스위치 : LS1)→A+ ⇨ LS2→B+ ⇨ LS4→B− ⇨ LS3−

단계별 표현

작동 단계	실린더 A	실린더 B
STEP1	전진	—
STEP2	—	전진
STEP3	—	후진
STEP4	후진	—

준비 01 각 액추에이터 전·후진 구분선 그리기

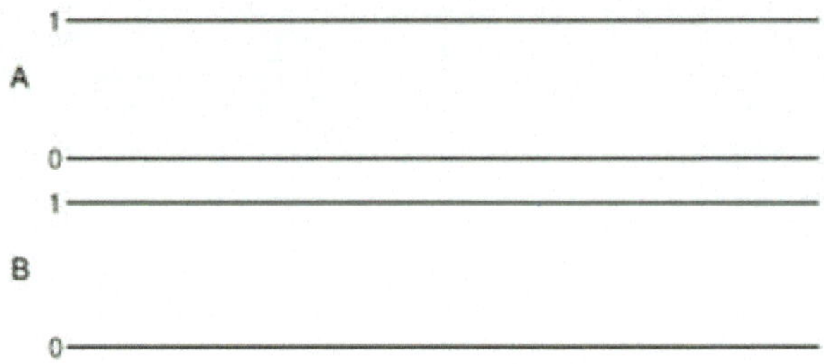

① 먼저 실린더를 2개 사용하기 때문에 사용하는 실린더(액추에이터)를 기입한다.
② 각 실린더별로 일정한 간격의 두 평행선을 그리고, 실린더 사이의 간격은 그 간격의 약 1/2 간격으로 띄운다.
③ 각각의 실린더별 2개의 선에는 각각 1과 0을 표기하는데 이는 실린더의 후진 상태는 0, 전진 상태는 1로 표시한다. 디지털 신호로 말하자면 ON이나 OFF를 의미하는 것이다.

준비 02 각 스텝별 세로선 그리기

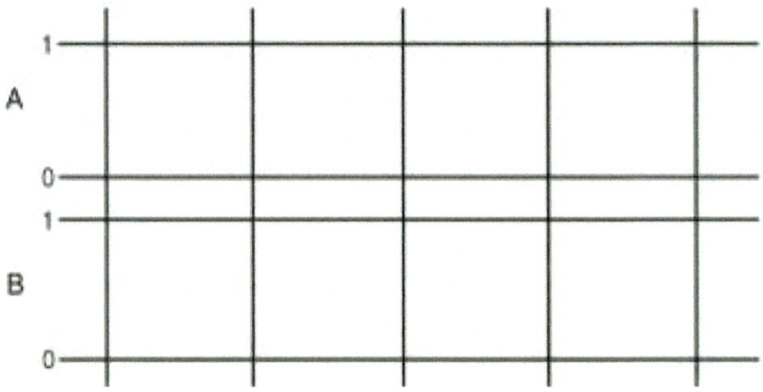

① 동작하는 스텝 수만큼 등 간격으로 세로선을 작성한다.
② A+, B+, B-, A- 동작에서 실린더의 한 동작을 한 스텝으로 보기 때문에 4스텝을 동작한다. 세로선을 스텝 수만큼 , 즉 4개의 세로선을 작성한다.

준비 03 스텝 번호의 작성

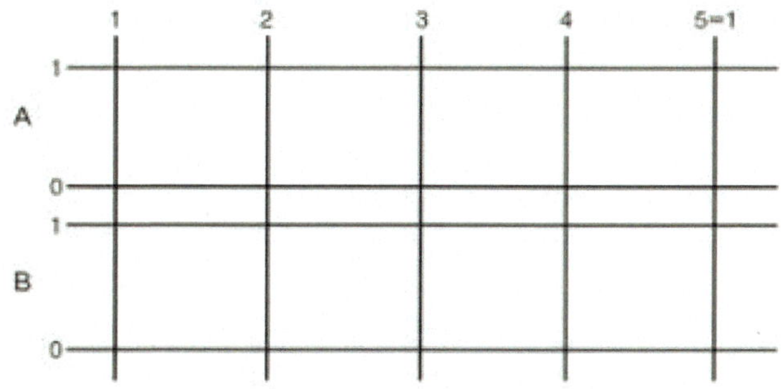

① 세로선의 상단에 좌측부터 우측 방향으로 스텝 번호를 작성한다.

② 시작부분은 1로 시작한다. 마지막 세로선은 위의 그림과 같이 '마지막 스텝번호 = 1'이라고 표기해야 한다.

③ '5 = 1' 로 표기하는 이유는 시스템은 제어 신호에 의해 계속 반복 동작을 하기 때문에 처음 시작 부분과 끝나는 부분은 같다는 표시를 한 것이다.
다시 말해, 시작하기 전 상황이나 시스템이 동작을 완료한 뒤의 상황이나 같다는 것을 의미한다.

준비 04 STEP 1 실린더 A 전진, 실린더 B 미동작

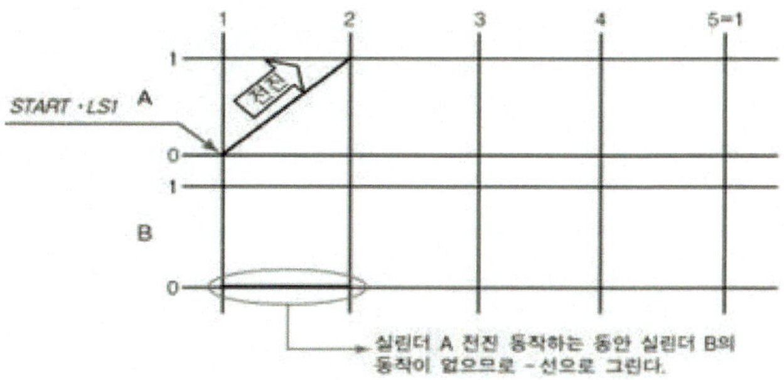

① 좌측부터 실린더 A의 전진(A+)의 상승(/) 대각선으로 START와 LS1의 신호를 받아 작성하여 준다. 이때 실린더 B는 작동하지 후진 상태로 지속되고 있으므로 (-)로 표시한다.

② START·LS1은 처음 실린더 A가 동작하기 위해서는 시작 스위치와 마지막으로 동작한 실린더 위치 확인 센서인 LS1 리미트 스위치가 모두 ON 상태가 되어야만 실린더A가 동작한다는 의미이다.

준비 05 STEP 2 실린더B 전진, 실린더A 미동작

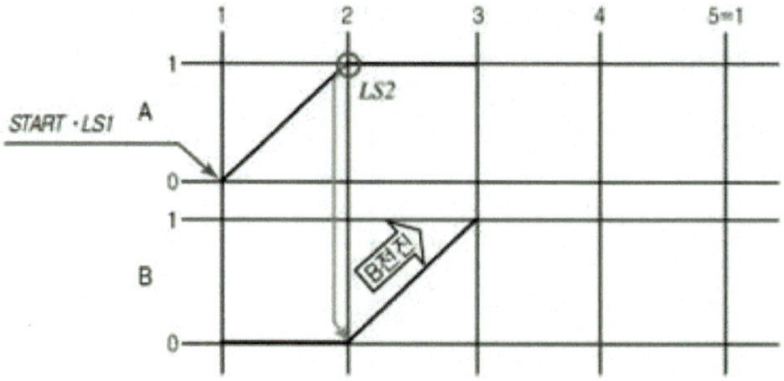

- LS2의 신호를 받아 실린더 B의 전진(B+)의 상승(/) 대각선으로 그리고 실린더 A는 전진 상태에서 지속되고 있으므로 (-)로 표시한다.

준비 06 STEP 3 실린더B 후진, 실린더A 미동작

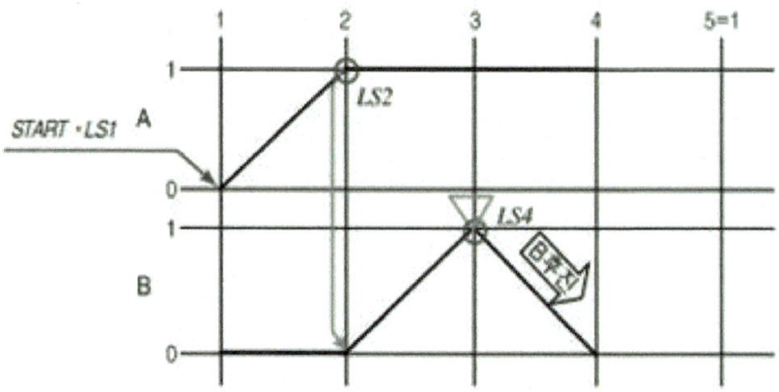

- LS4의 신호를 받아 실린더 B의 후진(B-)의 하향(\) 대각선으로 그리고 실린더 A는 전진 상태에서 지속되고 있으므로 (-)로 표시한다.

준비 07 STEP 4 실린더A 후진, 실린더B 미동작

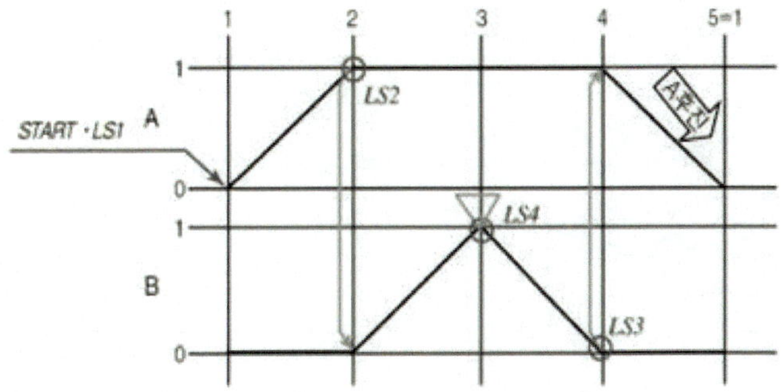

· LS2의 신호를 받아 실린더 B의 전진(B+)의 상승(/) 대각선으로 그리고 실린더 A는 전진 상태에서 지속되고 있으므로 (-)로 표시한다.

준비 08 변위 단계선도의 완성

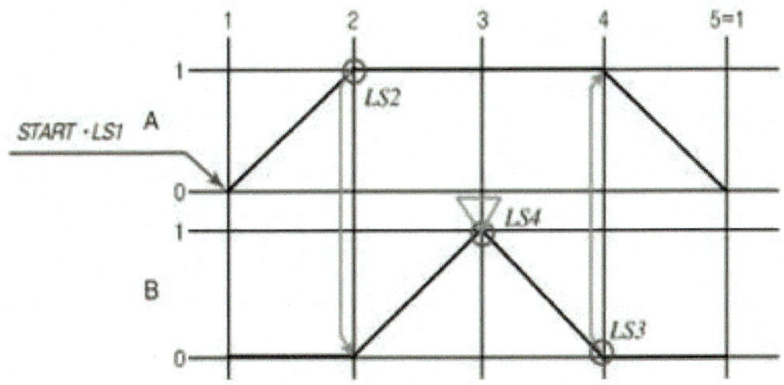

① 마지막으로 동작을 결정짓은 신호를 표시한다.
② 실린더 A가 전진 완료하면 LS2 리미트 스위치가 검출이 된다. LS2의 신호에 의해 실린더 B가 전진한다는 것을 의미한다.
③ 실린더 B가 전진 완료하면 LS4 리미트 스위치가 검출이 되고, 그 신호에 의해 실린더 B는 후진한다.
④ 실린더 B가 후진 완료하면 LS3 리미트 스위치가 검출이 되고, 실린더 A가 후진한다.

(6) 변위단계선도 작성 예제 2

다음의 시스템을 이용하여 변위 단계선도를 작성하는 방법에 대하여 알아보자.

(6)-1. 구성도

<table>
<tr>
<td>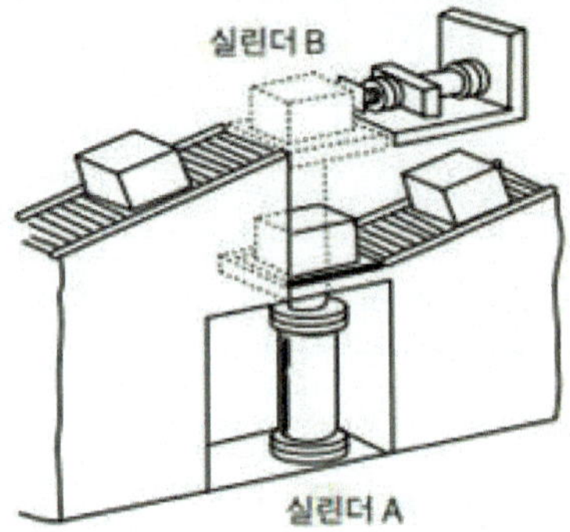
</td>
<td>※ 동작 제어
좌측의 그림은 상자 이송 장치의 구성도를 나타낸 것이다. 아래쪽 컨베이어에 의해 이동된 상자를 실린더 A에 의해 밀어 올린다. 실린더 B가 전진하여 상자를 위쪽 컨베이어로 밀어 넣는다. 실린더 A가 후진하여 복귀한 후 실린더 B가 후진하여 복귀한다.</td>
</tr>
</table>

(6)-2. 공압 회로도

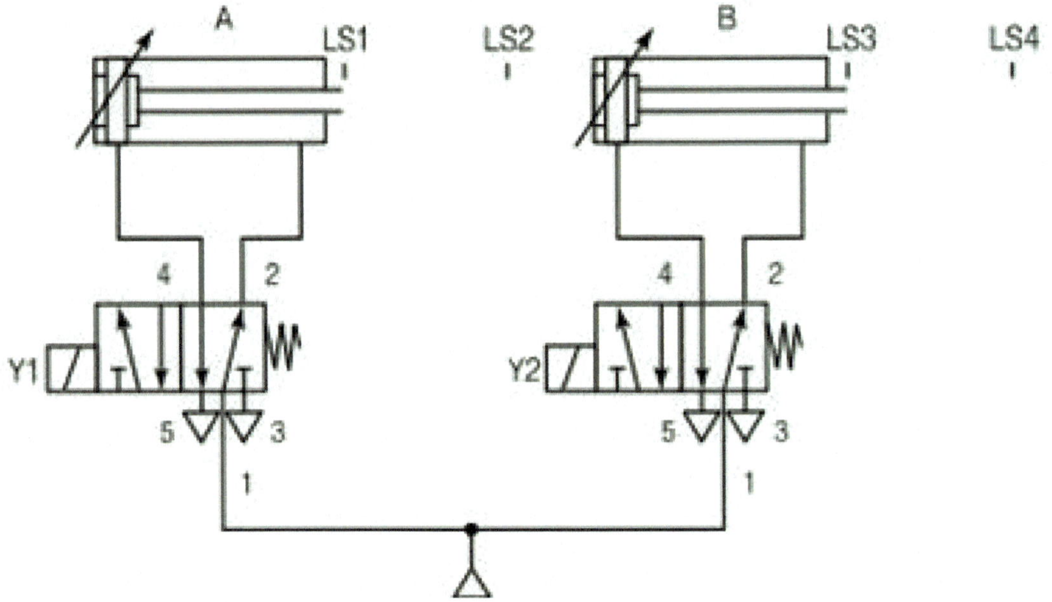

[그림 4-95] 공압 회로도

위의 구성도와 공압 회로도를 보면 실린더의 동작 순서가 A+, B+, A-, B-로 동작하는 것을 알 수 있다. 또한 실린더의 사용 개수는 2개이고 위치 확인 센서는 각각의 실린더에 전·후진으로 총 4개가 사용되는 것을 확인할 수 있다. 이러한 동작 조건을 확인하여 변위 단계선도를 다음과 같은 방법으로 작성해 보도록 한다.

START S/W ×(리미트 스위치 : LS3)→A+	⇨ LS2→B+	⇨ LS4→A−	⇨ LS1→B−

단계별 표현

작동 단계	실린더 A	실린더 B
STEP1	전진	—
STEP2	—	전진
STEP3	후진	—
STEP4	—	후진

(6)-3. 변위 단계선도의 완성

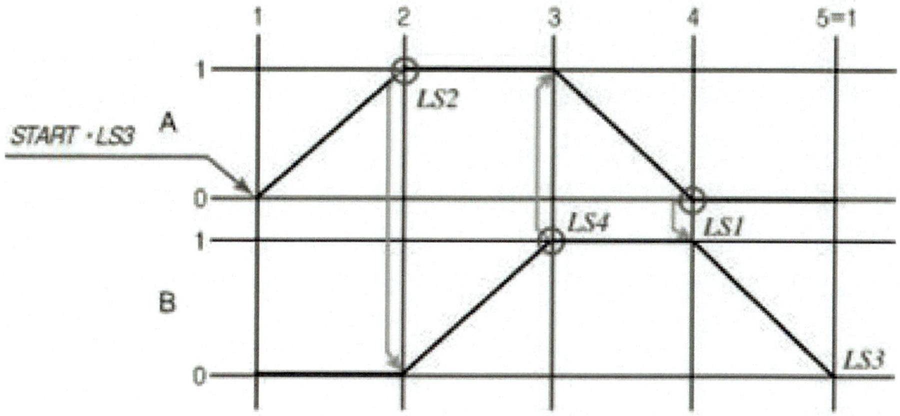

[그림 4-96] 변위 단계선도

※유의사항

변위-단계선도를 그릴 때에는 다음 사항에 유의해야 한다.

① 단계는 가능한 한 선형적으로 그리고 수평으로 그려야 한다.

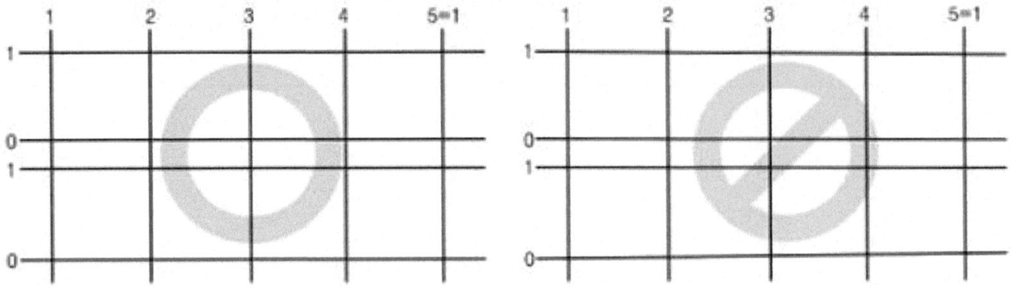

② 가능한 변위를 실제 크기로 할 것이 아니라 모든 요소에 대해 같은 크기로 그려야 한다.

③ 부품이 여러 개일 경우에는 각각의 사이를 너무 가깝게 하지 않아야 한다.

④ 작동 중에 시스템의 상태가 변할 때 예를 들면 실린더가 중간 위치에 있을 때 리미트 스위치가 작동하거나 또는 전진 속도가 변하는 등의 경우에는 중간 단계가 있어야 한다.

⑤ 필요한 경우에는 단계별로 번호를 붙인다.

⑥ 작동의 상태를 표시하는 것은 편안한 방법을 선택하여 사용한다. 예를 들면 실린더의 위치를 표시하거나(후진, 전진) 또는 이진법의 표시를 사용한다. (예 : 후진 "0", 전진 "1")

⑦ 부품의 표시에 관계된 것은 선도의 좌측에 나타내야 한다.

4.18 신호의 간섭

시퀀스 제어에서는 상반된 제어 신호가 같이 존재하게 되면 문제가 발생하는데 이를 제어 신호 간섭현상이라 한다. 제어 신호의 간섭현상이 발생된 이유는 실린더의 전진운동 제어 신호와 후진운동 제어 신호가 동일시점에 신호가 존재하면 시퀀스 제어시 제어 신호의 중첩현상(전기 제어 신호의 간섭현상)이 발생한다. 이때 문제점인 중첩현상을 제거하여 회로를 구성하여야 한다. 스테퍼(stepper) 방법이 주로 이용되고 있다. 스테퍼 방식은 실린더의 작동 순서에 관계없이 모든 순서를 각각의 그룹으로 나누는 것이다. 즉, 각 제어 공정에 사용되는 릴레이 수는 공정의 수와 동일하거나 N+1로 구성 할수 있다. 스테퍼 제어에서는 양솔레노이드 밸브 제어, 편 솔레노이드 밸브제어 또는 양솔과 편솔을 혼합한 형태의 제어방식을 모두 사용할 수 있다.

PLC 시퀀스와 릴레이 시퀀스의 가장 근본적인 차이점은 "직렬 처리와 병렬 처리" 라는 동작상의 차이에 있다. PLC는 메모리에 있는 프로그램을 순차적으로 연산하는 직렬 처리 방식이고 릴레이 시퀀스는 여러 회로가 전기적인 신호에 의해 동시에 동작하는 병렬 처리 방식이다. 접점이나 코일을 연결하는 동작은 소프트웨어로 처리되므로 실제로 눈에 보이는 것이 아니다. 또 동작도 코일이 여자되면 접점이 닫혀 회로가 활성화되는 릴레이 시퀀스와는 달리 메모리에 프로그램을 기억시켜 놓고 순차적으로 내용을 읽어서 그 내용이 따라 동작하는 방식이다.

PLC는 어느 한 순간을 포착해 보면 한 가지 일 밖에 하지 않는다. PLC는 컴퓨터 연산방식과 달리 반복 스캔처리 연산방식을 사용한다. 많은 입력의 접점 변화를 가능한 빨리 시스템에 적용하기 위하여, 작성된 프로그램을 처음부터 마지막 스텝까지 반복적으로 스캔 연산 처리하는 방식으로 수행한다. 이 방식은 입력 상태를 읽어들여서 프로그램에 적용시키고, 그 결과를 출력으로 내보내는 과정을 반복 수행하는 방식으로, 일련의 과정을 반복 연산 처리 방식인 스캔 방식(Scan method)라 한다.

따라서 PLC제어는 프로그램의 내용에 의하여 좌우되므로 사용자는 자유자재로 원하는 제어를 할 수 있도록 프로그램의 작성 능력이 요구된다.

4.19 스테퍼(Stepper)

일반적으로 순 공기압 제어에서는 캐스케이드 방식을 많이 사용하는 반면에 전기 공압에서는 캐스케이드 방식(간섭현상은 피하기 위한 목적)으로 회로를 구성하면 주 회로가 복잡해지는 단점이 있다.

따라서 전기 공압 제어에서는 스테퍼 방식을 사용하는 것이 바람직하다. 이는 가격이 저렴한 릴레이를 가지고 회로를 제어하고 여러 개의 릴레이를 사용하더라도 회로가 간단해지기 때문에 편리한 방법이다.

스테퍼 방식은 실린더의 작동 순서에 관계없이 모든 순서를 각각의 그룹으로 나누는 것이다. 즉, 각 제어 공정에 사용되는 릴레이 수는 공정의 수와 동일하다.

- 한순간에 1개의 릴레이만 ON시킨다.
- 각 제어 릴레이는 순서를 지키면서 ON시킨다.
- 마지막 제어 릴레이는 최초 입력 스위치에 ON시킨다.

(1) 구성 조건

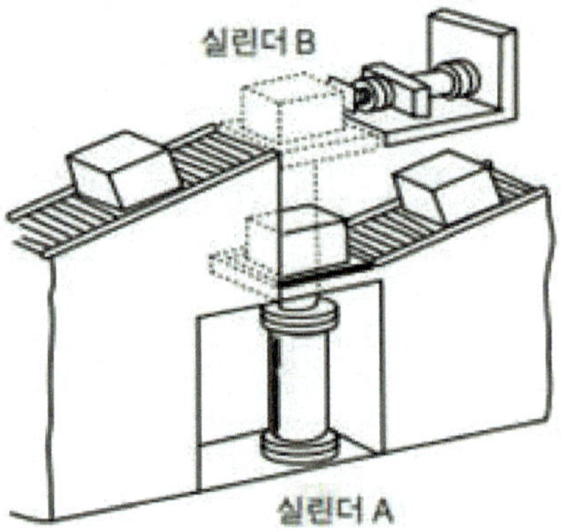

※ 동작 제어
좌측의 그림은 상자 이송 장치의 구성도를 나타낸 것이다. 아래쪽 컨베이어에 의해 이동된 상자를 실린더 A에 의해 밀어 올린다. 실린더 B가 전진하여 상자를 위쪽 컨베이어로 밀어 넣는다. 실린더 A가 후진하여 복귀한 후 실린더 B가 후진하여 복귀한다.

위의 구성 동작을 보면 실린더의 동작 순서가 A+, B+, A−, B−로 동작하는 것을 알 수 있다. 또한 실린더의 사용 개수는 2개이고 위치 확인 센서는 각각의 실린더에 전·후진으로 총 4개가 사용되는 것을 확인할 수 있다.

(2) 편 솔레노이드 밸브 사용 시 stepper 방식의 회로 구성 방법

(2)-1. 편 솔레노이드를 이용한 실린더 제어 방법

$$K_{start} = \{(\text{START S/W} \times \text{Check Back Signal}) + K_{start}\} \times \overline{K_{start} - 1}$$

$$K_n = (\text{Check Back Signal} + K_n) \times K_n - 1$$

(2)-2. 공식 설명

- K_{start} : 전체 공정 중 처음 사용하는 릴레이를 간접적으로 표현 = (K1)
- START S/W : 시작 스위치를 표현
- × : AND, 직렬연결을 수식으로 표현
- Check Back Signal : 전 단계 확인 신호. 자신의 앞 행정의 실행 여부를 확인하는 신호
- \+ : OR, 병렬연결을 수식으로 표현
- K_n : K라는 상수를 가진 릴레이 a접점
- $K_{start} - 1$: 자신의 릴레이의 전 단계 릴레이 b접점 = (K_{end})
- $K_n - 1$: 자신의 릴레이의 전 단계 릴레이 a접점

(2)-3. 상기 구성 동작을 가진 편 솔레노이드 회로의 구성

위에서 설명한 문자들은 릴레이를 동작시키기 위해 사용되는 것이다. 여기서 표현하고 있는 'K'는 상수(임의의 숫자)를 나타내며 자신이 사용하는 릴레이의 개수가 4개면 1~4까지의 숫자가 되고 K1, K2, K3, K4로 표현한다. 표현하는 순서는 일반 계산식과 동일한 방법으로 표현한다.(괄호 안부터 표현)

START 스위치를 푸시 → 실린더 A 전진 → 실린더 B 전진 → 실린더 A 후진 → 실린더 B 후진 : (A+B+A−B−)

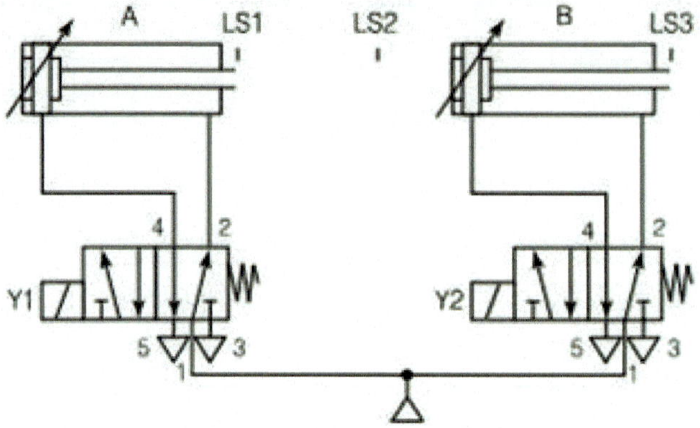

공압 회로도

A+ : K1, B+ : K2, A− : K3, B− : K4
각각의 공정에 공정 수만큼 릴레이(K) 개수 부여

START S/W × (리미트 스위치 : LS3)조건 → A + K1 ⇨ LS2(조건) → B+ K2 ⇨ LS4 → A− K3 ⇨ LS1 → B− K4

리미트 스위치 신호	실린더 동작	릴레이
START S/W × (리미트 스위치 : LS3) 조건	A+	K1
LS2(조건)	B+	K2
LS4	A−	K3
LS1	B−	K4

(2)-4. 완성 회로도

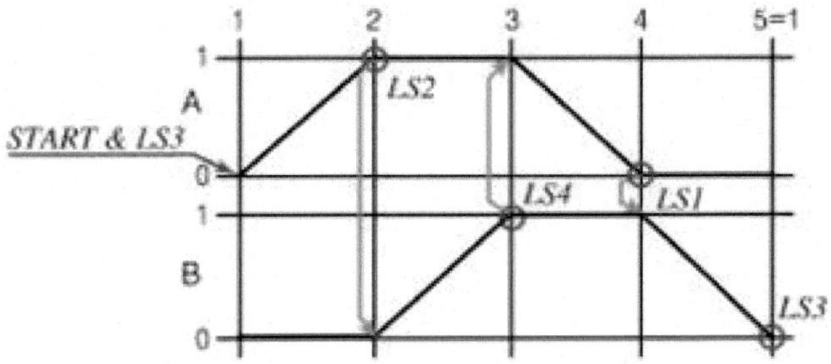

변위 단계선도

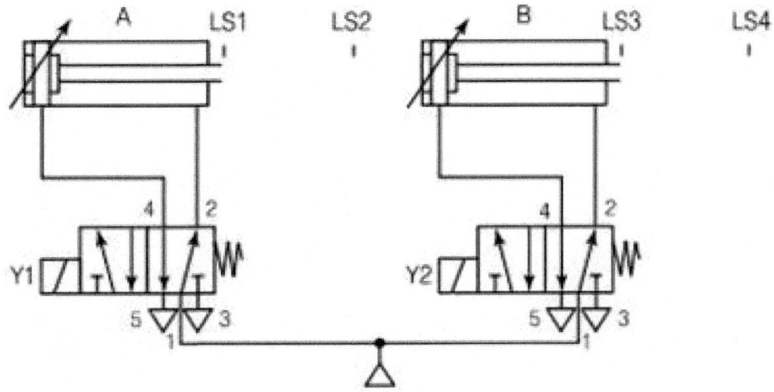

공압 회로도

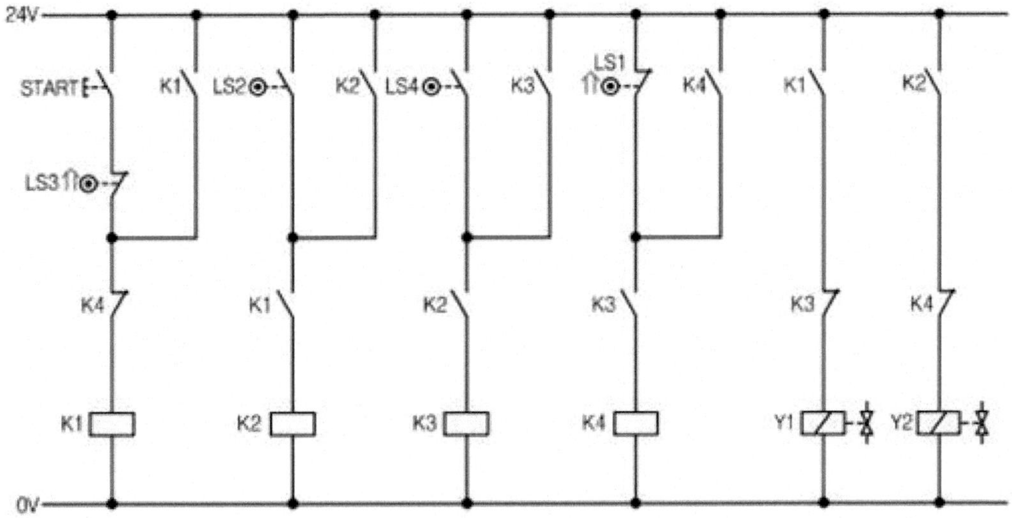

전기 시퀀스도

※I/O입출력할당표

입력(INPUT)			출력(OUTPUT)		
번호	기능	Device	번호	기능	Device
1	Empty	X0	1	A실린더솔밸브(편솔)	Y20
2	A실린더후진확인	X1(LS1)	2	B실린더솔밸브(편솔)	Y21
3	A실린더전진확인	X2(LS2)	3	Empty	
4	B실린더후진확인	X3(LS3)	4	Empty	
5	B실린더전진확인	X4(LS4)	5	Empty	
6	PB1(START/SW)	M100	6	Empty	
7	Empty		7	Empty	

PLC 프로그램

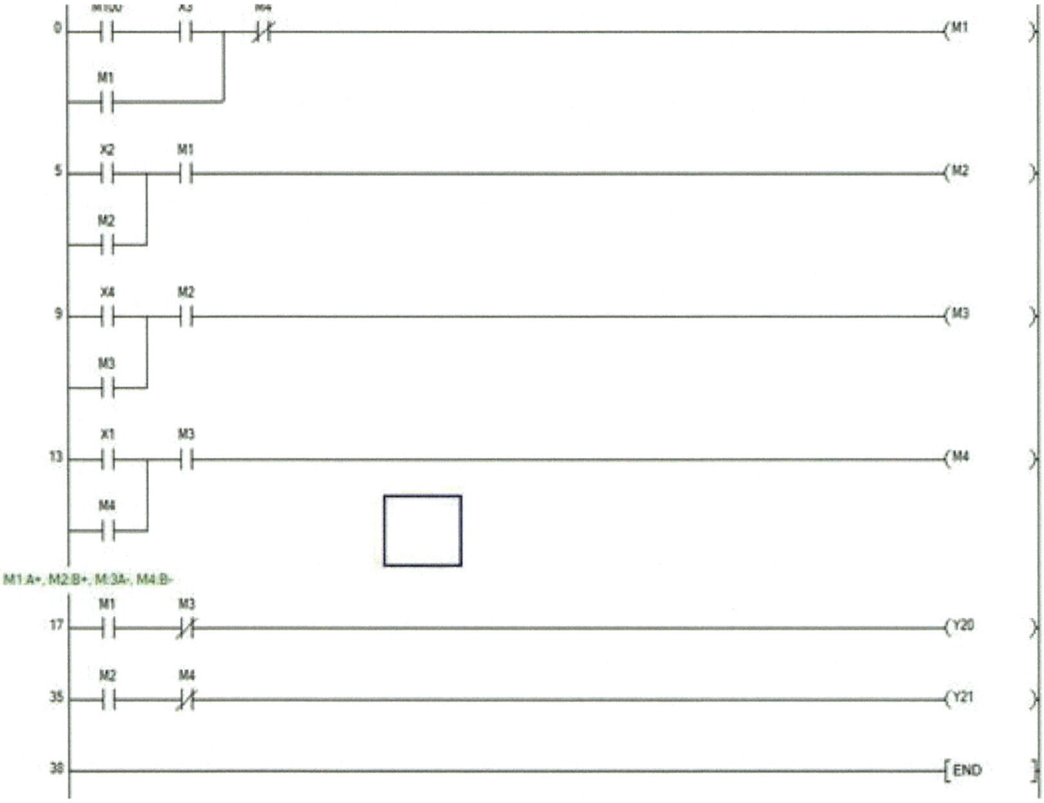

PLC 프로그램 코멘트표시

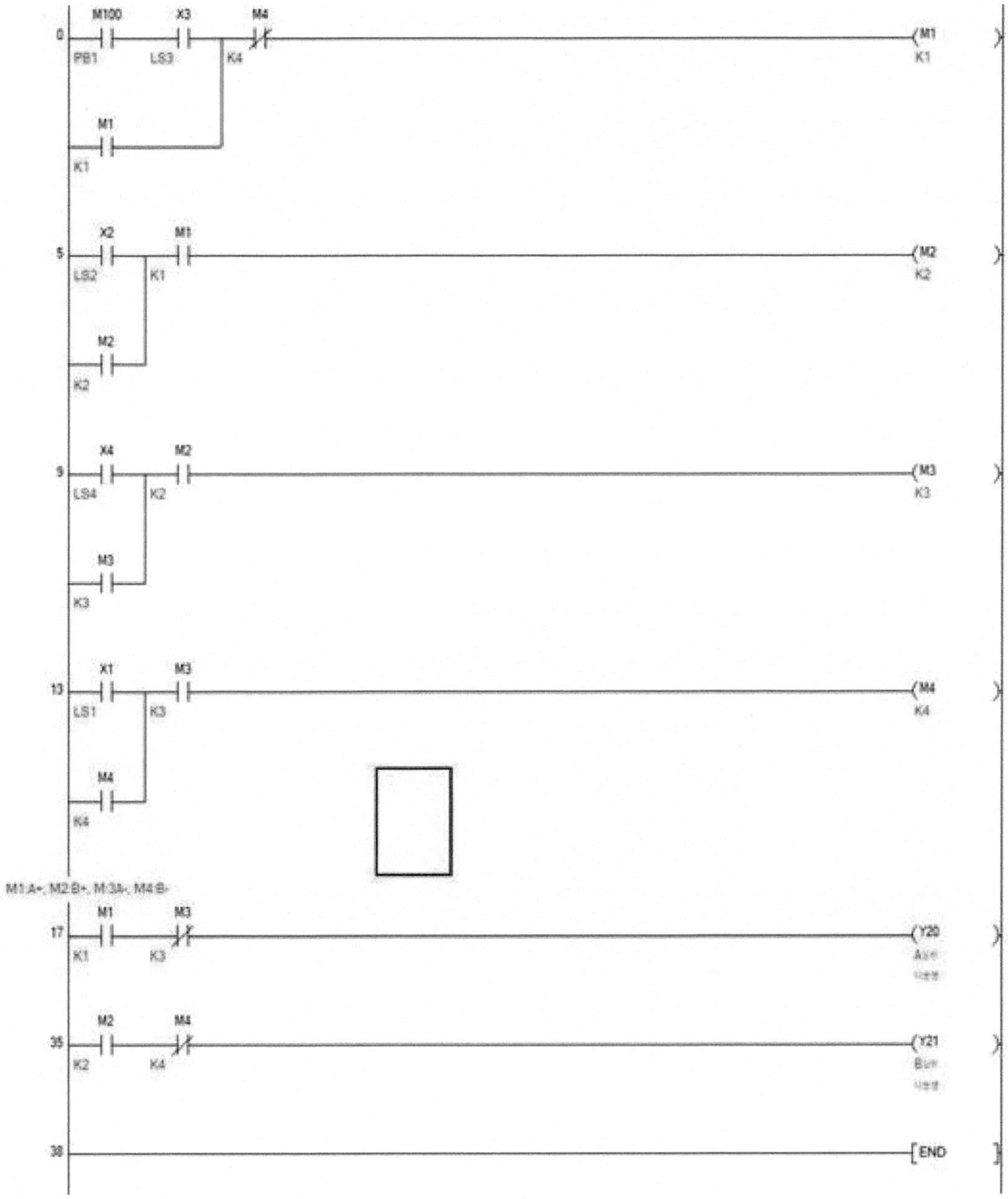

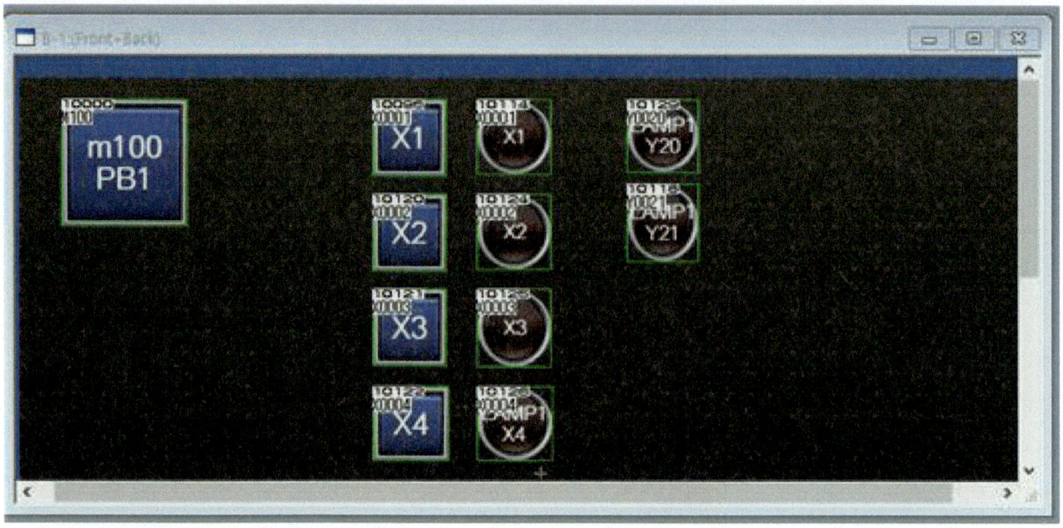
m100
PB1
X1
X2
X3
X4
Y20
Y21

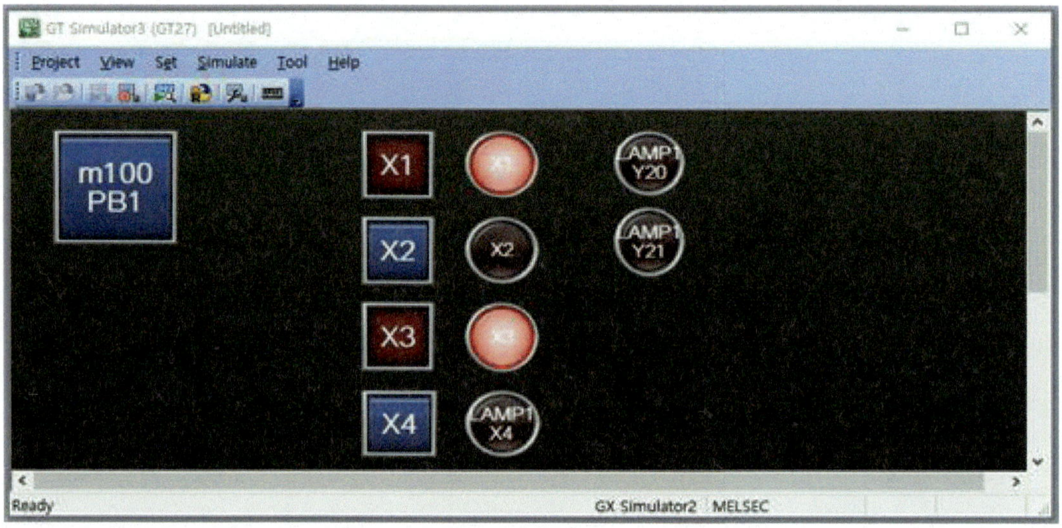
GT Simulator3 (GT27) [Untitled]
Project View Set Simulate Tool Help
m100
PB1
X1
X2
X3
X4
LAMP1
Y20
LAMP1
Y21
LAMP1
X4
Ready
GX Simulator2 MELSEC

(3) 양 솔레노이드 밸브 사용 시 stepper 방식의 회로 구성 방법

$$K_{start} = \{(\text{START S/W} \times \text{Check Back Signal} \times K_{start} - 1) + K_{start}\} \times \overline{K_{start} + 1}$$

$$K_n = \{(\text{Check Back Signal} \times K_n - 1) + K_n\} \times \overline{K_n + 1}$$

$$K_{end} = [\{(\text{Check Back Signal} \times K_n - 1) + K_n\} + \text{RESET S/W}] \times \overline{K_n + 1}$$

(3)-1. 공식 설명

- K_{start} : 전체 공정 중 처음 사용하는 릴레이를 간접적으로 표현
- START S/W : 시작 스위치를 표현
- × : AND, 직렬연결을 수식으로 표현
- Check Back Signal : 전 단계 확인 신호. 자신의 앞 행정의 실행 여부를 확인하는 신호
- + : OR, 병렬연결을 수식으로 표현
- K_n : K라는 상수를 가진 릴레이 a접점
- $K_n - 1$: 자신의 릴레이의 전 단계 릴레이 a접점
- $K_n - 1$: 자신의 릴레이의 전 단계 릴레이 b접점
- $K_n + 1$: 자신의 릴레이의 다음 단계 릴레이 b접점
- $K_{end} - 1$: 사용되는 릴레이 중 가장 마지막에 사용되는 릴레이
- RESET S/W : RESET S/W를 표현

(3)-2. 상기 구성 동작을 가진 양 솔레노이드 회로의 구성

회로도를 작성하는 방법은 위에서 설명한 편 솔레노이드 공식 사용 방법과 동일하다. 여기서 표현하고 있는 ‘n’는 상수(임의의 숫자)를 나타내며 자신이 사용하는 릴레이의 개수가 4개면 1~4까지의 숫자가 되는 것이다. 표현하는 순서는 일반 계산식과 동일한 방법으로 표현한다.(괄호 안부터 표현)

START 스위치를 푸시 → 실린더 A 전진 → 실린더 B 전진 → 실린더 A 후진 → 실린더 B 후진 : (A+B+A−B−)

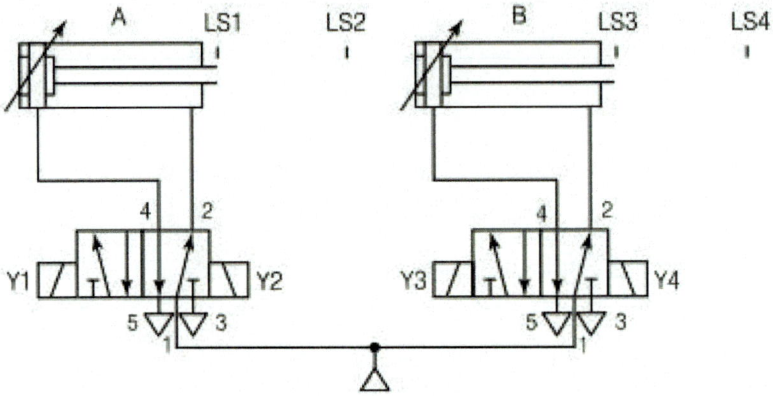

공압 회로도

각각의 공정에 공정 수만큼 릴레이(K) 개수 부여

A+ : K1, B+ : K2, A− : K3, B− : K4

START S/W × (리미트 스위치 : LS3)조건 → A+ K1 ⇨ LS2(조건) → B+ K2 ⇨ LS4 → A− K3 ⇨ LS1 → B− K4

리미트 스위치 신호	실린더 동작	릴레이
START S/W×(리미트 스위치 : LS3) 조건	A+	K1
LS2(조건)	B+	K2
LS4	A−	K3
LS1	B−	K4

(3)-3. 완성 회로도

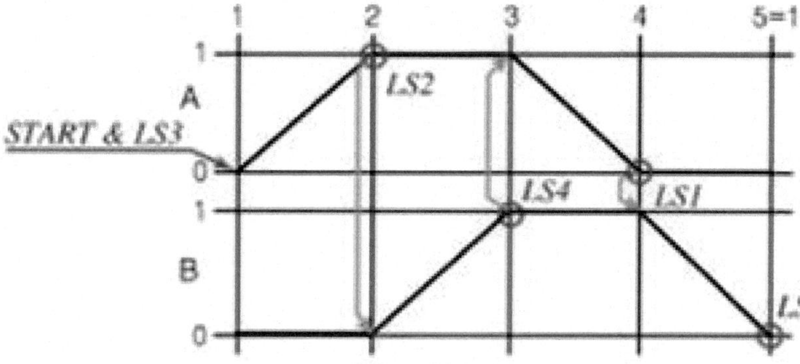

변위 단계선도

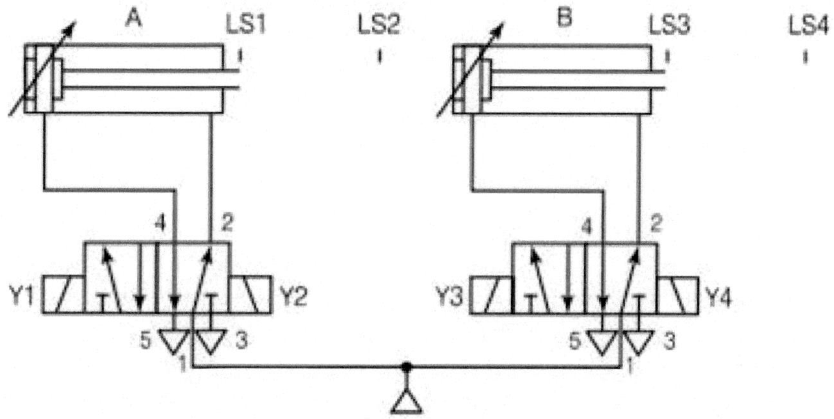

공압 회로도

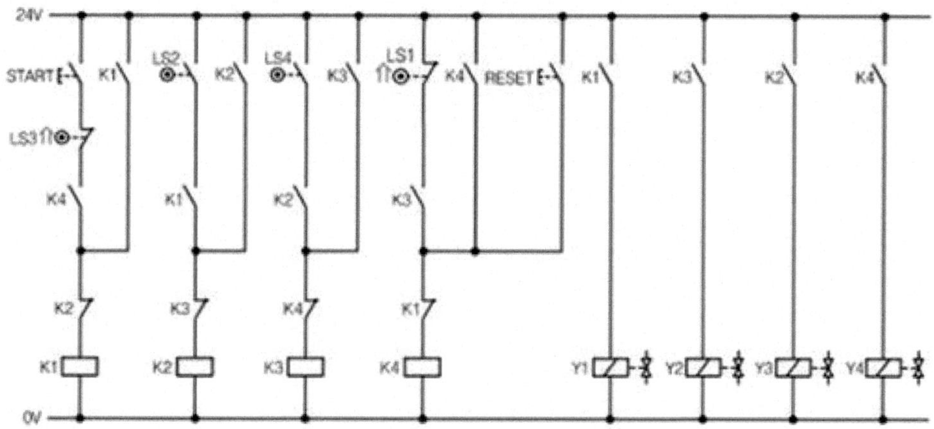

전기 시퀀스도

※I/O입출력할당표

입력(INPUT)			출력(OUTPUT)		
번호	기능	Device	번호	기능	Device
1	Empty	X0	1	Empty	Y20
2	A실린더후진확인	X1(LS1)	2	A실린더솔밸브	Y21
3	A실린더전진확인	X2(LS2)	3	A실린더솔밸브	Y22
4	B실린더후진확인	X3(LS3)	4	B실린더솔밸브	Y23
5	B실린더전진확인	X4(LS4)	5	B실린더솔밸브	Y24
6	PB1(START/SW)	M100	6	Empty	
7	PB2(RESET S/W)	M108	7	Empty	

PLC 프로그램

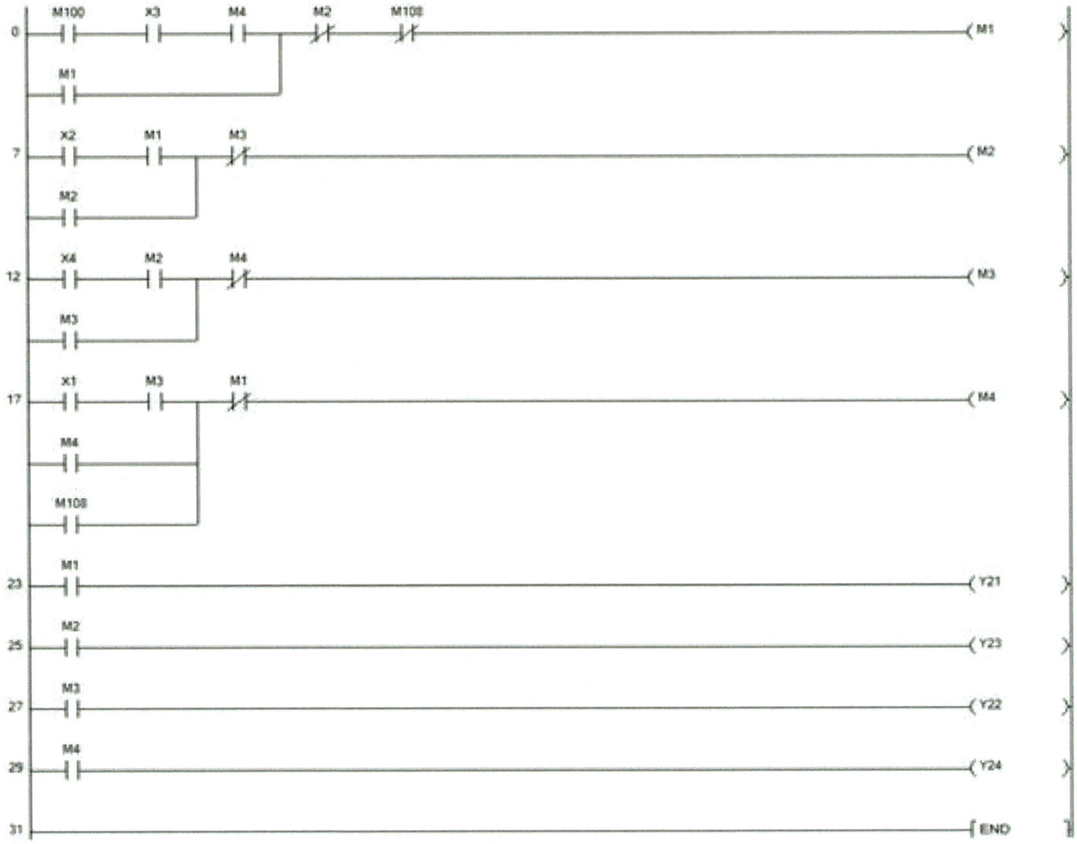

PLC 프로그램 코멘트표시

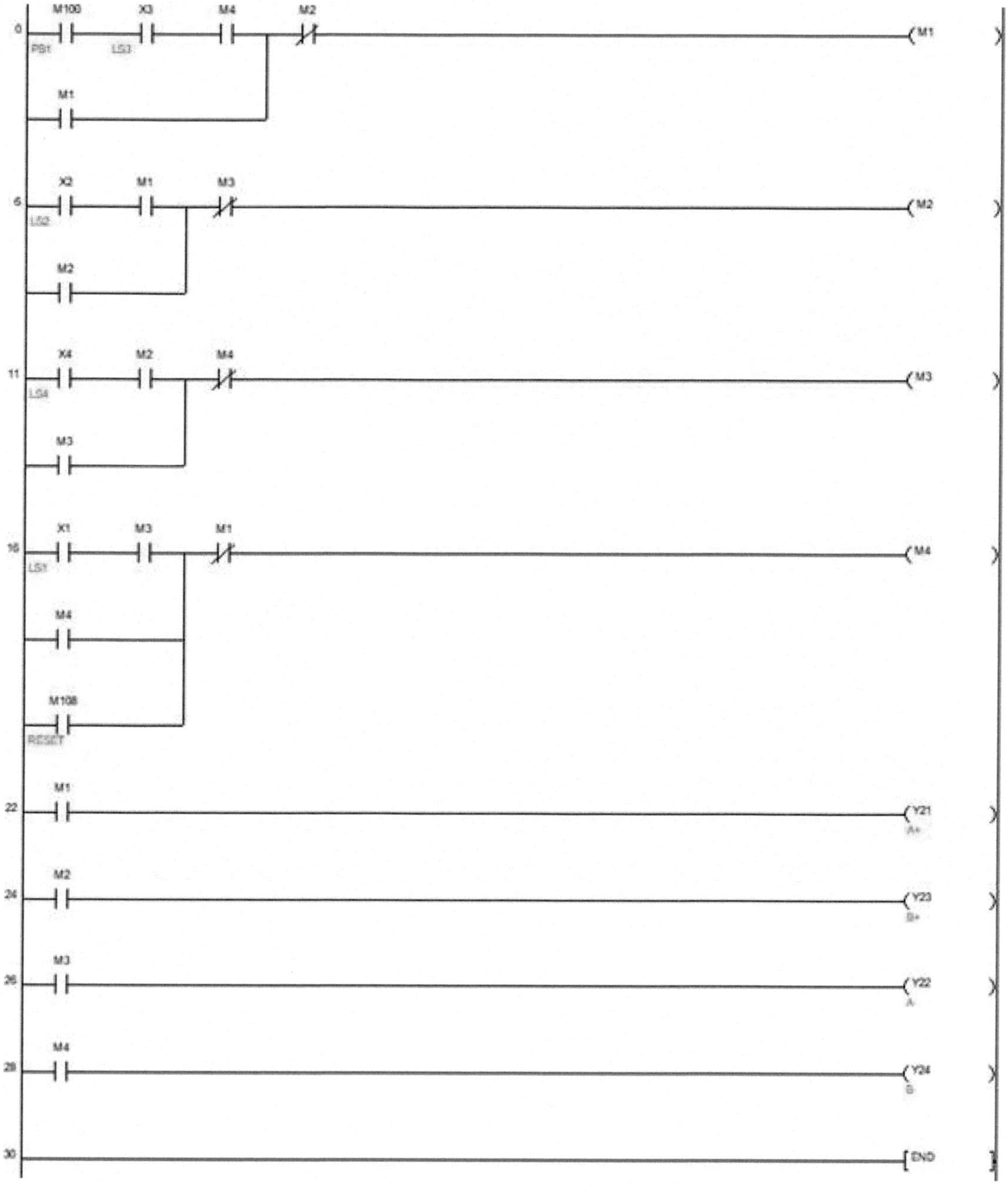

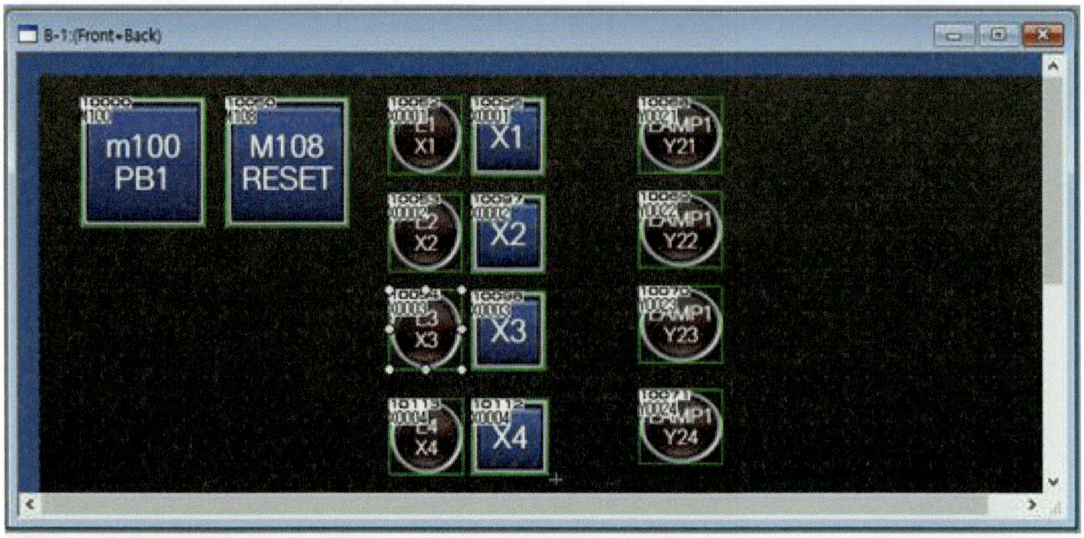
B-1:(Front+Back)
m100
PB1
M108
RESET
X1
X2
X3
X4
Y21
Y22
Y23
Y24

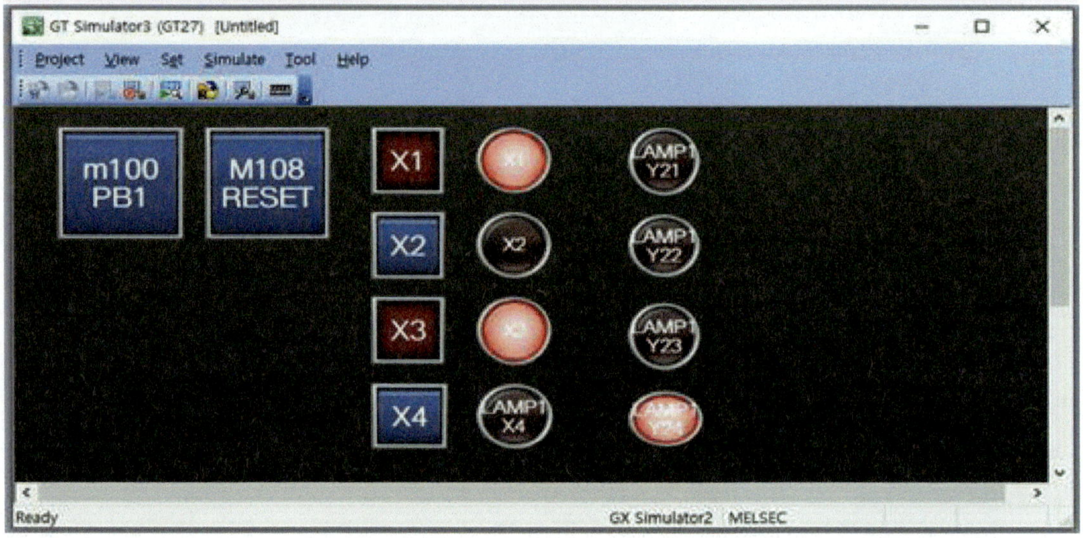
GT Simulator3 (GT27) [Untitled]
Project View Set Simulate Tool Help
m100
PB1
M108
RESET
X1
X2
X3
X4
LAMP1
Y21
Y22
Y23
Ready
GX Simulator2 MELSEC

(4) 편 솔레노이드 변형회로 사용시 stepper 방식의 회로 구성 방법

(4)-1. 편 솔레노이드를 이용한 실린더 제어 방법

$$K_{start} = (\text{Check Back Signal} \times \text{START S/W}) + K_{start} \times \overline{K_{start}-1}$$

$$K_{n} = \{(\text{Check Back Signal} + K_{n}) \times K_{n} - 1$$

$$K_{end} = (\text{Check Back Signal} \times K_{end} - 1) + (\overline{\text{Last signal}} \times K_{end})$$

(4)-2. 공식 설명

- K_{start} : 전체 공정 중 처음 사용하는 릴레이를 간접적으로 표현 = (K1)
- START S/W : 시작 스위치를 표현
- × : AND, 직렬연결을 수식으로 표현
- Check Back Signal : 전 단계 확인 신호. 자신의 앞 행정의 실행 여부를 확인하는 신호
- + : OR, 병렬연결을 수식으로 표현
- K_{n} : K라는 상수를 가진 릴레이 a접점(K_{start}, K_{end})
- K_{start} - 1 : 자신의 릴레이의 전 단계 릴레이 b접점
- K_{n} - 1 : 자신의 릴레이의 전 단계 릴레이 a접점
- Last signal : 마지막 동작 확인 신호
- K_{end} - 1 : 자신의 릴레이의 전 단계 릴레이 b접점

(4)-3. 상기 구성 동작을 가진 편 솔레노이드 변형 회로의 구성

위에서 설명한 문자들은 릴레이를 동작시키기 위해 사용되는 것이다. 여기서 표현하고 있는 'K'는 상수(임의의 숫자)를 나타내며 자신이 사용하는 릴레이의 개수가 4개면 1~4까지의 숫자가 된다.(예, K1, K2, K3, K4)

표현하는 순서는 일반 계산식과 동일한 방법으로 표현한다.(괄호 안부터 표현)

■ 상기 구성 동작을 가진 편 솔레노이드 변형 회로의 구성

위에서 설명한 문자들은 릴레이를 동작시키기 위해 사용되는 것이다. 여기서 표현하고 있는 'K'는 상수(임의의 숫자)를 나타내며 자신이 사용하는 릴레이의 개수가 4개면 1~4까지의 숫자가 된다.(예, K1, K2, K3, K4)

표현하는 순서는 일반 계산식과 동일한 방법으로 표현한다.(괄호 안부터 표현)

다음의 전기 회로도를 보면서 표현 방식을 비교해 보면,

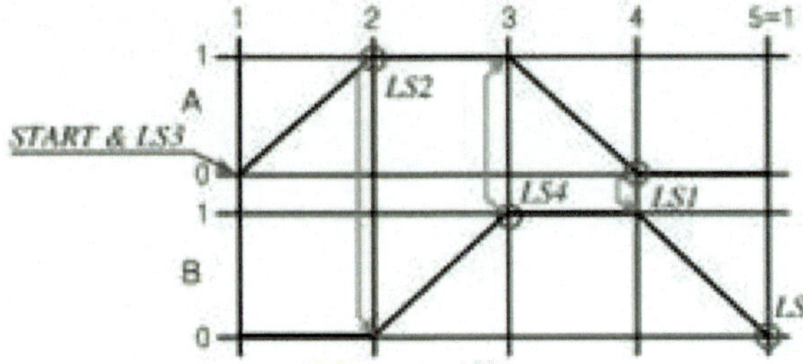

변위 단계선도

START 스위치를 푸시 → 실린더 A 전진 → 실린더 B 전진 → 실린더 A 후진 → 실린더 B 후진 : (A+B+A−B−)

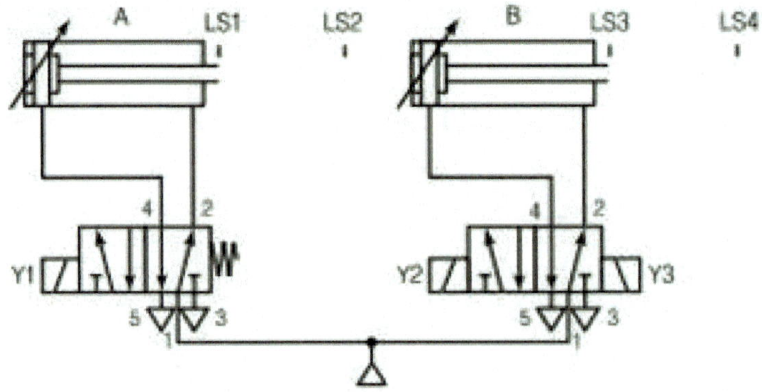

공압 회로도

각각의 공정에 공정 수만큼 릴레이(K) 개수 부여

A+ : K1, B+ : K2, A− : K3, B− : K4

START S/W × (리미트 스위치 : LS3)조건 → A+ K1 ⇨ LS2(조건) → B+ K2 ⇨ LS4 → A− K3 ⇨ LS1 → B− K4

리미트 스위치 신호	실린더 동작	릴레이
START S/W × (리미트 스위치 : LS3) 조건	A+	K1
LS2(조건)	B+	K2
LS4	A−	K3
LS1	B−	K4

(4)-4. 완성 회로도

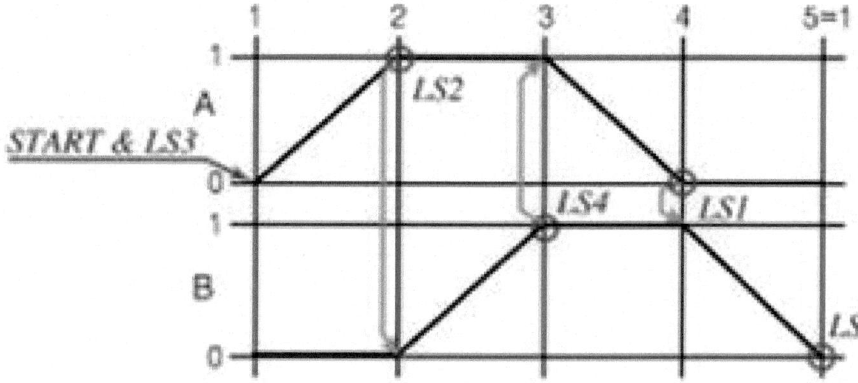

변위 단계선도

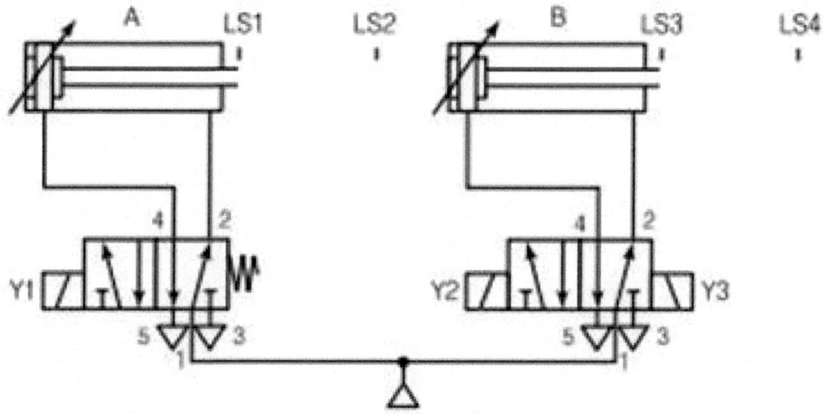

공압 회로도

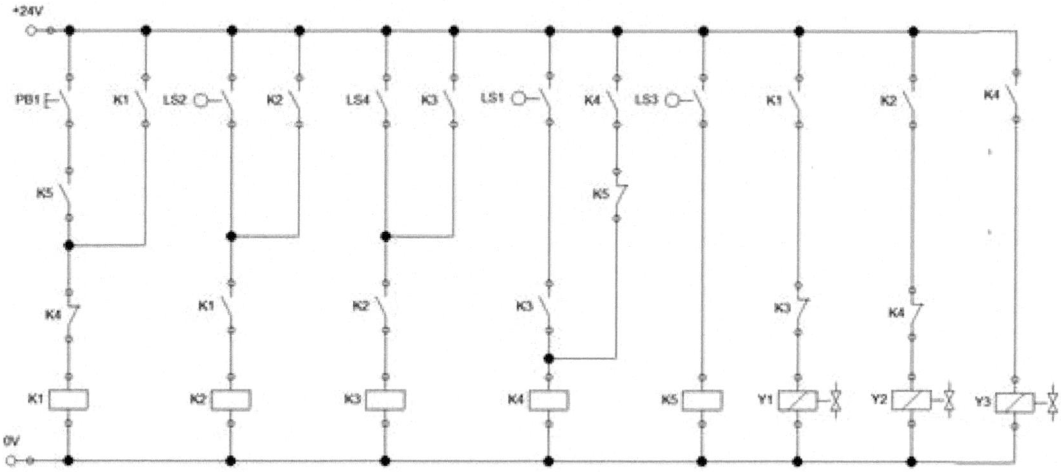

전기 시퀀스도

※I/O입출력할당표

입력(INPUT)			출력(OUTPUT)		
번호	기능	Device	번호	기능	Device
1	Empty	X0	1	A실린더솔밸브(편솔)	Y20
2	A실린더후진확인	X1(LS1)	2	B실린더솔밸브(양솔)	Y21
3	A실린더전진확인	X2(LS2)	3	B실린더솔밸브(양솔)	Y22
4	B실린더후진확인	X3(LS3)	4	Empty	
5	B실린더전진확인	X4(LS4)	5	Empty	
6	PB1(START/SW)	M100	6	Empty	
7	Empty		7	Empty	

PLC 프로그램1

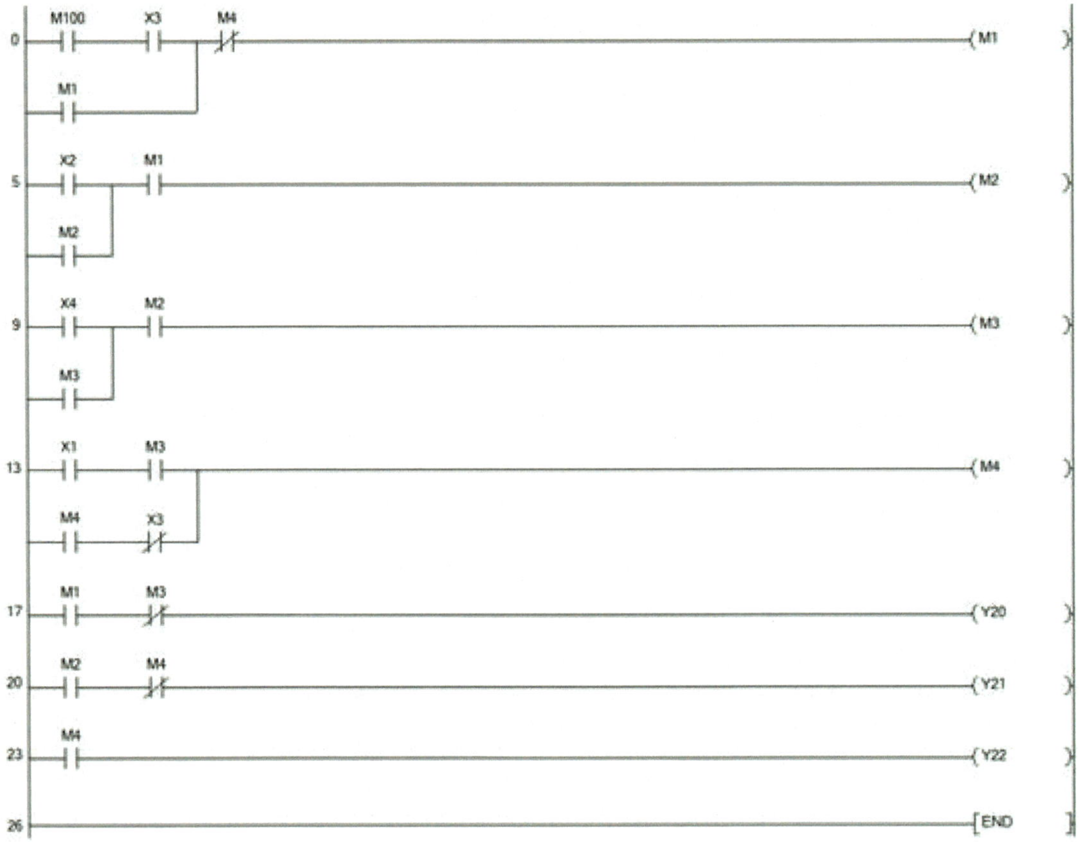

PLC 프로그램2

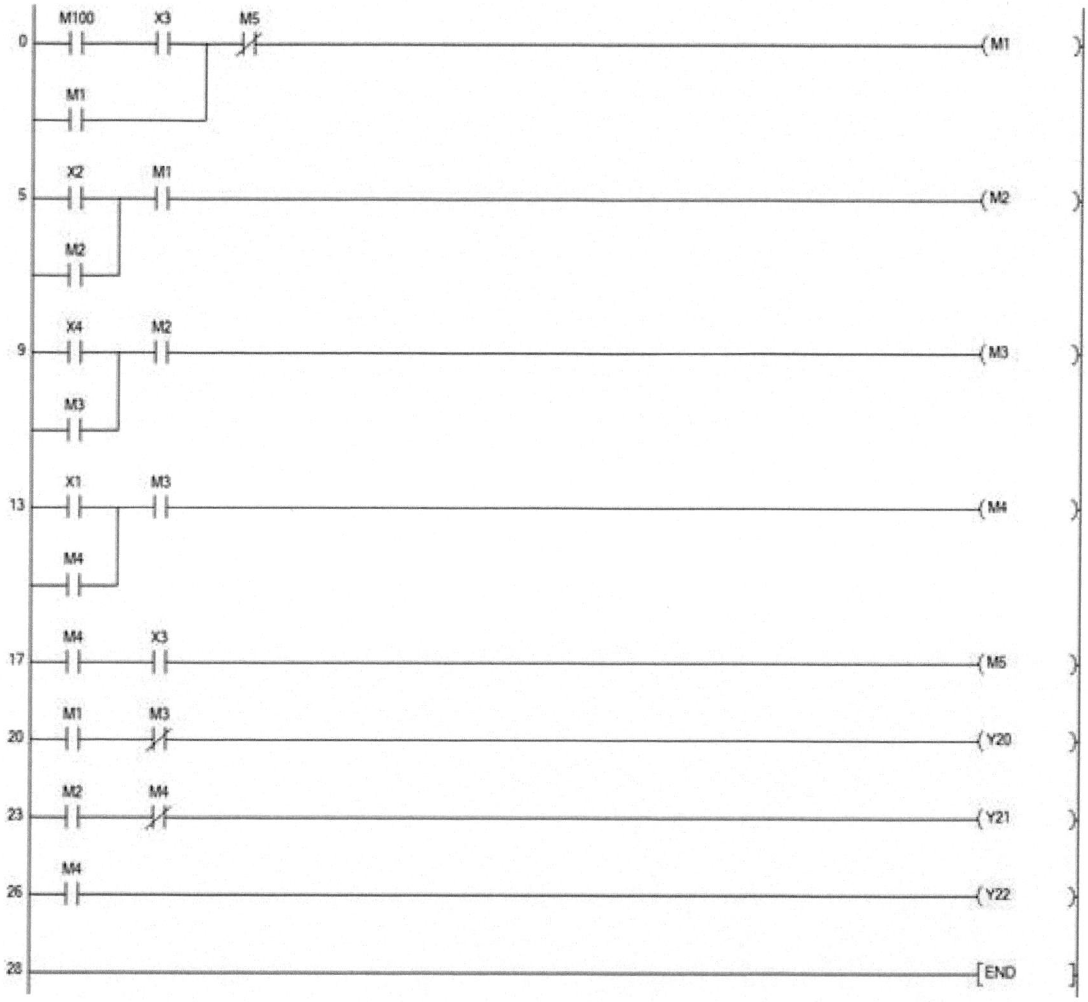

M100
X3
M5
M1
X2
M1
M2
M2
X4
M2
M3
M3
X1
M3
M4
M4
M4
X3
M5
M1
M3
Y20
M2
M4
Y21
M4
Y22
END
0
5
9
13
17
20
23
26
28

B-1:(Front+Back)
m100
PB1
X1
X2
X3
X4
Y20
Y21
Y22

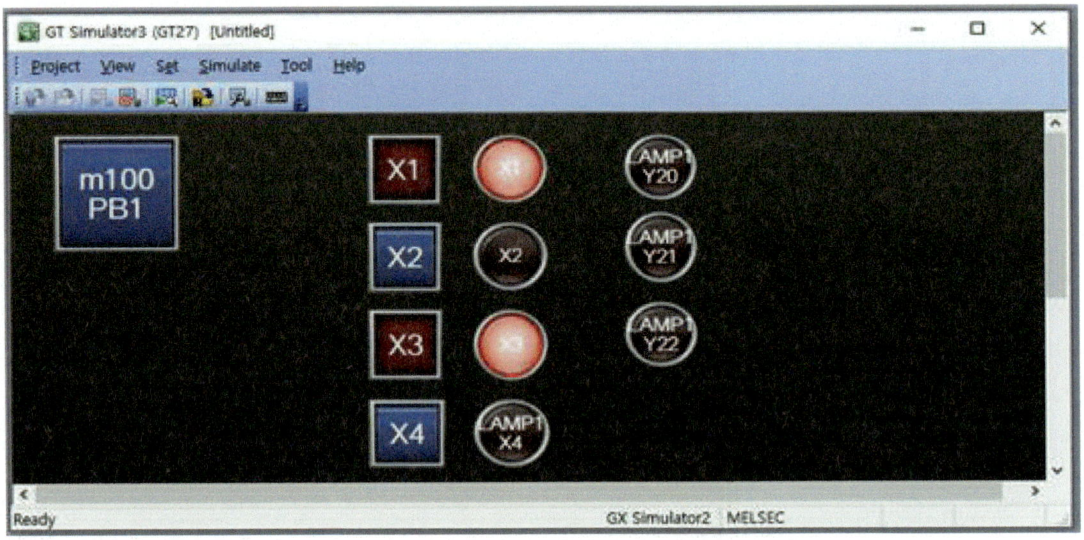

GT Simulator3 (GT27) [Untitled]
Project View Set Simulate Tool Help
m100
PB1
X1
X2
X3
X4
LAMP1
Y20
LAMP1
Y21
LAMP1
Y22
LAMP1
X4
Ready
GX Simulator2 MELSEC

※스테퍼 방식 정리

■ 편솔레노이드 밸브+ 양솔레노이드 혼합제어 밸브 사용 시 편솔레노이드 밸브 stepper 방식의 회로 구성 방법

자기유지회로를 순차적으로 순서를 지키면서 ON시킨다.
전단계의 모든 자기유지회로 릴레이는 ON을 유지한다.
자기유지회로를 순차적으로 ON시키면서 선행단계의 자기유지회로는모두 ON을 유지 한다.
→ 순차ON 스테퍼방식

■ 편솔레노이드 밸브+ 양솔레노이드 혼합제어 밸브 사용 시 양 솔레노이드 밸브 stepper 방식의 회로 구성 방법

자기유지회로를 순차적으로 순서를 지키면서 ON시킨다.
선행단계의 자기유지회로를 모두 OFF 시킨다.
자기유지회로를 순차적으로 ON시키면서 순차적으로 진행 하면서 해당하는 1개의 릴레이만 ON 시킨고 나머지는 OFF시킨다.(출력부의 편솔 출력코일을 자기유지해 주어야한다.)
→ 선행OFF스테퍼방식

편솔레노이드 밸브 stepper 방식의 회로 구성 방법(순차ON스테퍼방식)이 양 솔레노이드 밸브 stepper 방식의 회로 구성 방법(선행 OFF스테퍼방식)보다 프로그램작성이 간결하다.

1회단속(ONE Cycle) 동작을 연속(반복)하는 프로그래밍에서는 편솔레노이드 밸브 stepper 방식의 회로 구성 방법(순차ON스테퍼방식)이 더 효율적이고, 1회단속(ONE Cycle)동작을 마치기전에 시작 릴레이(작업공정)를 다시 시작하는 경우에는 양 솔레노이드 밸브 stepper 방식의 회로 구성 방법(선행 OFF스테퍼방식)을 선택하여 프로그래밍하는 것이 복잡하지않고 더 효율적이다.

4.20 응용회로

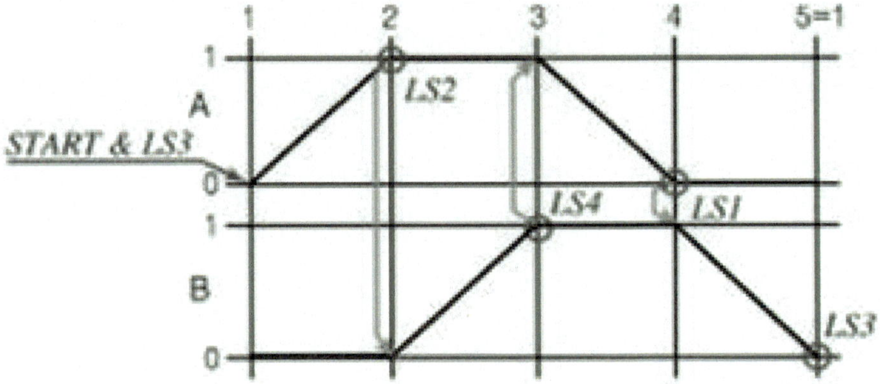

변위 단계선도

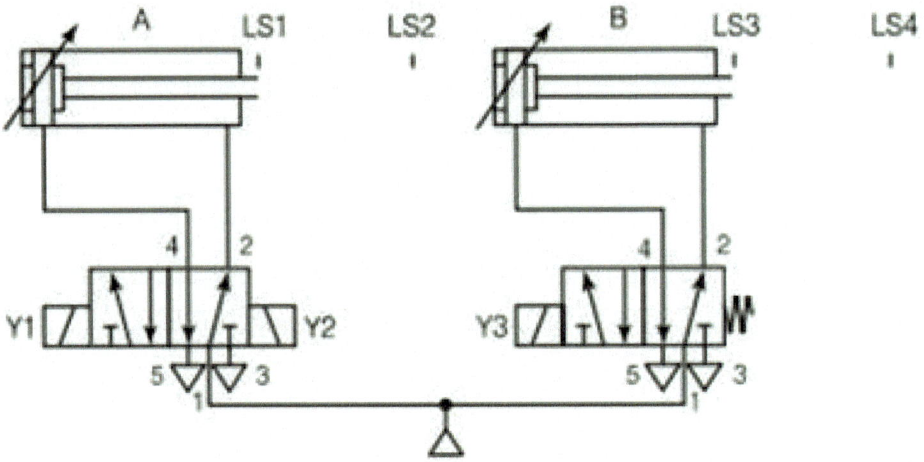

공압 회로도

※I/O입출력할당표

입력(INPUT)			출력(OUTPUT)		
번호	기능	Device	번호	기능	Device
1	Empty	X0	1	Empty	-
2	A실린더후진확인	X1(LS1)	2	A실린더솔밸브(양솔)	Y20
3	A실린더전진확인	X2(LS2)	3	B실린더솔밸브(양솔)	Y21
4	B실린더후진확인	X3(LS3)	4	B실린더솔밸브(편솔)	Y22
5	B실린더전진확인	X4(LS4)	5	Empty	
6	PB1(START/SW)	M100	6	Empty	
7	PB2(RESET S/W)	M108	7	Empty	

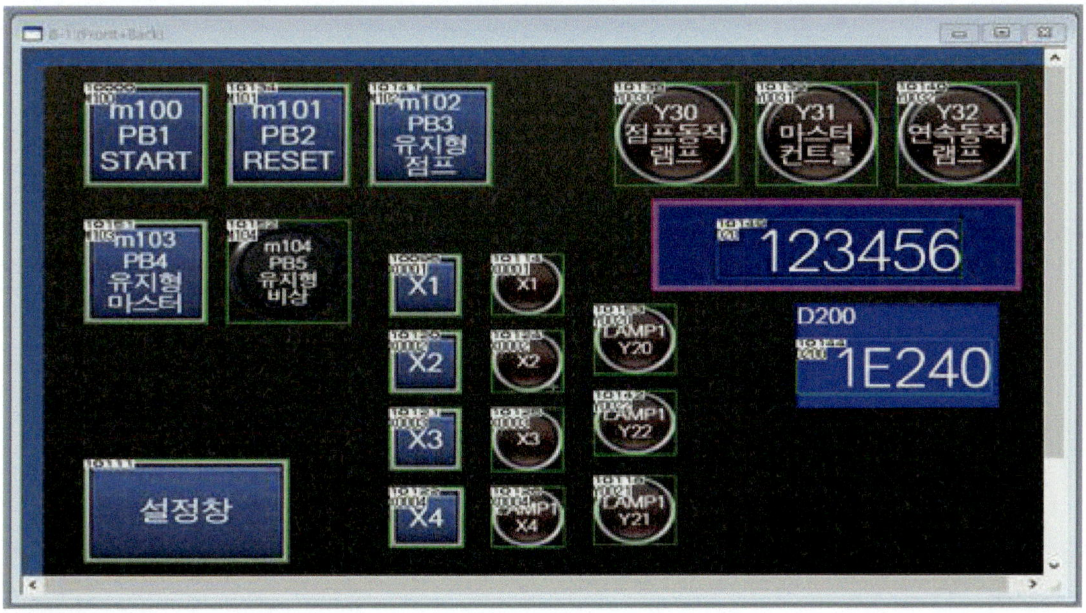
m100
PB1
START
m101
PB2
RESET
m102
PB3
유지형
점프
Y30
점프동작
램프
Y31
마스터
컨트롤
Y32
연속동작
램프
m103
PB4
유지형
마스터
m104
PB5
유지형
비상
123456
X1
X1
D200
LAMP1
Y20
1E240
X2
X2
X3
X3
LAMP1
Y22
설정창
X4
LAMP1
X4
LAMP1
Y21

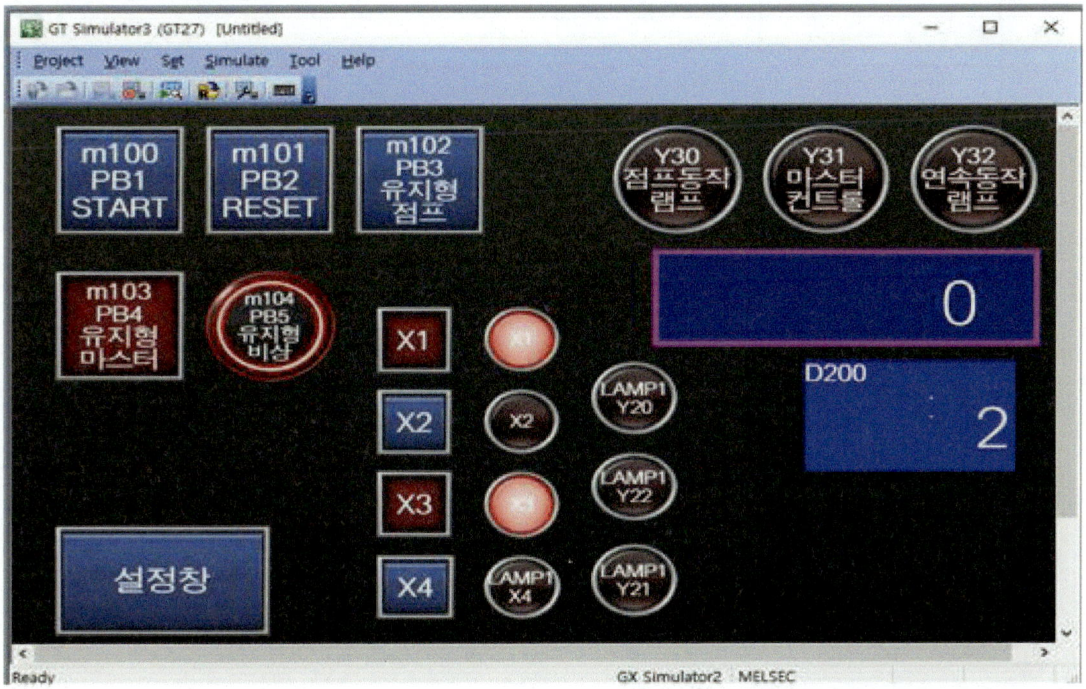
GT Simulator3 (GT27) [Untitled]
Project View Set Simulate Tool Help
m100
PB1
START
m101
PB2
RESET
m102
PB3
유지형
점프
Y30
점프동작
램프
Y31
마스터
컨트롤
Y32
연속동작
램프
0
m103
PB4
유지형
마스터
m104
PB5
유지형
비상
X1
D200
X2
X2
LAMP1
Y20
2
X3
LAMP1
Y22
설정창
X4
LAMP1
X4
LAMP1
Y21
Ready
GX Simulator2 MELSEC

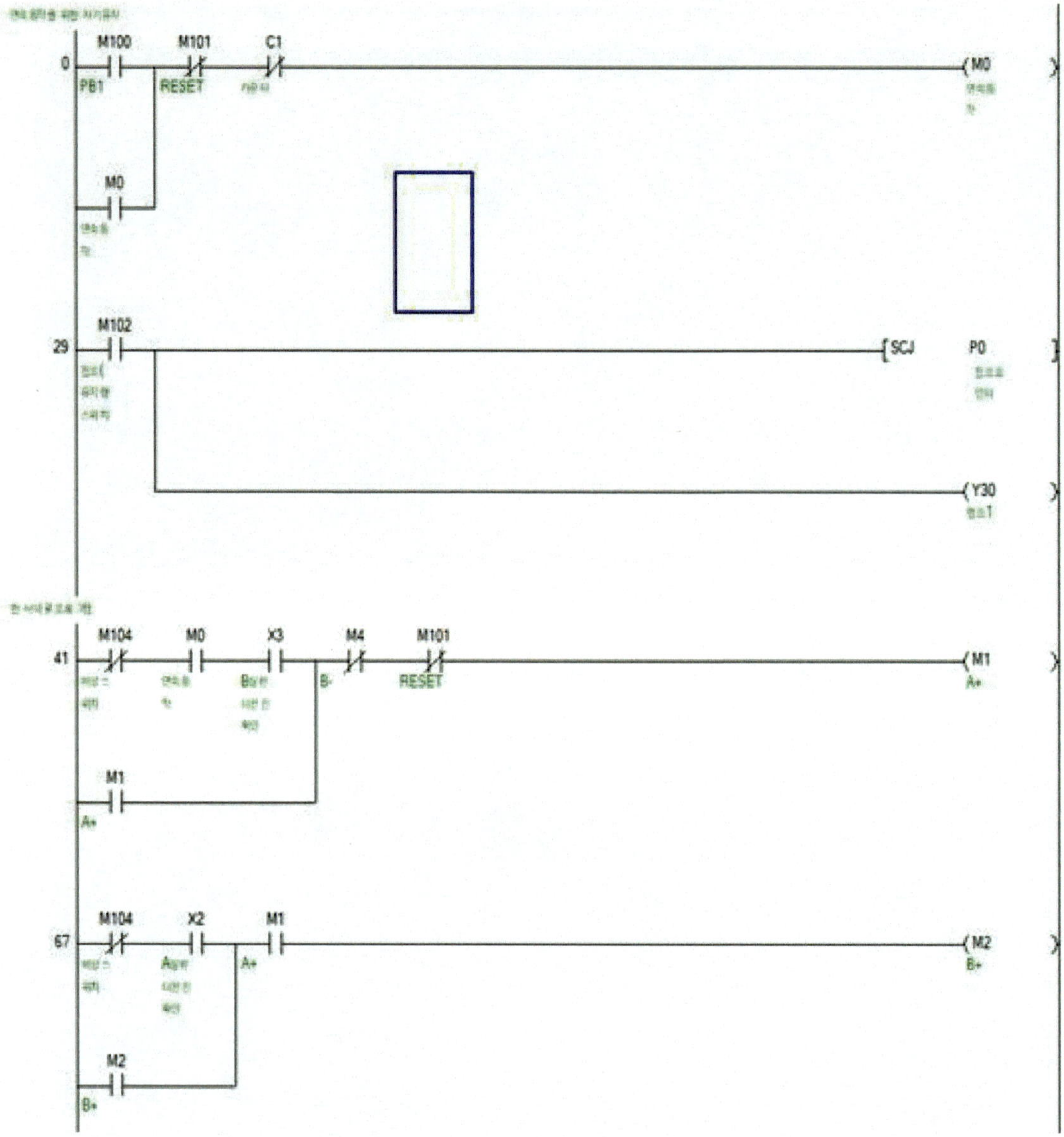

M100
M101
C1
M0
PB1
RESET
M102
SCJ
P0
Y30
M104
X3
M4
M1
A+
B-
X2
M2
B+

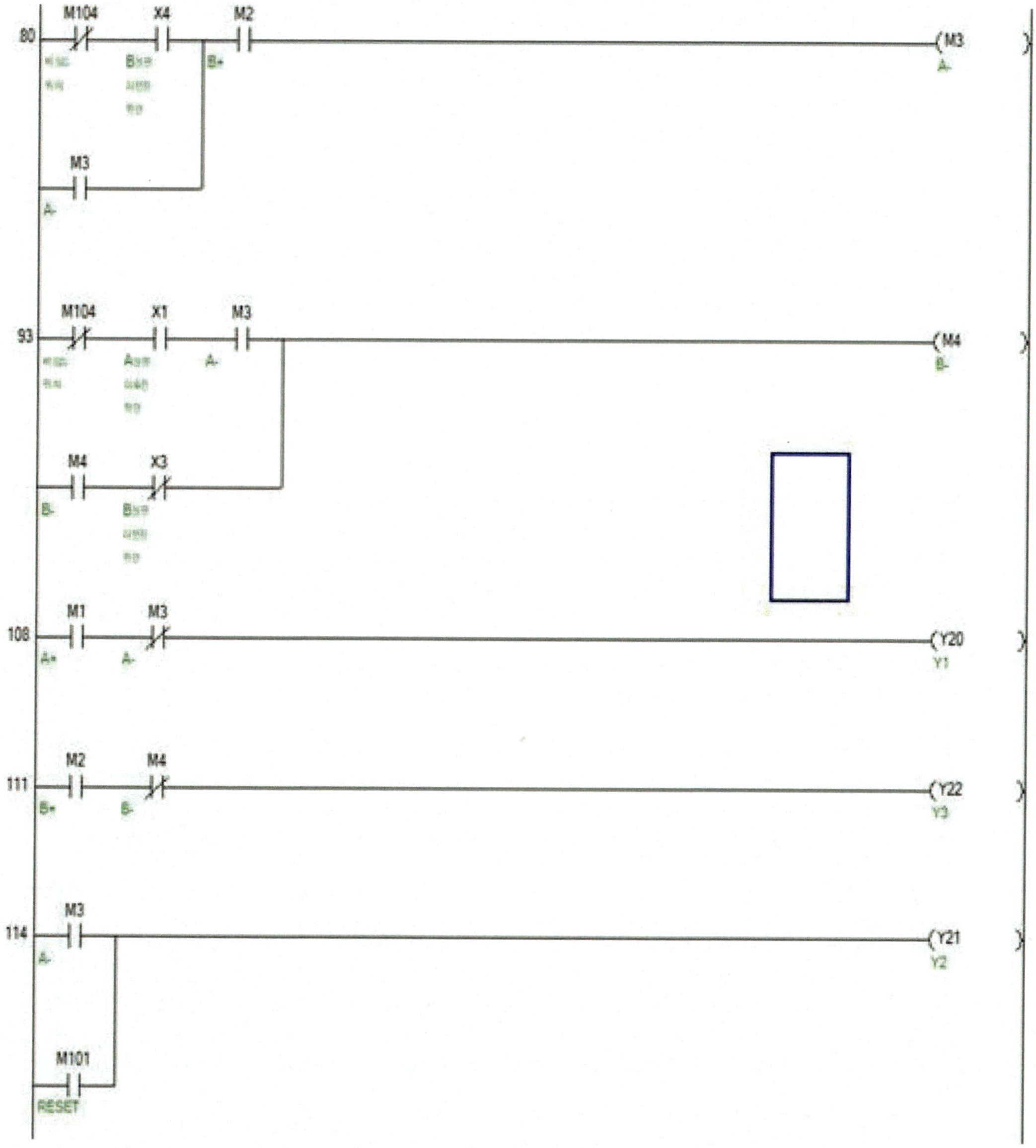

80
M104
X4
M2
M3
A-
B+
93
M104
X1
M3
M4
B-
X3
108
M1
A+
Y20
Y1
111
M2
M4
B+
Y22
Y3
114
Y21
Y2
M101
RESET

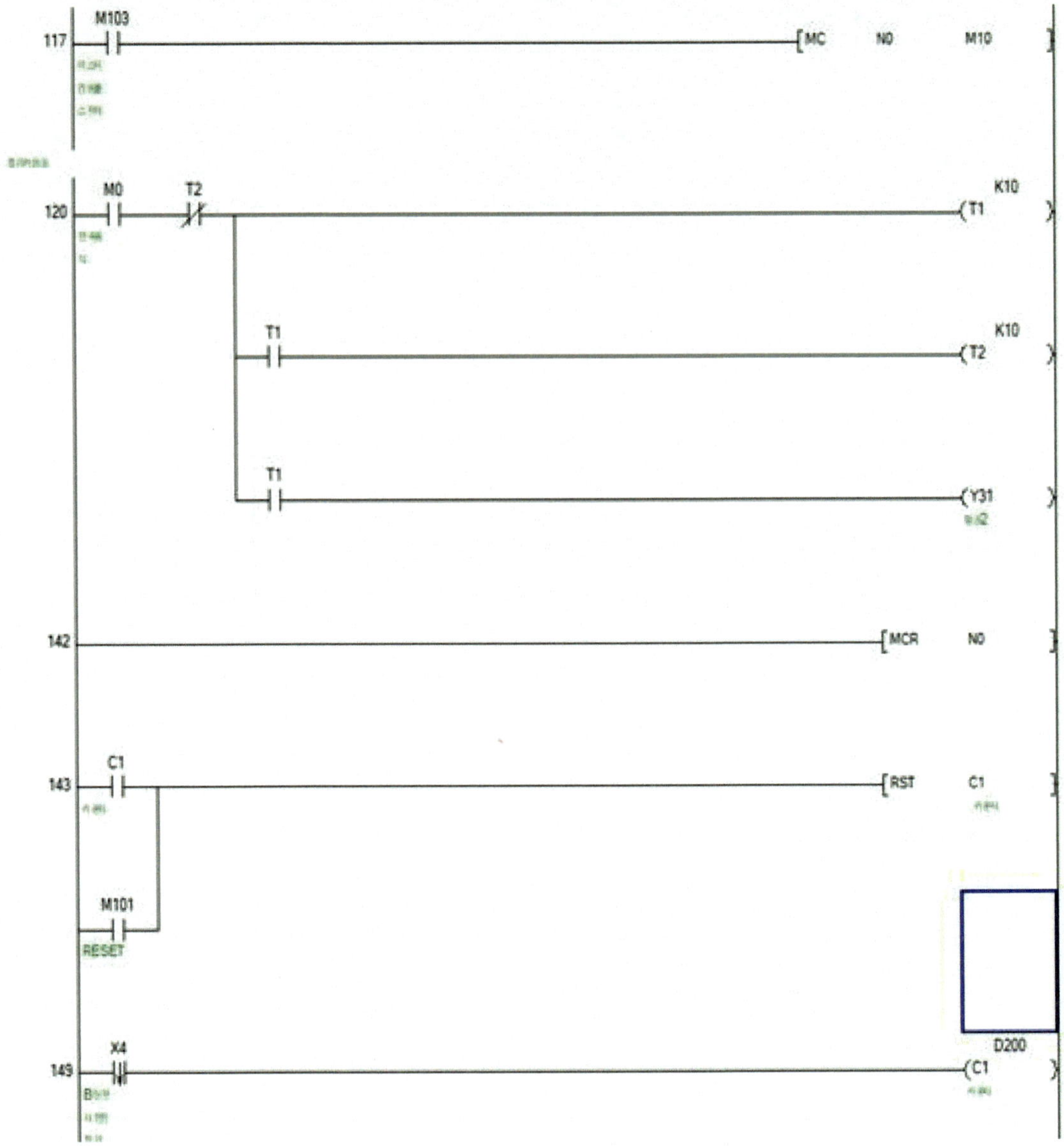
117
M103
MC
N0
M10
120
M0
T2
K10
T1
T1
K10
T2
T1
Y31
142
MCR
N0
143
C1
RST
C1
M101
RESET
149
X4
D200
C1

SM400
155
MOV
C1
D20
P0
M0
158
Y32
161
END

참고문헌

- 민경성, 생산자동화공학(PLC 기반제어기술), 도서출판 건기원, 2010.
- 민경성, PLC와자동화를위한 전기시퀀스제어, 도서출판 건기원, 2014.
- 정완보 외1인, 멜섹 Q PLC 이론과 실습, 복두출판사, 2013.
- 정완보, 기초부터시작하는 PLC 멜섹 Q, 한빛아카데미, 2017.
- 신현재,사열일 멜섹PLC 이론과실습, 복두출판사, 2012.
- Mitsubishi, Q CPU 프로그램 메뉴얼, Mitsubishi
- Mitsubishi, GX Works2 오퍼레이팅 매뉴얼, Mitsubishi
- Mitsubishi, MELSEC-Q 프로그래밍, Mitsubishi
- Mitsubishi, GOT 오퍼레이팅 매뉴얼, Mitsubishi
- Mitsubishi, GT Designer3 프로그래밍 매뉴얼 , Mitsubishi

터치스크린 GOT2000을 활용한

PLC 제어

1판 1쇄 2024년 7월 25일

저 자 민경성
발행인 송광헌
발행처 복두출판사
주 소 서울특별시 영등포구 경인로82길 3-4
센터플러스 807호
(우) 07371
전 화 02-2164-2580
FAX 02-2164-2584
등 록 1993. 11. 22. 제 10-902 호

정가 : 29,000원

ISBN : 979-11-6675-526-2 93560

한국과학기술출판협회 회원사